개정2판

기어설계 가이드북

노수황 · 강성민 편저

대광서림

개정2판

기어설계 가이드북

발행일 | 2023년 1월 11일 개정2판 인쇄
편저자 | 노수황 · 강성민
발행인 | 김구연
발행처 | 대광서림주식회사
주　소 | 서울특별시 광진구 아차산로 375 크레신타워 513호
전　화 | 02) 455-7818(대)
팩　스 | 02) 452-8690
등　록 | 제1972-2호
ISBN | 978-89-384-5198-9　93550
정　가 | 30,000원

본서의 내용에 대해 문의사항이 있으신 분은
mechapia_com@naver.com으로 연락주시기 바랍니다.

머리말

오늘날 우리들이 누리고 있는 풍요로운 생활은 눈부신 과학기술의 발전 덕분이라고 말할 수 있습니다. 그 중에서도 특히 기계 기술에 의한 것이 많으며, 우리 주변에서 쉽게 접할 수 있는 가정용품부터 자동차, 반도체, 생산자동화, 산업기계 등 거의 모든 분야에 걸쳐 기계 기술이 폭 넓게 응용되고 있습니다.

기계 기술은 또한 여러 가지 중요한 역할과 기능을 하는 기계요소들과 알맞게 조합되어 원하는 일을 할 수가 있습니다. 그 중에서 기어는 우리가 잘 알고 있다시피 한 쌍의 기어이가 서로 맞물려 돌아가는 힘에 의해 동력을 전달하는 대표적인 기계요소입니다. 동력이나 운동을 전달하는 장치로서의 기어는 거의 모든 기계장치 부분에서 중요한 역할을 하며 그 응용 범위가 다양해서 설계나 제작에 있어 중요성을 외면할 수 없는 요소입니다.

또한 기어가 산업 전반에 걸쳐 널리 보급된 이유로는 다음과 같은 점을 들 수 있습니다.

작게는 시계용 소형 정밀 기어에서 크게는 선박용 터빈 기어까지 전달할 수 있는 마력의 범위가 넓고 동력을 보다 확실하게 전달할 수 있다는 점과 잇수의 조합을 변경함으로써 속도 전달비를 정확하고 자유롭게 선택할 수 있다는 점, 기어의 조합수를 증감함으로써 회전축 상호의 관계 위치를 자유롭게 할 수 있다는 점 등을 들 수 있습니다.

이처럼 중요한 역할을 하고 있는 기어의 설계제작 기술은 아쉽게도 일본이나 독일, 미국 등과 같은 기술 국가들에 비해 기술 격차가 있는 분야로 국내에서도 좀 더 노력하여 빠르게 기술을 따라잡아야 하는 분야 중의 하나입니다.

이 책은 기계요소설계를 배우는 학생과 현장 엔지니어를 위한 기어설계 기본 참고서용으로 쉽게 이해할 수 있도록 구성하였습니다. 현대 산업사회가 변화함에 따라 KS 공업규격도 점차 국제화되어 가고 있는 추세이며 앞으로 국제화에 걸맞은 양질의 전문 기술 도서들이 국내에서 많이 출판될 수 있는 환경이 조성되길 바라며 더불어 본 도서를 사용하는 모든 분들에게 미약하나마 도움이 되었으면 하는 바램입니다.

끝으로 본 교재의 출판을 위해 애써 주신 도서출판 대광서림의 관계자들과 오늘도 묵묵히 산업현장에서 제 자리를 지키며 대한민국의 미래를 위해 열심히 뛰고 있는 현장의 모든 기술자들에게 고개 숙여 깊은 감사를 드립니다.

저자 올림

주요 목차

목 차

제1장 기어의 목적과 종류 및 기어 기호

제2장 기어용어-제1부 : 기하학적 정의

제3장 기어용어-제2부 : 웜 기어의 기하학적 형상에 관한 정의

제4장 기어의 제원과 치형

제5장 기어 설계 순서

제6장 제도 - 기어의 표시

제7장 기어 관련 주요 KS규격 및 실무 규격

제8장 기어설계 계산 공식

제9장 기어감속장치 설계계산

제10장 평기어 감속기의 설계

제11장 스플라인

제12장 세레이션 및 래칫 휠

제13장 결합용 기계요소의 주요 계산 공식

제14장 축계 기계요소 설계 계산

제15장 전동용 기계요소 설계 계산

제16장 브레이크·래칫장치 설계 계산

제17장 압력용기와 관로

제18장 단위의 개념과 이해

제19장 관이음 설계 계산

[기술부록]

제1장

#01

기어의 목적과 종류 및 기어 기호

1-1. 기어의 목적과 종류

기어의 주된 사용 목적은 회전이나 동력의 전달에 있으며, 기어는 축의 상대 위치 관계, 잇줄의 형상 등에 따라 분류되며 많은 종류가 있는데 가장 쉬운 기어의 분류는 축의 교차하는 방법에 따른 분류이다.

기어가 평행축으로 맞물리는 경우에는 스퍼기어나 헬리컬 기어를 사용하고 축이 직각으로 교차하는 경우는 일반적으로 베벨기어 및 웜기어가 사용된다. 축이 교차하지도 평행하지도 않은 경우는 어긋나는 축의 헬리컬 기어, 웜, 하이포이드 기어 및 헬리컬 기어가 사용된다. 그리고 가장 일반적인 플라스틱 기어로는 스퍼기어나 헬리컬 기어 및 웜기어를 사용하는데 필요에 따라 다른 종류의 기어도 사용된다.

기어는 1개만으로 사용할 수 없기 때문에 반드시 한 쌍으로 사용된다. 2개의 기어가 이를 맞물리면 한쪽 기어의 회전에 의해 상대 기어도 회전하게 된다. 두 기어의 직경이 다른 경우 작은 쪽의 소기어를 피니언(pinion)이라 부르는데 대기어(gear)보다 빠르고 보다 작은 회전력으로 회전한다. 한 쌍의 기어에서 구동측의 기어를 구동기어(driver), 회전되는 측을 피동기어(follower)라고 부른다.

축의 상대적 위치에 따라 분류할 경우 평행축 기어란 서로 맞물리는 기어의 중심축이 나란한 것을 말한다. 이것은 원통면에 기어 이를 붙인 모양으로 흔히 이러한 기어들을 원통 기어(Cylindrical gear)라 부른다. 기어의 이가 원통의 외부에 있으면 외기어(External gear)라 부르고, 내부에 있으면 내기어(Internal gear)라고 부른다. 그리고 교차축 기어(Gear pair with intersection axes)는 두 축이 교차하는 기어를 말하며 엇갈림축 기어(Gear pair with non-parallel and non-intersecting axes)는 서로 맞물리는 기어의 중심축이 교차되지도 않고 평행하지도 않은 경우를 말한다.

기어전동은 두 축간(구동축과 종동축)의 중심거리가 비교적 짧은 경우에 널리 사용되는데 다음과 같은 특징이 있다.

[기어전동의 특징]

① 구동기어축으로부터 종동기어축에 확실한 일정 회전속도를 전달할 수가 있다.
② 연속적인 회전운동을 확실하게 전달할 수가 있다.
③ 큰 감속이 가능하고 반대로 증속하는 것도 가능하다.
④ 저속에서 고속까지 동력전달이 가능하다.
⑤ 기어의 회전운동을 직선운동으로 변환하는 것도 가능하다.
⑥ 구동회전에 대해서도 역회전방지에 사용가능하다.
⑦ 축이 평행하지 않아도 동력전달이 가능하다.

1-2 평행축 : 두 축이 서로 평행할 때 사용하는 기어

축의 상대적 위치	기어의 종류	기어의 형상	기어의 설명 및 특징	효율(%)
평행축 : 두 축이 서로 평행할 때 사용하는 기어	평기어 또는 스퍼기어 (spur gear)		기어의 잇줄이 기어 축에 평행한 직선의 원통 기어 ① 구조가 단순하고 제작이 용이하다 ② 축방향에 힘이 걸리지 않는다. ③ 고정밀도의 기어를 제작할 수 있다. ④ 압력각 20° 또는 14.5° 용도 : 일반적인 동력전달용	98.0~99.5
	헬리컬기어 (helical gear)		스퍼기어와 유사하지만 잇줄이 축에 대해 경사진 원통 형상의 기어이며, 한 쌍의 기어는 비틀림각은 동일하지만 비틀림 방향은 서로 반대이다.(LH, RH) 헬리컬 기어는 스퍼기어에 비해 축방향으로 추력이 발생하므로 베어링 선정에 주의하여야 한다. ① 스퍼기어보다 강도가 강하다. ② 스퍼기어에 비해 진동이나 소음이 적다. ③ 축방향에 힘(스러스트)이 발생하는 것이 단점이다. ④ 고부하, 고속전동에 적합하다. 용도 : 일반적인 전동장치, 자동차 변속기, 감속기	

축의 상대적 위치	기어의 종류	기어의 형상	기어의 설명 및 특징	효율(%)
평행축 : 두 축이 서로 평행할 때 사용하는 기어	헬리컬 랙 (helical rack)		헬리컬 기어와 맞물리는 비틀림을 가진 직선 치형의 기어로 헬리컬 기어의 피치원통 반지름이 무한대(∞)로 된 기어이다.	98.0~99.5
	이중 헬리컬 기어 (double helical gear)		왼쪽 비틀림(LH)과 오른쪽 비틀림(RH)의 헬리컬 기어를 조합한 것으로 축방향 힘(스러스트)이 발생하지 않는다는 장점이 있다. 특히 가운데 홈이 없이 좌, 우 기어의 이가 중앙에서 만나는 기어를 헤링본 기어(Herringbone gear)라고 부른다.	
	랙 & 피니언 (rack & pinion)		회전운동을 직선운동으로 변환하거나 또는 그 반대로 하는 경우 사용하며, 스퍼기어의 피치원의 반지름을 무한대로 한 평기어의 일종으로 일반적으로 기어의 이의 형상은 인벌류트 곡선으로 가공되는 것이 많지만 랙에서는 직선상의 치형이 된다. 스퍼 랙과 헬리컬 랙이 있다. 용도 : 공작기계, 각종 자동화기계, 인쇄기계, 반송장치, 로봇 등 폭 넓게 사용된다.	
	내접기어 (internal gear)		원통의 내측에 이(齒)가 만들어져 있는 기어로 내측 기어와 맞물리는 외측 기어와의 한 쌍을 내접 기어라고 한다. ① 외측 기어끼리는 회전방향이 반대가 되지만, 내측 기어에서는 회전방향이 같게 된다. ② 큰 기어(내측 기어)와 작은 기어(외측 기어)의 잇수의 차에 제한이 있다. ③ 작은 기어(외측 기어)에서 큰 기어(내측 기어)를 회전하는 것이 일반적이다. ④ 구조가 간단하고 소형 제작이 가능하다. 용도 : 감속율이 높은 위성기어장치 및 클러치 등에 사용	

1-3 교차축 : 교차하는 두 축의 운동을 전달할 때 사용하는 기어

축의 상대적 위치	기어의 종류	기어의 형상	기어의 설명 및 특징	효율(%)
교차축 : 교차하는 두 축 간의 회전을 전달할 때 사용하는 원추형의 기어	직선 베벨기어 (straight bevel gear)		잇줄이 피치원추의 정점(頂点)에 일치하는 기어로 서로 맞물릴 때 이(齒)의 위쪽에서 시작하여 잇뿌리 방향으로 물린다. ① 비교적 제작이 간단하다. ② 베벨기어에서 1:5 정도까지 감속할 수 있다. 동력전달용으로 많이 사용한다. 용도 : 공작기계, 인쇄기계 등 외에 특히 차동기어장치에 적합하다.	98.0~99.0
	스파이럴 베벨기어 (spiral bevel gear)		잇줄이 곡선으로 되어 있으며 비틀림각을 가진 기어로 이(齒) 마다 면적이 커서 강도가 증가하고 조용한 회전을 하는 기어이다. 특히 진동과 소음이 적고 고속 회전이 가능하며 하중 전달 능력이 직선 베벨기어보다 좋다.	

<table>
<tr><th>축의 상대적 위치</th><th>기어의 종류</th><th>기어의 형상</th><th>기어의 설명 및 특징</th><th>효율(%)</th></tr>
<tr><td rowspan="3">교차축 : 교차하는 두 축 간의 회전을 전달할 때 사용하는 원추형의 기어</td><td>제롤 베벨기어 (zerol bevel gear)</td><td></td><td>스파이럴 베벨기어 중에서 잇줄의 비틀림 각도가 영(zero, 0°)인 것을 말한다. 추력 방향의 힘이 스파이럴 베벨기어보다 작게 되므로 원활한 회전이 필요한 곳에 직선 베벨기어 대신에 사용할 수 있는데 직선 베벨기어와 스파이럴 베벨 기어의 특징을 함께 가진 독특한 베벨기어로 치면에 가해지는 힘은 직선 베벨기어와 거의 비슷하다.
용도 : 감속기, 차동기어장치 등</td><td rowspan="3">98.0~99.0</td></tr>
<tr><td>마이터 기어 (miter gear)</td><td></td><td>교차하는 2축의 맞물리는 기어 잇수가 동일한 베벨기어를 마이터 기어라고 부른다. 축의 회전방향을 변경하여 전달하는 것만으로 변속의 필요가 없는 경우에 자주 사용된다.</td></tr>
<tr><td>크라운 기어 (crown gear)</td><td></td><td>베벨기어에서 피치 원추각이 90° 이고 피치면이 평면으로 되어 있는 것으로 두 축이 교차하는 경우에 사용한다.</td></tr>
</table>

1-4 엇갈림 축 : 두 축이 평행하지도 않고 만나지도 않는 기어

<table>
<tr><th>축의 상대적 위치</th><th>기어의 종류</th><th>기어의 형상</th><th>기어의 설명 및 특징</th><th>효율(%)</th></tr>
<tr><td rowspan="3">엇갈림 축 : 두 축이 평행하지도 않고 만나지도 않는 기어</td><td>웜기어 (worm gear)</td><td></td><td>잇수가 없는 쪽은 한 줄 또는 여러 줄의 나사선 형상으로 이것을 웜이라고 한다. 그리고 웜에 맞물리는 기어를 웜휠(worm wheel)이라고 한다. 웜기어의 피니언은 나사 모양과 비슷하며 웜휠의 이는 약간 구부러진 곡선 형태로 이 끝이 이의 중간보다 두껍다. 웜기어는 헬리컬 기어에 비해 비교적 큰 감속비를 얻을 수 있지만 기어의 효율이 낮다는 단점을 지니고 있다.
① 소형으로 큰 감속비를 얻을 수 있다.
② 맞물림이 조용하고 원활하다.
③ 일반적으로 웜휠에서 동력이 전달될 때 웜은 회전하지 못하는 단점이 있다.
용도 : 감속장치, 역회전하지 않는 점을 이용하여 역전방지 기어장치, 공작기계, 인덱싱장치, 체인블록, 승강기, 휴대발전기 등</td><td>30.0~90.0</td></tr>
<tr><td>나사 기어 (crossed helical gear)</td><td></td><td>헬리컬기어의 축을 엇갈리게 한 기어로 한 쌍의 기어의 중심축이 서로 평행하지도 교차하지도 않게 만든 기어이다. 설치가 쉽고 중심축의 각도나 중심거리 변화에 민감하지 않고 제작비가 저렴하다.
① 감속 외에 증속도 가능하다.
② 마모되기 쉽다.
③ 조용하지만 큰 동력의 전달에는 부적합하다. 즉 맞물리는 두 개의 기어가 점 접촉을 하고 있기 때문에 허용치 이상의 하중을 전달하는 경우 기어가 마모되는 원인이 된다.</td><td>70.0~95.0</td></tr>
<tr><td>하이포이드 기어 (hypoid gear)</td><td></td><td>스파이럴 베벨기어와 유사하며 두 축이 서로 평행하지 않고 교차하지도 않으며 두 축의 각도가 90° 인 기어로 구동 피니언 기어를 크게 제작할 수 있어 접촉률이 크고 원활하게 회전하여 감속비를 크게 할 수 있는 장점이 있으며 스파이럴 베벨기어와 유사하며 물림이 매우 복잡하다. 주로 자동차 분야에서 정숙한 동력전달을 위해 사용한다.
용도 : 자동차의 차동기어장치의 감속 기어</td><td></td></tr>
</table>

1-5. 기어 기호-기하학적 데이터의 기호 KS B 0053 : 2007(2012 확인)

(1) 기하학적 기호의 도출 - 주요 규칙

(a) 기호는 하나 또는 그 이상의 첨자 및 가능한 하나의 첨자에 의해 수반될 수 있는 주요 기호로 구성되어 있다.

(b) 주요 기호는 하나의 대문자이거나 소문자이다. 문자는 이탤릭체의 라틴 문자이거나 그리스 문자이어야 한다.

(c) 숫자 첨자는 정수, 소수 또는 로마 숫자이며 로마자로 인쇄된다. 하나 이상의 숫자 첨자의 기호는 없다.

(d) 모든 첨자는 주요 기호의 행 아래에 같은 행에 쓴다.

(e) 윗줄 표시(또는 밑줄 표시), 지수 이외의 위첨자, 앞 아래첨자, 앞 위첨자, 2차 아래첨자, 2차 위첨자 및 대시는 피해야 한다.

(2) 주요 기하학적 기호

기호	용 어	기호	용 어
a	중심거리	u	기어비(잇수비)
b	치폭(이높이)	W	k잇수에 대한 스팬 측정값
c	이뿌리 틈새	x	전위 계수
d	지름, 기준원 지름	y	중심 거리 수정 계수
e	이홈 너비	z	잇수
g	접촉점의 궤적의 길이(물림길이)	α	압력각
h	이 높이(총 이 높이, 이끝 높이, 이뿌리 높이)	β	비틀림각
i	전체 전달비	γ	리드각
j	백래시	δ	원추각
M	오버 핀(볼) 측정량	ε	물림률, 중첩 물림률
m	모듈	η	이홈 절반각
p	피치, 리드	θ	베벨 기어의 이끝각, 이뿌리각
q	웜 지름계수	ρ	곡률 반지름
R	원추 거리	Σ	축각
S	이 두께	ψ	이 두께 절반각
r	반지름		

(3) 주요 첨자

첨자	용 어	첨자	용 어
a	이끝	t	정면, 축직각 평면
b	기초	u	사용, 유용
e	외접	w	작용
f	이뿌리	x	축방향
i	내접	y	임의 점
k	분할	z	리드
m	평균	α	잇면(치면)의 치형
n	치직각 방향	β	비틀림(헬릭스)의 방향
P	기준 래크 치형	γ	전체
r	반지름 방향		

(4) 약자로 된 첨자

첨자	용 어
act	실제(actual)
max	최대(maximum)
min	최소(minimum)
pr	프로튜버런스(protuberance)

(5) 숫자 첨자

첨자	용 어
0	공구
1	피니언
2	기어, 휠
3	마스터 기어
…	그 외의 기어

(6) 첨자 순서

첨자	용 어
a, b, m, f	원통, 원추
e, i	외접, 내접
pr	프로튜버런스
n, r, t, x	면 또는 방향
max, min	약자
0, 1, 2, 3, …	기어

(7) 기호의 의미

첨자	용 어
u	기어비, 잇수비
m_n	치직각 모듈
$\alpha_{\omega t}$	축직각 물림 압력각
d_1	피니언의 기준원 지름
$d_{\omega 2}$	기어(휠)의 물림 피치원 지름
R_2	(베벨 기어에서) 기어(휠)의 원추 거리

기어용어

제1부 : 기하학적 정의

KS B 0102 : 2007 (2012 확인)

JIS B 0102 : 1999 (ISO/DIS 1122-1 : 1994)

2-1. 운동학적 정의(kinematic definitions)

① 축의 상대 위치(relative postion of axis)

번호	용어	영어	일어	정의
1	기어, 치차 또는 톱니바퀴	toothed gear	歯車	차례차례 연속적인 이 물림에 의하여 이(tooth)가 있는 다른 부품에 운동을 전달하거나 운동을 전달받도록 설계된 이가 붙어 있는 기계 요소
2	기어짝, 기어쌍 또는 치차쌍	gear pair	歯車対	고정된 상대적 위치를 가지는 축 주위를 회전할 수 있는 두 개의 기어로 구성된 구조로서, 하나의 기어가 연속적인 이의 접촉을 통해 다른 기어를 회전시킬 수 있는 기구
3	기어열	train of gears	歯車列	기어짝들로 구성된 조합
4	평행축 기어짝	parallel gears	平行軸歯車対	평행한 축을 가진 기어짝
5	베벨 기어짝	bevel gears	かさ歯車対	서로 교차하는 축을 가진 기어짝
6	어긋난 축 기어짝	crossed gears	食い違い軸歯車対	서로 어긋난 축을 가진 기어짝
7	중심 거리	center distance	中心距離	기어짝에서 두 축 간의 최단 거리
8	축각	shaft angle	軸角	기어짝에서 두 개의 기어가 서로 반대의 회전 방향을 가지도록 하면서 베벨 기어짝에 있어서는 한쪽 축을 회전시켜 두 축이 평행하도록 하기 위해 필요한 최소의 각
9	유성 기어 장치 또는 유성 기어열	epicyclic gear, planetary gea, epicyclic gear train, planetary gear train	遊星歯車装置 (遊星歯車列)	하나 또는 그 이상의 링 기어, 하나 또는 그 이상의 태양 기어(sun gear), 하나 또는 그 이상의 유성 기어(planet gear(s)), 유성 기어들을 지지하는 하나 또는 그 이상의 캐리어(carriers)로 구성된 동축 부품들의 조합으로서, 태양 기어는 유성 기어와 맞물리고 유성 기어는 링 기어(annulus gear)와 맞물리며, 태양 기어와 링 기어는 동축상에서 회전하는 기어 장치

② 상대 기어(mating gears)

번호	용어	영어	일어	정의
1	상대 기어	mating gear	相手歯車	기어짝에서 두 개의 기어 중 하나에 대해 상대적인 기어
2	피니언	pinion	小歯車	기어짝에서 잇수가 적은 기어
3	휠, 기어	wheel, gear	大歯車	기어짝에서 잇수가 많은 기어 [비고] 휠(wheel) 또는 기어(gear)는 그 용어가 명확히 피니언에 상대되는 개념으로 사용될 때 '피니언과 짝을 이루는 기어 바퀴(conjugate gear wheel of pinion)'의 줄임말이다.
4	구동 기어	driving gear	駆動歯車	기어짝에서 상대 기어를 회전시키는 기어
5	피동 기어	driven gear	被動歯車	기어짝에서 상대 기어에 의해 회전되는 기어
6	외접 공전 기어	idler gear with external teeth	中間歯車	두 개의 기어에 동시에 물려 있으면서 하나의 기어에 의해 구동되고 다른 기어를 구동시키는 외접 기어
7	외접 태양 기어	sun gear with external teeth	太陽歯車	(유성 기어열에서) 가장 안쪽에 있는 외접 기어 (이가 원통 바깥쪽에 있는 기어)
8	링 기어	annulus gear	内歯歯車	(유성 기어열에서) 가장 바깥쪽에 있는 내접 기어 (이가 원통 안쪽에 있는 기어)
9	유성 기어	planet gear	遊星歯車	(유성 기어열에서) 유성 캐리어에 의해 지지되는 공전 기어 중 하나
10	유성 캐리어	planet carrier	遊星キャリヤ	(유성 기어열에서) 하나 또는 그 이상의 유성 기어들을 지지하는 동축 요소
11	부분 기어	gear segment	部分歯車	360° 미만의 부분에만 이를 가지고 있는 기어
12	잇수	number of teeth	歯数	하나의 기어가 가지고 있는 이의 개수
13	기어부	sector of a gear	歯車部	이를 가진 기어의 부분

③ 상대 속도(relative speeds)

번호	용어	영어	일어	정의
1	잇수비, 기어비	gear ratio	歯数比	기어의 잇수를 피니언의 잇수로 나눈 값
2	속도 전달비	transmission ratio	速度伝達比	기어열에서 첫 번째 구동 기어의 각속도를 마지막 피동 기어의 각속도로 나눈 값 [비고] 필요한 경우, 기어열의 첫 번째 기어와 마지막 기어의 회전 방향이 동일한 경우에는 전달비에 +부호를 붙이고, 회전 방향이 반대일 경우 전달비에 —부호를 붙인다.
3	감속 기어	speed reducing gears	減速歯車	최종 피동 기어의 각속도가 첫 번째 구동 기어의 각속도보다 작은 기어짝 또는 기어열
4	증속 기어	speed increasing gears	増速歯車	최종 피동 기어의 각속도가 첫 번째 구동 기어의 각속도보다 큰 기어짝 또는 기어열
5	감속비	speed reducing ratio	減速比	감속 기어(또는 기어열)에서의 속도 전달비
6	증속비	speed increasing ratio	増速比	감속 기어(또는 기어열)에서의 속도 전달비의 역수

④ 피치면 및 기준면(pitch and reference surfaces)

번호	용어	영어	일어	정의
1	피치면	pitch surface	ピッチ面	주어진 기어짝에서 고려 중인 기어와 맞물리는 상대 기어의 상대 운동의 순간축에 의해 정의되는 기하학적 면 [비고] 평행축 기어짝과 베벨 기어짝에서 미끄럼 없이 서로 구름 운동이 일어나는 피치면. 어긋난 축 기어짝(원통 또는 하이포이드 기어)의 피치면은 그들의 치면을 따르는 미끄럼 요소를 가지고 있다.
2	기준면	reference surface	基準面	가상의 관용적인 면으로, 그에 대응하여 기어 이의 치수가 정의된다.
3	기준....	reference....	基準…	기어의 기준면에 관계되어 정의되는 용어에 붙여 사용되는 한정어
4	물림....	operating....	かみ合い	기어의 피치면에 관계되어 정의되는 용어에 붙여 사용되는 한정어
5	피치 평면	pitch plane	ピッチ平面	래크 또는 크라운 기어의 피치면, 또는 하나의 기어의 피치면에 접하는 평면

[참고] 관용적으로 '기준'과 '물림' 사이의 구별이 명확하게 요구되지 않는 한 '기준'의 뜻을 내포한다. '기준면'의 용어로 사용되는 특별한 가공 기준면과 혼동될 위험이 있는 경우, '이 기준(tooth reference)'이라는 한정어를 사용한다.

2-2. 이의 특성(tooth characteristics)

① 치수 및 계수

번호	용어	영어	일어	정의
1	기어 이, 기어 치	gear tooth	歯	맞물리는 상대 기어의 대응하는 요소 사이의 공간(이홈)에 들어가서, 그 형상에 의해 한쪽의 기어가 다른 쪽 기어에 운동을 확실히 전달하는 기어의 요소
2	이홈	tooth space	歯溝	하나의 기어에서 서로 인접한 이 사이의 공간
3	치부	toothing	歯部	기어 이가 붙어 있는 부품에서의 완전한 이들의 조합
4	피치	pitch	ピッチ	인접한 대응 치형에서, 어떤 특정한 방향에 대해 균일한 간격을 정의하는 치수
5	모듈	module	モジュール	밀리미터(millimeter) 단위로 표시된 기준면에서의 피치를 원주율(π)로 나눈 값
6	다이어미트럴 피치	diametral pitch	ダイヤメトラル ピッチ	원주율(π)를 인치(inch) 단위로 표시된 기준면에서의 피치로 나눈 값
7	치수의 단일값	unity value of dimension		고려하고 있는 치수를 모듈로 나눈 값으로, 밀리미터(millimeter) 단위로 표시된다. [비고] 고려하고 있는 치수가 전위량일 경우, 그 값은 '계수(coeffcient)'라 불린다.
8	유효 치폭	effective face width	有效歯幅	실제로 하중을 견디는 것으로 간주되는 치폭의 부분

② 이끝 곡면과 이뿌리 곡면(tip and root surface)

번호	용어	영어	일어	정의
1	이끝 곡면	tip surface	歯先曲面	외접 기어 이들의 가장 바깥쪽 선단 또는 내접 기어 이들의 가장 안쪽 선단을 둥글게 둘러싸는 회전축과 동축인 곡면
2	이끝 높이, 어덴덤	addendum	歯末	기어의 기준면과 이끝 곡면 사이에 있는 이의 부분
3	이 봉우리	top land	歯の頂部	하나의 이의 양 치면 사이에 있는 이끝 곡면의 일부
4	이뿌리 곡면	root surface	歯底曲面	외접 기어 이의 가장 안쪽 공간 또는 내접 기어 이의 가장 바깥쪽 공간을 둥글게 둘러싸는 회전축과 동축인 표면
5	이뿌리 높이, 디덴덤	dedendum	歯元	기어의 기준면과 이뿌리 곡면 사이의 이의 부분
6	이 바닥	bottom land	歯底面	인접한 양 필릿 사이의 이뿌리 곡면의 일부
7	외접 기어, 외접 치차	external gear	外歯車	이끝 곡면이 이뿌리 곡면의 바깥쪽에 위치하는 기어 [비고] ① 모호함을 피하기 위하여, 특히 베벨 기어에 있어서는 기어들의 축에 수직인 평면에 의해 잘리는 이끝 곡면과 이뿌리 곡면의 단면부에서 고려한다. ② 래크는 외접 기어로 간주한다.
8	내접 기어, 내접 치차	internal gear	内歯車	이끝 곡면이 이뿌리 곡면의 안쪽에 위치하는 기어
9	외접 기어짝	external gear pair	外歯車対	두 개의 외접 기어로 구성되는 기어짝
10	내접 기어짝	internal gear pair	内歯車対	둘 중 하나는 내접 기어로 구성되는 기어짝

③ 치면과 치형(flank and profiles)

번호	용어	영어	일어	정의
1	치면	tooth flank	歯面	이끝 곡면과 이뿌리 곡면 사이에 존재하는 이의 표면부
2	잇줄	tooth trace	歯すじ	치면과 기준면과의 교차선 [비고] 모호함을 피하기 위하여, 특히 베벨 기어에 있어서는 기어들의 축에 수직인 평면에 의해 잘리는 이끝 곡면과 이뿌리 곡면의 단면부에서 고려한다.
3	치면선	tooth line	歯面線	치면과 회전축에 동축인 원통면과의 교차선
4	치형	tooth profile	歯形	기준면과 교차하는 임의로 정의된 면과 치면과의 교차선
5	정면(축직각) 치형	transverse profile	正面歯形	기준면의 직선 모선에 대하여 수직인 면과 치면과의 교차선 [비고] 기준면에 대하여 정의된 용어에서 정의한 '기준'을 참조. 피치면에 대해 정의된 용어에 대해서는 '물림'의 한 정어를 사용한다.
6	치직각 치형	normal profile	歯直角歯形	잇줄에 수직인 면과 치면과의 교차선
7	축방향 치형	axial profile	軸歯形	기어축을 포함하는 평면과 치면과의 교차선
8	설계 치형	design profile	設計歯形	설계자에 의해 정의된 의도된 치형

④ 치면 한정어(flank qualifications)

번호	용어	영어	일어	정의
1	상대 치면	mating flank	相手歯面	기어짝에서 접촉하고 있는 두 치면 중 어느 하나에 상대적인 다른 치면을 말한다.
2	오른쪽 치면	right flank	右歯面	(관찰자가 기어의 기준면으로 선택한 한쪽 끝단에서 바라보는 경우) 기어를 세워 놓았을 때, 가장 위에 있는 이의 오른쪽에 있는 치면
3	왼쪽 치면	left flank	左歯面	기어를 수직으로 놓았을 때, 가장 위에 있는 이의 왼쪽에 있는 치면
4	대응 치면	corresponding flanks	対応歯面	(기어 이에서) 모든 오른쪽 치면 또는 모든 왼쪽 치면
5	반대 치면	opposite flanks	反対歯面	(기어 이에서) 하나 또는 그 이상의 왼쪽 치면에 대하여 하나 또는 그 이상의 오른쪽 치면
6	물림 치면	operating flank	かみ合い歯面	운동을 전달하는 치면 또는 맞물리는 상대 기어에 있어서는 운동을 받아들이는 치면
7	물림 반대 치면	non-operating flank	反かみ合い側歯面	물림 치면의 반대쪽 치면

⑤ 치면 각부(parts of flanks)

번호	용어	영어	일어	정의
1	이끝면, 어덴덤 치면	addendum flank	歯末面	기어의 기준면과 이끝 곡면과의 사이에 위치한 치면의 일부
2	이뿌리면, 디덴덤 치면	dedendum flank	歯元面	기어의 기준면과 이부리 곡면 사이에 위치한 치면의 일부
3	작용 치면	active flank	作用歯面	맞물림 상대 기어의 치면에 접하는 치면의 부분
4	유용 치면	usable flank	有用歯面	작용 치면으로 사용될 수 있는 치면의 최대 부분
5	필릿(fillet)	fillet	すみ肉部	유용 치면과 이뿌리 곡면 사이의 곡면
6	유용 접촉 한계 반지름	usable-contact limit radius	有用接触限界半径	유용 치면과 이뿌리 곡면의 경계를 포함하는 가상의 동축 곡면의 반지름
7	유효 접촉 반지름	active-contact radius	作用接触半径	유효 접촉부의 말단에 놓인 치면선을 포함한 가상의 동축 곡면의 반지름
8	이끝	tooth tip	歯先	이끝 곡면과 치면의 연장면과의 교차선

⑥ 잇줄에 기초한 정의(definitions in terms of tooth traces)

번호	용어	영어	일어	정의
1	스퍼 기어, 평 치차	spur gear	平歯車	잇줄이 기준 원통의 직선 모선인 원통 기어
2	직선 베벨 기어	straight bevel gear	すぐばかさ歯車	잇줄이 기준 원추(원뿔)의 직선 모선인 베벨 기어
3	헬리컬 기어	helical gear	はすば歯車	잇줄이 나선인 원통 기어
4	오른쪽 비틀림 이	right-hand teeth	右ねじれ歯	기준면의 모선을 따라 관찰자로부터의 거리가 증가함에 따라 연속된 정면 치형이 시계 방향으로의 변위를 가지는 것으로 보이는 이
5	왼쪽 비틀림 이	left-hand teeth	左ねじれ歯	기준면의 모선을 따라 관찰자로부터의 거리가 증가함에 따라 연속된 정면 치형이 반시계 방향으로의 변위를 가지는 것으로 보이는 이
6	더블 헬리컬 기어	double helical gear	やまば歯車	오른쪽 비틀림 이와 왼쪽 비틀림 이가 동시에 존재하는 치폭의 부분을 가진 원통 기어로서, 두 종류의 이 사이에 틈이 있을 수도 없을 수도 있다.
7	스파이럴 베벨 기어	spiral bevel gear	まがりばかさ歯車	잇줄이 헬리스 곡선이 아닌 다른 곡선인 베벨 기어
8	헬리컬 베벨 기어, 스큐 베벨 기어	helical bevel gear, skew bevel gear	はすば(ねじれ)かさ歯車	잇줄이 원통형 헬리스 곡선이 아닌 다른 곡선인 베벨 기어

2-3. 이의 창성(generation of teeth)

① 기어의 창성, 간섭 및 치면의 수정 (generation of gear, interference and modification of flank shape)

번호	용어	영어	일어	정의
1	기어 작용	gear action	歯車作用	회전할 수 있도록 고정되어 물려 있는 기어들이 하나가 다른 하나를 명시된 비의 각속도로 회전시키는 작용
2	(기어의) 창성 기어	generating gear (of a gear)	創成歯車	고려하고 있는 기어의 이 가공을 정의하기 위해 사용되는 실제 또는 가상의 기어 [비고] 이 기어의 유용 치면은 위치와 상대 운동이 명시된 환경하에서의 창성 기어의 유용 치면의 궤적으로 구성된다.
3	이끝 간섭, 물림 간섭	tip interference, meshing interference	歯先(かみあい)干渉	(물려 있는 기어짝에서) 한쪽 기어의 이끝과 다른 기어의 치면 사이의 비접선 방향 접촉. 즉, 물림의 한계를 넘어 한쪽 기어의 이끝이 상대 기어 치면을 이론적으로 침범한 것.
4	이끝 수정	tip relief	歯先修整	이끝 선단 근처의 재료를 제거하는 것을 포함한 기어 치형의 의도된 수정
5	이뿌리 수정	root relief	歯元修整	이뿌리 근처의 재료를 제거하는 것을 포함한 기어 치형의 의도된 수정
6	언더컷	undercut	切下げ	기계 가공을 쉽게 하기 위하여 돌출형(프로튜버런스)의 기어 절삭 공구를 사용한 필릿부의 의도된 수정
7	크라우닝	crowning	クラウニング	기어의 양단 방향을 향하여 치폭 전체에 대한 이 두께의 점차적인 감소
8	엔드 릴리프	end relief	エンドレリーフ	치폭의 작은 일부에 대하여 이 두께의 기어 양단 방향을 향한 점차적 또는 선형적 감소

② 이의 창성에 관한 정의(definitions in terms of tooth generation)

번호	용어	영어	일어	정의
1	원통 기어	cylindrical gear	円筒歯車	기준면이 원통형인 기어
2	베벨 기어	bevel gear	カサ歯車	기준면이 원추(원뿔)형인 기어
3	원통 기어짝	cylindrical gear pair	円筒歯車対	두 개의 맞물리는 원통 기어 [비고] 이 기어짝은 두 개의 스퍼 기어로 구성된 경우 스퍼 기어짝이라 부르며, 두 개의 헬리컬 기어로 구성된 경우 헬리컬 기어짝이라 부른다.
4	더블 헬리컬 기어짝	double-helical gear pair	やまば歯車対	두 개의 맞물리는 더블 헬리컬 기어
5	베벨 기어짝	bevel gear pair	かさ歯車対	두 개의 맞물리는 베벨 기어로 구성된 기어짝 [비고] 이 기어짝은 두 개의 직선 베벨 기어로 구성된 경우 직선 베벨 기어짝이라 부르며, 두 개의 헬리컬 베벨 기어로 구성된 경우 헬리컬(스큐) 베벨 기어짝이라 부르며, 두 개의 스파이럴 베벨 기어로 구성된 경우 스파이럴 베벨 기어짝이라 부른다.
6	웜	worm	ウォーム	웜 휠과 맞물리는 원통형 또는 장고형의 기어
7	웜 휠	worm wheel	ウォームホイール	웜의 치면과 선형으로 접촉할 수 있는 치면을 가진 기어
8	웜 기어짝	worm gear pair	ウォームギヤ対	서로 어긋난 축을 가진 웜과 웜 휠이 물려 있는 기어짝
9	하이포이드 기어짝	hypoid gear pair	ハイポイドギヤ対	원추형 또는 원추형과 유사한 형태의 기어로 구성된 기어짝으로, 축이 서로 어긋나 있으며 오프셋을 가지고 있는 기어짝
10	하이포이드 기어	hypoid gear	ハイポイドギヤ	하이포이드 기어짝에서 어느 하나의 기어

2-4. 기어에 관한 기하학적 또는 운동학적 개념 (geometrical and kinematical notions relevant to gears)

① 기하학적 선(geometrical lines)

번호	용어	영어	일어	정의
1	나선, 헬릭스	helix, right circular helix	つるまき線	(회전 원통상의 면에서) 곡선의 접선이 원통 축에 일정한 각도로 기울어져 있는 곡선
2	비틀림각, 나선각	helix angle	ねじれ角	나선의 접선이 나선이 놓여 있는 원통상의 직선 모선과 이루는 예각
3	스파이럴각	spiral angle	まがり角	
4	리드각	lead angle	進み角	나선의 접선과 그 나선이 놓여 있는 원통의 축에 수직한 평면이 이루는 예각
5	리드	lead	リード	나선과 그 나선이 놓여 있는 원통상의 직선 모선이 연속적으로 두 번 교차하는 거리
6	사이클로이드	cycloid	サイクロイド	하나의 원(창성원)이 하나의 고정된 선(기초선) 위를 미끄럼 없이 구를 때, 창성원상의 한 점이 그리는 평면상의 궤적
7	외전 사이클로이드	epicycloid	外転 サイクロイド	하나의 원(창성원)이 하나의 고정된 원(기초원)의 바깥쪽을 미끄럼없이 구를 때, 창성원상의 한 점이 그리는 평면상의 궤적
8	내전 사이클로이드	hypocycloid	内転 サイクロイド	하나의 원(창성원)이 하나의 고정된 원(기초원)의 안쪽을 미끄럼없이 구를 때, 창성원상의 한 점이 그리는 평면상의 궤적
9	원에 대한 인벌류트	involute to a circle	円に対する インボリュート	하나의 직선(창성선)이 하나의 고정된 원(기초원) 위를 미끄럼없이 구를 때, 창성선상의 한 점이 그리는 평면상의 궤적
10	구면 인벌류트	spherical involute	球面 インボリュート	(구면상에서) 구면의 내면에 고정된 작은 원(기초원) 위를 미끄럼 없이 구르는 것에 의해 구 위를 움직이는 하나의 커다란 원(창성원) 위의 한 점에 의해 묘사되는 곡선
11	옥토이드	octoid	オクトイド	평면 치면을 가지고 있는 크라운 기어와 맞물리는 가상의 구형의 경계면상에서 묘사되는 완전한 8자 모양의 접촉 궤적 [비고] 이 용어는 베벨 기어 이에서 일반적으로 창성되는 이의 형태(유사 인벌류트)를 한정하기 위한 용어로 사용된다.
12	인벌류트 회전각	involute roll angle	インボリュート 転ガリ角	단위 지름을 가진 원의 호에 대한 내각이 그 원에 대한 인벌류트상의 주어진 한 점에서의 압력각의 정접(탄젠트)과 같을 때 그 내각
13	인벌류트 극각	involute polar angle	インボリュート角	인벌류트 곡선상의 한 점에 대한 반지름 방향 벡터와 인벌류트 시작점을 통과하는 반지름 방향 선분이 이루는 각

② 기하학적 면(geometrical surface)

번호	용어	영어	일어	정의
1	인벌류트 헬리코이드	involute helicoid	インボリュート ねじ面	원통(기초 원통)에 접하는 평면상에 놓여 있는 직선의 운동에 의해 창성되는 평면으로, 그 직선은 평면과 원통의 접선에 일정한 경사를 가진다. [비고] ① 선은 기초 원통상에 미끄럼 없이 구르는 평면의 움직임의 결과로서만 움직인다. ② 하나의 인벌류트 헬리코이드와 기초 원통의 축에 수직한 평면과의 교선은 원에 대한 인벌류트이다.
2	구면 인벌류트 헬리코이드	spherical involute helicoid	球面 インボリュート ねじ面	원추(기초 원추)에 접하는 평면상에 놓여 있는 직선의 운동에 의해 창성되는 평면으로, 그 직선은 평면과 원추의 접선에 일정한 경사를 가진다. [비고] 직선은 기초 원추상에 미끄럼 없이 구르는 평면의 움직임에 따라서만 움직인다.
3	상대 회전의 순간축	instantaneous axis of relative rotation	回転の瞬間軸	평행 축 또는 베벨 기어에 있어서, 주어진 어떤 순간에 하나의 기어가 맞물리는 기어에 대하여 순수한 회전을 행할 때 그 기어의 축 [비고] 어긋난 축 기어에 있어서는 운동학에서의 벡터 해석의 응용에 관한 교과서를 참조한다.
4	창성 요소	generator	創成要素	선 또는 면을 창성하는 움직이는 점(동점) 또는 선(동선)

2-5. 원통 기어와 기어짝(cylindrical gears and gear pairs)

[비고] 다음의 정의들은 래크에서 유효하다. 래크는 무한한 지름을 가진 원통 기어로 간주된다.

① 원통(cylinders)

번호	용어	영어	일어	정의
1	기준 원통	reference cylinder	基準円筒	원통 기어에서의 기준면
2	피치 원통	pitch cylinder	ピッチ円筒	평행축 기어짝에서 원통 기어의 각각의 피치면
3	이끝 원통	tip cylinder	歯先円筒	원통 기어에서의 이끝 곡면
4	이뿌리 원통	root cylinder	歯底円筒	원통 기어에서의 이뿌리 곡면
5	정면(축직각) 치형	transverse profile	正面歯形	치면과 기준면의 직선 모선에 수직한 면과의 교선
6	기준원	reference circle	基準円	기준 원통과 그 원통의 축에 수직한 평면과의 교차
7	피치원	pitch circle	ピッチ円	피치 원통에 수직인 평면에 의한 피치 원통의 단면
8	기준원 지름	reference diameter	基準円直径	기준원의 지름
9	피치원 지름	pitch diameter	ピッチ円径	피치원의 지름
10	이끝원	tip circle	歯先円	이끝 원통과 원통의 축에 수직인 평면과의 교차
11	이뿌리원	root circle	歯底円	이뿌리 원통과 원통의 축에 수직인 평면과의 교차
12	이끝원 지름	tip diameter	歯先円径	이끝원의 지름
13	이뿌리원 지름	root diameter	歯底円径	이뿌리원의 지름
14	치폭, 이너비	facewidth	歯幅	기어에서 이가 창성되어 있는 부분의 너비로, 기준 원통의 모선을 따라 측정

② 헬리컬 기어의 나선(Helices of helical gears)

번호	용어	영어	일어	정의
1	기준 나선	reference helix	基準つるまき線	헬리컬 기어의 잇줄
2	피치 나선	pitch helix	ピッチつるまき線	헬리컬 기어의 피치면상에서의 잇줄
3	기초 나선	base helix	基礎つるまき線	인벌류트 헬리컬 기어에 있어서 치면의 인벌류트 헬리코이드와 기초 원통과의 교차선
4	비틀림각, 나선각	helix angle	ねじれ角	헬리컬 기어의 기준 나선의 비틀림(나선)각
5	기초 비틀림각	base helix angle	基礎ねじれ角	인벌류트 헬리컬 기어의 기초 원통상 나선의 나선각
6	리드각	lead angle	進み角	헬리컬 기어의 기준 나선의 리드각
7	기초 리드각	base lead angle	基礎進み角	인벌류트 헬리컬 기어의 기초 원통상 나선의 리드각
8	리드	lead	リード	헬리컬 기어의 나선의 리드
9	축방향 피치	axial pitch	軸方向ピッチ	헬리컬 기어의 축에 대하여 평행한 선과 두 개의 연속되어 이어진 치면과의 교차점 사이의 거리

③ 이끝 높이(어덴덤)와 이뿌리(디덴덤) 높이(addendum and dedendum)

번호	용어	영어	일어	정의
1	이높이	tooth depth	歯たけ	이끝원과 이뿌리원 사이의 반지름 방향 거리
2	이끝 높이, 어덴덤	addendum (value)	歯末のたけ	이끝원과 기준원 사이의 반지름 방향 거리
3	이뿌리 높이, 디덴덤	dedendum (value)	歯元のたけ	이뿌리원과 기준원 사이의 반지름 방향 거리

④ 정면(축직각면) 치수(transverse dimensions)

번호	용어	영어	일어	정의
1	정면, 축직각면	transverse plane	正面, 軸直角面	축에 수직인 평면
2	임의 점에서의 정면 압력각	transverse pressure angle at a point	ある点の 正面圧力角	정면 치형 위의 어떤 한 점을 지나는 반지름 방향 선분과 그 점에서의 치형의 접선사이의 예각
3	정면 압력각	transverse pressure angle	正面圧力角	기준원과 치형과의 교점에서의 정면 압력각
4	정면 피치	transverse pitch	正面ピッチ	연속되어 이어진 치형 사이의 기준원상의 호의 길이
5	각 피치	angular pitch	角ピッチ	원의 내각을 기어의 잇수로 나눈 값 $\tau = \frac{360^\circ}{z} = \frac{2\pi}{z} rad$
6	정면(축직각) 모듈	transverse module	正面モジュール	밀리미터(mm)로 표시된 정면 피치를 원주율 π로 나눈 값 (또는 밀리미터(mm)로 표시된 기준 피치 지름을 잇수로 나눈 값)
7	정면 이두께	transverse tooth thickness	正面歯厚	이의 양 치형 사이에 놓여 있는 기준원의 호의 길이
8	정면 이홈 너비	transverse spacewidth	正面歯溝の幅	이 홈의 양쪽에 있는 두 개의 치형 사이에 놓인 기준원의 호의 길이

⑤ 헬리컬 기어의 치직각 치수(normal dimensions of helical gears)

번호	용어	영어	일어	정의
1	임의 점에서의 치직각 압력각	normal pressure angle at a point	ある点の歯直角圧力角	치면 위의 한 점을 지나는 반지름 방향 선분과 그 점에서 치면에 접하는 평면 사이의 예각
2	치직각 압력각	normal pressure angle	歯直角圧力角	잇줄 위의 한 점에서의 치직각 압력각
3	치직각 피치	normal pitch	歯直角ピッチ	연속된 동일한 치면의 잇줄 사이에 놓여 있는 동일 원통상의 축직각 나선의 호의 길이
4	치직각 모듈	normal module	歯直角モジュール	밀리미터(mm)로 표시된 치직각 피치를 원주율 π로 나눈 값
5	치직각 이두께	normal tooth thickness	歯直角歯厚	이의 양 잇줄 사이에 놓여 있는 동일 원통상의 축직각 나선의 길이
6	치직각 이홈 너비	normal spacewidth	歯直角歯溝の幅	이 홈의 양쪽에 있는 두 개의 잇줄 사이에 놓인 동일 원통상의 축직각 나선의 길이
7	이 봉우리 너비	crest width	歯の頂部幅	이끝 곡면에서, 치면과 이끝 곡면과의 교선 사이의 가장 짧은 호의 길이

⑥ 현(활줄)과 부채꼴 거리(chords and sector span)

번호	용어	영어	일어	정의
1	치직각 현(활줄) 이두께	normal chordal tooth thickness	歯直角弦歯厚	이의 두 잇줄 사이의 가장 짧은 거리
2	현(활줄) 이높이	chordal height	弦高さ	이봉우리에서 치직각 현(활줄) 이두께의 중점까지의 가장 짧은 거리
3	일정 현(활줄)	constant chord	一定弦歯厚	인벌류트 기어에서의 이의 양 치면과 기준 래크가 대칭으로 접촉할 때 접촉선 사이의 가장 짧은 거리
4	일정 현(활줄) 이높이	constant chord height	一定弦歯高さ	일정 현(활줄)의 중점과 이 봉우리의 중점 사이의 반지름 방향 거리
5	걸치기 이두께	span measurement	またぎ歯厚	외접 기어에서 연속된 몇 개의 이의 바깥치면, 내접 기어에서 연속된 몇 개의 이홈의 바깥치면에 접하는 두 평행 평면 사이의 거리
6	오버핀(오버볼) 치수	measurement over balls, measurement over rollers	オーバピン(オーバボル)寸法	지름 방향으로 가능한 한 반대편에 있는 두 이홈에 위치한 두 개의 볼 또는 롤러를 통해 측정한 거리

⑦ 원통 기어의 종류(types of cylindrical gears)

번호	용어	영어	일어	정의
1	래크	rack	ラック	한 면에 동일한 형태와 동일한 거리를 가지고 연속적으로 놓여 있는 이를 가진 직선 막대 또는 평판 [비고] 래크는 무한 지름을 가진 기어의 한 부분으로 간주할 수 있다.
2	사이클로이드 기어	cycloidal gear	サイクロイド歯車	치형이 정확한 사이클로이드이거나 근사 사이클로이드 곡선인 원통 기어
3	원통형 핀 기어	cylindrical lantern gear	円筒ピン歯車	기어축에 평행한 축을 가진 원통 핀들로 구성된 이를 가진 원통 기어
4	인벌류트 원통 기어	involute cylindrical gear	インボリュート円筒歯車	기어 이들의 모든 유용 정면 치형이 원에 대한 인벌류트 곡선의 호이거나 수정된 호인 원통 기어
5	기초원	base circle	基礎円	인벌류트 원통 기어에서 치형의 인벌류트 곡선의 기초원
6	기초원통	base cylinder	基礎円筒	정면 단면이 기초원인 기어와 동축인 원통
7	기초원 지름	base diameter	基礎円直径	기초원의 지름
8	정면(축직각) 법선 피치	transverse base pitch	正面基礎円ピッチ	두 개의 연속된 동일 치형의 인벌류트 곡선의 시점 사이에 놓인 기초원의 호의 길이
9	치직각 법선 피치	normal base pitch	歯直角基礎円ピッチ	연속된 동일한 이의 치면을 만드는 인벌류트 치형으로부터 시작되는 기초 나선 사이에 놓인 동일 원통 치직각 나선의 호의 길이
10	법선 피치	base pitch	基礎円ピッチ	두 개의 연속된 동일한 치형의 인벌류트 곡선 사이의 거리로서 각 인벌류트에 대한 공통 법선을 따라 측정
11	정면(축직각) 법선 이두께	transverse base thickness	正面基礎円歯厚	기어 이의 두 치형의 인벌류트 곡선의 시점 사이에 놓인 기초원의 호의 길이
12	치직각 법선 이두께	normal base thickness	歯直角基礎円歯厚	이의 기초 나선들 사이에 놓인 동일 원통의 치직각 나선의 길이

⑧ 이의 창성(tooth generation)

번호	용어	영어	일어	정의
1	표준 기준 래크 치형	standard basic rack tooth profile	標準基準ラック歯形	인벌류트 기어 시스템의 표준 이의 치수를 정의하기 위한 기준으로 사용되는 래크의 치형
2	기준 래크	basic rack	基準ラック	치직각 단면에 표준 기준 래크 치형을 가지고 있는 가상의 래크
3	대응 래크	counterpart rack	合わせラック	기준 래크를 위에 겹칠 경우, 기준 래크의 각각의 이가 이 사이의 홈에 정확히 채워지는 래크
4	데이텀 면	datum plane	データム面	기준 래크에서 피치에 대한 이두께의 비가 명기된 표준의 값을 가지는 평면
5	데이텀 선	datum line	データム線	기준 래크 치형의 평면과 데이텀 면과의 교선, 또는 표준 기준 래크 치형의 치수가 명시되는 선
6	전위량	profile shift	転位量	래크와 기어의 이가 서로 완전히 접하도록 겹쳐 놓았을 때, 기어의 기준 원통과 기준 래크의 기준면 사이를 공통 법선을 따라 측정한 거리 [비고] ① 외접 기어에 대하여 기준 래크의 기준선이 기어의 축으로부터 멀어질 경우, 전위량은 양(+)이다. 내접 기어에 대하여 기준 래크의 기준선이 기어의 축에 가까워질 경우, 전위량은 양(+)이다. 결과적으로, 공칭 이두께는 두 가지 경우에 모두 증가한다. ② 내접 기어에 대하여 치형은 이 홈의 것으로 간주한다.
7	이끝 단축량	truncation	歯末の短縮量	표준 기준 래크 치형에 의해 정의된 이끝 높이보다 낮도록 하는 이끝높이의 축소
8	전위 계수	profile shift coefficient	転位係数	밀리미터(mm)로 표시된 전위량을 치직각 모듈로 나눈 값
9	이끝 단축 계수	truncation coefficient	歯末の短縮係数	이끝 단축량을 치직각 모듈로 나눈 값

⑨ 치절삭 공구와 관련 특징(generating cutting tools and associated features)

번호	용어	영어	일어	정의
1	래크형 공구	rack-type cutter	ラック形カッタ	래크 모양을 가진 치절삭 공구
2	피니언 커터	pinion-type cutter	ピニオンカッタ	원뿔형 인벌류트 기어의 모양을 가진 치절삭 공구
3	호브	hob	ホブ	웜의 모양을 가진 치절삭 공구
4	공칭 압력각	nominal pressure angle	呼び圧力角	공구에 의해 절삭되는 기어의 기준 래크의 치직각 압력각
5	커터의 공칭 피치	norminal pitch of the cutter	カッタの呼びピッチ	공구에 의해 절삭되는 기어의 기준 래크의 치직각 피치
6	커터 모듈	cutter moudle	カッタモジュール	밀리미터(mm)로 표시된 공구의 공칭 피치를 원주율 π로 나눈 값

2-6. 원통 기어짝(cylindrical gear pairs)

① 원통 기어짝의 종류(types of cylindrical gear pair)

번호	용어	영어	일어	정의
1	사이클로이드 기어짝	cycloidal gear pair	サイクロイド歯車対	맞물리는 두 개의 사이클로이드 기어로 구성된 기어짝
2	원통형 핀 및 피니언과 휠	cylindrical lantern pinion and wheel	円筒ピン小歯車と大歯車	원통형 핀 기어의 피니언과 그에 맞물리는 원통 기어로 구성된 기어짝
3	인벌류트 스퍼 기어짝	involute spur gear pair	インボリュート平歯車対	맞물리는 두 개의 인벌류트 스퍼 기어로 구성된 기어짝
4	평행축 헬리컬 기어	parallel helical gears	平行軸はすば歯車	평행축을 가진 맞물리는 헬리컬 기어로 구성된 기어짝
5	어긋난 축 헬리컬 기어	crossed helical gears	ねじ歯車	어긋난 축을 가진 맞물리는 헬리컬 기어로 구성된 기어짝

② 이높이와 틈새(depths and clearances)

번호	용어	영어	일어	정의
1	중심선	line of centres	中心線	기어짝의 두 축에 대한 공통 수선으로 동일면에 있는 두 피치원의 중심을 잇는다.
2	물림 이높이	operating depth	かみ合い歯たけ	맞물리는 기어의 두 이끝 곡면 사이의 중심선을 따른 거리
3	이뿌리 틈새	bottom clearance	頂げき	기어의 이뿌리 곡면과 이에 맞물리는 상대 기어의 이끝 곡면 사이의 중심선을 따른 거리
4	원주 방향 백래시	circumferential backlash	円周方向バックラッシ	맞물리는 상대 기어가 고정되어 있을 때, 기어가 회전할 수 있는 피치원의 호 길이
5	법선 방향 백래시	normal backlash	法線方向バックラッシ	물림 치면이 접하고 있을 때, 물리지 않는 치면 사이의 최단거리
6	기준 백래시	reference backlash	基準バックラッシ	기준원 지름과 원주 방향 백래시의 곱을 피치원 지름으로 나눈 것과 같은 기준원의 호의 길이
7	각도 백래시	angular backlash	角度バックラッシ	중심 거리가 명시된 값을 가지고 있는 맞물리는 기어가 고정되어 있을 경우, 기어가 회전할 수 있는 최대한의 각도
8	반지름 방향 여유	radial play	半径方向の遊び	물림 치면과 물림 반대 치면이 접촉하도록 하기 위해 명시된 중심거리로부터 빼주어야 하는 양

③ 평행축 기어의 물림률[contact ratio(parallel gears)]

번호	용어	영어	일어	정의
1	작용선	line of action	作用点	접촉점에서의 두 정면 치형에 대한 공통 법선 [비고] 인벌류트 평행축 기어에 있어서 작용선은 그들의 기초원의 공통 접선이 된다.
2	작용 평면	plane of action	作用平面	평행 인벌류트 기어짝의 작용선으로 구성된 평면
3	접촉점의 궤적	path of contact	接触点の軌跡	정면 물림 치형의 접촉점의 연속된 궤적 [비고] 인벌류트 평행축 기어짝에 있어서 접촉점의 정면 궤적은 이끝원들의 사이에 놓인 작용선의 일부분이다.
4	피치점	pitch point	ピッチ点	두 피치원의 접촉점
5	총 접촉각	total angle of transmission	全接触角	치면에서 접촉의 시작부터 종료까지의 기어 회전각
6	총 접촉호	total arc of transmission	全接触弧	치면에서 접촉의 시작부터 종료까지 기어 회전에 따른 기준원의 호
7	정면(축직각) 접촉각	transverse angle of transmission	正面接触角	정면 치형에서 접촉의 시작부터 종료까지의 기어 회전각
8	정면(축직각) 접촉호	transverse arc of transmission	正面接触弧	정면 치형에서 접촉의 시작부터 종료까지 기어 회전에 따른 기준원의 호
9	중첩각	overlap angle	重なり角	하나의 잇줄의 양단을 포함하는 축방향 평면들 사이의 각
10	중첩호	overlap arc	重なり弧	하나의 잇줄의 양단을 포함하는 축방향 평면들 사이에 위치한 기준원의 호
11	정면(축직각) 물림률	transverse contact ratio	正面かみ合い率	정면(축직각) 접촉각을 각 피치로 나눈 값
12	중첩(축직각) 물림률	overlap ratio	重なりかみ合い率	중첩 각을 각 피치로 나눈 값, 또는 치폭을 축방향 피치로 나눈 값
13	전 물림률	total contact ratio	全かみ合い率	총접촉각을 각 피치로 나눈 값 [비고] 전 물림률은 정면 물림률과 중첩 물림률의 합과 같다.

④ 접촉(평행 인벌류트 기어) [contact(parallel involute gears)]

번호	용어	영어	일어	정의
1	접촉점 궤적의 길이, 물림 길이	length of path of contact	かみ合い長さ	맞물리는 기어의 이끝원들 사이의 작용선의 길이
2	접근 접촉	approach contact	近寄りかみ合い	피동 기어의 이끝원과 피치점 사이에 있는 접촉 궤적을 따른 모든 접촉
3	퇴거 접촉	recess contact	遠のきかみ合い	구동 기어의 피치점과 이끝원 사이에 있는 접촉 궤적을 따른 모든 접촉
4	접근 거리	length of approach path	近寄りかみ合い長さ	접근 접촉이 일어나는 물림 길이(접촉 궤적부의 길이)
5	퇴거 거리	length of recess path	遠のきかみ合い長さ	퇴거 접촉이 일어나는 물림 길이(접촉 궤적부의 길이)
6	중첩 거리	overlap length	重なりかみ合い長さ	치폭과 기초 나선각의 탄젠트의 곱과 같은 길이

2-7. 베벨 및 하이포이드 기어와 기어짝(bevel and hypoid gears and gear pairs)

① 베벨 기어(bevel gear)

원추(직각 원추)[cones(right circular)]

번호	용어	영어	일어	정의
1	기준 원추	reference cone	基準円すい	베벨 기어의 기준면
2	기준 원추 정점	reference cone apex	基準円すい頂点	베벨 기어의 기준 원추(원뿔)의 정점
3	피치 원추	pitch cone	ピッチ円すい	베벨 기어짝의 두 기어의 피치면
4	이끝 원추	tip cone	歯先円すい	베벨 기어 또는 하이포이드 기어의 이끝 곡면
5	이뿌리 원추	root cone	歯低円すい	베벨 기어 또는 하이포이드 기어의 이뿌리 곡면
6	배원추	back cone	背円すい	치폭의 바깥단에서의 원추로서 이 원추의 모선은 기준 원추의 모선에 수직이다.
7	내원추	inner cone	内端円すい	치폭의 안쪽 선단에서의 원추로서 이 원추의 모선에 기준 원추의 모선에 수직이다.
8	평균 원추	mean cone	平均円すい	치폭의 중간에서의 원추로서 이 원추의 모선은 기준 원추의 모선에 수직이다.
9	내....	inner....	内端....	내원추로 부터 정의되는 모든 용어에 한정어로 사용
10	평균....	mean....	平均....	평균 원추로부터 정의되는 모든 용어에 한정어로 사용
11	배원추 치형	back cone tooth profile	背円すい歯形	베벨 기어 또는 하이포이드 기어의 치면의 배원추에 의한 단면에서의 치형
12	베벨 기어의 가상(상당) 원통 기어	virtual cylindrical gear of a bevel gear	かさ歯車の相当円筒歯車	정면 단면이 주어진 베벨 기어의 배원추에 의한 단면의 전개와 같은 가상의 원통 기어

② 원추의 치수(dimensions of cones)

번호	용어	영어	일어	정의
1	기준 원추각	reference cone angle	基準円すい角	이뿌리 원추 모선을 포함하는 기준 원추 모선과 축 사이의 각
2	피치각	pitch angle	ピッチ角	이뿌리 원추 모선을 포함하는 피치 원추 모선과 축 사이의 각
3	기준원	reference circle	基準円	기준 원추와 축에 수직한 평면과의 교차원으로 이 원 위에서 피치가 명시된 값을 갖는다. [비고] 일반적으로 이것은 기준 원추와 배원추의 교차원이다.
4	기준원 지름	reference diameter	基準円直径	기준원의 지름
5	이끝각	tip angle	歯先角	축과 기어의 이를 포함하는 이끝 원추 모선과의 사이각
6	이뿌리각	root angle	歯低角	축과 기어의 이를 포함하지 않는 이뿌리 원추 모선 사이의 각
7	배원추각	back cone angle	背円すい角	축과 베벨 기어를 포함하는 배원추의 모선 사이의 예각
8	이끝원	tip circle	歯先円	이끝원추와 배원추의 교차원
9	이뿌리원	root circle	歯低円	이뿌리원추와 배원추의 교차원
10	이끝원 지름	tip diameter	歯先円直径	이끝원의 지름
11	이뿌리원 지름	root diameter	歯低円直径	이뿌리원의 지름
12	스파이럴각	spiral angle	まがり角	(스파이럴 베벨 또는 하이포이드 기어의 치면상의 점에서) 기준 원추에 접하는 면에서 원추의 모점과 그 점에서의 잇줄의 접선 사이의 각 [비고] 일반적으로 치폭의 중간에서의 스파이럴각을 표시한다.

③ 길이 방향 치수와 관련 특징(longitudinal dimensions and associated features)

번호	용어	영어	일어	정의
1	치폭	facewidth	歯幅	기준 원추의 모선을 따라 측정된 기어의 이가 형성된 부분의 폭
2	원추 거리	cone distance	円すい距離	원추의 모점으로부터 명시된 원추까지 기준 원추 모선을 따른 거리 [비고] 예를 들면 평균 원추 거리, 배원추 거리
3	위치 결정면	locating face	位置決め面	절삭될 기어의 축에 수직한 평면으로, 기어의 축방향 위치가 결정된다.
4	조립 거리	mounting distance	組立距離	베벨 기어에서는 기준 원추 모점으로부터 위치 결정면까지의 축방향 거리, 하이포이드 기어에서는 하이포이드 기어짝의 축들의 공통 수선과 기어축의 교차로부터 위치 결정면까지의 기어축을 따른 거리
5	이끝 거리	tip distance	歯先距離	이끝원을 포함하는 평면으로부터 위치 결정면까지의 기어축을 따른 거리
6	힐, 대단부	heel	大端部	베벨 또는 하이포이드 기어 이의 배원추 방향(이 두께가 큰 쪽 단)
7	토, 소단부	toe	小端部	베벨 또는 하이포이드 기어 이의 내원추 방향(이 두께가 작은 쪽 단)

④ 이끝 높이(어덴덤)와 이뿌리 높이(디덴덤)(addendum and dedendum)

번호	용어	영어	일어	정의
1	이높이	tooth depth	歯たけ	이끝원과 이뿌리원 사이의 배원추의 모선을 따른 거리
2	이끝 높이, 어덴덤	addendum (value)	歯末のたけ	이끝원과 기준원 사이의 배원추의 모선을 따른 거리
3	이끝각, 어덴덤각	addendum angle	歯末角	이끝 원추각과 기준 원추각과의 차
4	이뿌리 높이, 디덴덤	dedendum (value)	歯元のたけ	이뿌리원과 기준원 사이의 배원추 모선을 따른 거리
5	이뿌리각, 디덴덤각	dedendum angle	歯元角	이뿌리 원추각과 기준 원추각과의 차

⑤ 직선 베벨 기어의 치수[dimensions (straight bevel gears)]

번호	용어	영어	일어	정의
1	임의점에서의 압력각	pressure angle at a point	ある点の圧力角	치형에 대한 접선과 기준 원추에 수직이고 접촉점을 지나는 선분 사이의 예각
2	압력각	pressure angle	圧力角	치형과 기준원과의 교점에서의 압력각
3	피치	pitch	ピッチ	두 개의 연속된 치형 사이의 기준원의 호의 길이
4	모듈	module	モジュール	밀리미터(mm)로 표시된 피치를 원주율 π로 나눈 값, 또는 밀리미터(mm)로 표시된 기준원 지름을 잇수로 나눈 값
5	다이어미트럴 피치	diametral pitch	ダイヤメトラルピッチ	원주율 π를 인치로 표시된 피치로 나눈 값, 또는 잇수를 인치로 표시된 기준원 지름으로 나눈 값
6	이두께	tooth thickness	歯厚	이의 양 치면 사이의 기준원의 호의 길이
7	이홈 너비	spacewidth	歯溝の幅	이 홈의 양쪽에 놓인 두 치형 사이의 기준원의 호의 길이
8	이두께 절반각	tooth thickness half angle	歯厚半角	이의 두 잇줄 사잇각의 절반
9	이홈 너비 절반각	spacewidth half angle	歯溝幅半角	이홈의 두 잇줄 사잇각의 절반

⑥ 직선 베벨 기어의 현(활줄)[chords(straight bevel gear)]

번호	용어	영어	일어	정의
1	현(활줄) 이 두께	chordal tooth thickness	弦歯厚	(직선 베벨 기어) 배원추에서의 치직각 현(활줄) 이 두께
2	현(활줄) 이 높이	chordal height	弦高さ	(직선 베벨 기어) 배원추에서의 활줄 이높이

⑦ 베벨 기어와 하이포이드 기어의 종류(types of bevel and hypoid gears)

번호	용어	영어	일어	정의
1	크라운 기어	crown wheel, crown gear	冠歯車	90도의 기준 원추각을 가진 베벨 기어
2	페이스 기어	contrate gear, face gear	フェースギヤ	90도의 이끝 원추와 이뿌리 원추각을 가진 베벨 기어
3	헬리컬 베벨 기어, 스큐 베벨 기어	helical bevel gear, skew bevel gear	はすば(ねじれ)かさ歯車	잇줄이 동심원에 접하는 직선인 크라운 기어와 짝이 되는 베벨 기어
4	잇줄의 오프셋	offset of tooth trace	歯すじのオフセット	잇줄의 연장선과 헬리컬 베벨 기어와 맞물리는 크라운 휠의 축 사이의 가장 짧은 거리
5	옥토이드 기어	octoid gear	オクトイドギヤ	치직각 단면에서 직선 치형을 가진 크라운 휠과 작이 되는 베벨 기어 [비고] 이 치형은 구면 인벌류트와 옥토이드 기어의 가상 원통 기어의 인벌류트 치형을 근사한다.

⑧ 창성 공구(generating cutting tools)

번호	용어	영어	일어	정의
1	공구 이끝각	cutter tip angle	工具歯先角	(크라운 휠) 이끝 원추와 이 홈의 두 면이 만나는 선들 사이의 각의 절반
2	커터 모듈	cutter module	カッタモジュール	표준 이높이를 가지도록 절삭할 수 있는 공구의 가장 크거나 작은 표준 모듈
3	커터 다이어미트럴 피치	cutter diametral pitch	カッタダイヤメトラルピッチ	표준 이높이를 가지도록 절삭할 수 있는 공구의 가장 크거나 작은 표준 다이어미트럴 피치

2-8. 베벨과 하이포이드 기어짝(bevel and hypoid gear pairs)

① 기어짝의 종류(types of gear pairs)

번호	용어	영어	일어	정의
1	직선 베벨 기어짝	straight bevel gear pair	すぐばかさ歯車対	두 개의 맞물리는 인벌류트 직선 베벨 기어로 구성된 기어짝
2	헬리컬 베벨 기어짝, 스큐 베벨 기어짝	helical bevel gear pair, skew bevel gear pair	はすば(ねじれ) かさ歯車対	두 개의 맞물리는 인벌류트 헬리컬 베벨 기어로 구성된 기어짝
3	스파이럴 베벨 기어짝	spiral bevel g ear pair	まがりばかさ歯車対	두 개의 맞물리는 스파이럴 베벨 기어로 구성된 기어짝
4	하이포이드 기어짝	hypoid gear pair	ハイポイドギヤ対	
5	페이스 기어짝	contrate gear pair, face gear pair	フェースギヤ対	90도의 축각을 가지고, 교차하거나 가로지르는 축을 가진 페이스 기어와 그에 맞물리는 피니언
6	가상 원통 기어짝	virtual cylindrical gear pair	相当円筒歯車対	베벨 기어짝의 두 개의 맞물리는 가상 원통 기어로 구성된 가상의 기어짝

② 베벨 기어짝의 이높이와 틈새[(depths and clearances(bevel gear pairs)]

번호	용어	영어	일어	정의
1	물림 이높이	operating depth	かみ合い歯たけ	맞물리는 베벨 기어의 두 이끝원 사이의 두 기어의 배원추의 공통 모선을 따른 거리
2	베벨 기어의 이뿌리 틈새	bottom clearance	頂げき	베벨 기어의 이끝원과 그에 맞물리는 기어의 이뿌리원 사이의 두 기어의 배원추의 공통 모선을 따른 거리
3	원주 방향 백래시	circumferential backlash	円周方向 バックラッシ	맞물리는 기어가 고정되어 있을 때, 기어가 회전할 수 있는 기준원의 가장 큰 호 길이
4	공통 정(모)점	common apex	共通頂点	베벨 기어짝에서 두 피치 원추의 공통 정(모)점
5	축각	shaft angle	軸角	베벨 기어짝의 피치각들의 합과 같은 각 [비고] 이 정의는 하이포이드 기어의 기준각에는 적용할 수 없다.

기어용어

제2부 : 웜 기어의 기하학적 형상에 관한 정의

KS B ISO 1122-2 : 2006 (2011 확인)

3-1. 일반사항

① 토릭 면 및 선(toric surfaces and lines)

번호	용어	영어	그림	정의
1	토로이드	trode		원에 외접하고 축평면에 자리잡은 축(토로이드 축)에 관해 그 원(제너런트, generant)의 회전에 의해 생긴 회전체 또는 회전면
2	토로이드의 제너런트	generant of a trode		토로이드 축을 지나는 임의의 면과 토로이드의 교차에 의해 형성된 두 개의 원 중 하나
3	토로이드의 중간면	mid-plane of the toroid		토로이드의 대칭면으로 그 축에 수직이다.
4	토로이드의 중간원	mid-circle of the toroid		토로이드 제너런트의 중심에 의해 토로이드 중간면에서 그린 원
5	토로이드의 내부원	inner circle of the toroid		토로이드 중간면에 의해 토로이드 교차원의 두 개 중 안쪽 작은 원

② 웜 기어 쌍과 웜휠에 대한 용어(terms for worm gear pairs and their wheels)

번호	용어	영어	그림	정의
1	(원통) 웜	(cylindrical) worm		한 줄 또는 그 이상의 줄 수를 가진 원통 헬리컬 기어
2	(싱글 엔벨로핑) 웜휠	(single enveloping) worm wheel		한쌍으로 맞물릴 때 기어의 치면이 원통 웜과의 치면과 선접촉할 수 있는 기어 [주] '원통'과 '싱글 엔벨로핑'의 자격요건은 단지 이 정의 사이의 혼동이 있으려 할 때만 필요하고, '각각 더블 엔벨로핑(double enveloping)'이라는 엔벨로핑은 그렇지 않을 때 생길 수 있다.
3	(싱글 엔벨로핑) 웜 기어 쌍	(single enveloping) worm gear pair	1 : 휠 2 : 웜	교차축으로 함께 맞물려 있는 웜과 웜휠
4	엔벨로핑 웜	enveloping worm		한 개 이상의 나사산을 가진 웜은 이끝면과 이뿌리면이 웜과 공통 축인 토로이드의 부분이 되며, 그 중간원의 반지름은 교차축 기어 쌍의 중심거리에 일치하고 있다.
5	더블 엔벨로핑 웜휠	double-enveloping worm wheel		교차축으로 서로 맞물려 있을 때, 기어의 치면이 엔벨로핑 웜의 치면과 선접촉할 수 있는 기어
6	더블 엔벨로핑 웜 기어 쌍	double-enveloping worm gear pair	1 : 휠 2 : 웜	교차축으로 함께 맞물려 있는 엔벨로핑 웜과 그 상대 더블 엔벨로핑 휠

3-2 (원통) 웜(cylindrical) worm

① 기준(피치) 요소(reference elements)

번호	용어	영어	그림	정의
1	나사산	thread		웜의 이(tooth of a worm) [비고] 웜은 1개 이상의 나사산을 가질 수 있다.
2	기준(피치) 원통	reference cylinder	기준(피치)원통 기준(피치)지름	공칭 나사산의 치수가 정의된 곳의 웜의 기준면
3	기준(피치) 지름	reference diameter	기준(피치)원통	기준(피치) 원통의 지름
4	기준(피치) 잇줄	reference helix		나사면이 기준(피치) 원통과 교차하는 잇줄(비틀림선)
5	웜 이 너비	worm facewidth	웜 이 너비	기준(피치) 원통에서 웜의 나사 부분이 길이로 축에 평행하게 잰 값 [비고] 그 길이는 실제로 유용하고 완전하게 형성된 치면에 의해 표시된다.
6	웜의 리드 각	lead angle of worm	웜의 리드각	기준(피치) 잇줄(비틀림선)의 리드 각 [비고] 그 탄젠트(tangent)값은 나사 줄 수와 지름의 비와 같다.

번호	용어	영어	그림	정의
7	축 방향 치형	axial profile		축 평면에 의한 나사면의 교차 궤적
8	정면(축직각) 치형	transverse profile		웜축에 수직인 평면을 가진 나사면의 교차선
9	옵셋 평면	offset plane	옵셋 평면	웜휠의 축에 수직이고 웜축으로부터 옵셋에 평행인 평면
10	랙크 치형	rack profile		축 평면에 평행인 평면을 가진 나사면의 교선
11	치직각 평면	normal plane		기준 잇줄(비틀림선)에 수직인 평면
12	치직각 치형	normal profile		기준 잇줄(비틀림선)에 수직인 평면과 나사면의 교선
13	법선 피치	normal pitch		두 개의 대응하는 나사면 사이의 축 방향의 길이로서 기준 잇줄(비틀림선)에 대응하는 수직한 잇줄을 따라서 측정한 길이
14	치직각 모듈	normal module		법선 피치를 π로 나눈 값으로 mm 단위로 나타낸다.
15	나사산의 두께	thread thickness	이홈너비 / 나사산의 두께	기준 원통상의 모선상에서 같은 나사산의 양쪽 치면 사이의 길이
16	이 홈 너비	space width		기준 원통상의 모선상에서 두 개의 연속된 나사산의 두 개의 반대 치면 사이의 길이

② 피치, 어덴덤, 디덴덤(pitch, addendum, dedendum)

번호	용어	영어	그림	정의
1	리드	lead		같은 웜 나사의 연이어 있는 두 개의 대응 치형 사이의 축방향 길이
2	축 방향 피치	axial pitch		한 개 웜의 연이어 있는 대응 치형 사이의 축 방향으로 잰 피치 [비고] 축 방향 피치는 리드를 나사줄 수로 나눈 값과 같다.
3	축 방향 모듈	axial module		축 방향 피치를 π로 나눈 값
4	지름 비율	diameter quotient		기준원(기준 피치원)지름을 축 방향 모듈로 나눈 값
5	이 높이	tooth depth		이뿌리원통과 이끝원통 사이의 반지름 방향 거리
6	어덴덤(값)	aaddendum (value)	어덴덤 / 디덴덤 / 이높이	이끝원통과 기준원통 간의 반지름 방향 거리
7	디덴덤(값)	dedendum (value)		이뿌리원통과 기준원통 간의 반지름 방향 거리

③ 주요 나사면의 형태(principal forms of flanks)

번호	용어	영어	정의
1	형식 A	type A	축 방향 치형이 직선인 치형
2	형식 I	type I	인벌류트 헬리코이드 치형
3	형식 N	type N	이 홈 치형의 대칭축을 포함하는 기준 원통상의 잇줄(비틀림)에 수직인 평면에서 직선인 치형
4	형식 C	type C	원주상의 각 면에서 볼록 원호 치형을 가진 회전판 형상의 공구로 생산된 축방향으로 오목한 치형
5	형식 K	type K	이중 원추 형태의 회전판 형상의 공구로 생산된 축방향으로 볼록한 치형

④ 물림 요소(meshing element)

번호	용어	영어	그림	정의
1	피치 평면, 웜의 피치면	pitch plane, pitch surface of worm		웜나사에 대한 웜휠의 상대적 운동에서 순간 회전축에 의해 주어진 기하학적 형상의 표면 [비고] 이 평면은 웜휠 축과 웜 축에 평행하다.
2	피치 평면과 웜 축 사이의 거리	distance between pitch plane and worm axis		피치원 지름의 절반과 같은 거리
3	피치원 지름	pitch diameter	피치원 지름	피치원 지름은 피치 평면과 웜 축 사이 거리의 두 배와 같다.

⑤ 인벌류트 웜에 대한 특별한 정의(particular definition for involute worm)

번호	용어	영어	정의
1	기초원통	base cylinder	웜의 나사면의 창성을 포함하는 평면이 미끄럼없이 회전하는 웜에 공통축을 갖는 원통
2	기초원통상의 잇줄 (비틀림선)	base helix	웜 나사면의 직선 창성에 접한 기초원통상의 잇줄(비틀림선) [비고] 이것은 또한 나사면의 인벌류트 헬리코이드와 기초원통 사이의 교선이다.
3	기초원 지름	base diameter	기초원통상의 지름
4	기초원통각	base angle	기초원통상의 잇줄(비틀림선)의 리드각

3-3 싱글 엔벨로핑 웜휠(축각 90°) [single enveloping worm wheel(for shaft angle 90°)]

① 기준 요소(reference element)

번호	용어	영어	그림	정의
1	중간면	mid-plane		웜휠 축에 수직이며 맞물리는 웜 축을 포함하는 평면
2	기준 토로이드	reference toroid		그 중간원 반지름이 웜/웜휠 중심거리와 같고, 그 축과 중간 평면이 웜휠의 것과 일치하는 종래의 토로이드이고, 그 제너런트는 맞물리는 웜의 기준원과 같다.
3	이끝면	outside surface		웜휠과 공통 축 회전면으로 웜휠 이의 외부 경계에 의해 궤적이 이루어지며, 이것은 나사 형태의 치면과 웜휠의 이 너비에 의해 제한된 이끝원 원통으로 구성된다.
4	이끝원 원통	outside cylinder		이끝면의 원통부분
5	목 모양 면	throat form surface		이끝면의 토릭(toric)부분
6	이뿌리 면	root surface		기준 토로이드와 동심인 토릭 면으로 이 홈의 뿌리 부분을 포함한다.
7	기준원 (기준 피치원)	reference circle		기준 토로이드와 중간 평면의 교점에서의 안쪽 원
8	목 부분 원	throat circle		목 부분 면과 중간 평면의 교점에서의 원
9	이뿌리원	root circle		이의 이뿌리 면과 중간 평면의 교점에서의 원
10	이뿌리 토로이드	root toroid		이의 이부리 면에 접하는 토로이드

② 기준 치수와 전체 치수(reference and overall dimensions)

번호	용어	영어	그림	정의
1	이끝원 지름	outside diameter		기어 블랭크의 최대 지름
2	목 부분 지름	throat diameter		중간 평면에서 목 부분 원의 지름
3	이뿌리원 지름	root diameter		이뿌리원의 지름
4	기준원 (기준피치원) 지름	reference diameter		기준원(기준피치원)의 지름
5	기준 피치	reference pitch		두 개의 연이어 있는 대응 치형 사이의 기준원의 원호 길이
6	이 너비	face width		기준 토로이드와 이끝면과의 교점에서의 원을 포함한 두 개의 평면 사이의 거리 [비고] 보통 그러한 것처럼 이가 중간 평면에 관하여 대칭일 때에는 치폭은 이의 양 끝면 사이의 기준 제너런트의 현과 같다.
7	이 너비 각	face width angle		기준 제너런트의 중심거리에서의 각으로 이 끝단과 교차하는 점(꼭지점)에 의해 이루어진다.
8	목 부분 반지름	throat form radius		목의 토릭 면의 제너런트의 반지름
9	휠의 림	wheel rim		휠의 이를 에워싸는 림
10	림 너비	rim width		림의 최대 축 방향 치수
11	치폭 각의 거리	distance of face width angle		웜휠의 축과 치폭각의 꼭지점 사이의 거리

③ 작용 요소(working elements)

번호	용어	영어	그림	정의
1	피치원	pitch circle		(기준원과 동심인 중간평면에서) 웜휠 이의 피치가 웜의 축 방향 피치와 같은 곳에서의 원
2	피치원 지름	pitch diameter		피치원의 지름
3	정면(축직각) 피치	transeverse pitch	A−A 정면(축직각) 피치 전위량 전위량 피치원 지름 피치원 지름	두 개의 연이어 있는 대응 치형 사이의 피치원의 원호 길이 [비고] 정면(축직각) 피치는 웜의 축 방향 피치와 같다. 또한 정면(축직각) 피치는 모듈에 π를 곱한 값과 같다.
4	전위량	profile shift		기준원 지름과 피치원 지름 사이의 대수적 차의 절반 [비고] 규정된 중심거리에서 웜의 기준원 지름과 웜휠의 피치원 지름의 합의 절반을 뺀 값과 같다.
5	전위 계수	profile shift coefficient		전위량을 웜의 정면(축직각) 모듈로 나눈 값
6	정면(축직각) 모듈	transverse module		축 직각 피치와 π의 비 [비고] 웜의 축 직각 모듈에 상당한다.

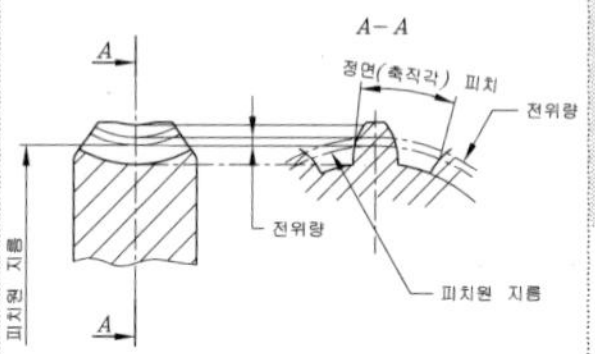

④ 어덴덤, 디덴덤(addendum, dedendum)

번호	용어	영어	그림	정의
1	이 높이	tooth depth		목 부분 지름과 이뿌리원 지름과의 차이의 절반
2	기준 어덴덤	reference addendum		목 부분 지름과 기준원 지름과의 차이의 절반
3	작용 어덴덤	working addendum		목 부분 지름과 피치원 지름과의 차이의 절반
4	기준 디덴덤	reference dedendum	기준 어덴덤 이높이 기준원 지름 기준 디덴덤	기준원 지름과 이뿌리원 지름과의 차이의 절반 [주] 전통적으로 '기준'과 '작용' 사이의 분명한 구분이 필요하지 않고 이해할 수 있다면 '기준'은 생략할 수 있다. 특수하게 가공된 데이텀 면이 또한 '기준면'으로 혼동될 우려가 있을 때에는 '이 기준'을 사용하라.
5	작용 디덴덤	working dedendum		피치원 지름과 이뿌리원 지름과의 차이의 절반

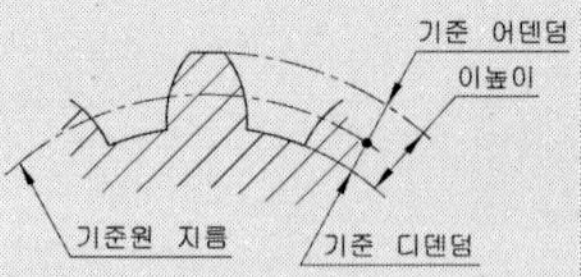

3-4 (싱글 엔벨로핑) 웜 기어 쌍(축각 90°) [worm gear pairs(single enveloping)(shaft angle 90°)]

① 기어 비, 높이, 틈새(gear ratio, depth and clearance)

번호	용어	영어	그림	정의
1	기어 비	gear ratio		웜휠의 잇수를 웜의 줄수로 나눈 값
2	작용 이 높이	working depth		웜 축과 휠 축에 공통 수선을 따라서 잰 웜과 휠의 이끝면 사이의 거리
3	이뿌리 틈새	bottom clearance		웜의 이끝원과 휠의 이뿌리원 사이 또는 휠의 목 부분 원과 웜의 이뿌리원통 사이의 거리로써 웜 축과 휠 축에 공통 수선을 따라서 잰 값
4	원주상 백래시	circumferential backlash		상대 웜이 고정되어 있을 때 작용 치면 접촉에서부터 비작용 치면 접촉까지를 휠이 회전할 수 있는 피치 원주상의 원호 길이
5	법선 백래시	normal backlash		작용 치면이 접촉하고 있을 때 비작용 치면들 사이의 최단 거리
6	작용 중심거리	working centre distance		웜 축과 휠 축 사이의 거리
7	접촉 영역	zone of contact	접촉 영역, 1	웜과 휠 사이의 접촉점에 의해 정의되는 기하학적 형상면 [비고] 이 면은 기어가 물리는 동안 접촉선의 연속으로 얻는다.
8	접근 길이	approach length	퇴거길이, 접근길이	기어가 감속기로서 운전될 때, 나사면의 첫 번째 접촉점과 순간 회전축 사이의 접근에 따르는 축 방향 거리
9	퇴거 길이	recess length		기어가 감속기로서 운전될 때, 나사면의 마지막 접촉점과 순간 회전축 사이의 퇴거에 따르는 축 방향 거리
10	전 물림률	total contact ratio		물림의 제한 위치(시작과 끝)에 상응하는 휠의 회전각과 휠의 정면(축직각) 피치 사이의 비

② 웜 기어 물림 단면(worm gear mesh sections)

번호	용어	영어	정의
1	웜 기어 물림 단면	worm gear mesh sections	휠 축에 수직인 임의의 평면에 의한 웜 기어 쌍의 물림 단면

기어의 제원과 치형

4-1. 인벌류트기어의 치형 및 치수

일반적으로 동력전달용 기어에 널리 사용되고 있는 치형은 인벌류트 치형이며 인벌류트 기어는 제작하기가 용이하고 중심거리가 조금 틀려도 원활하게 맞물리는 등의 장점이 있다.

아래 그림은 인벌류트 기어 치형의 기준이 되는 랙 치형을 도시한 것으로 이 기어의 치형과 같이 이높이가 모듈의 2.25배인 치형을 표준치형이라고 한다. 이 표준치형이 가장 널리 사용되지만 경우에 따라서 이것보다 이높이가 낮은 저치형, 이높이가 높은 고치형도 사용되고 있다. 또한 압력각은 20°가 일반적이지만 14.5°, 17.5° 등 특수한 압력각을 사용하는 경우도 있다.

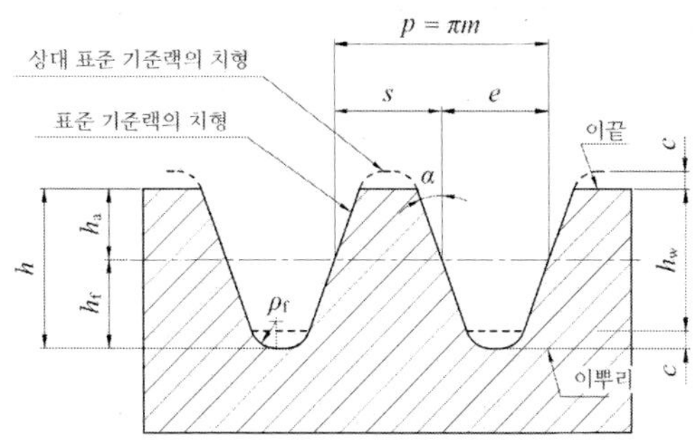

기준랙 치형

■ 치형에 관한 용어 및 정의

용어	기호	공식	정의
모듈	m	p/π	이의 크기를 mm 단위로 나타낸 것으로 기준 피치를 원주율(π)로 나눈 값
피치	p	πm	기준선상에서 근접한 이까지의 거리로 모듈(m)을 원주율(π)배 한 값
압력각	α	(20°)	이가 기준선의 법선에 대하여 기울어 있는 각도
이끝 높이	h_a	1.00m	기준선에서 이끝까지의 거리
이뿌리 높이	h_f	1.25m	기준선에서 이뿌리까지의 거리
이높이	h	2.25m	이끝에서 이뿌리까지의 거리
물림 이높이	h_w	2.00m	상대 기어와 맞물린 이의 높이
이뿌리 틈새	c	0.25m	이뿌리에서 상대기어의 이끝까지의 거리(틈새)
이뿌리 곡률 반지름	ρ_f	0.38m	치면과 이뿌리 사이의 곡률 반지름

■ 인벌류트 치형과 사이클로이드 치형의 비교

항목	인벌류트 치형	사이클로이드 치형
압력각	압력각이 일정하다.	압력각이 변화한다.
미끄럼럼률	변동이 많으며 피치점에서 미끄럼률은 0이다.	일정하다.
마모	마모 불균일, 치형의 변화	마모 균일
절삭공구	직선(사다리꼴)으로 제작이 용이하고 제조 단가가 저렴하다.	사이클로이드 곡선이어야 하고 구름원에 따라 다양한 커터가 필요하다.
공작 방법	빈 공간은 다소 치수의 오차가 있어도 되며 전위 절삭이 가능하다.	빈 공간이라도 치수가 매우 정밀해야 하며 전위 절삭이 불가능하다.
중심거리	약간의 오차는 큰 관계없다.	정확해야 한다.
조립성	용이하다.	어렵다.
언더컷	발생한다.	발생하지 않는다.
호환성	압력각과 모듈이 동일해야 한다.	원주피치와 구름원이 모두 같아야 한다.
주요 용도	동력전달용으로 일반적으로 많이 쓰인다.	정밀기계(시계, 계측기기류)

모듈은 정수값 또는 간단한 소수의 계열로서 Ⅰ계열과 Ⅱ계열이 규격화되어 있는데 가급적이면 Ⅰ계열의 모듈을 사용하고 필요에 따라서 Ⅱ계열을 사용한다. 모듈이 정의된 배경에는 원주에 관계되는 치수를 나타낼 때 등장하는 원주율(π)을 더하지 않고 간단한 수치로 기어의 크기를 정의하려고 한 것이다.

피치원의 직경을 d(mm), 잇수를 z(개)로 하면 모듈 m(mm). 피치 p(mm)의 사이에는 다음 식이 성립된다.

$$p = \frac{\pi d}{z} \quad m = \frac{d}{z} \qquad m = \frac{p}{\pi}$$

예를 들면 피치원 직경이 120mm이고 잇수가 30인 기어의 모듈은 m=d/z의 식을 이용해 m=120/30=4(mm)라는 것을 쉽게 구할 수 있다.

■ 모듈의 표준수

단위 : mm

I	II	I	II	I	II
0.1		1.25			7
	0.15		1.125	8	
0.2					9
	0.25		1.375	10	
0.3		1.5			11
	0.35		1.75	12	
0.4		2			14
	0.45		2.25	16	
0.5		2.5			18
	0.55		2.75	20	
0.6		3			22
	0.7		3.5	25	
		4			28
	0.75		4.5	32	
0.8		5			36
	0.9		5.5	40	
1		6			45
			(6.5)	50	

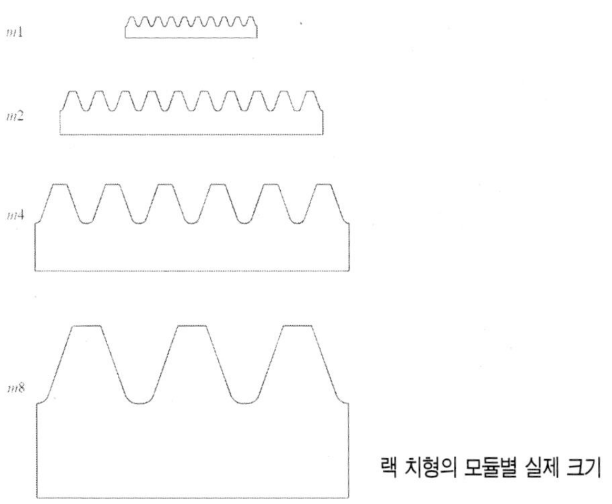

랙 치형의 모듈별 실제 크기

모듈 이외에 이의 크기를 나타내는 단위로는 원피치 **p**(CP) 또는 직경피치 **P**가 사용된다. 원피치(CP)는 기준피치 **p**를 말하는데 이 기준피치를 정수로 함으로써 이송기구에서 이송량을 원하는 정수로 하기가 쉬워진다. 직경피치 P(DP)는 길이의 단위로 인치를 사용하는 나라에서 사용되고 있는 이의 크기를 나타내는 단위이다. 직경피치는 아래 식에서 모듈 **m**으로 환산할 수 있다.

$$m=25.4/P$$

■ 모듈, 원피치 및 직경피치 비교표

모듈 m	원피치 CP	직경피치 DP
0.39688	1.24682	64
0.5	1.57080	50.8
0.52917	1.66243	48
0.6	1.88496	42.33333
0.79375	2.49364	32
0.79577	2.5	31.91858
0.8	2.51327	31.75
1	3.14159	25.4
1.05833	3.32485	24
1.25	3.92699	20.32
1.27000	3.98982	20
1.5	4.71239	16.93333
1.59155	5	15.95929
1.58750	4.98728	16
2	6.28319	12.7
2.11667	6.64970	12
2.5	7.85398	10.16
2.54000	7.97965	10
3	9.42478	8.46667
3.17500	9.97456	8
3.18310	10	7.97965
4	12.56637	6.35
4.23333	13.29941	6
4.77465	15	5.31976
5	15.70796	5.08
5.08000	15.95929	5
6	18.84956	4.23333
6.35000	19.94911	4
6.36620	20	3.98982
8	25.13274	3.175
8.4667	26.59882	3
10	31.41593	2.54

4-2. 인벌류트 곡선

형성 : 기초원(base circle)위에 감긴 줄 끝을 당기면서 풀 때 그 끝이 그리는 궤적으로 기초원에 접하여 미끄러지지 않고 구르는 직선상의 1점이 그리는 곡선도 인벌류트 곡선이라고 한다.

특징 : 제작이 간단하다(단일 곡선) / 강도가 높다 / 압력각이 일정하다

용도 : 일반 동력전달용

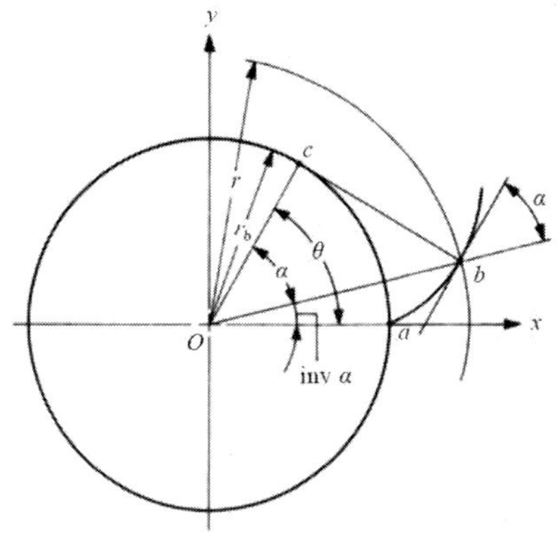

인벌류트각(인벌류트 α, **inv**α)의 단위는 라디안(rad)이며 θ는 인벌류트 구름각이라고 한다.

$$\mathrm{inv}\alpha = \tan\alpha - \alpha \text{(rad)}$$

인벌류트 곡선 좌표 계산식

$$\alpha = \cos^{-1}\frac{r_b}{r}$$
$$x = r\cos(inv\,\alpha)$$
$$y = r\sin(inv\,\alpha)$$

■ 인벌류트 곡선의 좌표 계산 예

기어 제원	설정값	기어 제원	설정값
모듈	5	기준원 직경	150
압력각	20	기초원 직경	140.95389
잇수	30	이끝원 직경	160

r 반지름	α 압력각	x 좌표	y 좌표
70.47695	0.00000	70.4769	0.0000
72	11.80586	71.9997	0.2136
74	17.75087	73.9961	0.7628
76	21.97791	75.9848	1.5192
78	25.37123	77.9615	2.4494
80	28.24139	79.9218	3.5365

좌표 계산 순서

① 반지름(r) 결정

② 인벌류트 곡선 좌표 계산식에서 압력각 α, x/y 좌표 계산

4-3. 표준 스퍼기어(전위없는 기어)

4-3-1. 이의 크기

z : 잇수

m : 모듈(상호 맞물리는 한 쌍의 기어의 크기는 동일하다. 그 이의 크기를 모듈 m으로 호칭한다.)

$$m = \frac{d_0}{z}$$

α_0 : 압력각(피치점에 있어서 그 반지름선과 치형과의 접선을 이루는 각)

d_0 : 기준 피치원 직경 $d_0 = zm$

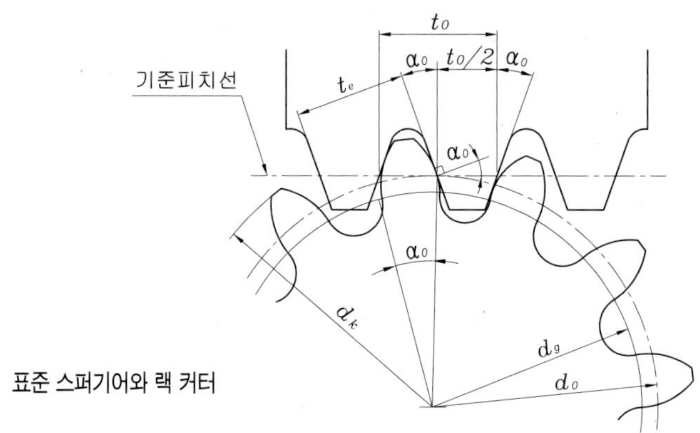

표준 스퍼기어와 랙 커터

d_g : 기초원 직경 $d_g = zm\cos\alpha_0 = d_0\cos\alpha_0$

d_k : 외경 $d_k = (z+2)m$

h : 전체 이높이(공구절입량) $h = (2+k)m$, $km = c_k$(클리어런스)

s_0 : 기준 피치원상 원주 이두께 $s_0 = \frac{t_0}{2} = \frac{\pi m}{2}$

t_0 : 기준 피치원의 원피치 $t_0 = \frac{\pi d_0}{z} = \pi m$

t_g : 기초원상의 원피치 $t_g = \frac{\pi d_g}{2} = \pi m\cos\alpha_0$

t_e : 법선 피치 $t_e = t_g$

m : 모듈 $m = \frac{t_0}{\pi}$ [mm]

1쌍의 기어의 중심간 거리 l

$$l = \frac{d_1 + d_2}{2} = \frac{m(z_1 + z_2)}{2}$$

단, 각 기어의 기준 피치원 직경 : d_1, d_2 잇수 : z_1, z_2

속도비 : n_i

$$n_i = \frac{\text{피구동기어의 회전속도 } n_2\,[rpm]}{\text{구동기어의 회전속도 } n_1\,[rpm]}$$

$$= \frac{\text{구동기어의 원직경 } d_{g1}}{\text{피구동기어의 원직경 } d_{g2}}$$

$$= \frac{\text{구동기어의 피치원직경 } d_1}{\text{피구동기어의 피치원직경 } d_2} \text{ (표준 기어)}$$

$$= \frac{\text{구동기어의 물림 피치원직경 } d_{b1}}{\text{피구동기어의 물림 피치원직경 } d_{b2}} \text{ (전위 기어)}$$

$$= \frac{z_1}{z_2}$$

토크비 = 기어비 i

$$i = \frac{z_2}{z_1} = \frac{1}{\text{속도비 } n_i}$$

4-3-2. 기어 이의 맞물림률 ε

$$\epsilon = \frac{\text{접촉호}}{\text{기초원피치}} = \frac{\text{맞물림길이}}{\text{법선피치}}$$

표준 스퍼기어의 경우 맞물림률 ε

$$\epsilon = \frac{\sqrt{(z_1+2)^2 - (z_1\cos\alpha_0)^2} + \sqrt{(z_2+2)^2 - (z_2\cos\alpha_0)^2} - (z_1+z_2)\sin\alpha_0}{2\pi\cos\alpha_0}$$

4-4. 스퍼기어의 각부 명칭

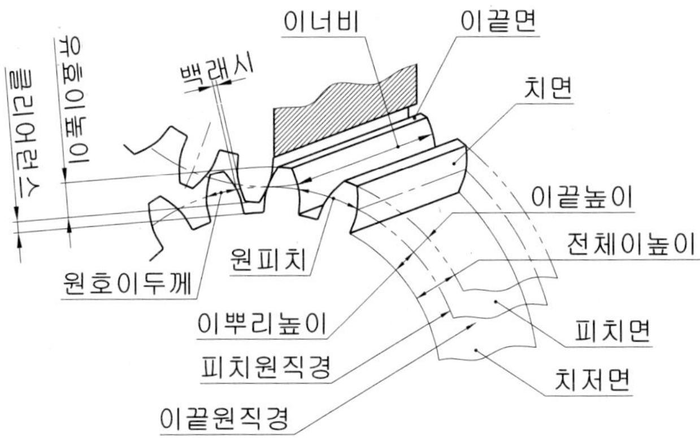

① 피치면(pitch surface) : 기어의 이를 설계하는 경우에 기준이 되는 면으로 가상적으로 서로 구름 접촉하는 곡면을 피치면이라고 한다. 그 형상에 따라 피치 원통(pitch cylinder), 피치 원추(pitch cone)로 부른다.

② 원피치(circular pitch) : 서로 이웃하는 이의 피치원상에서의 원호거리이다. 피치정도가 좋지 않은 경우 이의 하중변동이 발생하기 쉽고 소음의 원인이 된다.

③ 이 두께(thickness) : 이두께에는 피치원상의 호의 길이로 표시하는 원호 이두께(circular thickness)와 측정에 편리하도록 이두께 원호의 현의 길이로 나타내는 현 이두께(chordal thickness)가 있다.

④ 치폭, 이너비(face width) : 이의 축방향의 길이

⑤ 이높이(depth) : 피치원에서 이끝원까지를 이끝높이(addendum), 이뿌리원까지를 이뿌리높이(dedendum)라고 하고, 이것들을 합한 것을 전체 이높이(whole depth)라고 한다.

⑥ 백래시(backlash) : 서로 이웃하는 이와 이홈의 폭(space internal)에서 맞물리는 상대 이두께를 뺀 틈을 백래시라고 한다. 치절 가공시에 발생하는 피치나 이두께 등의 오차, 조립시의 축간거리 등의 오차나 베어링 클리어런스의 영향을 흡수한다거나 하중에 의한 이의 탄성변형, 온도 상승시의 치수변화에 대응하기 위해 필요한 틈새를 말한다. 백래시가 크면 안전하지만 소음이 발생하는 원인이 되므로 상기의 사항을 고려하면서 가급적이면 작게 한다.

4-5. 전위 스퍼기어

랙 공구의 기준 피치선을 기어의 기준 피치원 반지름에서 반지름 방향으로 전위량만큼 창성한 기어를 말한다. 전위는 아래와 같은 경우에 실시한다.

① 잇수가 적은(17개 이하) 경우에 공구의 이끝에서 기어의 이뿌리면이 일부 언더컷을 방지하는 경우

② 이뿌리의 이두께를 크게 할 필요가 있는 경우

③ 한 쌍의 기어의 축간거리가 정해져 있는 경우

전위량을 xm으로 표시하고 x를 전위계수라고 부른다. 전위기어의 경우에는 표준기어로 활용한 식 이외에 [맞물림 피치원 직경]이 더해진다.

전위기어의 맞물림 피치원 직경 d_{b1}

$$d_{b1} = \text{기준피치원직경}\, d_1 (= mz_1) \times \frac{\text{기준압력각}\cos\alpha_0}{\text{맞물림압력각}\cos\alpha_b}$$

$$d_{b2} = mz_2 \times \frac{\cos\alpha_0}{\cos\alpha_b}$$

중심간의 거리 ax는

$$ax = \frac{1}{2}d_{b1} + \frac{1}{2}d_{b2} = \frac{1}{2}m\frac{\cos\alpha_0}{\cos\alpha_b}(z_1 + z_2)$$

[예제] 중심간 거리 $l_x = 160$ [mm], 기어 매수 30매와 20매, $m = 6$을 설정하고 $z_1 = 30$, $z_2 = 20$, $m = 6$으로 기준(공구) 압력각 $\alpha_0 = 20[°]$로 하여 필요한 전위계수 $(x_1 + x_2)$를 구하시오. (이 예는 백래시=0인 경우로 한다.)

$$l_x = \frac{1}{2}m\frac{\cos\alpha_0}{\cos\alpha_b}(z_1 + z_2)$$

$$160 = \frac{1}{2} \times 6 \times \frac{\cos 20°}{\cos\alpha_b}(30 + 20)$$

$$\cos\alpha_b = 0.8809$$

따라서

$\alpha_b = 28° 15'$ (맞물림 압력각)

다음으로 양기어의 전위계수의 합계 $(x_1 + x_2)$를 구한다.

[계산식]

$$inv\,\alpha_b = 2\tan\alpha_0 \times \left(\frac{x_1 + x_2}{z_1 + z_2}\right) + inv\,\alpha_0 \quad \text{(백래시=0)}$$

$$inv\,\alpha_b = 2\tan\alpha_0 \times \left(\frac{x_1 + x_2 + \dfrac{C_n}{2m\sin\alpha_0}}{z_1 + z_2}\right) + inv\,\alpha_0 \quad \text{(백래시=}C_n\text{)}$$

x_1 : z_1의 전위계수, x_2 : z_2의 전위계수

여기서 삼각함수와 인벌류트 함수를 보면

$\tan 20° = 0.36397$

$inv\,28° 15' = 0.04426$

$inv\,20° = 0.01490$

따라서 $x_1 + x_2 = 2.02$

전위계수의 합계인 2.02를 만족하면 문제가 되지 않지만 언더컷을 방지하기 위해 작은 기어에 많이 분배한다.

[참고] 인벌류트 함수표 (invΦ=tanΦ-Φ)

Φ°	0.0	0.1	0.2	0.3	0.4	0.5	0.6	0.7	0.8	0.9
10	0.001794	0.001849	0.001905	0.001962	0.002020	0.002079	0.002140	0.002202	0.002265	0.002329
11	0.002394	0.002461	0.002528	0.002598	0.002668	0.002739	0.002812	0.002887	0.002962	0.003039
12	0.003117	0.003197	0.003277	0.003360	0.003443	0.003529	0.003615	0.003703	0.003792	0.003883
13	0.003975	0.004069	0.004164	0.004261	0.004359	0.004459	0.004561	0.004664	0.004768	0.004874
14	0.004982	0.005091	0.005202	0.005315	0.005429	0.005545	0.005662	0.005782	0.005903	0.006025
15	0.006150	0.006276	0.006404	0.006534	0.006665	0.006799	0.006934	0.007071	0.007209	0.007350
16	0.007493	0.007637	0.007784	0.007932	0.008082	0.008234	0.008388	0.008544	0.008702	0.008863
17	0.009025	0.009189	0.009355	0.009523	0.009694	0.009866	0.010041	0.010217	0.010396	0.010577
18	0.010760	0.010946	0.011133	0.011328	0.011515	0.11709	0.011906	0.012105	0.012306	0.012509
19	0.012715	0.012923	0.013134	0.013346	0.013562	0.013779	0.013999	0.014222	0.014447	0.014674
20	0.014904	0.015137	0.015372	0.015606	0.015850	0.016092	0.016337	0.016585	0.016836	0.017089
21	0.017345	0.017603	0.017865	0.018129	0.018395	0.018665	0.018937	0.019212	0.019490	0.019770
22	0.020054	0.020340	0.020629	0.020921	0.021217	0.021514	0.021815	0.022119	0.022426	0.022736
23	0.023049	0.023365	0.023684	0.024006	0.024332	0.024660	0.024992	0.025326	0.025664	0.026005
24	0.026350	0.026697	0.027048	0.027402	0.027760	0.028121	0.028485	0.028852	0.029223	0.029598
25	0.029975	0.030357	0.030741	0.031150	0.031521	0.031917	0.032315	0.032718	0.033124	0.033534
26	0.033947	0.034364	0.034785	0.035209	0.035637	0.036069	0.036505	0.036945	0.037388	0.037835
27	0.038287	0.038742	0.039201	0.039664	0.040131	0.040602	0.041076	0.041556	0.042039	0.042526
28	0.043017	0.043513	0.044012	0.044516	0.045024	0.045537	0.046054	0.046575	0.047100	0.047630
29	0.048161	0.048702	0.049245	0.049792	0.050344	0.050901	0.051462	0.052027	0.052597	0.053172
30	0.053751	0.053336	0.054924	0.055518	0.056116	0.056720	0.057328	0.057940	0.058558	0.059181
31	0.059809	0.060441	0.061079	0.061721	0.062369	0.063022	0.063680	0.064343	0.065012	0.065685
32	0.066364	0.067048	0.067738	0.068432	0.069133	0.069838	0.070549	0.071266	0.071988	0.072716
33	0.073449	0.074188	0.074932	0.075683	0.076439	0.077200	0.077968	0.078741	0.079520	0.080069
34	0.081097	0.081894	0.082697	0.083506	0.084321	0.085142	0.085970	0.086804	0.087644	0.088490
35	0.089342	0.090201	0.091067	0.091938	0.092816	0.093701	0.094592	0.095490	0.096395	0.097306
36	0.098224	0.099149	0.100080	0.101019	0.101964	0.102916	0.103875	0.104841	0.105814	0.106795
37	0.107782	0.108777	0.109779	0.110788	0.111805	0.112829	0.113860	0.114899	0.115945	0.116799
38	0.118060	0.119130	0.120207	0.121291	0.122384	0.123484	0.124592	0.125709	0.126833	0.127965
39	0.129106	0.130254	0.131411	0.132576	0.133750	0.134931	0.136122	0.137320	0.138528	0.139743
40	0.140968	0.142201	0.143443	0.144694	0.145954	0.147222	0.148500	0.149787	0.151083	0.152388
41	0.153702	0.155025	0.156358	0.157700	0.159052	0.160414	0.161785	0.163165	0.164556	0.165956
42	0.167366	0.168786	0.170216	0.171656	0.173106	0.174566	0.176037	0.177518	0.179009	0.180511
43	0.182024	0.183547	0.185080	0.186625	0.188180	0.189746	0.191324	0.192912	0.194511	0.196122
44	0.197744	0.199377	0.201022	0.202678	0.204346	0.206026	0.207717	0.209420	0.211135	0.212863
45	0.214602	0.216353	0.218117	0.219893	0.226821	0.223483	0.225296	0.227123	0.228962	0.230714

20매(枚)인 기어의 x_2=1.5, 30매(枚)인 기어의 x_1=0.52로 하면

전위량은 20매인 기어는 9=6×1.5, 30매인 기어는 3.12=6×0.52 가 된다.

위의 예에 있어서 전위를 하지 않는 표준 스퍼기어의 경우 축간거리 ℓ 은 아래와 같이 150mm가 된다. 이 예에서는 전위에 의해 중심거리를 160mm로 하는 것이 가능하다.

$$l = \frac{d_1 + d_2}{2} = \frac{(z_1 + z_2)m}{2} = \frac{(20+30)\times 6}{2} = 150[\text{mm}]$$

전위를 해도 전위계수 $|x_1|=|-x_2|$인 경우에는 축간거리는 표준 스퍼기어의 경우와 동일하게 되고 또한 맞물림 압력각도 공구압력각(20°)과 동일하다.

제
4
장

■ 전위 스퍼 기어와 맞물리는 표준 스퍼 기어의 중심거리 예

m=1의 전위 스퍼 기어(x=+0.5)와 맞물리는 표준 스퍼기어(x=0)의 중심거리를 아래 표에 나타낸다. 사용 기어의 모듈비를 곱하여 이용한다.

■ 잇수 12~62의 중심거리

단위 : mm

잇수 (x=0)	잇수 (x=+0.5)		잇수 (x=0)	잇수 (x=+0.5)	
	10	11		10	11
12	11.4410	11.9428	32	21.4640	21.9647
13	11.9428	12.4446	34	22.4653	22.9660
14	12.4446	12.9462	35	22.9660	23.4666
15	12.9462	13.4477	36	23.4666	23.9671
16	13.4477	13.9492	38	24.4677	24.9683
17	13.9492	14.4505	40	25.4688	25.9693
18	14.4505	14.9518	42	26.4698	26.9703
19	14.9518	15.4530	44	27.4707	27.9712
20	15.4530	15.9542	45	27.9712	28.4716
21	15.9542	16.4553	46	28.4716	28.9721
22	16.4553	16.9564	48	29.4725	29.9729
23	16.9564	17.4574	50	30.4733	30.9736
24	17.4574	17.9583	52	31.4740	31.9744
25	17.9583	18.4592	54	32.4747	32.9750
26	18.4592	18.9601	55	32.9750	33.4754
27	18.9601	19.4610	56	33.4754	33.9757
28	19.4610	19.9618	58	34.4760	34.9763
29	19.9618	20.4625	60	35.4766	35.9769
30	20.4625	20.9633	62	36.4772	36.9774

■ 전위 스퍼 기어와 맞물리는 랙기어의 조립거리 예

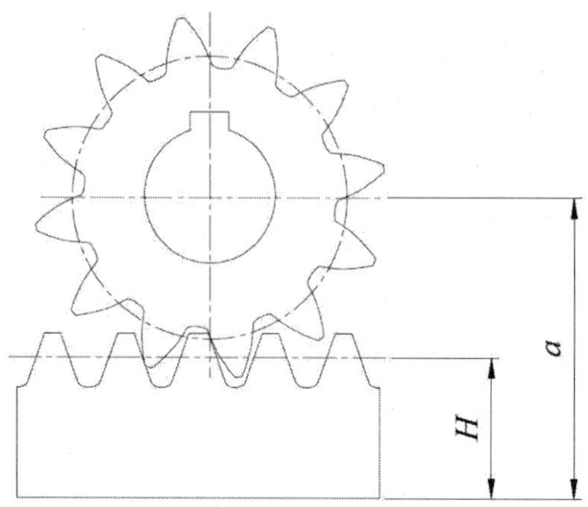

$$a = \frac{\pi m}{2} + H + xm$$

여기서,

a : 조립거리　H : 피치선 높이　m : 모듈　z : 잇수　x : 전위계수

■ 잇수 64~200의 중심거리

단위 : mm

잇수 (x=0)	잇수 (x=+0.5)	
	10	11
64	37.4777	37.9780
65	37.9780	38.4782
66	38.4782	38.9785
68	39.4787	39.9790
70	40.4792	40.9794
72	41.4796	41.9799
75	42.9803	43.4805
76	43.4805	43.9807
80	45.4813	45.9814
84	47.4820	47.9822
85	47.9822	48.4823
88	49.4826	49.9828
90	50.4830	50.9831
95	52.9837	53.4838
100	55.4844	55.9845
120	65.4866	65.9867
150	80.4890	80.9890
200	105.4915	105.9915

기어 설계 순서

제
5
장

5-1. 설계 검토 항목

기어를 설계하는데 있어 검토해야 할 주요 항목으로서 다음과 같은 사항을 들 수 있다.

사양	레이아웃	기능	성능	
① 전달동력	① 축수	① 강도	① 전달효율	① 코스트
② 회전비	② 축간거리	② 강성	② 소음	② 제작성
③ 회전방향	③ 치폭	③ 간섭	③ 내구성	
④ 사용환경	④ 이끝원직경			

5-2. 기어 설계

5-2-1. 기어의 주요 사용 목적

(1) 동력전달

전달 동력의 크기에 따라 이에 필요한 강도를 결정한다. 이 때, 특히 이뿌리 강도와 치면 압력에 의해 모듈, 압력각 및 (맞물림) 치폭을 임시로 결정한다. 모듈, 압력각, 치폭을 크게 하면 이뿌리 강도가 높아진다. 또한 치면 압력에 대해서는 치폭을 크게 설계하는 것이 효과적이다.

(2) 회전전달 또는 회전방향 변환

회전 전달 및 회전 방향 변환은 기어의 종류나 축수 (반전 시키거나 회전 시키거나 직동 변환하거나)를 결정한다. 이것은 장치 전체의 레이아웃에 영향을 미치게 된다.

(3) 회전비 변환

회전비는 비율(ratio)이라고도 부르며 기어 잇수의 비율에 따라 결정된다. 구동축 기어의 잇수를 z_1, 피구동축 기어의 잇수인 z_2에 따라 결정되지만, 피치원 지름의 비율로도 유사하게 추정할 수도 있다(이유는 '피치원지름 = 잇수 × 모듈'로 결정하기 때문이다).

잇수가 너무 적으면 이의 형성이 어려워지거나 이뿌리의 두께가 얇아져 이뿌리 강도가 저하하는 등의 문제가 발생한다. 일반적으로 잇수는 10매 이하가 되지 않도록 설계한다.

한 쌍의 기어의 잇수는 공통 인수를 가지지 않는 것이 좋다고 하는데 이것은 기어의 맞물림을 일정하게 하지 않음으로써 마모를 균일화하는 등의 목적이 있기 때문이다. 그러나 열처리에 의해 경화된 치면에 대해서는 크게 염려하지 않아도 된다.

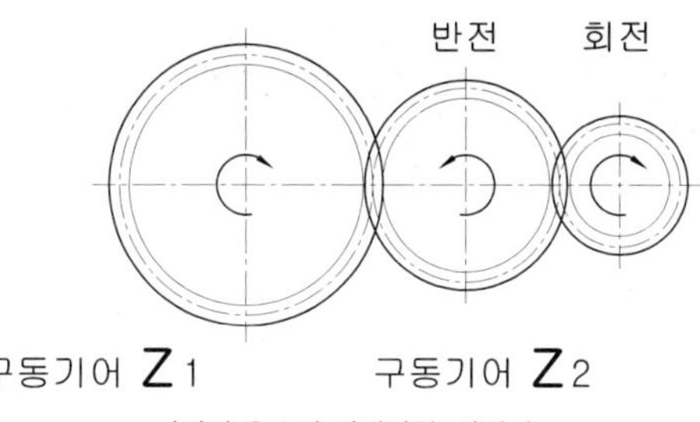

기어의 축수와 회전방향, 회전비

회전비 : $r = \dfrac{z_2}{z_1} \fallingdotseq \dfrac{d_2}{d_1}$ (이 경우 증속)

5-2-2. 사용 조건 및 기능 검토

기능적인 측면에서 강도, 강성 및 기계적인 간섭에 대해서 검토할 필요가 있다.

(1) 강도

기어의 강도는 특히 이뿌리 강도와 치면압의 성립성에 주목한다. 이뿌리 강도는 이의 굽힘강도에 의해 평가하고 모듈, 압력각, 맞물리는 치폭, 이높이, 전위계수 등을 결정하는 요인이 된다. 이뿌리 강도를 계산하는 방법으로 루이스(W. Lewis)의 식을 사용한다.

$$F = \sigma_b \cdot b \cdot \pi \cdot m \cdot Y$$

여기서, F : 이에 걸리는 접선력

σ_b : 재료의 허용 반복굽힘응력

b : 치폭(이너비)

m : 모듈

Y : 치형계수

특히 Y(치형계수)는 이의 형상, 잇수, 전위계수 등으로 변화하기 때문에 치형계수 도표 중에서 적당한 값을 선택하게 된다.

또한, 위의 루이스의 식은 정적 하중에 대한 공식이며 동적 하중에 대해서는 속도 계수, 동하중 계수 등을 이 공식에 대입한다. 이러한 데이터도 도표 중에서 적당한 것을 선정할 수 있다. 또한 허용 응력에서 정적 응력 및 동적 응력은 서로 다르다. 정적 응력에 대해서는 굽힘 강도를 동적 응력에 대해서는 피로 강도를 사용할 수 있다.

다음으로 치면 압력에 대해서는 헤르츠(H.R. Hertz)의 접촉 응력 이론에 근거해 계산한다. 이의 표면이 단단하지 않을 때 이의 접촉 응력에 의한 마모나 피팅(pitting, 점부식) 현상 등이 발생하여 기어로 사용할 수 없는 상태를 초래할 수도 있다.

■ 평기어의 피치기준 치형계수 $y = \dfrac{2x\cos\alpha}{3p\cos\beta}$

잇수 Z	압력각 $\alpha=14.5°$	압력각 $\alpha=20°$				잇수 Z	압력각 $\alpha=14.5°$	압력각 $\alpha=20°$			
	보통이	보통이	낮은이	유성기어장치			보통이	보통이	낮은이	유성기어장치	
				작은기어	내접기어					작은기어	내접기어
12	0.067	0.078	0.099	0.104	-	28	0.100	0.112	0.137	0.127	0.220
13	0.071	0.083	0.103	0.104	-	30	0.101	0.114	0.139	0.129	0.216
14	0.075	0.088	0.108	0.105	-	34	0.104	0.118	0.142	0.132	0.210
15	0.078	0.092	0.111	0.105	-	38	0.106	0.122	0.145	0.135	0.205
16	0.081	0.094	0.115	0.106	-	43	0.108	0.126	0.147	0.137	0.200
17	0.084	0.096	0.117	0.109	-	50	0.110	0.130	0.151	0.139	0.195
18	0.086	0.098	0.120	0.111	-	60	0.113	0.134	0.154	0.142	0.190
19	0.088	0.100	0.123	0.114	-	75	0.115	0.138	0.158	0.144	0.185
20	0.090	0.102	0.125	0.116	-	100	0.117	0.142	0.161	0.147	0.180
21	0.092	0.104	0.127	0.118	-	150	0.119	0.146	0.165	0.149	0.175
22	0.093	0.105	0.129	0.119	-	300	0.122	0.150	0.170	0.152	0.170
24	0.095	0.107	0.132	0.122	-	래크	0.124	0.154	0.175	-	-
26	0.098	0.110	0.135	0.125	-						

[주]
1. 표에 잇수가 없는 경우 보간법으로 계산한다.
2. 보통이(병치)는 기준 래크의 이끝높이가 모듈과 같은 이(이끝높이 h_f=m)
3. 낮은이(저치)는 기준 래크의 이끝높이가 모듈보다 작은 이(일반적으로 이끝높이 h_f=0.8×m)

■ **평기어의 모듈기준 치형계수** $Y = \pi y = \dfrac{2x\cos\alpha}{3m\cos\beta}$

잇수 Z	압력각 $\alpha=14.5°$	압력각 $\alpha=20°$			
	보통이	보통이	낮은이	유성기어장치	
				작은기어	내접기어
12	0.210	0.245	0.311	0.327	-
13	0.223	0.261	0.324	0.327	-
14	0.236	0.277	0.339	0.330	-
15	0.245	0.290	0.349	0.330	-
16	0.254	0.296	0.361	0.333	-
17	0.264	0.303	0.368	0.342	-
18	0.270	0.309	0.377	0.349	-
19	0.276	0.314	0.386	0.358	-
20	0.283	0.322	0.393	0.364	-
21	0.289	0.328	0.399	0.371	-
22	0.292	0.331	0.405	0.374	-
24	0.298	0.337	0.415	0.383	-
26	0.308	0.346	0.424	0.393	-
28	0.314	0.353	0.430	0.400	0.691
30	0.317	0.359	0.437	0.405	0.679
34	0.327	0.371	0.446	0.415	0.660
38	0.333	0.384	0.456	0.424	0.644
43	0.339	0.397	0.462	0.430	0.628
50	0.346	0.409	0.474	0.437	0.613
60	0.345	0.422	0.484	0.446	0.597
75	0.361	0.435	0.496	0.452	0.581
100	0.368	0.447	0.506	0.461	0.565
150	0.374	0.460	0.518	0.468	0.550
300	0.383	0.472	0.534	0.478	0.534
래크	0.390	0.485	0.550	-	-

[주]
1. 표에 잇수가 없는 경우 보간법으로 계산한다.
2. 보통이(병치)는 기준 래크의 이끝높이가 모듈과 같은 이(이끝높이 h_f=m)
3. 낮은이(저치)는 기준 래크의 이끝높이가 모듈보다 작은 이(일반적으로 이끝높이 h_f=0.8×m)

(2) 강성

이의 강성, 즉 이의 변형, 휨에 의해 백래시가 변화하고 소음이나 치면 손상 등의 문제가 발생할 수 있다. 이의 강성을 높이려면 모듈을 크게 한다든가 압력각을 크게 하거나 +측으로 전위시키는 등의 방법이 유효하다. 하지만 압력각을 너무 크게 하면 흔들림도 증가하기 때문에 소음이나 치면의 열 손상 등의 문제를 유발하는 원인이 된다.

(3) 기계적 간섭

정적으로 이와 이의 간섭을 검토했다고 하더라도 이에 하중이 가해져 변형이 되면 간섭이 발생할 수도 있다. 이런 경우에는 백래시를 키우거나 치형을 수정하기도 한다. 백래시에 대해서는 전위계수를 변경함으로써 가능하다. 치형 수정은 이끝 수정과 이뿌리 수정이 있는데 일반적으로 이끝 수정이 널리 이용되고 있다. 그러나 불필요한 이끝 수정은 맞물림율의 저하를 초래하게 된다.

5-2-3. 성능에 대해

성능적인 측면에서는 전달 효율, 소음, 내구성 등에 대해 검토할 필요가 있다.

(1) 전달 효율

기어의 중요한 역할 중 하나는 동력의 전달이다. 이 동력 전달을 어떻게 효율적으로 할 수 있느냐에 따라 기어의 성능이 크게 좌우된다. 이와 이가 맞물릴 때 동력의 일부가 소음이나 열에 의해 에너지가 낭비되기 때문에 이러한 영향을 최대한 작게 하는 것이 중요하다.

소음에 대해서는 흔들림을 작게 하는 것이 유효하다. 열에 대해서는 미끄럼 마찰을 줄이거나 예를 들어 급유량을 증가시켜 조립 정밀도나 치형 정밀도를 좋게하는 방법 등이 있다. 또한 기어축의 축심이 어긋나거나 관성 모멘트의 감소에 의해 불필요한 전력 소모가 될 수도 있다.

(2) 소음

소음은 작업자를 불편하게 할 뿐만 아니라 진동에 의한 영향도 미칠 수 있다. 소음은 이의 정밀도 향상, 적절한 백래시, 맞물림율 향상, 이의 고강성화, 댐핑 특성이 높은 재료의 사용, 적절한 윤활 등을 대책 방안으로 들 수 있다. 특히 토크 변동이 큰 경우 치면의 양쪽이 서로 번갈아 부딪혀가며 동력을 전달하기 때문에 진동이나 소음의 원인이 된다.

또한 백래시가 너무 작으면 치면 사이에 충분한 급유가 되지 못하여, 결과적으로 금속 접촉이 발생하여 소음의 원인이 된다.

(3) 내구성

내구성은 기계의 수명과 밀접한 관계가 있다. 만약에 기계의 수명이 10년 밖에 안되는데 기어의 내구성은 20년이나 된다고 하면 분명 과잉 설계가 된 것으로 볼 수 있다. 그렇다고 기어의 내구성이 3년 밖에 안된다면, 유지보수를 할 때마다 기계를 중지시키고 기어를 교체해주어야 하므로 시간과 비용적인 측면에서 문제가 된다.

적당한 내구성을 확보하기 위해서는 기어의 강도에 대한 보장을 어떻게 할 것인가? 특히 이뿌리나 치면의 피로 강도는 치면의 마모에 의해 결정된다. 피로 강도에 대해서는 내구 한도로부터 사용 한계 횟수를 이끌어 낼 수 있다. 치면의 마모에 대해서는 마모가 진행되면 백래시의 증대, 치형 정밀도의 악화 등의 요인이 되어 소음이나 진동의 발생, 전달 효율의 저하 등을 초래하게 된다. 이러한 성능 한계에서 마모 허용량을 결정하는 것으로, 내구성의 적정화를 도모할 수 있다.

5-2-4. 기어 절삭

기어의 이를 절삭하는 방법으로는 다음과 같은 가공 방법을 들 수 있다.

(1) 호브(hob) 절삭

(2) 커터(cutter)에 의한 절삭 (rack & pinion)

(3) NC 가공

(4) 전조

(5) 프레스, 단조

(6) 주조

(7) 소결

(8) 브로우치 가공

(9) 방전 가공

등이 있다. 요구되는 정밀도, 비용, 절삭에 대한 제약 조건 등을 감안하여 절삭 방법을 선택해야 한다. 특히 기어의 설계시에 고려하지 않으면 안되는 사항으로 공구와의 간섭을 피하면서 필요로 하는 기능 및 성능을 만족하는 것이다.

5-3 제원 검토

(1) 모듈(module)

모듈은 이의 크기를 결정하는 파라미터로 피치를 π(=3.14159...)로 나눈 값 또는 기준 지름을 이(teeth)의 수로 나눈 값으로 단위는 mm이다. 모듈을 크게 설계하면 강도 및 강성은 높아진다. 하지만 동일한 기준원 직경이라면 잇수를 적게 하기 때문에 ($d_b=\pi zm$) 잇수가 너무로 작아지는 경우에는 모듈을 작게 할 필요가 있다. 또한 모듈은 표준으로 규격화되어 있으며 아래 규격을 참조하기 바란다.

KS B 1404 : 인벌류트 기어 치형 및 치수 - 부속서 A, KS B ISO 54

■ 인벌류트 원통 기어 치형의 모듈의 표준값

계열	모듈 1mm 미만	모듈 1mm 이상
I 계열	0.3 0.4 0.5 0.6 0.8	1 1.25 1.5 2 2.5 3 4 5 6 8 10 12 16 20 25 32 40 50
II 계열	0.35 0.45 0.55 0.7 0.75 0.9	1.125 1.375 1.75 2.25 2.75 3.5 4.5 5.5 (6.5) 7 9 11 14 18 22 36 45

[주] I 계열의 모듈을 우선 사용하고 필요에 따라서 II 계열을 사용하며 II 계열의 모듈 6.5의 사용은 삼가야 한다. 그리고 표준값 이외의 모듈의 사용을 금하는 것은 아니며 ( )안의 모듈은 가능한 사용하지 않는다.

(2) 압력각(pressure angle)

압력각이 클수록 이뿌리 두께가 커지기 때문에 굽힘강도에 대해서는 유리해진다. 그러나 압력각을 너무 크게 하면 이끝이 뾰족해지거나 흔들림이 커지게 되므로 적절한 균형을 고려해서 결정해야 한다.

압력각을 20°로 하는 것이 일반적이지만, 14.5°도 사용된다. 그 외에도, 17.5°, 18°, 22.5°, 25°, 27°, 28° 등도 드물게 사용되는 경우가 있다. 또한 인벌류트 스플라인에서는 30°, 37.5°, 45° (인벌류트 세레이션) 등도 사용된다.

(3) 이높이(whole depth)

이의 높이는 이끝측의 이끝높이(addendum)과 이뿌리측의 이뿌리높이(dedendum)로 나뉜다. 이끝높이와 이뿌리 높이를 적절하게 설정하지 않으면 이끝과 이뿌리의 간섭이 발생하게 된다. 또한 이뿌리 높이를 크게 하면 맞물림율도 커지게 되지만 크면 클수록 이끝이 뾰족하게 된다. 이끝높이(h_a)는 피치원부터 이끝원까지의 길이로서 이높이에 따라 보통이, 낮은이, 높은이로 구분한다.

보통이의 경우 $h_a=m$

낮은이의 경우 $h_a=0.8m$

높은이의 경우 $h_a=1.2m$

여기서 m은 모듈이다.

이뿌리 높이는 피치원부터 이뿌리원까지의 거리이다. 서로 맞물리는 한쌍의 기어에서 한 기어의 이뿌리 높이는 상대편 기어의 이의 이끝높이(h_a)와 상대편 이의 이끝틈새(c)를 합한 것이다.

5-4. 이의 너비(치폭 : face width)

제 5 장

치폭은 기어의 축방향길이로서 치폭 또는 이의 너비라고 하는데 치폭을 두껍게 하여 이뿌리 강도의 향상이나 치면 강도 향상을 할 수가 있다. 스퍼기어의 경우 보통 너비(N)와 넓은 너비(W)의 2종류가 있으며 보통 너비는 모듈의 6배, 넓은 너비는 모듈의 10배에 근사한 값이다.

■ 일반용 스퍼기어의 이너비의 표준값 [KS B 1414]

항 목		표준값									
모듈 [mm]		1.5 2 2.5 3 4 5 6									
표준 이너비 [mm]	잇수 32 이상	10	12	16	20	25	32	36	40	50	60
	잇수 30 이하	12	14	18	22	28	35	40	45	55	65

■ 일반용 스퍼기어의 잇수의 표준값 [KS B 1414]

14	15	16	17	18	19	20	21	22	24	25
26	28	30	32	34	36	38	40	42	45	48
50	52	55	58	60	65	70	75	80	90	100

5-5. 백래시(backlash)

백래시는 이에 생기는 여유 틈새로 이것이 없으면 원활하게 맞물려 돌아가지 않는다. 백래시를 크게 하면 이 사이의 충돌이 심해지면서 진동이나 소음 등의 문제를 발생한다. 반대로 백래시를 작게 하면 이의 변형 등에 의해 이끼리의 간섭을 일으킬 수 있다. 또한 이 표면 사이의 틈새가 작아지게 되면 급유가 잘되지 않고 고체 접촉이 발생하여 치면에 손상을 일으킬 수도 있다. 백래시 설정은 이러한 것들을 고려하면서 균형을 잡아 설계해야 하며 백래시를 조정하기 위해서는 전위계수를 조절하는 것이 유효하다.

5-6. 비틀림 각(헬리컬 기어)

기어의 이에 비틀림을 적용함으로써 맞물림율을 향상시키고 진동과· 소음, 이뿌리 강도가 향상된다. 비틀림 각은 맞물림율 계산 중에서 tan 함수에 포함되어 있기 때문에 비틀림 각을 크게 할수록 맞물림율도 향상된다.
그러나 스러스트 힘의 발생도 이 비틀림 각이 원인이 되기 때문에, 스러스트 힘에 대한 저항력을 고려하면서 비틀림 각을 설정할 필요가 있다.

5-7. 재질 및 열처리의 결정

기어에 사용되는 재료는 강도, 내마모성, 내부식성, 피삭성, 경제성 등을 고려하여 선택해야한다.
기어에 사용되는 주요 재료에는 다음과 같은 것이 있다.
특히 기어는 높은 부하에서 문제가 생기기 쉬우므로 그 점에 착안한 재료 선택 방법에 대해 살펴보도록 한다. 높은 부하가 가해지는 기어는 이뿌리에 대한 굽힘강도와 치면강도가 문제가 된다. 일반적으로 강은 경도를 증가시키면 인장강도도 증가하기 때문에 강에 열처리를 하여 경도를 높이는 처리를 실시한다. 이 경우에 사용되는 열처리에는 다음과 같은 것이 있다.

- 침탄 열처리

  표면 경도(HRC50 이상)를 올려 치면의 내마모성을 향상시키면서 중심부의 경도는 그만큼 올리지 않고 이의 인성을 유지할 수 있는데 고부하용의 기어에 자주 사용되는 열처리이다. 주로 탄소 함유량이 낮은 합금강(SCM415, 420 등)에서 사용한다.

- 고주파 열처리

  탄소 함유량이 많은 강(SM35C~SM48C, SCM435 등)에서 사용되며, 담금질 및 뜨임을 실시하여 표면 경도와 인성을 좋게 해주는 열처리이다. 표면 경도는 HRC50 정도까지 올려주고 치구(jig)를 고려하여 필요한 부분에만 핀 포인트로 열처리를 실시하는 것이 가능하다. 그러나 치절하기 전에 조질(調質)처리를 해야 하므로 피삭성이 나쁘다는 단점이 있다.

- 조질(調質)

조질은 전면 열처리이며, 외부 뿐만 아니라 내부 경도도 높아지게 된다. 따라서 너무 단단하면 인성이 부족해져 피로 강도의 면에서 불리하다. 특히 열처리에 의한 이의 변형을 억제하려면 고주파 열처리 뿐만 아니라 사전에 치절할 수 있는 정도의 열처리를 한 후 치절을 하기 때문에 피삭성이 나빠진다.

- 질화(窒化)

질화처리는 변태에 의한 경화가 아닌 질소 화합물의 석출에 의해 금속 모체에 스트레스를 주는 것으로 경화시키는 방법이다. 따라서, 표면 경도만을 향상시켜 경화층이 얇기 때문에 인장 강도에는 크게 영향을 주지 않는다. 특히 내피로성, 내화성이 필요한 경우에 사용된다. 또한 열처리 온도가 그리 높지 않기 때문에 열변형도 방지할 수 있다는 특징이 있다.

5-8. 기어 재료의 치면 피로한도 σH_{lim}

제5장

재료의 치면(齒面) 피로한도는 재료의 조성(組成), 재료의 제조 이력 및 기어 재료로서의 열처리 관리 등의 요인에 의해 변화하지만 일반적으로 다음 표에 의해 구하면 좋다.

표 중의 경도는 기어의 피치점 부근의 경도를 말하고 기어의 원주방향 및 치폭방향에서 측정된 경도의 최소값을 이용한다.

■ 주철, 주강 및 스테인리스강 기어 σH_{lim}

재 료 (JIS 기호)		경도 (HB)	항복점 (MPa)	인장강도 (MPa)	σH_{lim} (MPa)
회주철	FC200			196~245	330
	FC250			245~294	345
	FC300			294~343	365
구상흑연주철	FCD400	121~201		392 이상	405
	FCD450	143~217		441 이상	435
	FCD500	170~241		490 이상	465
	FCD600	192~269		588 이상	490
	FCD700	229~302		685 이상	540
	FCD800	248~352		785 이상	560
주강	SC360		117 이상	363 이상	335
	SC410		206 이상	412 이상	345
	SC450		226 이상	451 이상	355
	SC480		245 이상	481 이상	365
	SCC3A	143 이상	265 이상	520 이상	390
	SCC3B	183 이상	373 이상	618 이상	435
	SCMn3A	170 이상	373 이상	637 이상	420
	SCMn3B	197 이상	490 이상	683 이상	450
스테인리스강	SUS304	187 이하	260 이상 (耐力)	520 이상	405

■ 표면 경화처리 하지 않은 기어 σH_{lim}

재료 (JIS 기호)		경도 HB	경도 HV	인장강도 하한 MPa(참고)	σH_{lim} (MPa)
기계구조용 탄소강 (노멀라이징, 불림)	S25C, S35C, S43C, S48C, S58C	120	126	382	405
		130	136	412	415
		140	147	441	430
		150	157	471	440
		160	167	500	455
		170	178	539	465
		180	189	569	480
		190	200	598	490
		200	210	628	505
		210	221	667	515
		220	231	696	530
		230	242	726	540
		240	253	755	555
		250	263	794	565
기계구조용 탄소강 (템퍼링, 뜨임)	S35C, S43C, S48C, S53C, S58C	160	167	500	500
		170	178	539	515
		180	189	569	530
		190	200	598	545
		200	210	628	560
		210	221	667	575
		220	231	696	590
		230	242	726	600
		240	252	755	615
		250	263	794	630
		260	273	824	640
		270	284	853	655
		280	295	883	670
		290	305	912	685
기계구조용 탄소강 (담금질, 뜨임)	SMn443, SNCM836, SCM435, SCM440, SNCM439	220	231	696	685
		230	242	726	700
		240	252	755	715
		250	263	794	730
		260	273	824	745
		270	284	853	760
		280	295	883	775
		290	305	912	795
		300	316	951	810
		310	327	981	825
		320	337	1010	840
		330	347	1040	855
		340	358	1079	870
		350	369	1108	885
		360	380	1147	900

■ 고주파 퀜칭 기어 σH_{lim}

재료 (JIS 기호)		고주파 열처리 전의 열처리 조건	치면경도 HV(퀜칭 후)	σH_{lim} (MPa)
기계구조용 탄소강	S43C S48C	노멀라이징 (불림)	420	750
			440	785
			460	805
			480	835
			500	855
			520	885
			540	900
			560	915
			580	930
			600 이상	940
		템퍼링 (뜨임)	500	940
			520	970
			540	990
			560	1010
			580	1030
			600	1045
			620	1055
			640	1065
			660	1070
			680 이상	1075
기계구조용 합금강	SMn443H SCM435H SCM440H SNCM439 SNC836	퀜칭, 템퍼링 (담금질, 뜨임)	500	1070
			520	1100
			540	1130
			560	1150
			580	1170
			600	1190
			624	1210
			640	1220
			660	1230
			680 이상	1240

5-9. 기어용 금속 재료

재료의 종류	재료의 기호	브리넬 경도 시험 H_B	비 고
기계구조용 탄소강	SM 30C	150 - 212	SM 45C는 고주파 담금질에 적당하다.
	SM 45C	201 - 269	
	SM 55C	229 - 285	
니켈크롬강	SNC 236	248 - 302	일반적으로 고주파 담금질을 하지 않는다. SNC 631, SNC 815는 표면 담금질용(침탄용)으로 사용한다.
	SNC 415	269 - 321	
	SNC 631	217 - 321	
	SNC 815	285 - 388	
니켈크롬 몰리브덴강	SNCM 220	269 - 321	강력하고 우수한 기어의 재료로 사용한다.
	SNCM 415	302 - 352	
	SNCM 420	293 - 352	
	SNCM 431	293 - 352	
	SNCM 439	302 - 363	
	SNCM 447	249 - 341	표면 담금질용 (침탄법)으로 사용한다.
	SNCM 616	255 - 341	
	SNCM 625	293 - 395	
	SNCM 630	311 - 375	
크롬강	SCr 420	341 - 388	표면 담금질용 (침탄법)으로 사용한다.
단강품	SF490A(SF50)	235 - 231	보통 기어용, 어닐링 풀림강
	SF540A(SF55)		
	SF590A(SF60)		
탄소강 주강품	SC 410		보통 산업용 대형 기어용으로 주조 후 열처리 실시한다.
	SC 480		
회주철품	GC 200		기벼운 하중으로 충격이 작을 때 사용하며 주조 후 풀림처리 하여 사용한다.
	GC 250		
	GC 300		
	GC 350		
청동 주물 인청동 주물	CAC303(HBsC3)		내식성 및 내마모성이 필요한 웜 및 웜 휠 등에 사용한다.
	CAC401(BC1)		
	CAC402(BC2)		
비금속 재료	베크라이트 (Bakelite)		기계적인 모든 성질이 금속재료 보다 많이 떨어지므로 동력 부하가 적은 소형 기어용으로 주로 사용한다.
	나일론 (Nylon)		

제6장

#06

제도 - 기어의 표시

[KS B 0002]

6-1. 스퍼 기어 [KS B 0002 : 2001(2012 확인)]

■ 스퍼 기어 요목표

단위 : mm

<table>
<tr><th colspan="6">스퍼 기어</th></tr>
<tr><td colspan="2">기 어 치 형</td><td>전 위</td><td colspan="2">다듬질 방법</td><td>호브 절삭</td></tr>
<tr><td rowspan="3">기준
래크</td><td>치 형</td><td>보통이</td><td colspan="2">정 밀 도</td><td>KS B 1405 5급</td></tr>
<tr><td>모 듈</td><td>6</td><td rowspan="7">비
고</td><td colspan="2" rowspan="7">상대 기어 전위량 0
상대 기어 잇수 50
중심 거리 207
백래시 0.20~0.89
*재료
*열처리
*경도</td></tr>
<tr><td>압 력 각</td><td>20°</td></tr>
<tr><td colspan="2">잇 수(개)</td><td>18</td></tr>
<tr><td colspan="2">기준 피치원 지름</td><td>108</td></tr>
<tr><td colspan="2">전 위 량</td><td>+3.16</td></tr>
<tr><td colspan="2">전체 이높이</td><td>13.34</td></tr>
<tr><td>이두께</td><td>벌림 이 두께</td><td>$47.96^{-0.08}_{-0.38}$
(벌림 잇수 = 3)</td></tr>
</table>

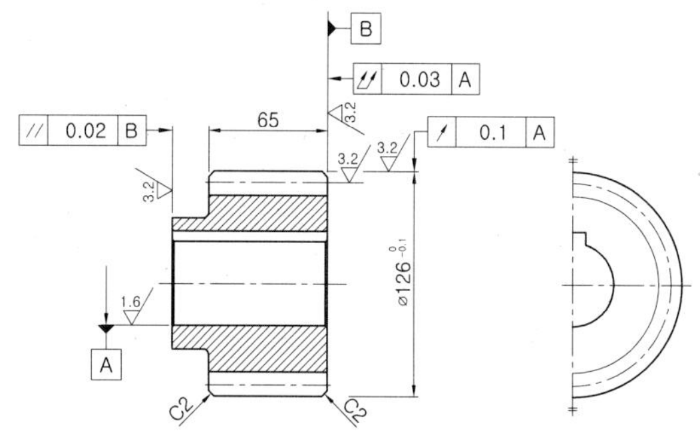

[스퍼 기어 도시법]

1. 잇봉우리원은 굵은 실선으로 표시한다.
2. 피치원은 가는 1점 쇄선으로 표시한다.
3. 이골원 지름은 가는 실선으로 작도한다. 다만, 축에 직각인 방향에서 본 그림을 단면으로 도시할 때는 이골의 선은 굵은 실선으로 표시한다.

[비고]

① 기어 치형란에는 표준 기어의 경우 '표준', 전위기어의 경우 '전위'라고 기입한다.
② 기준래크는 인벌류트 기어를 절삭공구로 가공할 때 사용하는 래크이며, 모듈을 기준으로 치형의 치수가 규정되어 있다. 압력각은 기어 이의 경사각을 의미하며, 스퍼 기어는 20° 로 규정되어 있다.
③ 전체 이높이는 이뿌리 높이와 이 끝 높이의 합으로 결정된다.
④ 기어의 다듬질 방법으로는 호브 절삭, 연삭 다듬질, 피니언 커터 절삭, 래핑 다듬질 등이 있으며, 일반적으로 호브 절삭이 가장 많이 사용된다.
⑤ 스퍼 기어의 일반적인 가공정밀도는 KS B 1405 5급으로 적용한다. KS B 1405에서는 스퍼 기어와 헬리컬 기어의 정밀도를 0등급에서 8등급까지 규정하고 있다.

6-2. 헬리컬 기어 [KS B 0002 : 2001(2012 확인)]

■ 헬리컬 기어 요목표

단위 : mm

헬리컬 기어					
기어 치형		표준	전체 이 높이		9.40
치형 기준 평면		치직각	이두께	오버 핀(볼) 치수	$95.19^{-0.17}_{-0.29}$ (볼 지름=7.144)
기준 래크	치형	보통이	다듬질 방법		연삭 다듬질
	모듈	4	정밀도		KS B 1405 1급
	압력각	20°	비고	상대기어 잇수 24 중심거리 96.265 기초원 지름 78.783 *재료 SNCM 415 *열처리 침탄 칭 *경도(표면) HRC 55~61 유효 경화층 깊이 0.8~1.2 백래시 0.15~0.31 치형 수정 및 크라우닝을 할 것	
잇수(개)		19			
비틀림각		26.7° (26° 42′)			
*비틀림 방향		왼쪽(LH)			
리드		531.385			
기준 피치원 지름		85.071			

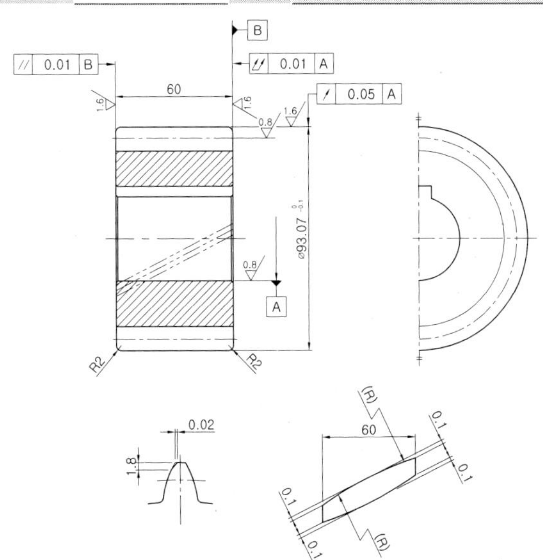

[헬리컬 기어 도시법]

1. 잇봉우리원은 굵은 실선으로 표시한다.
2. 피치원은 가는 1점 쇄선으로 표시한다.
3. 이골원 지름은 가는 실선으로 작도한다. 다만, 축에 직각인 방향에서 본 그림을 단면으로 도시할 때는 이골의 선은 굵은 실선으로 표시한다.
4. 잇줄 방향은 3개의 가는 실선으로 표시한다.
5. 주투영도를 단면으로 도시할 때는 외접 헬리컬 기어의 잇줄 방향은 지면에서 앞의 이의 잇줄 방향을 3개의 가는 2점 쇄선으로 표시한다.

제 6 장

6-3. 내접 헬리컬 기어 [KS B 0002 : 2001(2012 확인)]

■ 내접 헬리컬 기어 요목표

단위 : mm

<table>
<tr><th colspan="6">내접 헬리컬 기어</th></tr>
<tr><td colspan="2">기어 치형</td><td>표준</td><td colspan="2">전체 이 높이</td><td>6.75</td></tr>
<tr><td colspan="2">치형기준평면</td><td>치직각</td><td>이두께</td><td>오버 핀(볼)
치 수</td><td>$283.219^{+0.979}_{+0.221}$
(볼 지름=5.000)</td></tr>
<tr><td rowspan="3">기준
래크</td><td>치 형</td><td>보통이</td><td colspan="2">다듬질 방법</td><td>피니언 커터 절삭</td></tr>
<tr><td>모 듈</td><td>3</td><td colspan="2">정 밀 도</td><td>KS B 1405 5급</td></tr>
<tr><td>압 력 각</td><td>20°</td><td rowspan="6">비
고</td><td colspan="2" rowspan="6">백래시 0.15~0.69
* 재료 SCM 435
* 열처리 칭 템퍼링
* 경도 HB 241~302</td></tr>
<tr><td colspan="2">잇 수(개)</td><td>84</td></tr>
<tr><td colspan="2">비 틀 림 각</td><td>29.6333°
(29° 38′)</td></tr>
<tr><td colspan="2">*리 드</td><td></td></tr>
<tr><td colspan="2">비틀림 방향</td><td>도시</td></tr>
<tr><td colspan="2">기준 피치원 지름</td><td>289.918</td></tr>
</table>

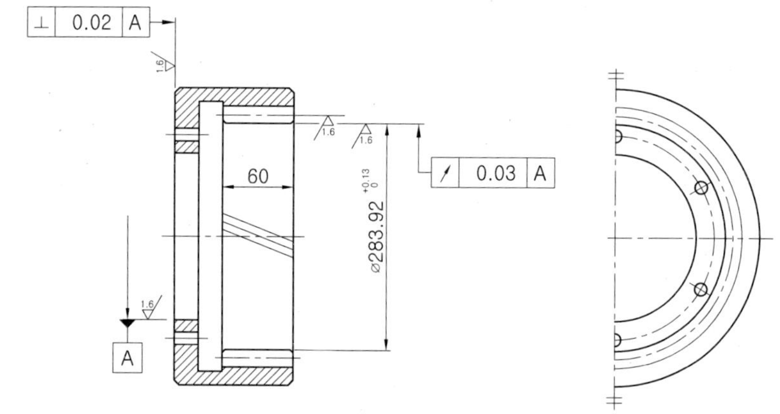

[내접 헬리컬 기어 도시법]

1. 잇봉우리원은 굵은 실선으로 표시한다.
2. 피치원은 가는 1점 쇄선으로 표시한다.
3. 이골원 지름은 가는 실선으로 작도한다. 다만, 축에 직각인 방향에서 본 그림을 단면으로 도시할 때는 이골의 선은 굵은 실선으로 표시한다.
4. 내접 헬리컬 기어의 잇줄 방향은 3개의 가는 실선으로 표시한다.

6-4. 이중 헬리컬 기어 [KS B 0002 : 2001(2012 확인)]

■ 이중 헬리컬 기어 요목표

단위 : mm

이중 헬리컬 기어					
기어 치형		표준	이두께	활줄 이두께 (치 직각)	$15.71^{+0.15}_{-0.50}$ (캘리퍼 이 높이 = 10.05)
치형기준평면		치직각			
기준 래크	치 형	보통이			
	모 듈	10	다듬질 방법		호브 절삭
	압 력 각	20°	정 밀 도		KS B 1405 4급
잇 수(개)		92	비고	상대 기어 잇수 20 중심 거리 617.89 백래시 0.3~0.85 *재료 *열처리 *경도	
비 틀 림 각		25°			
비틀림 방향		도시			
*리 드					
기준 피치원 지름		1015.105			
전체 이 높이		22.5			

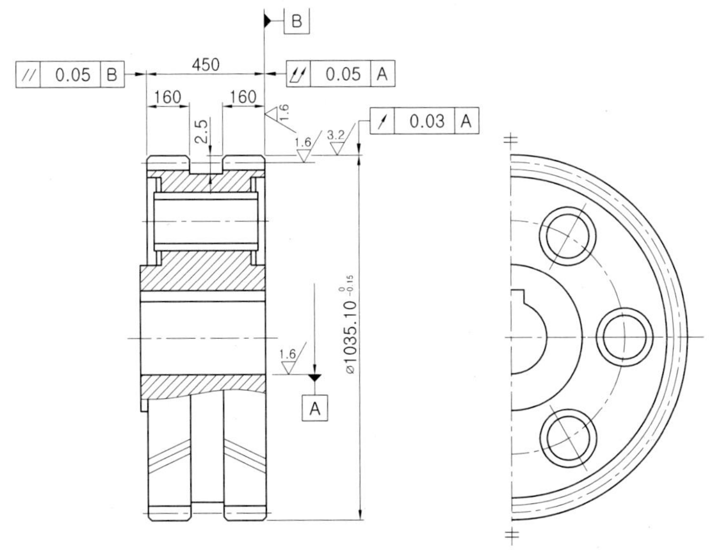

[이중 헬리컬 기어 도시법]

1. 잇봉우리원은 굵은 실선으로 표시한다.
2. 피치원은 가는 1점 쇄선으로 표시한다.
3. 이골원 지름은 가는 실선으로 작도한다. 다만, 축에 직각인 방향에서 본 그림을 단면으로 도시할 때는 이골의 선은 굵은 실선으로 표시한다.
4. 잇줄 방향은 통상 3개의 가는 실선으로 표시한다.

6-5. 나사 기어 [KS B 0002 : 2001(2012 확인)]

■ 나사 기어 요목표

단위 : mm

나사 기어							
구별		피니언	(기어)	구별		피니언	(기어)
기 어 치 형		표준		이두께	벌림 이두께 (치 직각)		
치형기준평면		치직각			활줄 이두께 (치 직각)	$3.14^{-0.06}_{-0.19}$ (캘리퍼 = 2.033)	
기준 래크	치 형	보통이			오버 핀 (볼)치수		
	모 듈	2		다듬질 방법		호브 절삭	
	압 력 각	20°		정 밀 도		KS B 1405 4급	
잇 수(개)		13	(26)	비고	백래시 0.11~0.4		
축 각		90°					
비 틀 림 각		45°	(45°)				
비틀림 방향		오른쪽(RH)					
*리 드		115.51					
기준 피치원 지름		36.769	(73.539)				

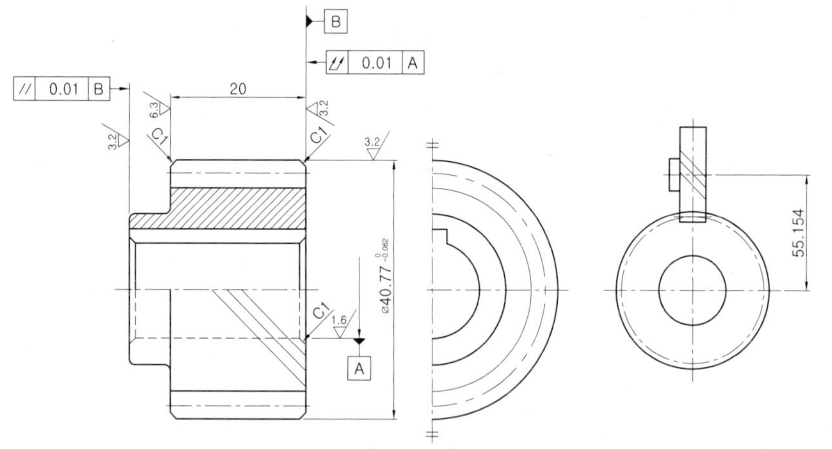

[나사 기어 도시법]

1. 잇봉우리원은 굵은 실선으로 표시한다.
2. 피치원은 가는 1점 쇄선으로 표시한다.
3. 이골원 지름은 가는 실선으로 작도한다. 다만, 축에 직각인 방향에서 본 그림을 단면으로 도시할 때는 이골의 선은 굵은 실선으로 표시한다.
4. 잇줄 방향은 통상 3개의 가는 실선으로 표시한다.

6-6. 직선 베벨 기어 [KS B 0002 : 2001(2012 확인)]

■ 직선 베벨 기어 요목표

단위 : mm

직선 베벨 기어					
구별	기어	(피니언)	구별	기어	(피니언)
치형	글리슨식		기준 피치 원추각	60° 39′	(29° 21′)
모듈	6		이골 원추각	57° 32′	
압력각	20°		이 봉우리 원추각	62° 28′	
잇수(개)	48	(27)	이두께 측정 위치	바깥 끝 잇 봉우리 원부	
축각	90°		이두께 활줄 이두께 (치 직각)	$8.08^{-0.10}_{-0.15}$ 캘리퍼 4.14	
기준 피치원 지름	288	(162)	다듬질 방법	절삭	
이 높이	13.13		정밀도	KS B 1412 4급	
이끝 높이	4.11		비고	백래시 0.2~0.5 이접촉 KS B 1417 구분 B * 재료 SCM 420H * 열처리 * 유효 경화층 깊이 0.9~1.4 * 경도(표면) HRC 60±3	
이뿌리 높이	9.02				
원추 거리	165.22				

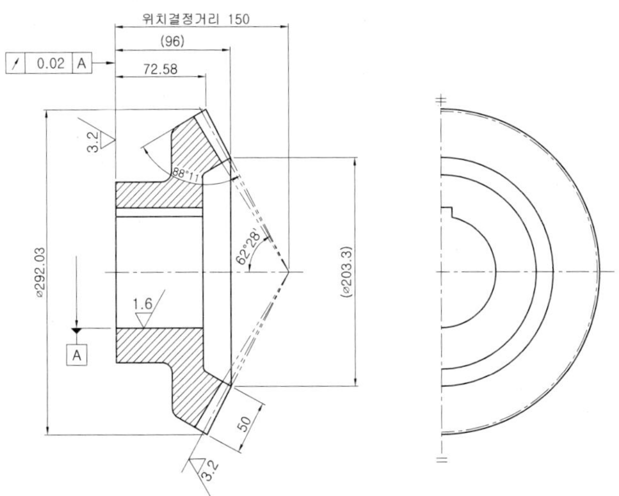

[직선 베벨 기어 도시법]

1. 잇봉우리원은 굵은 실선으로 표시한다.
2. 피치원은 가는 1점 쇄선으로 표시한다.
3. 이골원 지름은 가는 실선으로 작도한다. 다만, 축에 직각인 방향에서 본 그림을 단면으로 도시할 때는 이골의 선은 굵은 실선으로 표시한다. 또한 이골원은 기입을 생략해도 좋고, 특히 베벨 기어 및 웜휠의 축 방향에서 본 그림에서는 원칙적으로 생략한다.

6-7. 스파이럴 베벨 기어 [KS B 0002 : 2001(2012 확인)]

■ 스파이럴 베벨 기어 요목표

단위 : mm

<table>
<tr><th colspan="7">스파이럴 베벨 기어</th></tr>
<tr><th>구별</th><th>기어</th><th>(피니언)</th><th colspan="2">구별</th><th>기어</th><th>(피니언)</th></tr>
<tr><td>치 형</td><td colspan="2">글리슨식</td><td colspan="2">원 추 거 리</td><td colspan="2">159.41</td></tr>
<tr><td>이절삭 방법</td><td>스프레이드
블레이드법</td><td></td><td colspan="2">기준피치 원추각</td><td>62° 24′</td><td>(29° 36′)</td></tr>
<tr><td>커 터 지 름</td><td>304.8</td><td></td><td colspan="2">이골 원추각</td><td>57° 27′</td><td></td></tr>
<tr><td>모 듈</td><td colspan="2">6.3</td><td colspan="2">이 봉우리 원추각</td><td>62° 09′</td><td></td></tr>
<tr><td>압 력 각</td><td colspan="2">20°</td><td rowspan="2">이두께</td><td>측 정 위 치</td><td>바깥 끝
잇 봉우리 원부</td><td></td></tr>
<tr><td>잇 수(개)</td><td>44</td><td>(25)</td><td>원호 이 두께</td><td>8.06</td><td></td></tr>
<tr><td>축 각</td><td colspan="2">90°</td><td colspan="2">다듬질 방법</td><td colspan="2">연삭</td></tr>
<tr><td>비 틀 림 각</td><td colspan="2">35°</td><td colspan="2">정 밀 도</td><td colspan="2">KS B 1412 4급</td></tr>
<tr><td>비틀림 방향</td><td>오른쪽(RH)</td><td></td><td rowspan="6">비
고</td><td colspan="3" rowspan="6">백래시 0.18~0.23
* 재료 SCM 420H
* 열처리 침탄 칭 템퍼링
* 유효 경화층 깊이 1.0~1.5
* 경도(표면) HRC 60±3</td></tr>
<tr><td>기준 피치원 지름</td><td>277.2</td><td></td></tr>
<tr><td>이 높 이</td><td colspan="2">11.89</td></tr>
<tr><td>이 끝 높 이</td><td>3.69</td><td></td></tr>
<tr><td>이뿌리 높이</td><td>8.20</td><td></td></tr>
<tr><td></td><td></td><td></td></tr>
</table>

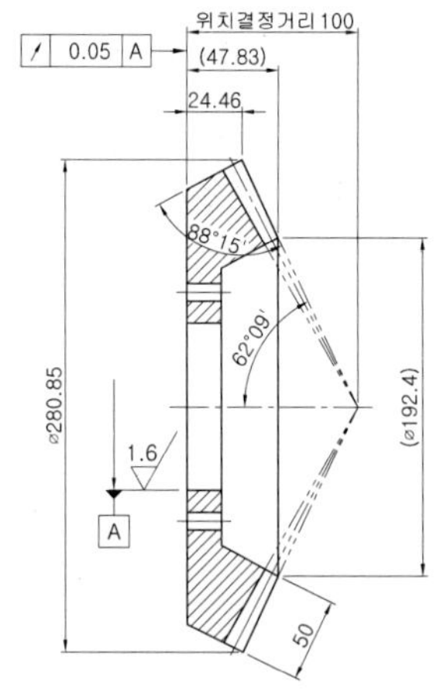

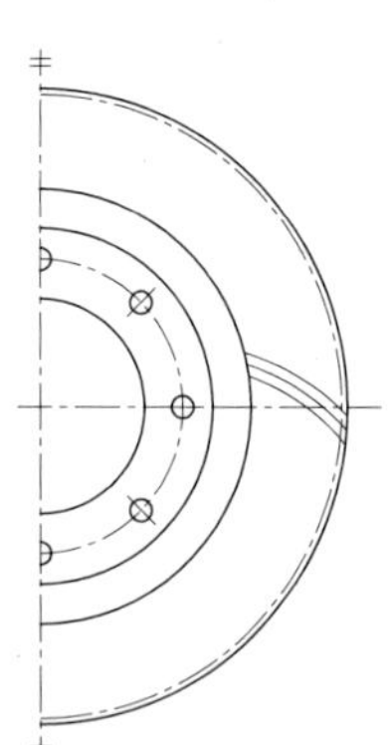

[스파이럴 베벨 기어 도시법]

1. 잇봉우리원은 굵은 실선으로 표시한다.
2. 피치원은 가는 1점 쇄선으로 표시한다.
3. 이골원 지름은 가는 실선으로 작도한다. 다만, 축에 직각인 방향에서 본 그림을 단면으로 도시할 때는 이골의 선은 굵은 실선으로 표시한다.
4. 잇줄 방향은 통상 3개의 가는 실선으로 표시한다.

6-8. 하이포이드 기어 [KS B 0002 : 2001(2012 확인)]

■ 하이포이드 기어 요목표

단위 : mm

하이포이드 기어						
구별	기어	(피니언)	구별		기어	(피니언)
치 형	글리슨식		원 추 거 리		108.85	
이절삭 방법	성형 이 절삭법		기준 피치 원추각		74° 43′	
커 터 지 름	228.6		이골 원추각		68° 25′	
모 듈	5.12		잇 봉우리 원추각		76° 0′	
평균 압력각	21.15°		이 두께	측 정 위 치	바깥 끝 잇 봉우리 원 부에서 16mm	
잇 수(개)	41			활줄 이 두께 (치 직각)	4.148 캘리퍼=1.298	
축 각	90°		다듬질 방법		래핑 다듬질	
비 틀 림 각	26° 25′	(50° 0′)	정 밀 도		KS B 1412 3급	
비틀림 방향	오른쪽(RH)		비 고	백래시 0.15~0.25 이접촉 KS B 1417 구분 B * 재료 SCM 420H * 열처리 침탄 칭 템퍼링 * 유효 경화증 깊이 0.8~1.3 * 경도(표면) HRC 60±3		
옵 셋 량	38					
옵셋 방향	아래 쪽					
기준 피치원 지름	210					
이 높 이	10.886					
이 끝 높 이	1.655					
이뿌리 높이	9.231					

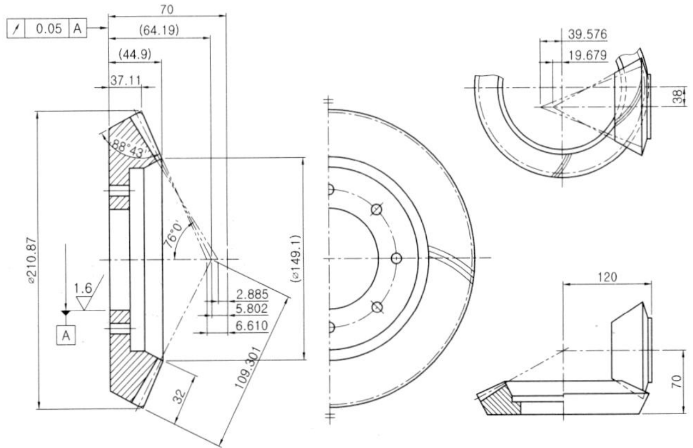

[하이포이드 기어 도시법]

1. 잇봉우리원은 굵은 실선으로 표시한다.
2. 피치원은 가는 1점 쇄선으로 표시한다.
3. 이골원 지름은 가는 실선으로 작도한다. 다만, 축에 직각인 방향에서 본 그림을 단면으로 도시할 때는 이골의 선은 굵은 실선으로 표시한다. 또한 이골원은 기입을 생략해도 좋고, 특히 베벨 기어 및 웜휠의 축 방향에서 본 그림에서는 원칙적으로 생략한다.
4. 잇줄 방향은 통상 3개의 가는 실선으로 표시한다.

6-9. 웜 [KS B 0002 : 2001(2012 확인)]

■ 웜 요목표

단위 : mm

웜				
구별	KS B 1416 3형	이두께	활줄 이두께 (치 직각)	$12.32_{-0.15}^{\ 0}$ (캘리퍼 이 높이=8)
축방향 모듈	8			
줄 수	2		오버 핀 치수 핀 지름	
비틀림 방향	오른쪽(RH)			
기준 피치원 지름	80	비고	백래시	0.21～0.35
지 름 계 수	10.00		중심 거리	200
리 드 각	11° 18′ 36°		이접촉	KS B 1417 구분 B
다듬질 방법	연삭		*재 료	SM 48C
*정 밀 도			*열 처 리	치면 고주파 칭
			*경도(표면)	HRC 50～55

치직각 단면

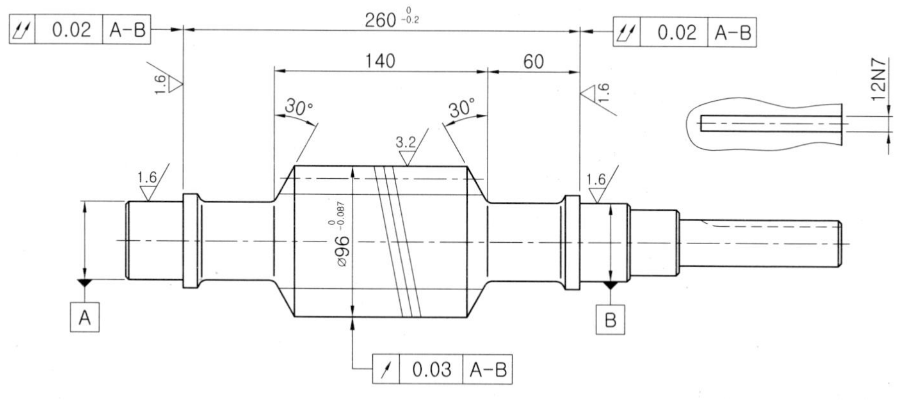

[웜의 도시법]

1. 잇봉우리원은 굵은 실선으로 표시한다.
2. 피치원은 가는 1점 쇄선으로 표시한다.
3. 이골원 지름은 가는 실선으로 작도한다.
4. 잇줄 방향은 통상 3개의 가는 실선으로 표시한다.

6-10. 웜 휠 [KS B 0002 : 2001(2012 확인)]

■ 웜 휠 요목표

단위 : mm

웜 휠					
상대 웜 치형		KS B 1416 3급	다듬질 방법		호브 절삭
축방향 모듈		8	* 정밀도		
잇 수(개)		40	비고	백래시 (피치 원 둘레 방향) (참고)이 두께 전위량 이 접촉 재 료	0.21 ~ 0.35 활줄 이 두께(치 직각)12.32 캘리퍼 이 높이 8.12 0 KS B 1417 구분 B PBC 2B
기준 피치원 지름		320			
상대 웜	줄 수	2			
	비틀림 방향	오른쪽(RH)			
	기준 피치원 지름	80			
	리 드 각	11° 18′ 36″			

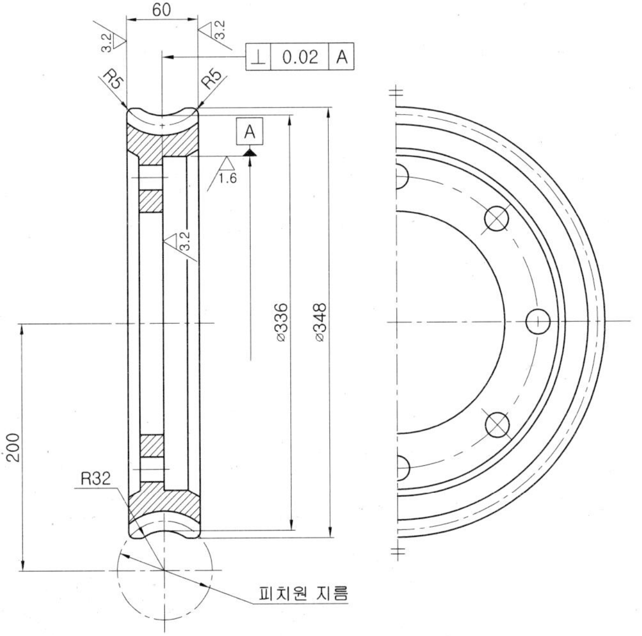

[웜 휠의 도시법]

1. 잇봉우리원은 굵은 실선으로 표시한다.
2. 피치원은 가는 1점 쇄선으로 표시한다.
3. 이골원 지름은 가는 실선으로 작도한다.
4. 이골원은 기입을 생략하여도 좋고 웜 휠의 축방향에서 본 그림(측면)에서는 원칙적으로 생략한다.

제 6 장

6-11. 기어의 일반적 표시 [KS B ISO 2203 : 2014]

1. 적용 범위

이 표준은 웜 기어와 체인 휠을 포함한 기어의 일반적인 표현 방법에 대하여 규정한다. 이 표준은 상세 도면 및 조립 도면에 적용한다. 기어는 이(tooth)가 없이 일체형 부품으로 표시하는 것을 기본 원칙으로 한다(축 방향 단면은 제외). 그러나 가는 일점쇄선으로 피치면을 추가한다.

[비고] 이 표준에서 모든 도면을 제1각법으로 작도한 것은 단지 일관성을 유지하기 위한 것이며 제3각법에 의한 작도도 무관하다.

2. 상세 도면(개별 기어)

① 윤곽 및 가장자리

- 단면도가 아닌 상태에서 이의 끝 면으로 경계 지어진 일체형 기어
- 축 방향 단면에서 짝수 잇수를 가진 스퍼 기어는 단면 표시를 하지 않으며 또한 스퍼 기어가 아니거나 홀수 잇수를 가진 기어의 경우에도 단면 표시를 하지 않는다.

② 피치면(pitch surface)

피치면은 가는 일점쇄선으로 그리고, 숨은 위치와 단면도에서도 그리며 다음과 같이 표시한다.

- 축에 수직으로 투상을 할 때는 피치원에 의해 표시한다(베벨 기어의 경우에는 바깥쪽의 피치원, 웜 기어의 경우에는 정중앙의 피치원).
- 축에 평행으로 투상을 할 때는 선을 각 끝단의 기어 윤곽을 지나서 그리고 뚜렷한 윤곽(굵은 실선)으로 표시한다.

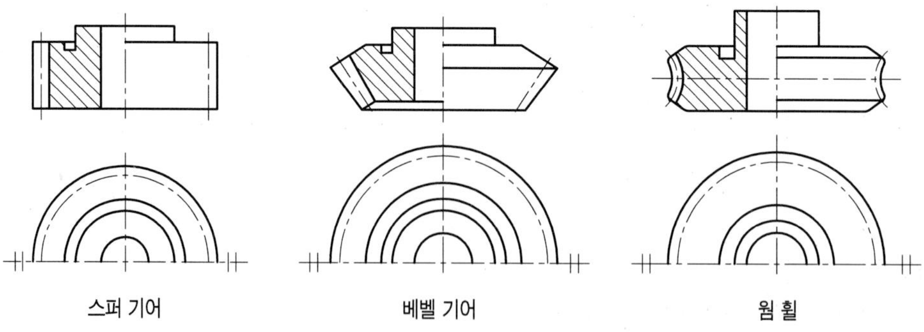

스퍼 기어 베벨 기어 웜 휠

③ 이뿌리 면(root surface)

일반적 규칙으로서 단면도를 제외하고 이뿌리 면은 표시하지 않는다. 그러나 단면도가 아닌 곳에서 나타내는 것이 도움이 된다면 항상 그린다. 이 경우 가는 실선으로 그린다.

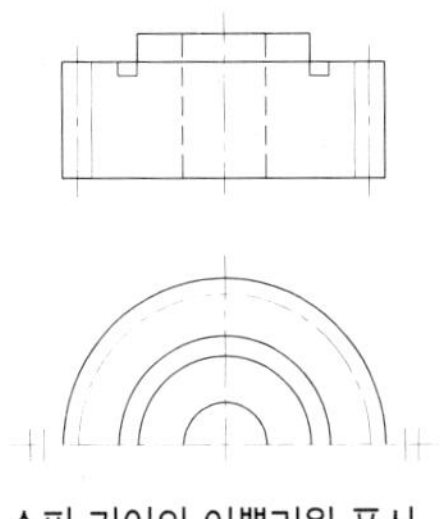
스퍼 기어의 이뿌리원 표시

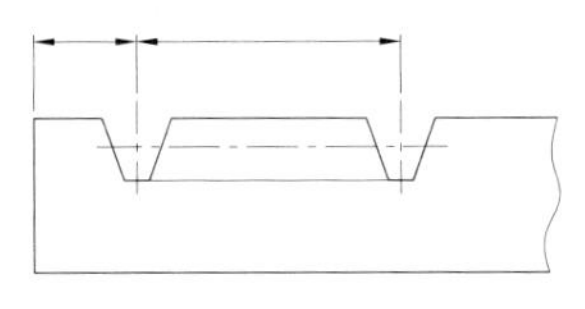
랙의 이뿌리원 표시

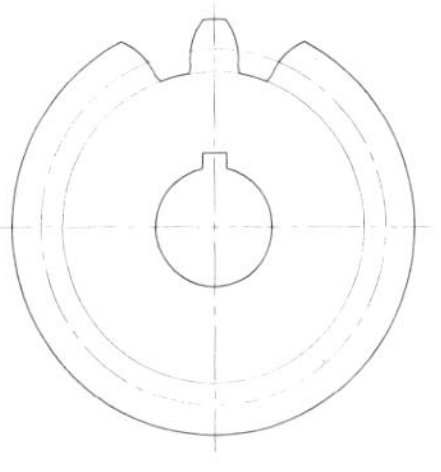
스퍼 기어의 이뿌리원 표시

④ 기어 이(tooth)

이의 형(모양)을 표준으로 기준선이나 적절한 척도로 그림으로써 규정한다. 기어 이를 그리는데 1개나 2개의 이를 나타낼 필요가 있으면(이의 위치나 랙 끝을 정의하기 위해서 또는 주어진 축 방향면과 관련한 이의 위치를 규정하기 위해서), 굵은 실선으로 그린다.(그림 : 랙의 이뿌리원 표시 및 스퍼 기어의 이뿌리원 표시 참조) 기어 축에 평행하게 투상을 한 이의 면에서 볼 때 기어나 랙 이의 방향을 지시할 필요가 있으면 이의 모양과 방향에 따라 3개의 가는 실선으로 나타내는 것이 바람직하다.

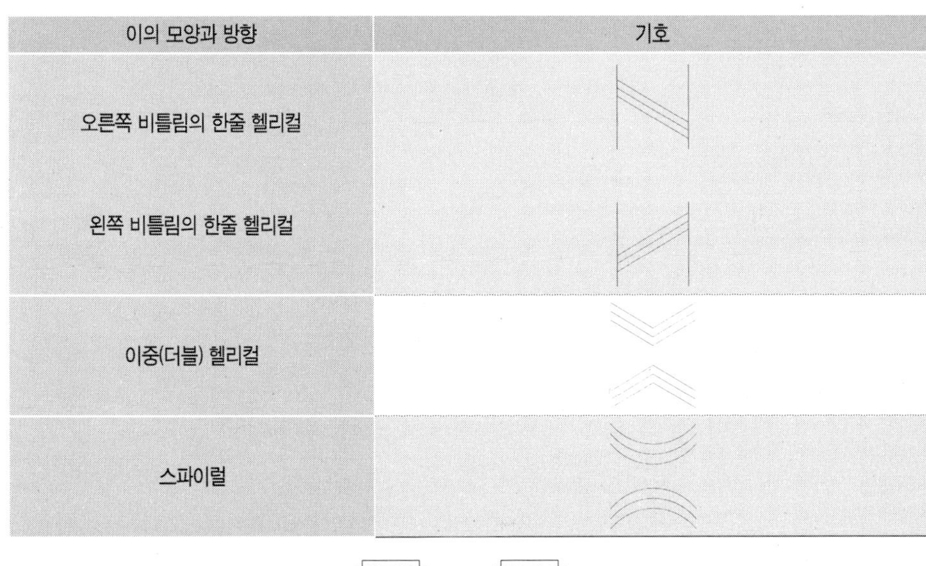

이의 모양과 방향	기호
오른쪽 비틀림의 한줄 헬리컬	
왼쪽 비틀림의 한줄 헬리컬	
이중(더블) 헬리컬	
스파이럴	

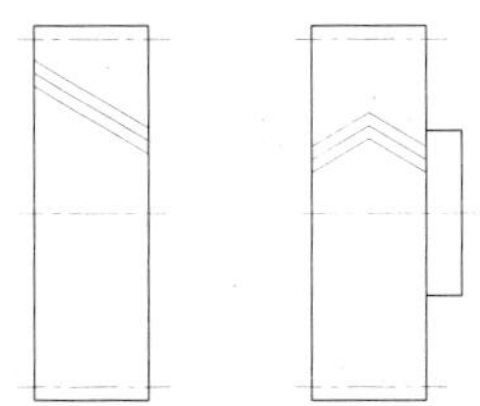
헬리컬 기어 및 더블 헬리컬 기어

[비고] 맞물리는 기어 쌍을 표시하려면 이의 방향은 기어에만 나타내는 것이 바람직하다.

3. 조립 도면(기어 쌍)

상세 도면에서의 기어 표시에 대한 특정 규칙이 조립 도면에서도 똑같이 적용된다. 그러나 기어축에 평행하게 투상이 된 베벨 기어 쌍에 대해서는 피치면에 대해 그린 선을 두 축이 만나는 점까지 연장한다.

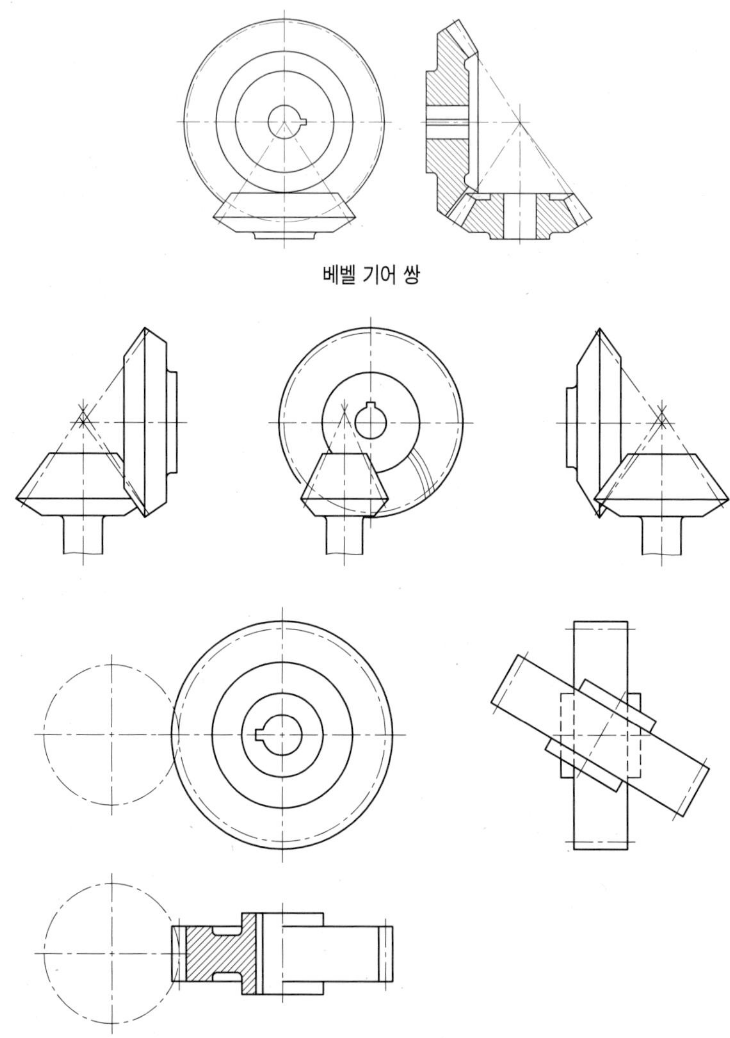

베벨 기어 쌍

하나의 기어가 다른 기어를 가리고 있을 때 표시

a) 기어 쌍 중 하나의 전체가 다른 기어의 전면에 위치하여 그 부분을 전부 가리고 있을 때
b) 2개의 기어 모두 축 방향 단면으로 표시할 때 두 기어 중 하나의 경우에 임의의 하나를 선택하고 다른 기어가 부분적으로 가리고 있다고 가정할 때

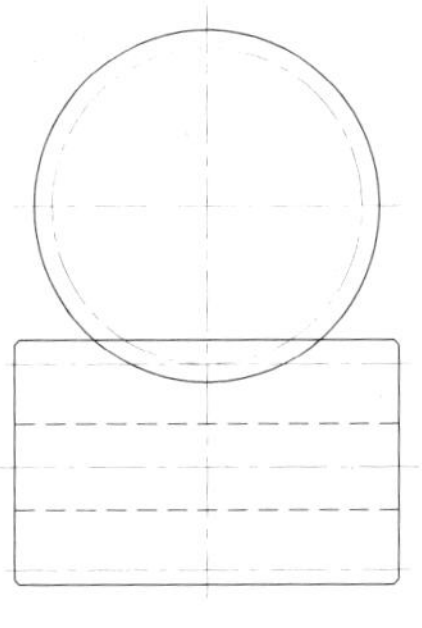

웜 기어 쌍

이 두 가지 경우에 도면의 명료함이 필수적이 아니라면 숨겨진 윤곽의 가장자리는 표시할 필요가 없다.

① 원통 외접기어의 물림

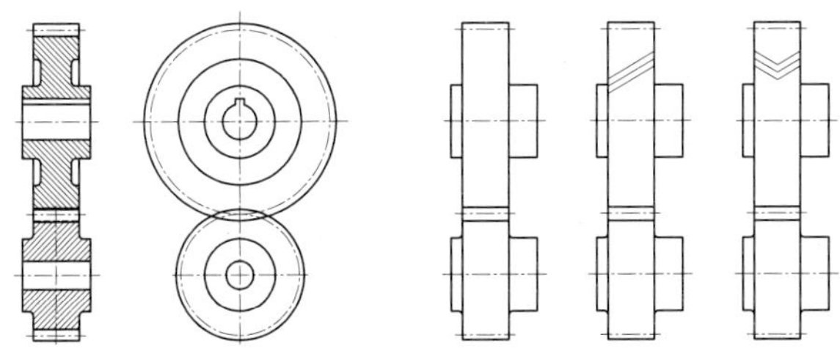

② 원통 내접기어의 물림

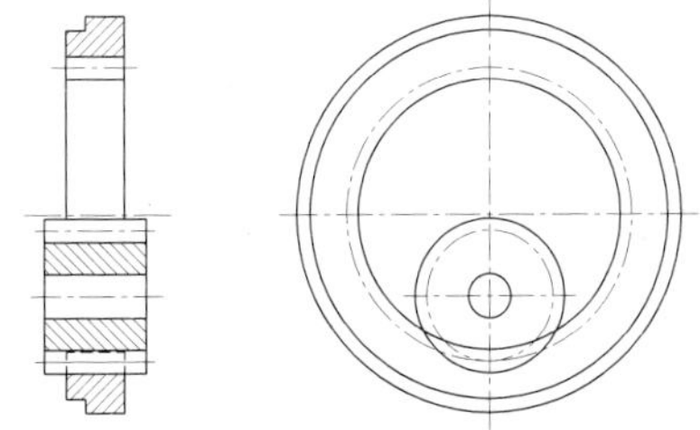

③ 피니언과 랙의 물림

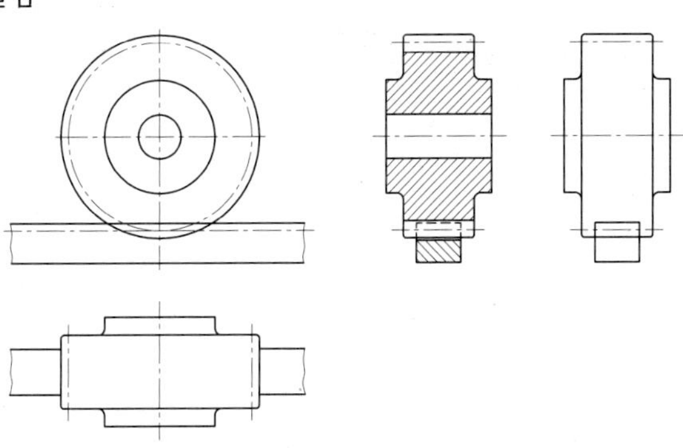

④ 베벨 기어의 물림

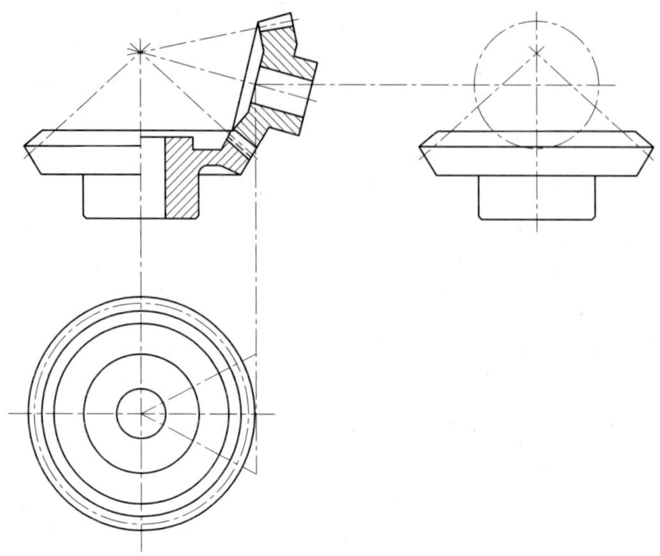

⑤ 원통형 웜 기어의 물림

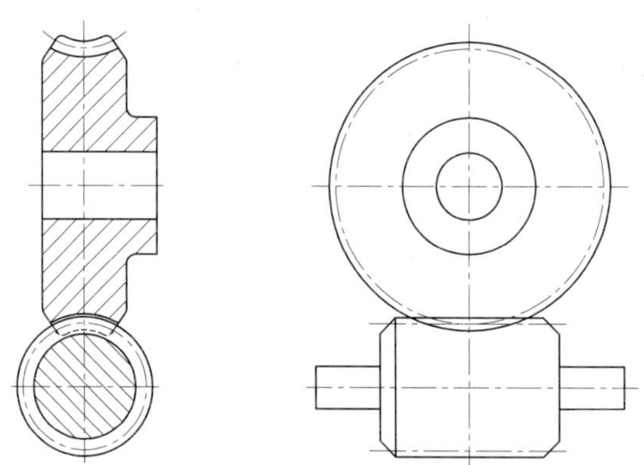

⑥ 체인 휠

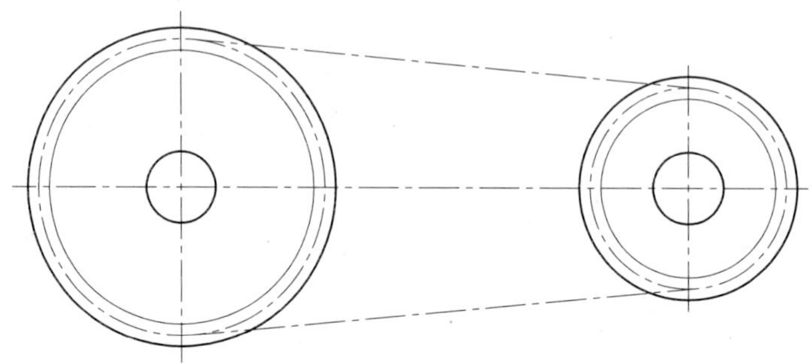

6-12. 여러 가지 기어의 도시 방법

1. 스퍼 기어

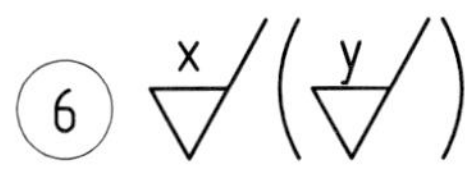

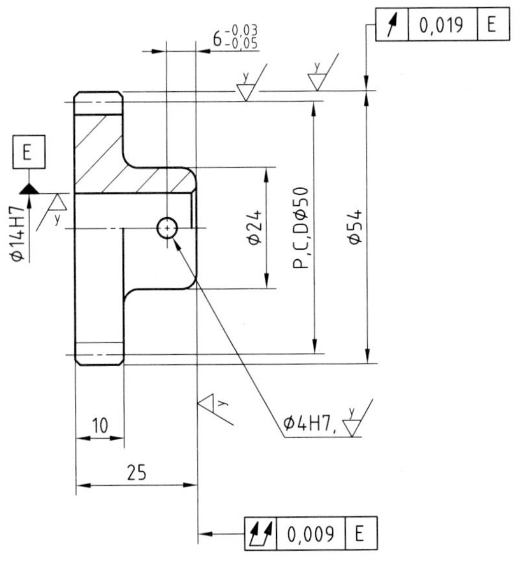

스퍼기어 요목표			
구별 \ 품번		⑥	⑧
기어치형		표 준	
공구	치형	보 통 이	
	모듈	2	
	압력각	20°	
잇수		25	14
피치원지름		Φ50	Φ28
전체이높이		20°	
벌림이두께		15,46	9,25
다듬질방법		보 통 이	
정밀도		KS B 1405, 4급	

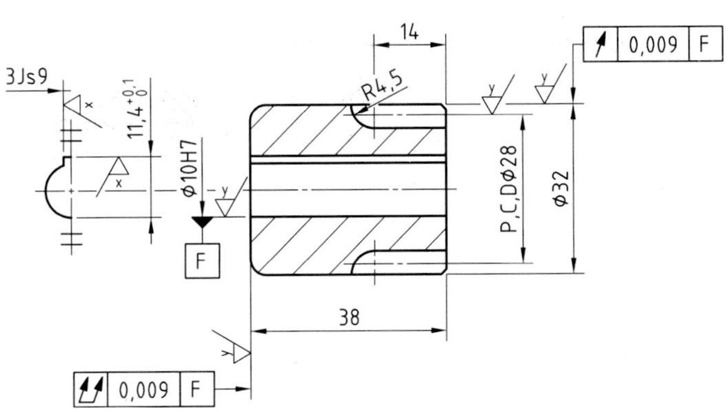

2. 내접 스퍼 기어

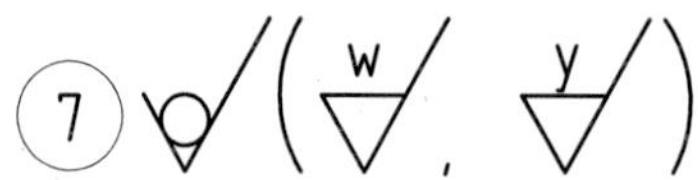

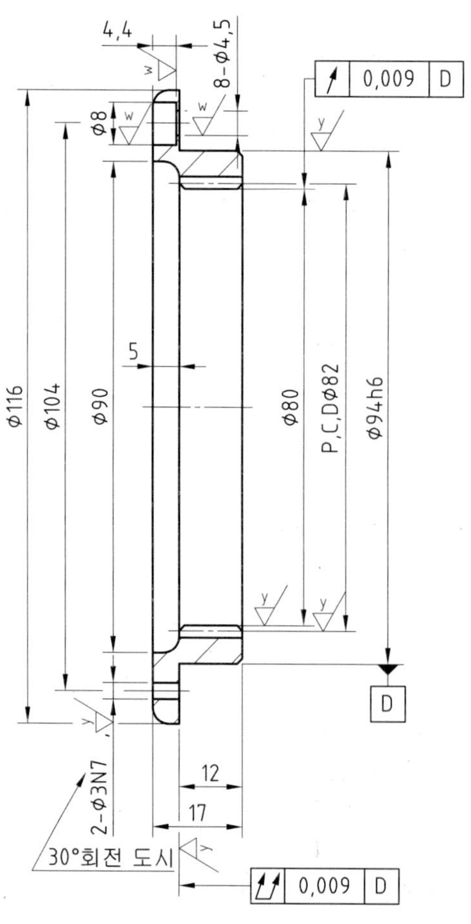

스퍼기어 요목표		
구분 \ 품번		⑦
기어치형		표준
공구	치 형	보통이
	모 듈	1
	압력각	20°
잇수		82
피치원지름		Φ82
전체이높이		2.25
벌림이두께		29.2027
다듬질방법		호브절삭
정밀도		KS B ISO 1328-1,4 급

3. 웜 샤프트

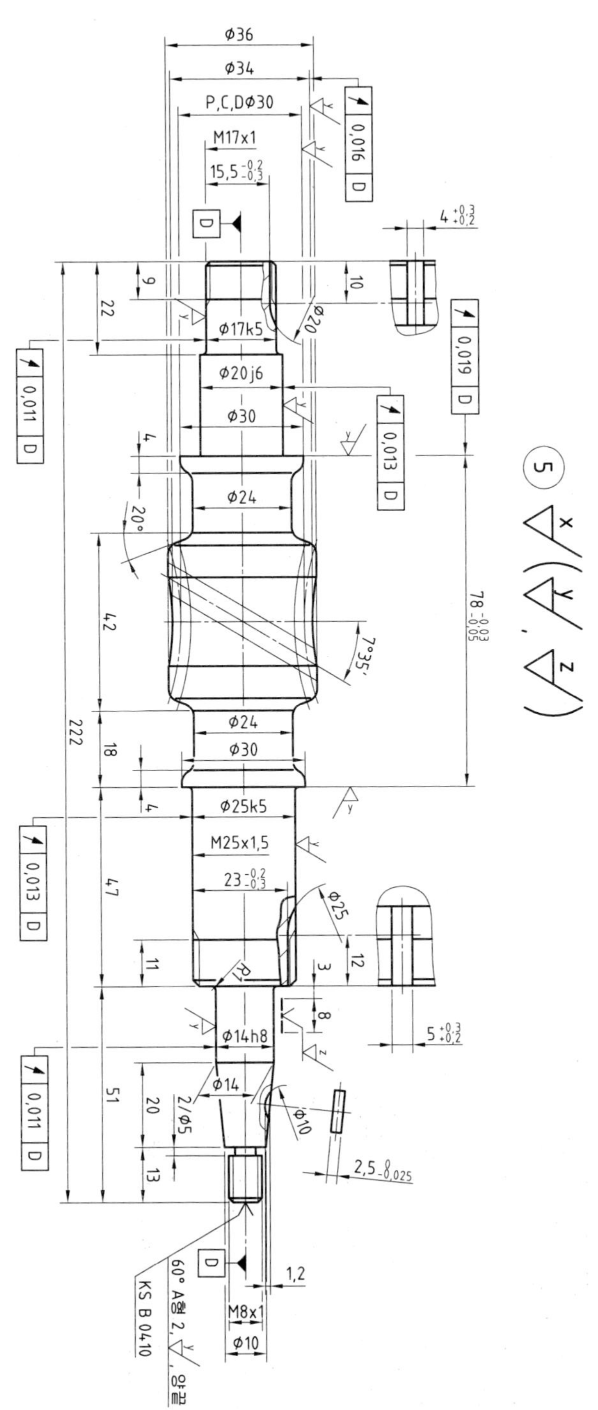

Ø36
Ø34
P,C,DØ30
M17x1
15,5 $^{-0,2}_{-0,3}$
D
0,016 D
4 $^{+0,3}_{+0,2}$
9
22
10
Ø17k5
Ø20
0,019 D
0,011 D
Ø20j6
Ø30
0,013 D
4
Ø24
20°
42
7°35'
78 $^{-0,03}_{-0,05}$
222
Ø24
Ø30
18
4
Ø25k5
M25x1,5
0,013 D
47
23 $^{-0,2}_{-0,3}$
Ø25
11
12
3
R7
8
Ø14h8
5 $^{+0,3}_{+0,2}$
0,011 D
51
20
Ø14
2/Ø5
Ø10
13
2,5 $^{0}_{-0,025}$
D
1,2
60° A형 2, , 양끝
KS B 0410
M8x1
Ø10
5

4. 웜 휠

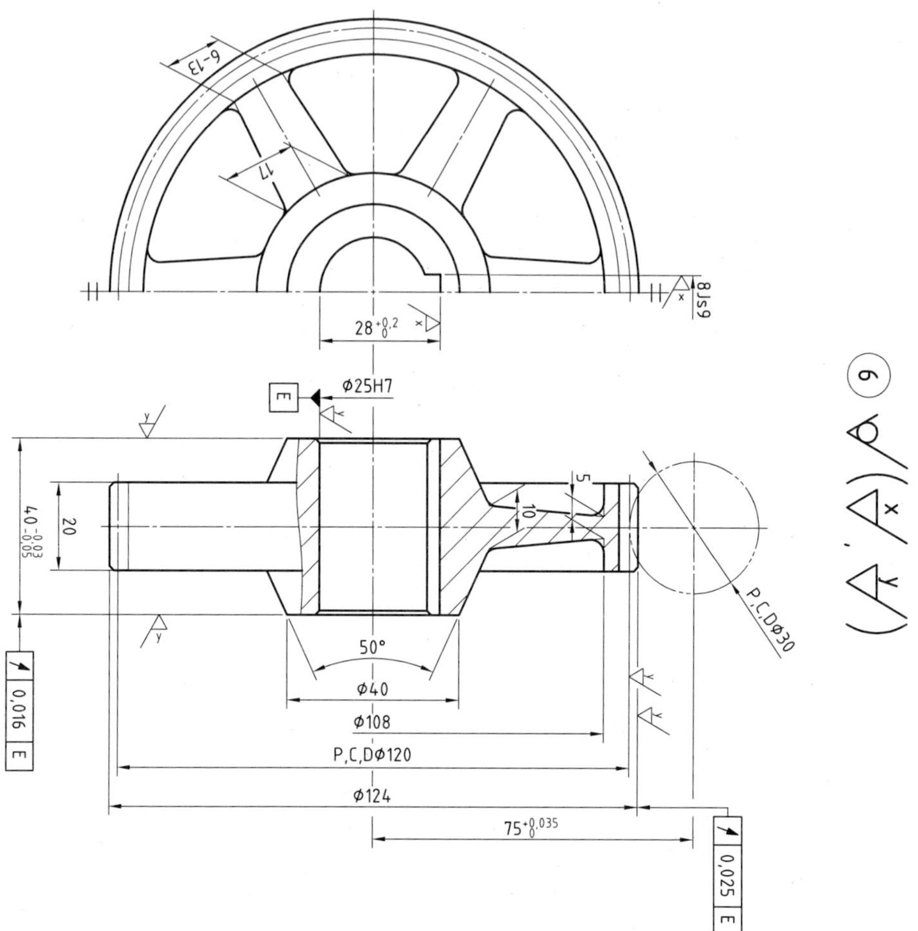

웜과 웜기어 요목표		
구분 \ 품번	⑥	⑤
치형 기준단면	축 직 각	
모듈	2	
압력각	20°	
원주피치	6,28	
줄수 방향		2줄, 좌
리드		12,56
리드각		7°35′
잇수	60	
피치원지름	Ø120	Ø30
다듬질방법	호브절삭	연삭
정밀도	KS B 1405,2급	

5. 래크와 피니언

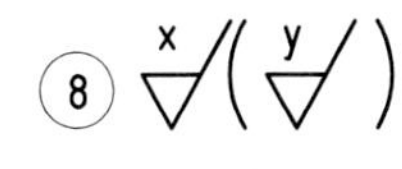

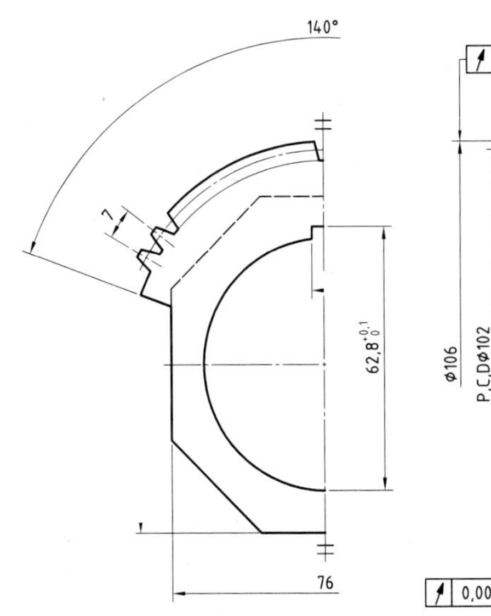

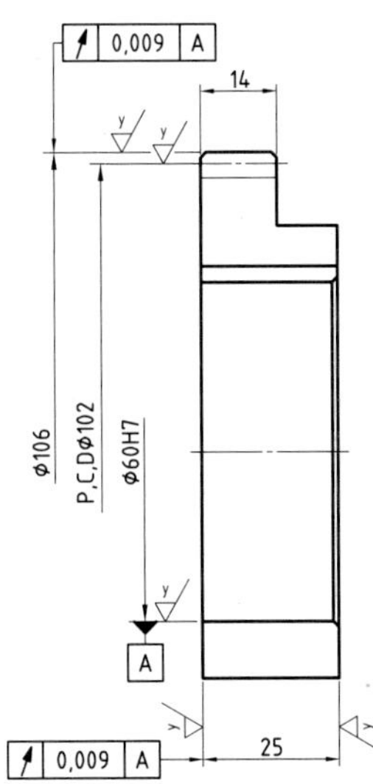

래크와 피니언 요목표			
구별 \ 품번		⑧	⑨
기어치형		표준	
공구	치형	보통이	
	모듈	2	
	압력각	20°	
잇수		12	14
피치원지름		Ø102	
전체이높이		4,5	
벌림이두께		9,19	
다듬질방법		호브절삭	
정밀도		KS B 1405, 4급	

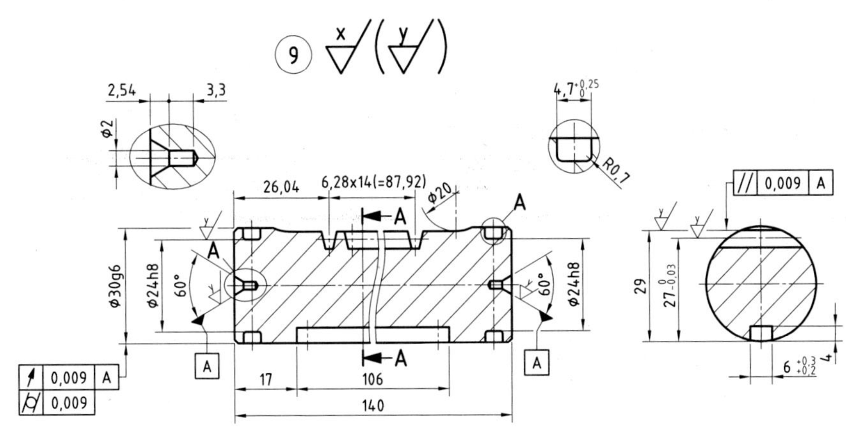

6. 직선 베벨 기어

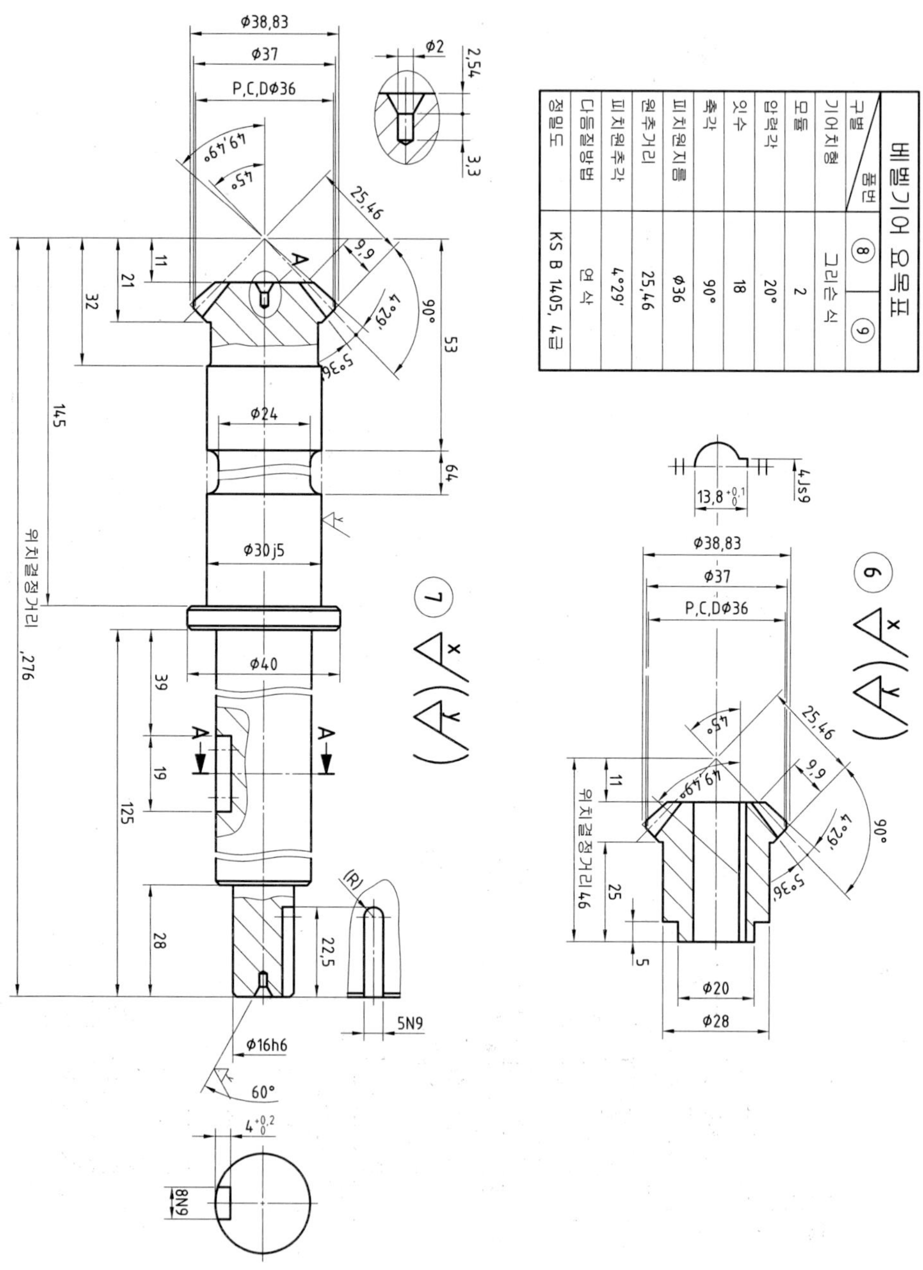

베벨기어 요목표

구분 \ 품번	⑧	⑨
기어치형	그리슨 식	
모듈	2	
압력각	20°	
잇수	18	
축각	90°	
피치원지름	Φ36	
원추거리	25,46	
피치원추각	4°29'	
다듬질방법	연 삭	
정밀도	KS B 1405, 4급	

7. 헬리컬 기어 축

헬리컬 기어 요목표

구분 \ 품번		⑩
기어치형		표 준
치형기준단면		2
공구	압력각	20°
	치형	보통이
	모듈	2
비틀림 각		5°
비틀림 방향		좌
잇수		21
피치원지름		Φ42,16
전체이높이		4.5
다듬질 방법		연 삭
정밀도		KS B 1405, 1급

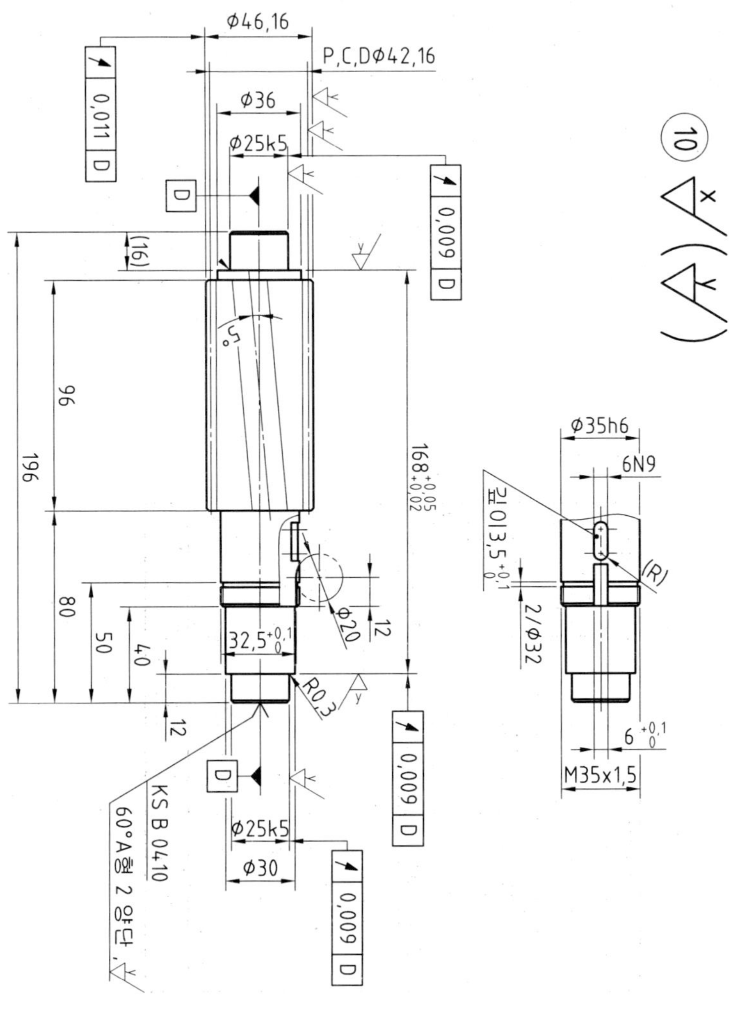

8. 이중 헬리컬 기어

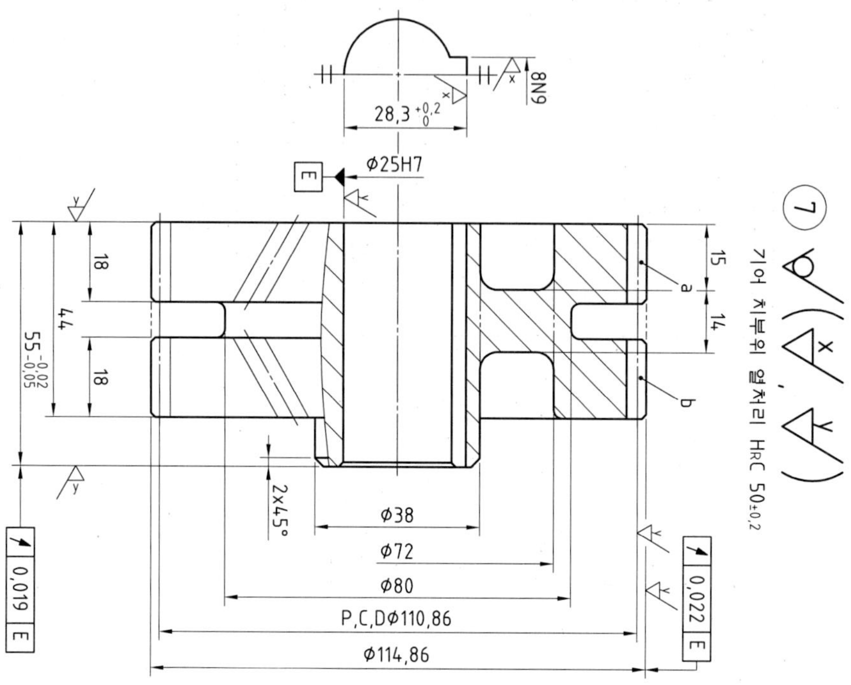

이중 헬리컬 기어 요목표

구분 \ 품번		⑥-a	⑥-b	⑦-a	⑦-b
기어치형		표준			
치형기준단면		치직각			
공구	치형	보통이			
	모듈	2			
	압력각	20°			
비틀림각방향		좌,30°	우,30°	우,30°	좌,30°
리드		301,61		603,22	
잇수		24		48	
피치원지름		Ø55,43		Ø110,86	
전체이높이		4,5			
다듬질방법		연삭			
정밀도		KS B 1405, 1급			

9. 이중 헬리컬 기어 축

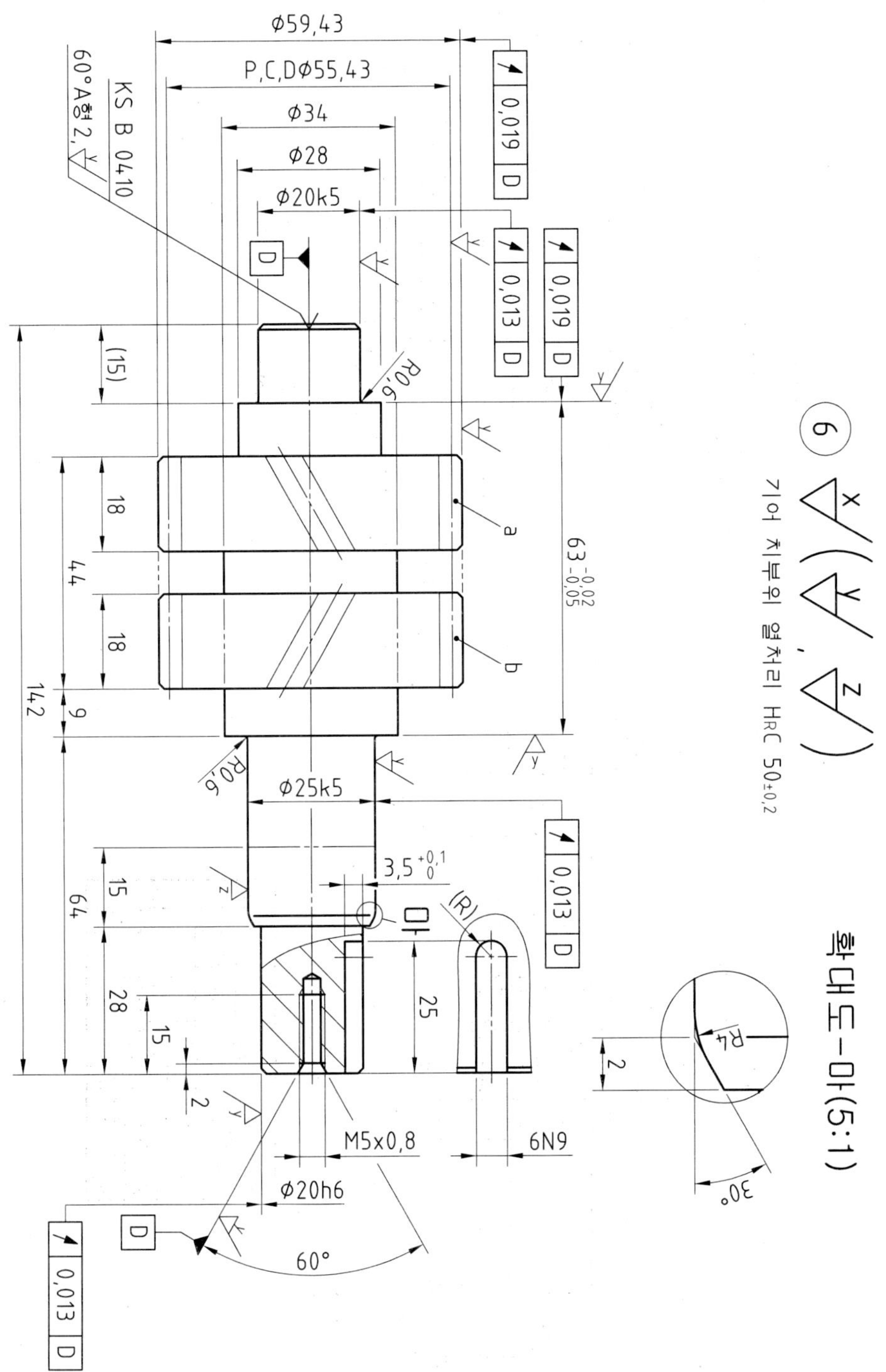

Φ59,43
P,C,DΦ55,43
Φ34
Φ28
Φ20k5
Φ25k5
Φ20h6
KS B 0410
60°A형2,
R0,6
63 -0,02 -0,05
3,5 +0,1 0
M5x0,8
6N9
60°
30°
R4
142
64
44
확대도-마(5:1)
기어 치부위 열처리 HRC 50±0,2

10. 헬리컬 기어

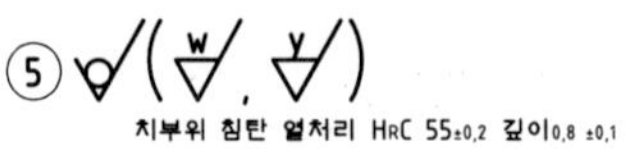

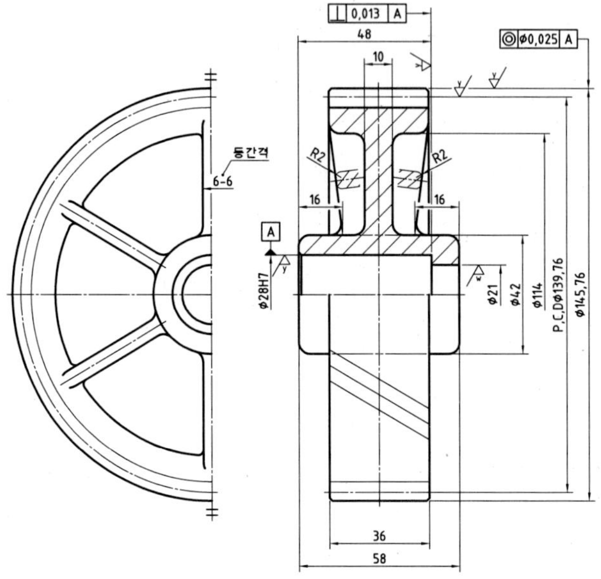

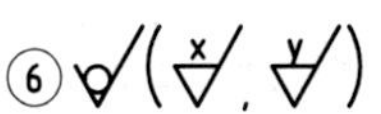

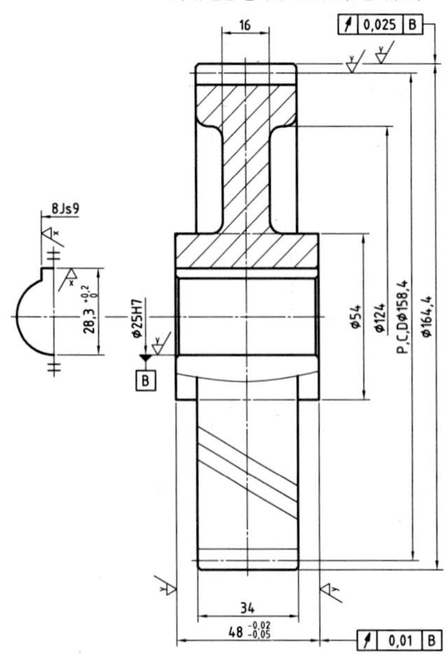

헬리컬기어 요목표			
구분 \ 품번		⑤	⑥
기어치형		표준	
치형기준단면		치 직 각	
공구	치형	보 통 이	
	모듈	3	
	압력각	20°	
비틀림 각,방향		15°, 우	
리드		1637,82	1856,2
잇수		45	51
피치원지름		ϕ139,76	ϕ158,4
전체이높이		6,75	
다듬질방법		연 삭	
정밀도		KS B 1405, 1급	

11. 체인 스프로킷

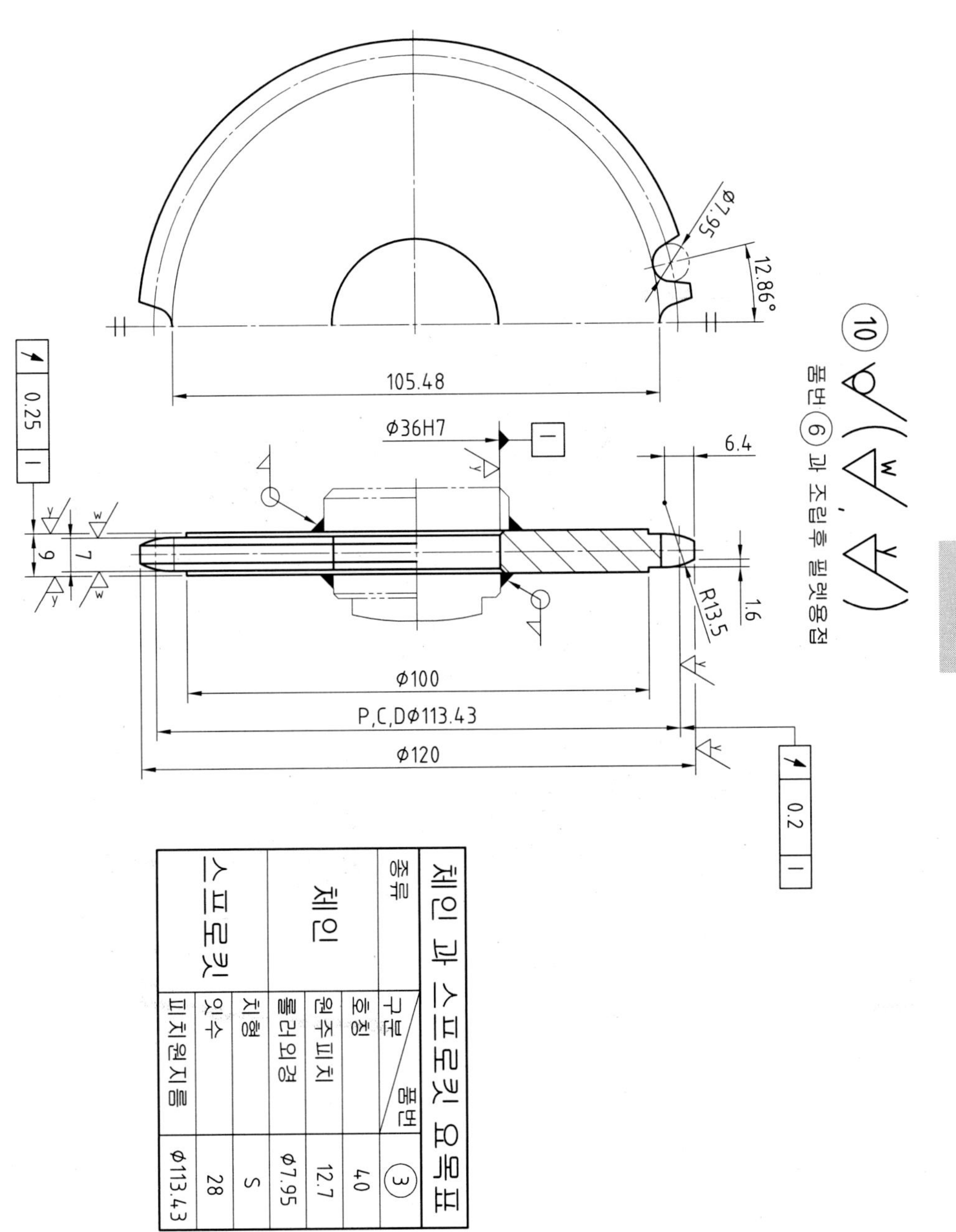

체인과 스프로킷 요목표		
종류	구분 / 품번	③
체인	호칭	40
	원주피치	12.7
	롤러외경	Φ7.95
스프로킷	치형	S
	잇수	28
	피치원지름	Φ113.43

기어 관련 주요 KS규격 및 실무 규격

7-1. 인벌류트 기어 치형 및 치수 [KS B 1404 : 2007 (2012 확인)]

■ 인벌류트 기어의 기호의 의미

기 호	의 미	단위
c_p	이뿌리 틈새 : 표준 기준 래크의 이뿌리와 상대 표준 기준 래크 이끝과의 틈새	mm
e_p	이홈의 너비 : 데이텀 선상에서 이홈의 너비	mm
h_{ap}	어덴덤 : 데이텀 선으로부터 이끝선까지의 거리	mm
h_{fp}	디덴덤 : 데이텀 선으로부터 이뿌리선까지의 거리	mm
h_{Ffp}	표준 기준 래크 치형 디덴덤의 직선 부분 : 상대 표준 기준 래크 치형 디덴덤과 같다.	mm
h_p	이높이 : 어덴덤과 디덴덤의 합	mm
h_{wp}	물림 이 높이 : 상대 표준 기준 래크와 물리는 직선 치형 부분의 이높이	mm
m	모듈	mm
p	피치	mm
s_p	이두께 : 데이텀 선상에서의 이의 두께	mm
U_{Fp}	언더컷 양	mm
α_{Fp}	언더컷 각도	도(°)
α_p	압력각	도(°)
ρ_{fp}	기준 래크의 이뿌리 필릿부 곡률 반지름	mm

■ 치직각 모듈의 표준값

단위 : mm

I 계열	II 계열
1	1.125
1.25	1.375
1.5	1.75
2	2.25
2.5	2.75
3	3.5
4	4.5
5	5.5
6	(6.5)
8	7
10	9
12	11
16	14
20	18
25	22
32	28
40	36
50	45

■ 표준 기준 래크 치형 및 상대 표준 기준 래크 치형

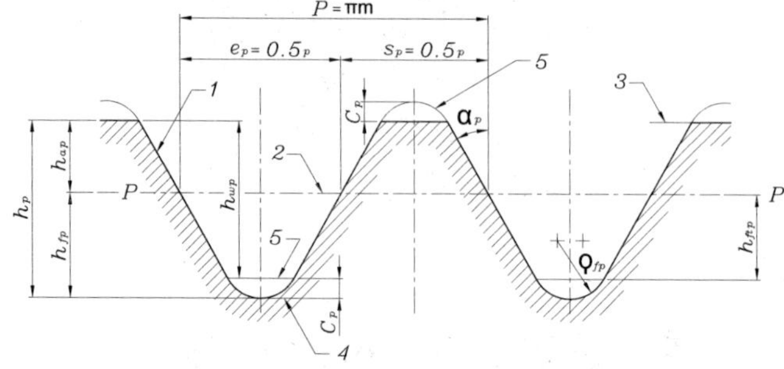

1 : 표준 기준 래크 치형 2 : 데이텀선 3 : 이끝선 4 : 이뿌리선 5 : 상대 표준 기준 래크 치형

■ 표준 기준 래크의 치수

항 목	표준 기준 래크의 치수
$α_p$	20°
h_{ap}	1.00 m
c_p	0.25 m
h_{fp}	1.25 m
$ρ_{fp}$	0.38 m

■ 인벌류트 원통 기어 치형의 모듈 1mm 미만의 표준값

단위 : mm

I 계열	II 계열
0.3	0.35
0.4	0.45
0.5	0.55
0.6	0.7
	0.75
0.8	0.9

[비고] I 계열의 모듈을 우선 사용하고, 필요에 따라서 II 계열을 사용한다.

■ 기준 래크의 치형 및 용도[부속서 B]

① 표준 기준 래크 치형 A형은 고토크 전달용 기어에 사용시 권장한다.

② 기준 래크 치형 B형 및 C형은 일반용 기어에 사용시 권장한다. C형은 표준 호브로 제작할 때 적당하다.

③ 기준 래크 치형 D형은 연삭 또는 세이빙 다듬질의 치면을 가진 고정밀도, 고토크 전달용 기어에 사용시 권장한다.

■ 기준 래크 치형

기호	기준 래크 치형 종류			
	A	B	C	D
$α_p$	20°	20°	20°	20°
h_{ap}	1m	1m	1m	1m
c_p	0.25m	0.25m	0.25m	0.4m
h_{fp}	1.25m	1.25m	1.25m	1.4m
$ρ_{fp}$	0.38m	0.3m	0.25m	0.39m

■ 언더컷이 있는 기준 래크 치형

적정한 언더컷 U_{FP} 및 언더컷 각도 α_{FP}를 가진 기준 래크 치형은 프로튜버런스가 있는 공구로 치절삭하여, 연삭 또는 세이빙 다듬질 기어용으로 사용한다. U_{FP}와 α_{FP}의 값은 가공 방법 등의 영향을 받으므로 규정하지 않는다.

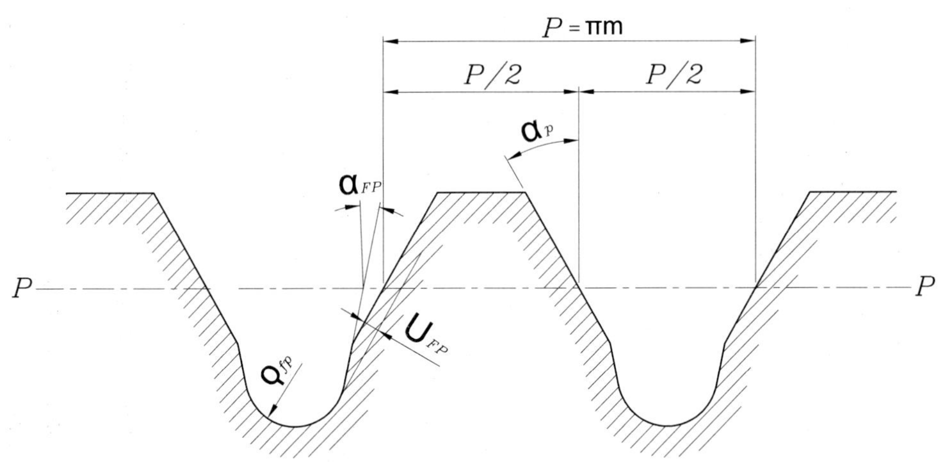

언더컷이 있는 기준 래크 치형

7-2. 스퍼 기어 및 헬리컬 기어의 백래시 [KS B 1411-1975 (2011 확인)]

제
7
장

1. 적용 범위

이 규격은 정면 모듈 0.5~25, 피치원 지름 1.5~3200mm로서 KS B 1404(인벌류트 기어 치형 및 치수)의 치형을 가지는 스퍼 기어 및 헬리컬 기어의 백래시에 대하여 규정한다.

[비고] 헤링본 기어는 헬리컬 기어가 조합된 것이며, 또 래크는 이것과 맞물리는 기어와 같은 크기의 기어로 보고 이 규격을 적용한다.

2. 백래시

이 규격에서 말하는 백래시란 서로 물리고 있는 한 쌍의 기어의 피치 원주상의 놀음이다. 백래시의 크기는 KS B 1405 (스퍼 기어 및 헬리컬 기어의 정밀도)의 정밀도 등급에 따라 다음 부표에 의해 계산하여 구한다. 1 쌍의 기어의 정면 모듈과 2개의 피치원 지름으로부터 부표에서 구한 2개의 최소값의 합을 최소 백래시, 2개의 최대값의 합을 최대 백래시라고 한다. 기어의 사용 목적에 따라서는 백래시의 크기에 정밀도의 등급과 다른 등급에 대한 값을 채택할 수도 있다.

[비고] 여기에서 규정하는 백래시는 기어가 조립된 상태에서의 백래시이다.

■ 백래시 산출 수치표 (0급 기어용)

단위 : ㎛

정면모듈 \ 피치원지름 (mm)		1.5 이상 3 이하	3 초과 6 이하	6 초과 12 이하	12 초과 25 이하	25 초과 50 이하	50 초과 100 이하	100 초과 200 이하	200 초과 400 이하	400 초과 800 이하	800 초과 1600 이하	1600 초과 3200 이하
0.5	최소치	15	20	25	30	35	45	60	70	-	-	-
	최대치	40	50	60	70	90	110	140	180	-	-	-
1	최소치	-	25	25	35	40	50	60	70	90	-	-
	최대치	-	60	70	80	100	120	150	180	230	-	-
1.5	최소치	-	-	30	35	45	50	60	80	90	-	-
	최대치	-	-	80	90	110	130	160	190	240	-	-
2	최소치	-	-	-	40	50	60	70	80	100	120	-
	최대치	-	-	-	100	120	140	170	200	240	300	-
2.5	최소치	-	-	-	45	50	60	70	80	100	120	-
	최대치	-	-	-	110	120	150	170	210	250	310	-
3	최소치	-	-	-	-	50	60	70	90	100	130	150
	최대치	-	-	-	-	130	150	180	220	260	310	380
3.5	최소치	-	-	-	-	60	60	80	90	110	130	160
	최대치	-	-	-	-	140	160	190	220	270	320	390
4	최소치	-	-	-	-	60	70	80	90	110	130	160
	최대치	-	-	-	-	150	170	200	230	280	330	400
5	최소치	-	-	-	-	70	70	90	100	120	140	170
	최대치	-	-	-	-	160	190	210	250	290	350	420
6	최소치	-	-	-	-	70	80	90	110	120	150	170
	최대치	-	-	-	-	180	200	230	250	310	360	430
7	최소치	-	-	-	-	80	90	100	110	130	150	180
	최대치	-	-	-	-	200	220	240	280	320	380	450
8	최소치	-	-	-	-	90	90	110	120	140	160	190
	최대치	-	-	-	-	210	240	260	300	340	400	460
10	최소치	-	-	-	-	-	110	120	130	150	170	200
	최대치	-	-	-	-	-	270	300	330	370	430	500
12	최소치	-	-	-	-	-	120	130	140	160	180	210
	최대치	-	-	-	-	-	300	330	360	410	460	530
14	최소치	-	-	-	-	-	130	140	160	180	200	220
	최대치	-	-	-	-	-	330	360	390	440	490	560
16	최소치	-	-	-	-	-	-	160	170	190	210	240
	최대치	-	-	-	-	-	-	390	420	470	530	590
18	최소치	-	-	-	-	-	-	170	180	200	220	250
	최대치	-	-	-	-	-	-	430	460	500	560	630
20	최소치	-	-	-	-	-	-	180	200	210	240	260
	최대치	-	-	-	-	-	-	460	490	510	590	650
22	최소치	-	-	-	-	-	-	-	210	230	250	280
	최대치	-	-	-	-	-	-	-	520	570	620	690
25	최소치	-	-	-	-	-	-	-	230	250	270	300
	최대치	-	-	-	-	-	-	-	570	620	670	740

[비고] 중간 모듈에 대한 백래시를 결정할 경우에는 큰 쪽의 모듈을 취한다.

- 헬리컬 기어로서 치직각 모듈인 경우의 보기

치직각 모듈 3, 잇수 25와 50, 나선각 35°인 경우

정면모듈 : 3/cos35°= 3.66

피니언의 피치원 지름 : 3.66×25=91.5mm　　기어의 피치원 지름 : 3.66×50=183.0mm

표에서 정면 모듈 4, 피치원 지름 91.5mm 일 때 최소치 70㎛, 최대치 170㎛

정면 모듈 4, 피치원 지름 183.0mm 일 때 최소치 80㎛, 최대치 200㎛

따라서, 최소 백래시 = 70+80=150㎛, 최대 백래시=170+200=370㎛

■ 백래시 산출 수치표 (1급 기어용)

단위 : ㎛

정면모듈 \ 피치원지름(mm)		1.5 이상 3 이하	3 초과 6 이하	6 초과 12 이하	12 초과 25 이하	25 초과 50 이하	50 초과 100 이하	100 초과 200 이하	200 초과 400 이하	400 초과 800 이하	800 초과 1600 이하	1600 초과 3200 이하
0.5	최소치	15(20)	20(25)	25(30)	30(35)	35(45)	45(60)	60(70)	70(90)	-	-	-
	최대치	45	60	70	80	100	130	160	200	-	-	-
1	최소치	-	25(30)	25(35)	35(40)	40(50)	50(60)	60(70)	70(90)	90(110)	-	-
	최대치	-	60	80	90	110	140	170	210	250	-	-
1.5	최소치	-	-	30(40)	35(45)	45(50)	50(60)	60(80)	80(100)	90(120)	120(140)	-
	최대치	-	-	90	100	120	150	180	220	260	320	-
2	최소치	-	-	-	40(50)	50(60)	60(70)	70(80)	80(100)	100(120)	120(150)	-
	최대치	-	-	-	110	130	150	190	220	270	330	-
2.5	최소치	-	-	-	45(50)	50(60)	60(70)	70(90)	80(100)	100(130)	120(150)	-
	최대치	-	-	-	120	140	160	190	230	280	340	-
3	최소치	-	-	-	-	50(70)	60(80)	70(90)	90(110)	100(130)	130(160)	150(190)
	최대치	-	-	-	-	150	170	200	240	290	350	430
3.5	최소치	-	-	-	-	60(70)	60(80)	80(90)	90(110)	110(130)	130(160)	160(200)
	최대치	-	-	-	-	160	180	210	250	300	360	440
4	최소치	-	-	-	-	60(70)	70(90)	80(100)	90(120)	110(140)	130(170)	160(200)
	최대치	-	-	-	-	170	190	220	260	310	370	450
5	최소치	-	-	-	-	70(80)	70(90)	90(110)	100(120)	120(150)	140(170)	170(210)
	최대치	-	-	-	-	180	210	240	280	330	390	470
6	최소치	-	-	-	-	70(90)	80(100)	90(120)	110(130)	120(150)	150(180)	170(220)
	최대치	-	-	-	-	210	230	260	300	350	410	480
7	최소치	-	-	-	-	80(100)	90(110)	100(120)	110(140)	130(160)	150(190)	180(220)
	최대치	-	-	-	-	220	250	280	320	360	420	500
8	최소치	-	-	-	-	90(110)	90(120)	110(130)	120(150)	140(170)	160(200)	190(230)
	최대치	-	-	-	-	240	260	290	330	380	440	520
10	최소치	-	-	-	-	-	110(130)	120(150)	130(160)	150(190)	170(210)	200(250)
	최대치	-	-	-	-	-	300	330	370	420	480	560
12	최소치	-	-	-	-	-	120(150)	130(160)	140(180)	160(200)	180(230)	210(260)
	최대치	-	-	-	-	-	340	370	410	450	510	590
14	최소치	-	-	-	-	-	130(170)	140(180)	160(200)	180(220)	200(250)	220(280)
	최대치	-	-	-	-	-	370	400	440	490	550	630
16	최소치	-	-	-	-	-	-	160(200)	170(210)	190(240)	210(260)	240(300)
	최대치	-	-	-	-	-	-	440	480	530	590	670
18	최소치	-	-	-	-	-	-	170(210)	180(230)	200(250)	220(280)	250(310)
	최대치	-	-	-	-	-	-	480	520	560	620	700
20	최소치	-	-	-	-	-	-	180(230)	200(250)	210(270)	240(300)	260(330)
	최대치	-	-	-	-	-	-	510	550	600	660	740
22	최소치	-	-	-	-	-	-	-	210(260)	230(280)	250(310)	280(350)
	최대치	-	-	-	-	-	-	-	590	640	700	780
25	최소치	-	-	-	-	-	-	-	230(290)	250(310)	270(340)	300(370)
	최대치	-	-	-	-	-	-	-	640	690	750	830

[비고] 1. 중간 모듈에 대한 백래시를 결정할 경우에는 큰 쪽의 모듈을 취한다.
2. ( )를 붙인 값은 기어가 고속 회전하여 발열량이 큰 경우에 사용한다.

- 헬리컬 기어로서 치직각 모듈인 경우의 보기

치직각 모듈 3, 잇수 25와 50, 나선각 35°인 경우

정면모듈 :3/cos35°= 3.66

피니언의 피치원 지름 : 3.66×25=91.5mm　　기어의 피치원 지름 : 3.66×50=183.0mm

표에서 정면 모듈 4, 피치원 지름 91.5mm 일 때 최소치 70(90)㎛, 최대치 190㎛

정면 모듈 4, 피치원 지름 183.0mm 일 때 최소치 80(100)㎛, 최대치 220㎛

따라서, 최소 백래시 = 70+80=150㎛　　최대 백래시 = 170+200=370㎛

특히 고속 회전하는 경우에는 ( )안의 수치로부터 최소 백래시 = 90+100=190㎛

■ 백래시 산출 수치표 (2급 기어용)

단위 : μm

정면모듈 \ 피치원지름 (mm)		1.5 이상 3 이하	3 초과 6 이하	6 초과 12 이하	12 초과 25 이하	25 초과 50 이하	50 초과 100 이하	100 초과 200 이하	200 초과 400 이하	400 초과 800 이하	800 초과 1600 이하	1600 초과 3200 이하
0.5	최소치	15(20)	20(25)	25(30)	30(35)	35(45)	45(60)	60(70)	70(90)	90(110)	-	-
	최대치	45	60	80	90	120	140	180	220	280	-	-
1	최소치	-	25(30)	25(35)	35(40)	40(50)	50(60)	60(70)	70(90)	90(110)	-	-
	최대치	-	70	90	100	130	150	190	230	290	-	-
1.5	최소치	-	-	30(40)	35(45)	45(50)	50(60)	60(80)	80(100)	90(120)	120(140)	-
	최대치	-	-	100	110	140	160	200	240	300	370	-
2	최소치	-	-	-	40(50)	50(60)	60(70)	70(80)	80(100)	100(120)	120(150)	-
	최대치	-	-	-	120	150	170	210	250	310	380	-
2.5	최소치	-	-	-	45(50)	50(60)	60(70)	70(90)	80(100)	100(130)	120(150)	-
	최대치	-	-	-	130	160	180	220	260	320	390	-
3	최소치	-	-	-	-	50(70)	60(80)	70(90)	90(110)	100(130)	130(160)	150(190)
	최대치	-	-	-	-	170	190	230	270	330	400	480
3.5	최소치	-	-	-	-	60(70)	60(80)	80(90)	90(110)	110(130)	130(160)	160(200)
	최대치	-	-	-	-	180	200	240	280	340	410	490
4	최소치	-	-	-	-	60(70)	70(90)	80(100)	90(120)	110(140)	130(170)	160(200)
	최대치	-	-	-	-	190	210	250	290	350	420	500
5	최소치	-	-	-	-	70(80)	70(90)	90(110)	100(120)	120(150)	140(170)	170(210)
	최대치	-	-	-	-	210	240	270	310	370	440	520
6	최소치	-	-	-	-	70(90)	80(100)	90(120)	110(130)	120(150)	150(180)	170(220)
	최대치	-	-	-	-	230	260	290	330	390	460	540
7	최소치	-	-	-	-	80(100)	90(110)	100(120)	110(140)	130(160)	150(190)	180(220)
	최대치	-	-	-	-	250	280	310	350	410	480	570
8	최소치	-	-	-	-	90(110)	90(120)	110(130)	120(150)	140(170)	160(200)	190(230)
	최대치	-	-	-	-	270	300	340	380	430	500	590
10	최소치	-	-	-	-	-	110(130)	120(150)	130(160)	150(190)	170(210)	200(250)
	최대치	-	-	-	-	-	340	370	420	470	540	630
12	최소치	-	-	-	-	-	120(150)	130(160)	140(180)	160(200)	180(230)	210(260)
	최대치	-	-	-	-	-	380	440	460	510	580	670
14	최소치	-	-	-	-	-	130(170)	140(180)	160(200)	180(220)	200(250)	220(280)
	최대치	-	-	-	-	-	420	450	500	550	620	710
16	최소치	-	-	-	-	-	-	160(200)	170(210)	190(240)	210(260)	240(300)
	최대치	-	-	-	-	-	-	500	540	590	660	750
18	최소치	-	-	-	-	-	-	170(210)	180(230)	200(250)	220(280)	250(310)
	최대치	-	-	-	-	-	-	540	580	630	700	790
20	최소치	-	-	-	-	-	-	180(230)	200(250)	210(270)	240(300)	260(330)
	최대치	-	-	-	-	-	-	580	620	680	740	830
22	최소치	-	-	-	-	-	-	-	210(260)	230(280)	250(310)	280(350)
	최대치	-	-	-	-	-	-	-	660	720	750	870
25	최소치	-	-	-	-	-	-	-	230(290)	250(310)	270(340)	300(370)
	최대치	-	-	-	-	-	-	-	720	780	850	930

[비고] 1. 중간 모듈에 대한 백래시를 결정할 경우에는 큰 쪽의 모듈을 취한다.
2. ( )를 붙인 값은 기어가 고속 회전하여 발열량이 큰 경우에 사용한다.

- 헬리컬 기어로서 치직각 모듈인 경우의 보기

치직각 모듈 3, 잇수 25와 50, 나선각 35°인 경우

정면모듈 : 3/cos35°= 3.66

피니언의 피치원 지름 : 3.66×25=91.5mm 기어의 피치원 지름 : 3.66×50=183.0mm

표에서 정면 모듈 4, 피치원 지름 91.5mm 일 때 최소치 70(90)μm, 최대치 210μm

정면 모듈 4, 피치원 지름 183.0mm 일 때 최소치 80(100)μm, 최대치 250μm

따라서, 최소 백래시 = 70+80=150μm 최대 백래시 = 210+250=460μm

특히 고속 회전하는 경우에는 ( )안의 수치로부터 최소 백래시 = 90+100=190μm

■ 백래시 산출 수치표 (3급 기어용)

단위 : μm

정면모듈 \ 피치원지름(mm)		1.5 이상 3 이하	3 초과 6 이하	6 초과 12 이하	12 초과 25 이하	25 초과 50 이하	50 초과 100 이하	100 초과 200 이하	200 초과 400 이하	400 초과 800 이하	800 초과 1600 이하	1600 초과 3200 이하
0.5	최소치	15	20	25	30	35	45	60	70	-	-	-
	최대치	60	70	90	110	130	160	200	250	-	-	-
1	최소치	-	25	25	35	40	50	60	70	90	-	-
	최대치	-	80	100	120	140	170	210	260	320	-	-
1.5	최소치	-	-	30	35	45	50	60	80	90	120	-
	최대치	-	-	110	130	150	180	220	270	330	410	-
2	최소치	-	-	-	40	50	60	70	80	100	120	-
	최대치	-	-	-	140	170	200	240	280	350	420	-
2.5	최소치	-	-	-	45	50	60	70	80	100	120	-
	최대치	-	-	-	150	180	210	250	300	360	430	-
3	최소치	-	-	-	-	50	60	70	90	100	130	150
	최대치	-	-	-	-	170	190	230	270	330	400	480
3.5	최소치	-	-	-	-	60	60	80	90	110	130	160
	최대치	-	-	-	-	200	230	270	320	380	460	560
4	최소치	-	-	-	-	60	70	80	90	110	130	160
	최대치	-	-	-	-	210	240	280	330	400	470	570
5	최소치	-	-	-	-	70	70	90	100	120	140	170
	최대치	-	-	-	-	230	270	300	350	410	490	590
6	최소치	-	-	-	-	70	80	90	110	120	150	170
	최대치	-	-	-	-	260	290	330	380	440	520	610
7	최소치	-	-	-	-	80	90	100	110	130	150	180
	최대치	-	-	-	-	280	310	350	400	460	540	640
8	최소치	-	-	-	-	90	90	110	120	140	160	190
	최대치	-	-	-	-	300	330	370	420	480	560	660
10	최소치	-	-	-	-	-	110	120	130	150	170	200
	최대치	-	-	-	-	-	380	420	470	530	610	710
12	최소치	-	-	-	-	-	120	130	140	160	180	210
	최대치	-	-	-	-	-	430	470	520	580	650	750
14	최소치	-	-	-	-	-	130	140	160	180	200	220
	최대치	-	-	-	-	-	470	510	560	620	700	800
16	최소치	-	-	-	-	-	-	160	170	190	210	240
	최대치	-	-	-	-	-	-	560	600	670	750	840
18	최소치	-	-	-	-	-	-	170	180	200	220	250
	최대치	-	-	-	-	-	-	600	650	710	790	890
20	최소치	-	-	-	-	-	-	180	200	210	240	260
	최대치	-	-	-	-	-	-	650	700	760	840	940
22	최소치	-	-	-	-	-	-	-	210	230	250	280
	최대치	-	-	-	-	-	-	-	750	810	880	980
25	최소치	-	-	-	-	-	-	-	230	250	270	300
	최대치	-	-	-	-	-	-	-	820	880	950	1050

[비고] 중간 모듈에 대한 백래시를 결정할 경우에는 큰 쪽의 모듈을 취한다.

- 헬리컬 기어로서 치직각 모듈인 경우의 보기

치직각 모듈 3, 잇수 25와 50, 나선각 35°인 경우

정면모듈 : 3/cos35°= 3.66

피니언의 피치원 지름 : 3.66×25=91.5mm 기어의 피치원 지름 : 3.66×50=183.0mm

표에서 정면 모듈 4, 피치원 지름 91.5mm 일 때 최소치 70μm, 최대치 240μm

정면 모듈 4, 피치원 지름 183.0mm 일 때 최소치 80μm, 최대치 280μm

따라서, 최소 백래시 = 70+80=150μm 최대 백래시 = 240+280=520μm

■ 백래시 산출 수치표 (4급 기어용)

단위 : ㎛

정면모듈 \ 피치원지름(mm)		1.5 이상 3 이하	3 초과 6 이하	6 초과 12 이하	12 초과 25 이하	25 초과 50 이하	50 초과 100 이하	100 초과 200 이하	200 초과 400 이하	400 초과 800 이하	800 초과 1600 이하	1600 초과 3200 이하
0.5	최소치	15	20	25	30	35	45	60	70	-	-	-
	최대치	70	80	100	120	150	180	230	280	-	-	-
1	최소치	-	25	25	35	40	50	60	70	90	-	-
	최대치	-	90	110	130	160	190	240	290	360	-	-
1.5	최소치	-	-	30	35	45	50	60	80	90	120	-
	최대치	-	-	120	140	170	210	250	310	380	460	-
2	최소치	-	-	-	40	50	60	70	80	100	120	-
	최대치	-	-	-	160	190	220	260	320	390	480	-
2.5	최소치	-	-	-	45	50	60	70	80	100	120	-
	최대치	-	-	-	170	200	230	280	330	400	490	-
3	최소치	-	-	-	-	50	60	70	90	100	130	150
	최대치	-	-	-	-	210	250	290	350	420	510	610
3.5	최소치	-	-	-	-	60	60	80	90	110	130	160
	최대치	-	-	-	-	230	260	300	360	430	520	630
4	최소치	-	-	-	-	60	70	80	90	110	130	160
	최대치	-	-	-	-	240	270	320	370	440	530	640
5	최소치	-	-	-	-	70	70	90	100	120	140	170
	최대치	-	-	-	-	260	300	340	400	470	550	670
6	최소치	-	-	-	-	70	80	90	110	120	150	170
	최대치	-	-	-	-	290	320	370	420	490	580	690
7	최소치	-	-	-	-	80	90	100	110	130	150	180
	최대치	-	-	-	-	320	350	390	450	520	610	720
8	최소치	-	-	-	-	90	90	110	120	140	160	190
	최대치	-	-	-	-	340	380	420	470	550	630	740
10	최소치	-	-	-	-	-	110	120	130	150	170	200
	최대치	-	-	-	-	-	430	470	530	600	680	800
12	최소치	-	-	-	-	-	120	130	140	160	180	210
	최대치	-	-	-	-	-	480	520	580	650	740	850
14	최소치	-	-	-	-	-	130	140	160	180	200	220
	최대치	-	-	-	-	-	530	580	630	700	790	900
16	최소치	-	-	-	-	-	-	160	170	190	210	240
	최대치	-	-	-	-	-	-	630	680	750	840	950
18	최소치	-	-	-	-	-	-	170	180	200	220	250
	최대치	-	-	-	-	-	-	680	740	800	890	1000
20	최소치	-	-	-	-	-	-	180	200	210	240	260
	최대치	-	-	-	-	-	-	730	790	860	940	1060
22	최소치	-	-	-	-	-	-	-	210	230	250	280
	최대치	-	-	-	-	-	-	-	840	910	1000	1110
25	최소치	-	-	-	-	-	-	-	230	250	270	300
	최대치	-	-	-	-	-	-	-	920	990	1070	1190

[비고] 중간 모듈에 대한 백래시를 결정할 경우에는 큰 쪽의 모듈을 취한다.

- 헬리컬 기어로서 치직각 모듈인 경우의 보기

치직각 모듈 3, 잇수 25와 50, 나선각 35°인 경우

정면모듈 : 3/cos35°= 3.66

피니언의 피치원 지름 : 3.66×25=91.5mm 기어의 피치원 지름 : 3.66×50=183.0mm

표에서 정면 모듈 4, 피치원 지름 91.5mm 일 때 최소치 70㎛, 최대치 270㎛

정면 모듈 4, 피치원 지름 183.0mm 일 때 최소치 80㎛, 최대치 320㎛

따라서, 최소 백래시 = 70+80=150㎛ 최대 백래시 = 270+320=590㎛

■ 백래시 산출 수치표 (5급 기어용)

단위 : ㎛

정면모듈 \ 피치원지름(mm)		1.5 이상 3 이하	3 초과 6 이하	6 초과 12 이하	12 초과 25 이하	25 초과 50 이하	50 초과 100 이하	100 초과 200 이하	200 초과 400 이하	400 초과 800 이하	800 초과 1600 이하	1600 초과 3200 이하
0.5	최소치	15	20	25	30	35	45	60	70	-	-	-
	최대치	70	90	110	130	170	200	250	320	-	-	-
1	최소치	-	25	25	35	40	50	60	70	90	-	-
	최대치	-	100	120	150	180	220	270	330	410	-	-
1.5	최소치	-	-	30	35	45	50	60	80	90	120	-
	최대치	-	-	140	160	190	230	280	350	420	520	-
2	최소치	-	-	-	40	50	60	70	80	100	120	-
	최대치	-	-	-	180	210	250	300	360	440	540	-
2.5	최소치	-	-	-	45	50	60	70	80	100	120	-
	최대치	-	-	-	190	220	260	310	380	450	550	-
3	최소치	-	-	-	-	50	60	70	90	100	130	150
	최대치	-	-	-	-	240	280	330	390	470	570	690
3.5	최소치	-	-	-	-	60	60	80	90	110	130	160
	최대치	-	-	-	-	250	290	340	400	480	580	700
4	최소치	-	-	-	-	60	70	80	90	110	130	160
	최대치	-	-	-	-	270	310	360	420	500	590	720
5	최소치	-	-	-	-	70	70	90	100	120	140	170
	최대치	-	-	-	-	300	340	390	450	530	620	750
6	최소치	-	-	-	-	70	80	90	110	120	150	170
	최대치	-	-	-	-	330	370	410	480	560	650	780
7	최소치	-	-	-	-	80	90	100	110	130	150	180
	최대치	-	-	-	-	360	390	440	510	580	680	810
8	최소치	-	-	-	-	90	90	110	120	140	160	190
	최대치	-	-	-	-	380	420	470	540	610	710	840
10	최소치	-	-	-	-	-	110	120	130	150	170	200
	최대치	-	-	-	-	-	480	530	590	670	770	900
12	최소치	-	-	-	-	-	120	130	140	160	180	210
	최대치	-	-	-	-	-	540	590	650	730	830	950
14	최소치	-	-	-	-	-	130	140	160	180	200	220
	최대치	-	-	-	-	-	600	650	710	790	890	1010
16	최소치	-	-	-	-	-	-	160	170	190	210	240
	최대치	-	-	-	-	-	-	710	760	850	950	1070
18	최소치	-	-	-	-	-	-	170	180	200	220	250
	최대치	-	-	-	-	-	-	770	830	910	1000	1130
20	최소치	-	-	-	-	-	-	180	200	210	240	260
	최대치	-	-	-	-	-	-	820	890	960	1060	1190
22	최소치	-	-	-	-	-	-	-	210	230	250	280
	최대치	-	-	-	-	-	-	-	950	1020	1120	1250
25	최소치	-	-	-	-	-	-	-	230	250	270	300
	최대치	-	-	-	-	-	-	-	1030	1110	1210	1330

[비고] 중간 모듈에 대한 백래시를 결정할 경우에는 큰 쪽의 모듈을 취한다.

- 헬리컬 기어로서 치직각 모듈인 경우의 보기

치직각 모듈 3, 잇수 25와 50, 나선각 35°인 경우

정면모듈 : 3/cos35°= 3.66

피니언의 피치원 지름 : 3.66×25=91.5mm 기어의 피치원 지름 : 3.66×50=183.0mm

표에서 정면 모듈 4, 피치원 지름 91.5mm 일 때 최소치 70㎛, 최대치 310㎛

정면 모듈 4, 피치원 지름 183.0mm 일 때 최소치 80㎛, 최대치 360㎛

따라서, 최소 백래시 = 70+80=150㎛ 최대 백래시 = 310+360=670㎛

■ 백래시 산출 수치표 (6급 기어용)

단위 : μm

정면모듈 \ 피치원지름 (mm)		1.5 이상 3 이하	3 초과 6 이하	6 초과 12 이하	12 초과 25 이하	25 초과 50 이하	50 초과 100 이하	100 초과 200 이하	200 초과 400 이하	400 초과 800 이하	800 초과 1600 이하	1600 초과 3200 이하
0.5	최소치	15	20	25	30	35	45	60	70	-	-	-
	최대치	80	100	120	150	180	230	280	350	-	-	-
1	최소치	-	25	25	35	40	50	60	70	90	-	-
	최대치	-	120	140	160	200	240	300	370	450	-	-
1.5	최소치	-	-	30	35	45	50	60	80	90	120	-
	최대치	-	-	150	180	220	260	310	380	470	580	-
2	최소치	-	-	-	40	50	60	70	80	100	120	-
	최대치	-	-	-	200	230	280	330	400	490	600	-
2.5	최소치	-	-	-	45	50	60	70	80	100	120	-
	최대치	-	-	-	210	250	290	350	420	500	610	-
3	최소치	-	-	-	-	50	60	70	90	100	130	150
	최대치	-	-	-	-	270	310	360	430	520	630	770
3.5	최소치	-	-	-	-	60	60	80	90	110	130	160
	최대치	-	-	-	-	280	320	380	450	540	640	780
4	최소치	-	-	-	-	60	70	80	90	110	130	160
	최대치	-	-	-	-	300	340	400	470	550	660	800
5	최소치	-	-	-	-	70	70	90	100	120	140	170
	최대치	-	-	-	-	330	370	430	500	580	690	830
6	최소치	-	-	-	-	70	80	90	110	120	150	170
	최대치	-	-	-	-	360	410	460	530	620	730	860
7	최소치	-	-	-	-	80	90	100	110	130	150	180
	최대치	-	-	-	-	400	440	490	560	650	760	900
8	최소치	-	-	-	-	90	90	110	120	140	160	190
	최대치	-	-	-	-	430	470	530	600	680	790	930
10	최소치	-	-	-	-	-	110	120	130	150	170	200
	최대치	-	-	-	-	-	540	590	660	750	860	990
12	최소치	-	-	-	-	-	120	130	140	160	180	210
	최대치	-	-	-	-	-	600	660	730	810	920	1060
14	최소치	-	-	-	-	-	130	140	160	180	200	220
	최대치	-	-	-	-	-	670	720	790	880	990	1120
16	최소치	-	-	-	-	-	-	160	170	190	210	240
	최대치	-	-	-	-	-	-	790	850	940	1050	1190
18	최소치	-	-	-	-	-	-	170	180	200	220	250
	최대치	-	-	-	-	-	-	850	920	1010	1120	1250
20	최소치	-	-	-	-	-	-	180	200	210	240	260
	최대치	-	-	-	-	-	-	920	990	1070	1180	1320
22	최소치	-	-	-	-	-	-	-	210	230	250	280
	최대치	-	-	-	-	-	-	-	1050	1140	1250	1380
25	최소치	-	-	-	-	-	-	-	230	250	270	300
	최대치	-	-	-	-	-	-	-	1150	1230	1340	1480

[비고] 중간 모듈에 대한 백래시를 결정할 경우에는 큰 쪽의 모듈을 취한다.

- 헬리컬 기어로서 치직각 모듈인 경우의 보기

치직각 모듈 3, 잇수 25와 50, 나선각 35°인 경우

정면모듈 : 3/cos35°= 3.66

피니언의 피치원 지름 : 3.66×25=91.5mm 기어의 피치원 지름 : 3.66×50=183.0mm

표에서 정면 모듈 4, 피치원 지름 91.5mm 일 때 최소치 70μm, 최대치 310μm

정면 모듈 4, 피치원 지름 183.0mm 일 때 최소치 80μm, 최대치 360μm

따라서, 최소 백래시 = 70+80=150μm　　　최대 백래시 = 310+360=670μm

■ 백래시 산출 수치표 (7급 기어용)

단위 : ㎛

정면 모듈 \ 피치원지름(mm)		1.5 이상 3 이하	3 초과 6 이하	6 초과 12 이하	12 초과 25 이하	25 초과 50 이하	50 초과 100 이하	100 초과 200 이하	200 초과 400 이하	400 초과 800 이하	800 초과 1600 이하	1600 초과 3200 이하
0.5	최소치	15	20	25	30	35	45	60	70	-	-	-
	최대치	100	120	150	190	230	290	360	440	-	-	-
1	최소치	-	25	25	35	40	50	60	70	90	-	-
	최대치	-	150	170	210	250	310	380	460	570	-	-
1.5	최소치	-	-	30	35	45	50	60	80	90	120	-
	최대치	-	-	190	230	270	330	400	480	590	730	-
2	최소치	-	-	-	40	50	60	70	80	100	120	-
	최대치	-	-	-	250	290	350	420	500	610	750	-
2.5	최소치	-	-	-	45	50	60	70	80	100	120	-
	최대치	-	-	-	270	310	370	440	530	630	770	-
3	최소치	-	-	-	-	50	60	70	90	100	130	150
	최대치	-	-	-	-	330	390	460	550	650	790	970
3.5	최소치	-	-	-	-	60	60	80	90	110	130	160
	최대치	-	-	-	-	350	410	480	570	680	810	990
4	최소치	-	-	-	-	60	70	80	90	110	130	160
	최대치	-	-	-	-	370	430	500	590	700	830	1010
5	최소치	-	-	-	-	70	70	90	100	120	140	170
	최대치	-	-	-	-	420	470	540	630	740	870	1050
6	최소치	-	-	-	-	70	80	90	110	120	150	170
	최대치	-	-	-	-	460	510	580	670	780	910	1090
7	최소치	-	-	-	-	80	90	100	110	130	150	180
	최대치	-	-	-	-	500	550	620	710	820	960	1130
8	최소치	-	-	-	-	90	90	110	120	140	160	190
	최대치	-	-	-	-	540	590	660	750	860	1000	1170
10	최소치	-	-	-	-	-	110	120	130	150	170	200
	최대치	-	-	-	-	-	680	740	830	940	1080	1250
12	최소치	-	-	-	-	-	120	130	140	160	180	210
	최대치	-	-	-	-	-	760	830	910	1020	1160	1330
14	최소치	-	-	-	-	-	130	140	160	180	200	220
	최대치	-	-	-	-	-	840	910	1000	1110	1240	1420
16	최소치	-	-	-	-	-	-	160	170	190	210	240
	최대치	-	-	-	-	-	-	990	1070	1190	1320	1500
18	최소치	-	-	-	-	-	-	170	180	200	220	250
	최대치	-	-	-	-	-	-	1070	1160	1270	1430	1580
20	최소치	-	-	-	-	-	-	180	200	210	240	260
	최대치	-	-	-	-	-	-	1150	1240	1350	1490	1660
22	최소치	-	-	-	-	-	-	-	210	230	250	280
	최대치	-	-	-	-	-	-	-	1320	1430	1570	1740
25	최소치	-	-	-	-	-	-	-	230	250	270	300
	최대치	-	-	-	-	-	-	-	1450	1560	1690	1870

[비고] 중간 모듈에 대한 백래시를 결정할 경우에는 큰 쪽의 모듈을 취한다.

- 헬리컬 기어로서 치직각 모듈인 경우의 보기

치직각 모듈 3, 잇수 25와 50, 나선각 35°인 경우

정면모듈 : 3/cos35°= 3.66

피니언의 피치원 지름 : 3.66×25=91.5mm 기어의 피치원 지름 : 3.66×50=183.0mm

표에서 정면 모듈 4, 피치원 지름 91.5mm 일 때 최소치 70㎛, 최대치 430㎛

정면 모듈 4, 피치원 지름 183.0mm 일 때 최소치 80㎛, 최대치 500㎛

따라서, 최소 백래시 = 70+80=150㎛ 최대 백래시 = 430+500=930㎛

■ 백래시 산출 수치표 (8급 기어용)

단위 : ㎛

정면모듈 \ 피치원지름(mm)		1.5 이상 3 이하	3 초과 6 이하	6 초과 12 이하	12 초과 25 이하	25 초과 50 이하	50 초과 100 이하	100 초과 200 이하	200 초과 400 이하	400 초과 800 이하	800 초과 1600 이하	1600 초과 3200 이하
0.5	최소치	-	-	25	30	35	45	60	70	-	-	-
	최대치	-	-	220	270	330	410	510	630	-	-	-
1	최소치	-	-	25	35	40	50	60	70	90	-	-
	최대치	-	-	250	300	360	440	540	660	820	-	-
1.5	최소치	-	-	30	35	45	50	60	80	90	120	-
	최대치	-	-	270	330	390	470	570	690	850	1040	-
2	최소치	-	-	-	40	50	60	70	80	100	120	-
	최대치	-	-	-	350	420	500	600	720	880	1070	-
2.5	최소치	-	-	-	45	50	60	70	80	100	120	-
	최대치	-	-	-	380	450	530	630	750	910	1100	-
3	최소치	-	-	-	-	50	60	70	90	100	130	150
	최대치	-	-	-	-	480	560	650	780	940	1130	1380
3.5	최소치	-	-	-	-	60	60	80	90	110	130	160
	최대치	-	-	-	-	510	580	680	810	960	1160	1410
4	최소치	-	-	-	-	60	70	80	90	110	130	160
	최대치	-	-	-	-	540	610	710	840	990	1190	1440
5	최소치	-	-	-	-	70	70	90	100	120	140	170
	최대치	-	-	-	-	590	670	770	900	1050	1250	1500
6	최소치	-	-	-	-	70	80	90	110	120	150	170
	최대치	-	-	-	-	650	730	830	950	1110	1310	1560
7	최소치	-	-	-	-	80	90	100	110	130	150	180
	최대치	-	-	-	-	710	790	890	1010	1170	1370	1610
8	최소치	-	-	-	-	90	90	110	120	140	160	190
	최대치	-	-	-	-	770	850	950	1070	1230	1420	1670
10	최소치	-	-	-	-	-	110	120	130	150	170	200
	최대치	-	-	-	-	-	960	1060	1190	1340	1540	1790
12	최소치	-	-	-	-	-	120	130	140	160	180	210
	최대치	-	-	-	-	-	1080	1180	1310	1460	1660	1910
14	최소치	-	-	-	-	-	130	140	160	180	200	220
	최대치	-	-	-	-	-	1200	1300	1420	1580	1770	2020
16	최소치	-	-	-	-	-	-	160	170	190	210	240
	최대치	-	-	-	-	-	-	1410	1530	1690	1900	2140
18	최소치	-	-	-	-	-	-	170	180	200	220	250
	최대치	-	-	-	-	-	-	1530	1660	1810	2010	2260
20	최소치	-	-	-	-	-	-	180	200	210	240	260
	최대치	-	-	-	-	-	-	1650	1770	1920	2130	2380
22	최소치	-	-	-	-	-	-	-	210	230	250	280
	최대치	-	-	-	-	-	-	-	1890	2050	2240	2500
25	최소치	-	-	-	-	-	-	-	230	250	270	300
	최대치	-	-	-	-	-	-	-	2070	2220	2420	2670

[비고] 중간 모듈에 대한 백래시를 결정할 경우에는 큰 쪽의 모듈을 취한다.

- 헬리컬 기어로서 치직각 모듈인 경우의 보기

치직각 모듈 3, 잇수 25와 50, 나선각 35°인 경우

정면모듈 : 3/cos35°= 3.66

피니언의 피치원 지름 : 3.66×25=91.5mm　기어의 피치원 지름 : 3.66×50=183.0mm

표에서 정면 모듈 4, 피치원 지름 91.5mm 일 때 최소치 70㎛, 최대치 610㎛

정면 모듈 4, 피치원 지름 183.0mm 일 때 최소치 80㎛, 최대치 710㎛

따라서, 최소 백래시 = 70+80=150㎛　　최대 백래시 = 610+710=1320㎛

7-3. 베벨 기어의 정밀도 [KS B 1412-1975 (2011 확인)]

1. 적용 범위

이 규격은 베벨기어의 외단부의 정면 모듈이 0.4~25mm이고 외단부의 피치원 지름이 3~1600mm인 기어의 정밀도에 대하여 규정한다.

[주] 이 규격에서는 직선, 헬리컬 및 스파이럴 베벨 기어를 대상으로 한 것이다.
[비고] 하이포이드 기어에도 준용할 수 있다.

2. 용어의 뜻

이 규격의 오차에 관한 용어의 뜻은 다음과 같다.

① 단일 피치 오차 : 인접한 이의 평균 원추 거리에서의 피치원상의 실제의 피치로부터 그 정확한 피치를 뺀 값
② 인접 피치 오차 : 평균 원추 거리에서의 피치원상의 인접한 2개의 피치의 차이의 절대값
③ 누적 피치 오차 : 평균 원추 거리에서의 피치원상의 임의의 2개의 사이의 실제 피치의 합으로부터 그 정확한 값을 뺀 값
④ 이홈의 흔들림 : 볼 등의 접촉편을 평균 원추 거리에서의 이홈의 양쪽 치면에 피치원 부근에서 접촉시켰을 때, 피치 원추에 수직인 방향에서의 위치의 최대차

3. 등급

기어의 등급은 정밀도에 따라 다음의 9등급으로 한다. 다만, 사용 목적에 따라 다른 오차에 대한 다른 등급을 조합하든가 또는 필요한 항목만을 선택할 수 있다.

0급, 1급, 2급, 3급, 4급, 5급, 6급, 7급, 8급

4. 허용치

기어의 각 등급에 대한 단일 피치 오차, 인접 피치 오차, 누적 피치 오차 및 이 홈의 흔들림의 허용치는 다음 부표에 따른다.

■ 정면 모듈 0.4mm 이상 0.6mm 이하의 기어의 허용치

단위 : μm

등급	오차	피치원 지름 (mm)					
		3 이상 6 이하	6 초과 12 이하	12 초과 25 이하	25 초과 50 이하	50 초과 100 이하	100 초과 200 이하
0	단일 피치 오차 (±)	3	4	4	4	4	5
	인접 피치 오차	4	5	5	5	6	6
	누적 피치 오차 (±)	14	14	15	16	18	19
	이홈의 흔들림	5	7	10	14	20	28
1	단일 피치 오차 (±)	6	6	7	7	8	8
	인접 피치 오차	8	8	9	9	10	11
	누적 피치 오차 (±)	25	26	27	29	31	34
	이홈의 흔들림	7	10	15	21	30	43
2	단일 피치 오차 (±)	11	12	12	13	14	15
	인접 피치 오차	15	15	16	17	18	20
	누적 피치 오차 (±)	46	47	50	52	56	60
	이홈의 흔들림	11	15	22	31	45	63
3	이홈의 흔들림	16	24	33	48	67	95
4	이홈의 흔들림	25	35	50	71	100	145
5	이홈의 흔들림	37	52	75	105	150	210
6	이홈의 흔들림	56	79	110	160	230	320

■ 정면 모듈 0.6mm 이상 1mm 이하의 기어의 허용치

단위 : ㎛

등급	오차	피치원 지름 (mm)					
		3 이상 6 이하	6 초과 12 이하	12 초과 25 이하	25 초과 50 이하	50 초과 100 이하	100 초과 200 이하
0	단일 피치 오차 (±)	4	4	4	4	5	5
	인접 피치 오차	5	5	5	5	6	6
	누적 피치 오차 (±)	14	15	16	17	18	20
	이홈의 흔들림	5	7	10	14	20	28
1	단일 피치 오차 (±)	6	7	7	7	8	9
	인접 피치 오차	8	9	9	10	10	11
	누적 피치 오차 (±)	25	26	28	30	32	34
	이홈의 흔들림	7	10	15	21	30	43
2	단일 피치 오차 (±)	12	12	13	13	14	15
	인접 피치 오차	15	16	16	17	18	20
	누적 피치 오차 (±)	46	48	50	53	57	61
	이홈의 흔들림	11	15	22	31	45	63
3	이홈의 흔들림	16	24	33	48	67	95
4	이홈의 흔들림	25	35	50	71	100	145
5	이홈의 흔들림	37	52	75	105	150	210
6	이홈의 흔들림	56	79	110	160	230	320

■ 정면 모듈 1mm 초과 1.6mm 이하의 기어의 허용치

단위 : ㎛

등급	오차	피치원 지름 (mm)					
		6 초과 12 이하	12 초과 25 이하	25 초과 50 이하	50 초과 100 이하	100 초과 200 이하	200 초과 400 이하
0	단일 피치 오차 (±)	4	4	4	5	5	6
	인접 피치 오차	5	5	6	6	7	7
	누적 피치 오차 (±)	15	16	17	19	20	22
	이홈의 흔들림	7	10	14	20	28	40
1	단일 피치 오차 (±)	7	7	8	8	9	10
	인접 피치 오차	9	9	10	11	11	13
	누적 피치 오차 (±)	27	29	30	32	35	39
	이홈의 흔들림	10	15	21	30	43	60
2	단일 피치 오차 (±)	12	13	14	14	16	17
	인접 피치 오차	16	17	18	19	20	22
	누적 피치 오차 (±)	49	52	54	58	62	68
	이홈의 흔들림	15	22	31	45	63	89
3	단일 피치 오차 (±)	23	23	25	26	28	30
	인접 피치 오차	29	30	32	34	36	39
	누적 피치 오차 (±)	90	94	98	105	110	120
	이홈의 흔들림	24	33	48	67	95	135
4	단일 피치 오차 (±)	41	42	44	46	49	52
	인접 피치 오차	53	55	57	60	63	68
	누적 피치 오차 (±)	165	170	175	185	195	210
	이홈의 흔들림	35	50	71	100	145	200
5	이홈의 흔들림	52	75	105	150	210	300
6	이홈의 흔들림	79	110	160	230	320	450

■ 정면 모듈 1.6mm 초과 2.5mm 이하의 기어의 허용치

단위 : ㎛

등급	오차	피치원 지름 (mm)					
		12 초과 25 이하	25 초과 50 이하	50 초과 100 이하	100 초과 200 이하	200 초과 400 이하	400 초과 800 이하
0	단일 피치 오차 (±)	4	4	5	5	6	6
	인접 피치 오차	5	6	6	7	8	8
	누적 피치 오차 (±)	7	18	19	21	23	26
	이홈의 흔들림	10	14	20	28	40	56
1	단일 피치 오차 (±)	7	8	8	9	10	11
	인접 피치 오차	10	10	11	12	13	14
	누적 피치 오차 (±)	30	32	34	36	40	44
	이홈의 흔들림	15	21	30	43	60	86
2	단일 피치 오차 (±)	13	14	15	16	17	19
	인접 피치 오차	17	18	19	21	23	25
	누적 피치 오차 (±)	54	56	60	64	69	76
	이홈의 흔들림	22	31	45	63	89	125
3	단일 피치 오차 (±)	24	25	27	28	31	33
	인접 피치 오차	31	33	35	37	40	43
	누적 피치 오차 (±)	97	100	105	115	120	135
	이홈의 흔들림	33	48	67	95	135	190
4	단일 피치 오차 (±)	43	45	47	50	55	57
	인접 피치 오차	56	58	61	65	69	75
	누적 피치 오차 (±)	170	180	190	200	210	230
	이홈의 흔들림	50	71	100	145	200	290
5	인접 피치 오차	110	115	120	125	132	150
	이홈의 흔들림	75	105	150	210	300	430
6	인접 피치 오차	210	220	240	250	270	290
	이홈의 흔들림	110	160	230	320	450	640

■ 정면 모듈 2.5mm 초과 4mm 이하의 기어의 허용치

단위 : ㎛

등급	오차	피치원 지름 (mm)						
		12 초과 25 이하	25 초과 50 이하	50 초과 100 이하	100 초과 200 이하	200 초과 400 이하	400 초과 800 이하	800 초과 1600 이하
0	단일 피치 오차 (±)	5	5	5	6	6	7	8
	인접 피치 오차	6	6	7	7	8	9	10
	누적 피치 오차 (±)	18	19	21	22	24	27	31
	이홈의 흔들림	10	14	20	28	40	56	79
1	단일 피치 오차 (±)	8	8	9	10	10	12	13
	인접 피치 오차	10	11	12	12	14	15	17
	누적 피치 오차 (±)	32	33	36	38	42	46	51
	이홈의 흔들림	15	21	30	43	60	86	120
2	단일 피치 오차 (±)	14	15	16	17	18	20	22
	인접 피치 오차	18	19	20	22	24	26	29
	누적 피치 오차 (±)	57	59	63	67	72	79	88
	이홈의 흔들림	22	31	45	63	89	125	180
3	단일 피치 오차 (±)	25	27	28	30	32	35	38
	인접 피치 오차	33	34	36	39	41	45	49
	누적 피치 오차 (±)	100	105	110	120	130	140	150
	이홈의 흔들림	33	48	67	95	135	190	270
4	단일 피치 오차 (±)	45	47	50	52	55	59	65
	인접 피치 오차	59	61	65	67	72	77	84
	누적 피치 오차 (±)	180	185	200	210	220	240	260
	이홈의 흔들림	50	71	100	145	200	290	400
5	인접 피치 오차	115	120	125	130	135	155	170
	이홈의 흔들림	75	105	150	210	300	430	600
6	인접 피치 오차	220	240	250	260	280	290	310
	이홈의 흔들림	110	160	230	320	450	640	900
7	이홈의 흔들림	250	360	500	720	1000	1450	2000

■ 정면 모듈 4mm 초과 6mm 이하의 기어의 허용치

단위 : ㎛

등급	오차	피치원 지름 (mm)					
		25 초과 50 이하	50 초과 100 이하	100 초과 200 이하	200 초과 400 이하	400 초과 800 이하	800 초과 1600 이하
0	단일 피치 오차 (±)	5	6	6	7	7	8
	인접 피치 오차	7	7	8	9	9	11
	누적 피치 오차 (±)	21	22	24	26	29	32
	이홈의 흔들림	14	20	28	40	56	79
1	단일 피치 오차 (±)	9	10	10	11	12	14
	인접 피치 오차	12	12	13	14	16	18
	누적 피치 오차 (±)	36	38	41	45	49	54
	이홈의 흔들림	21	30	43	60	86	120
2	단일 피치 오차 (±)	16	17	18	19	21	23
	인접 피치 오차	21	22	23	25	27	30
	누적 피치 오차 (±)	64	67	72	77	84	92
	이홈의 흔들림	31	45	63	89	125	180
3	단일 피치 오차 (±)	28	30	31	34	36	40
	인접 피치 오차	37	39	41	44	47	52
	누적 피치 오차 (±)	115	120	125	135	145	160
	이홈의 흔들림	48	67	95	135	190	270
4	단일 피치 오차 (±)	50	52	54	58	62	68
	인접 피치 오차	65	67	71	75	81	88
	누적 피치 오차 (±)	200	210	220	230	250	270
	이홈의 흔들림	71	100	145	200	290	400
5	인접 피치 오차	125	130	135	150	165	175
	이홈의 흔들림	105	150	210	300	430	600
6	인접 피치 오차	250	260	270	290	300	330
	이홈의 흔들림	160	230	320	450	640	900
7	이홈의 흔들림	360	500	720	1000	1450	2000

■ 정면 모듈 6mm 초과 10mm 이하의 기어의 허용치

단위 : ㎛

등급	오차	피치원 지름 (mm)					
		25 초과 50 이하	50 초과 100 이하	100 초과 200 이하	200 초과 400 이하	400 초과 800 이하	800 초과 1600 이하
0	단일 피치 오차 (±)	6	6	7	7	8	9
	인접 피치 오차	8	8	9	9	10	11
	누적 피치 오차 (±)	24	25	27	29	32	35
	이홈의 흔들림	14	20	28	40	56	79
1	단일 피치 오차 (±)	10	11	11	12	13	15
	인접 피치 오차	13	14	15	16	17	19
	누적 피치 오차 (±)	41	43	46	49	54	59
	이홈의 흔들림	21	30	43	60	86	120
2	단일 피치 오차 (±)	18	19	20	21	23	25
	인접 피치 오차	23	24	26	27	30	32
	누적 피치 오차 (±)	71	75	79	84	91	100
	이홈의 흔들림	31	45	63	89	125	180
3	단일 피치 오차 (±)	31	33	34	37	39	43
	인접 피치 오차	41	42	45	48	51	56
	누적 피치 오차 (±)	125	130	140	145	155	170
	이홈의 흔들림	48	67	95	135	190	270
4	단일 피치 오차 (±)	54	56	59	62	67	72
	인접 피치 오차	71	73	77	81	87	100
	누적 피치 오차 (±)	220	230	240	250	270	290
	이홈의 흔들림	71	100	145	200	290	400
5	인접 피치 오차	135	140	155	165	175	185
	이홈의 흔들림	105	150	210	300	430	600
6	인접 피치 오차	270	280	290	310	320	340
	이홈의 흔들림	160	230	320	450	640	900
7	이홈의 흔들림	360	500	720	1000	1450	2000

■ 정면 모듈 10mm 초과 16mm 이하의 기어의 허용치

단위 : ㎛

등급	오차	피치원 지름 (mm)				
		50 초과 100 이하	100 초과 200 이하	200 초과 400 이하	400 초과 800 이하	800 초과 1600 이하
0	단일 피치 오차 (±)	6	8	9	9	10
	인접 피치 오차	10	10	11	12	13
	누적 피치 오차 (±)	30	32	34	37	40
	이홈의 흔들림	20	28	40	56	79
1	단일 피치 오차 (±)	13	13	14	15	17
	인접 피치 오차	17	18	19	20	22
	누적 피치 오차 (±)	51	54	57	62	67
	이홈의 흔들림	30	43	60	86	120
2	단일 피치 오차 (±)	22	23	24	26	28
	인접 피치 오차	28	30	32	34	37
	누적 피치 오차 (±)	87	92	97	105	115
	이홈의 흔들림	45	63	89	125	180
3	단일 피치 오차 (±)	38	39	42	44	48
	인접 피치 오차	49	51	54	58	62
	누적 피치 오차 (±)	150	160	165	180	190
	이홈의 흔들림	67	95	135	190	270
4	단일 피치 오차 (±)	64	67	70	75	80
	인접 피치 오차	84	87	99	105	110
	누적 피치 오차 (±)	265	270	280	300	320
	이홈의 흔들림	100	145	200	290	400
5	인접 피치 오차	170	175	185	195	210
	이홈의 흔들림	150	210	300	430	600
6	인접 피치 오차	310	320	340	360	380
	이홈의 흔들림	230	320	450	640	900
7	이홈의 흔들림	500	720	1000	1450	2000
8	이홈의 흔들림	1100	1550	2200	3100	4350

■ 정면 모듈 16mm 초과 25mm 이하의 기어의 허용치

단위 : ㎛

등급	오차	피치원 지름 (mm)			
		100 초과 200 이하	200 초과 400 이하	400 초과 800 이하	800 초과 1600 이하
0	단일 피치 오차 (±)	10	10	11	12
	인접 피치 오차	13	14	15	16
	누적 피치 오차 (±)	40	42	45	48
	이홈의 흔들림	28	40	56	79
1	단일 피치 오차 (±)	16	17	18	20
	인접 피치 오차	21	23	24	26
	누적 피치 오차 (±)	66	69	74	79
	이홈의 흔들림	43	60	86	120
2	단일 피치 오차 (±)	28	29	31	34
	인접 피치 오차	36	38	40	44
	누적 피치 오차 (±)	110	115	125	135
	이홈의 흔들림	63	89	125	180
3	단일 피치 오차 (±)	47	49	52	55
	인접 피치 오차	61	64	68	72
	누적 피치 오차 (±)	190	200	210	220
	이홈의 흔들림	95	135	190	270
4	단일 피치 오차 (±)	79	82	87	92
	인접 피치 오차	110	115	120	130
	누적 피치 오차 (±)	320	330	350	370
	이홈의 흔들림	145	200	290	400
5	인접 피치 오차	200	210	220	250
	이홈의 흔들림	210	300	430	600
6	인접 피치 오차	370	390	400	420
	이홈의 흔들림	320	450	640	900
7	이홈의 흔들림	720	1000	1450	2000
8	이홈의 흔들림	1550	2200	3100	4350

7-4. 베벨 기어의 백래시 [KS B 1413-1975 (2011 확인)]

■ 백래시 산출 수치표(0급 기어용)

단위 : ㎛

정면모듈 (mm)	백래시 산출 수치	피치원 지름 (mm)								
		3 이상 6 이하	6 초과 12 이하	12 초과 25 이하	25 초과 50 이하	50 초과 100 이하	100 초과 200 이하	200 초과 400 이하	400 초과 800 이하	800 초과 1600 이하
0.5	최소값	20	25	30	35	45	60			
	최대값	50	60	70	90	110	140			
1	최소값	25	25	35	40	50	60			
	최대값	60	70	80	100	120	150			
1.5	최소값		30	35	45	50	60	80		
	최대값		80	90	110	130	160	190		
2	최소값			40	50	60	70	80	100	
	최대값			100	120	140	170	200	240	
2.5	최소값			45	50	60	70	80	100	120
	최대값			110	120	150	170	210	250	310
3	최소값			45	50	60	70	90	100	130
	최대값			110	130	150	180	220	260	310
3.5	최소값			50	60	60	80	90	110	130
	최대값			120	140	160	190	220	270	320
4	최소값			50	60	70	80	90	110	130
	최대값			130	150	170	200	230	280	330
5	최소값				70	70	90	100	120	140
	최대값				160	190	210	250	290	350
6	최소값				70	80	90	110	120	150
	최대값				180	200	230	260	310	360
7	최소값				80	90	100	110	130	150
	최대값				200	220	240	280	320	380
8	최소값				90	90	110	120	140	160
	최대값				210	240	260	300	340	400
10	최소값				100	110	120	130	150	170
	최대값				240	270	300	330	370	430
12	최소값					120	130	140	160	180
	최대값					300	330	360	410	460
14	최소값					130	140	160	180	200
	최대값					330	360	390	440	490
16	최소값					150	160	170	190	210
	최대값					360	390	420	470	530
18	최소값						170	180	200	220
	최대값						430	460	500	560
20	최소값						180	200	210	240
	최대값						460	490	540	590
22	최소값						200	210	230	250
	최대값						490	520	570	620
25	최소값						210	230	250	270
	최대값						540	570	620	670

[비고] 중간의 모듈에 대한 백래시를 결정할 경우에는 큰 쪽의 모듈을 취한다.

백래시를 구하는 방법

[보기] 모듈 3mm, 잇수 25와 50인 경우

피니언의 피치원 지름=3×25=75mm, 기어의 피치원 지름=3×50=150mm

표에서 모듈 3mm, 피치원 지름 75mm일 때 최소치 60㎛, 최대치 150㎛

또, 모듈 3mm, 피치원 지름 150mm일 때 최소치 70㎛, 최대치 180㎛

따라서, 최소 백래시=60+70=130㎛

최대 백래시=150+180=330㎛

■ 백래시 산출 수치표(1급 기어용)

단위 : ㎛

정면모듈 (mm)	백래시 산출 수치	피치원 지름 (mm)								
		3 이상 6 이하	6 초과 12 이하	12 초과 25 이하	25 초과 50 이하	50 초과 100 이하	100 초과 200 이하	200 초과 400 이하	400 초과 800 이하	800 초과 1600 이하
0.5	최소값	20	25	30	35	45	60			
	최대값	60	70	90	110	130	170			
1	최소값	25	25	35	40	50	60			
	최대값	70	80	100	120	140	180			
1.5	최소값		30	35	45	50	60	80		
	최대값		90	110	130	150	190	230		
2	최소값			40	50	60	70	80	100	
	최대값			120	140	160	200	240	290	
2.5	최소값			45	50	60	70	80	100	120
	최대값			130	150	170	210	250	300	360
3	최소값			45	50	60	70	90	100	130
	최대값			140	160	180	210	260	310	370
3.5	최소값			50	60	60	80	90	110	130
	최대값			150	170	190	220	270	320	380
4	최소값			50	60	70	80	90	110	130
	최대값			160	180	200	230	270	330	390
5	최소값				70	70	90	100	120	140
	최대값				200	220	250	290	350	410
6	최소값				70	80	90	110	120	150
	최대값				220	240	270	310	370	430
7	최소값				80	90	100	110	130	150
	최대값				230	260	290	330	380	450
8	최소값				90	90	110	120	140	160
	최대값				250	280	310	350	400	470
10	최소값				100	110	120	130	150	170
	최대값				290	320	350	390	440	510
12	최소값					120	130	140	160	180
	최대값					360	390	430	480	550
14	최소값					130	140	160	180	200
	최대값					400	430	470	520	590
16	최소값					150	160	170	190	210
	최대값					440	470	550	560	620
18	최소값						170	180	200	220
	최대값						510	590	600	660
20	최소값						180	200	210	240
	최대값						550	620	640	700
22	최소값						200	210	230	250
	최대값						590	660	680	740
25	최소값						210	230	250	270
	최대값						640	800	740	800

[비고] 중간의 모듈에 대한 백래시를 결정할 경우에는 큰 쪽의 모듈을 취한다.

백래시를 구하는 방법

[보기] 모듈 3mm, 잇수 25와 50인 경우

피니언의 피치원 지름=3×25=75mm, 기어의 피치원 지름=3×50=150mm

표에서 모듈 3mm, 피치원 지름 75mm일 때 최소치 60㎛, 최대치 150㎛

또, 모듈 3mm, 피치원 지름 150mm일 때 최소치 70㎛, 최대치 210㎛

따라서, 최소 백래시=60+70=130㎛

최대 백래시=180+210=390㎛

■ 백래시 산출 수치표(2급 기어용)

단위 : ㎛

정면모듈 (mm)	백래시 산출 수치	피치원 지름 (mm)								
		3 이상 6 이하	6 초과 12 이하	12 초과 25 이하	25 초과 50 이하	50 초과 100 이하	100 초과 200 이하	200 초과 400 이하	400 초과 800 이하	800 초과 1600 이하
0.5	최소값	20	25	30	35	45	60			
	최대값	70	90	110	130	160	200			
1	최소값	25	25	35	40	50	60			
	최대값	80	100	120	140	170	210			
1.5	최소값		30	35	45	50	60	80		
	최대값		110	130	150	180	220	270		
2	최소값			40	50	60	70	80	100	
	최대값			140	170	200	240	280	350	
2.5	최소값			45	50	60	70	80	100	120
	최대값			150	180	210	250	300	360	430
3	최소값			45	50	60	70	90	100	130
	최대값			160	190	220	260	310	370	450
3.5	최소값			50	60	60	80	90	110	130
	최대값			170	200	230	270	320	380	460
4	최소값			50	60	70	80	90	110	130
	최대값			180	210	240	280	330	400	470
5	최소값				70	70	90	100	120	140
	최대값				230	270	300	350	410	490
6	최소값				70	80	90	110	120	150
	최대값				260	290	330	350	410	490
7	최소값				80	90	100	110	130	150
	최대값				280	310	350	400	460	540
8	최소값				90	90	110	120	140	160
	최대값				300	330	370	420	480	560
10	최소값				100	110	120	130	150	170
	최대값				350	380	420	470	530	610
12	최소값					120	130	140	160	180
	최대값					430	470	520	580	650
14	최소값					130	140	160	180	200
	최대값					470	510	560	620	700
16	최소값					150	160	170	190	210
	최대값					520	560	600	670	750
18	최소값						170	180	200	220
	최대값						600	650	710	790
20	최소값						180	200	210	240
	최대값						650	700	760	840
22	최소값						200	210	230	250
	최대값						690	750	810	880
25	최소값						210	230	250	270
	최대값						760	820	880	950

[비고] 중간의 모듈에 대한 백래시를 결정할 경우에는 큰 쪽의 모듈을 취한다.

백래시를 구하는 방법

[보기] 모듈 3mm, 잇수 25와 50인 경우

피니언의 피치원 지름=3×25=75mm, 기어의 피치원 지름=3×50=150mm

표에서 모듈 3mm, 피치원 지름 75mm 일 때 최소치 60㎛, 최대치 220㎛

또, 모듈 3mm, 피치원 지름 150mm 일 때 최소치 70㎛, 최대치 260㎛

따라서, 최소 백래시=60+70=130㎛

최대 백래시=220+260=480㎛

■ 백래시 산출 수치표(3급 기어용)

단위 : μm

정면모듈 (mm)	백래시 산출 수치	피치원 지름 (mm)								
		3 이상 6 이하	6 초과 12 이하	12 초과 25 이하	25 초과 50 이하	50 초과 100 이하	100 초과 200 이하	200 초과 400 이하	400 초과 800 이하	800 초과 1600 이하
0.5	최소값	20	25	30	35	45	60			
	최대값	80	100	120	150	190	240			
1	최소값	25	25	35	40	50	60			
	최대값	100	110	140	170	200	250			
1.5	최소값		30	35	45	50	60	80		
	최대값		130	150	180	220	260	320		
2	최소값			40	50	60	70	80	100	
	최대값			170	190	230	280	330	410	
2.5	최소값			45	50	60	70	80	100	120
	최대값			180	210	240	290	350	420	510
3	최소값			45	50	60	70	90	100	130
	최대값			190	220	260	300	360	430	530
3.5	최소값			50	60	60	80	90	110	130
	최대값			210	240	270	320	380	450	540
4	최소값			50	60	70	80	90	110	130
	최대값			220	250	290	330	390	460	550
5	최소값				70	70	90	100	120	140
	최대값				280	310	360	420	490	580
6	최소값				70	80	90	110	120	150
	최대값				310	340	390	440	520	610
7	최소값				80	90	100	110	130	150
	최대값				330	370	410	470	540	640
8	최소값				90	90	110	120	140	160
	최대값				360	400	440	500	570	660
10	최소값				100	110	120	130	150	170
	최대값				420	450	500	560	630	720
12	최소값					120	130	140	160	180
	최대값					510	550	610	680	770
14	최소값					130	140	160	180	200
	최대값					560	610	670	740	830
16	최소값					150	160	170	190	210
	최대값					620	660	720	790	880
18	최소값						170	180	200	220
	최대값						720	780	850	940
20	최소값						180	200	210	240
	최대값						770	830	900	1000
22	최소값						200	210	230	250
	최대값						830	890	960	1050
25	최소값						210	230	250	270
	최대값						910	970	1040	1130

[비고] 중간의 모듈에 대한 백래시를 결정할 경우에는 큰 쪽의 모듈을 취한다.

백래시를 구하는 방법

[보기] 모듈 3mm, 잇수 25와 50인 경우

피니언의 피치원 지름=3×25=75mm, 기어의 피치원 지름=3×50=150mm

표에서 모듈 3mm, 피치원 지름 75mm 일 때 최소치 60μm, 최대치 260μm

또, 모듈 3mm, 피치원 지름 150mm 일 때 최소치 70μm, 최대치 300μm

따라서, 최소 백래시=60+70=130μm

최대 백래시=260+300=560μm

■ 백래시 산출 수치표(4급 기어용)

단위 : ㎛

정면모듈 (mm)	백래시 산출 수치	피치원 지름 (mm)								
		3 이상 6 이하	6 초과 12 이하	12 초과 25 이하	25 초과 50 이하	50 초과 100 이하	100 초과 200 이하	200 초과 400 이하	400 초과 800 이하	800 초과 1600 이하
0.5	최소값	20	25	30	35	45	60			
	최대값	100	120	150	180	230	280			
1	최소값	25	25	35	40	50	60			
	최대값	120	140	160	200	240	300			
1.5	최소값		30	35	45	50	60	80		
	최대값		150	180	220	260	310	380		
2	최소값			40	50	60	70	80	100	
	최대값			200	230	280	330	400	490	
2.5	최소값			45	50	60	70	80	100	120
	최대값			210	250	290	350	420	500	610
3	최소값			45	50	60	70	90	100	130
	최대값			230	270	310	360	430	520	630
3.5	최소값			50	60	60	80	90	110	130
	최대값			240	280	320	380	450	540	640
4	최소값			50	60	70	80	90	110	130
	최대값			260	300	340	400	470	550	660
5	최소값				70	70	90	100	120	140
	최대값				330	370	430	500	580	690
6	최소값				70	80	90	110	120	150
	최대값				360	410	460	530	620	730
7	최소값				80	90	100	110	130	150
	최대값				400	440	490	560	650	760
8	최소값				90	90	110	120	140	160
	최대값				430	470	530	600	680	790
10	최소값				100	110	120	130	150	170
	최대값				490	540	590	660	750	860
12	최소값					120	130	140	160	180
	최대값					600	660	730	810	920
14	최소값					130	140	160	180	200
	최대값					670	720	790	880	990
16	최소값					150	160	170	190	210
	최대값					730	790	850	940	1050
18	최소값						170	180	200	220
	최대값						850	920	1010	1120
20	최소값						180	200	210	240
	최대값						920	990	1070	1180
22	최소값						200	210	230	250
	최대값						980	1050	1140	1250
25	최소값						210	230	250	270
	최대값						1070	1150	1230	1340

[비고] 중간의 모듈에 대한 백래시를 결정할 경우에는 큰 쪽의 모듈을 취한다.

백래시를 구하는 방법

[보기] 모듈 3mm, 잇수 25와 50인 경우

피니언의 피치원 지름=3×25=75mm, 기어의 피치원 지름=3×50=150mm

표에서 모듈 3mm, 피치원 지름 75mm 일 때 최소치 60㎛, 최대치 310㎛

또, 모듈 3mm, 피치원 지름 150mm 일 때 최소치 70㎛, 최대치 360㎛

따라서, 최소 백래시=60+70=130㎛

최대 백래시=310+360=670㎛

■ 백래시 산출 수치표(5급 기어용)

단위 : ㎛

정면모듈 (mm)	백래시 산출 수치	피치원 지름 (mm)								
		3 이상 6 이하	6 초과 12 이하	12 초과 25 이하	25 초과 50 이하	50 초과 100 이하	100 초과 200 이하	200 초과 400 이하	400 초과 800 이하	800 초과 1600 이하
0.5	최소값	20	25	30	35	45	60			
	최대값	120	140	170	220	270	330			
1	최소값	25	25	35	40	50	60			
	최대값	140	160	190	240	290	350			
1.5	최소값		30	35	45	50	60	80		
	최대값		180	210	260	310	370	450		
2	최소값			40	50	60	70	80	100	
	최대값			230	270	330	390	470	570	
2.5	최소값			45	50	60	70	80	100	120
	최대값			250	290	350	410	490	590	720
3	최소값			45	50	60	70	90	100	130
	최대값			270	310	370	430	510	610	740
3.5	최소값			50	60	60	80	90	110	130
	최대값			290	330	380	450	530	630	760
4	최소값			50	60	70	80	90	110	130
	최대값			310	350	400	470	550	650	780
5	최소값				70	70	90	100	120	140
	최대값				390	440	510	590	690	820
6	최소값				70	80	90	110	120	150
	최대값				430	480	550	630	730	860
7	최소값				80	90	100	110	130	150
	최대값				470	520	590	670	770	900
8	최소값				90	90	110	120	140	160
	최대값				510	560	620	710	810	940
10	최소값				100	110	120	130	150	170
	최대값				590	640	700	780	890	1020
12	최소값					120	130	140	160	180
	최대값					720	780	860	960	1090
14	최소값					130	140	160	180	200
	최대값					790	860	940	1040	1170
16	최소값					150	160	170	190	210
	최대값					870	940	1020	1120	1250
18	최소값						170	180	200	220
	최대값						1010	1100	1200	1330
20	최소값						180	200	210	240
	최대값						1090	1170	1280	1410
22	최소값						200	210	230	250
	최대값						1170	1250	1350	1480
25	최소값						210	230	250	270
	최대값						1290	1370	1470	1600

[비고] 중간의 모듈에 대한 백래시를 결정할 경우에는 큰 쪽의 모듈을 취한다.

백래시를 구하는 방법

[보기] 모듈 3mm, 잇수 25와 50인 경우

피니언의 피치원 지름=3×25=75mm, 기어의 피치원 지름=3×50=150mm

표에서 모듈 3mm, 피치원 지름 75mm 일 때 최소치 60㎛, 최대치 370㎛

또, 모듈 3mm, 피치원 지름 150mm 일 때 최소치 70㎛, 최대치 430㎛

따라서, 최소 백래시=60+70=130㎛

최대 백래시=370+430=670㎛

■ 백래시 산출 수치표(6급 기어용)

단위 : ㎛

정면모듈 (mm)	백래시 산출 수치	피치원 지름 (mm)								
		3 이상 6 이하	6 초과 12 이하	12 초과 25 이하	25 초과 50 이하	50 초과 100 이하	100 초과 200 이하	200 초과 400 이하	400 초과 800 이하	800 초과 1600 이하
0.5	최소값	20	25	30	35	45	60			
	최대값	140	170	210	260	320	390			
1	최소값	25	25	35	40	50	60			
	최대값	160	190	230	280	340	420			
1.5	최소값		30	35	45	50	60	80		
	최대값		210	250	300	360	440	540		
2	최소값			40	50	60	70	80	100	
	최대값			280	330	390	460	560	680	
2.5	최소값			45	50	60	70	80	100	120
	최대값			300	350	410	490	580	700	860
3	최소값			45	50	60	70	90	100	130
	최대값			320	370	430	510	600	730	880
3.5	최소값			50	60	60	80	90	110	130
	최대값			350	390	460	530	630	750	900
4	최소값			50	60	70	80	90	110	130
	최대값			370	420	480	550	650	770	920
5	최소값				70	70	90	100	120	140
	최대값				460	520	600	700	820	970
6	최소값				70	80	90	110	120	150
	최대값				510	570	650	740	860	1020
7	최소값				80	90	100	110	130	150
	최대값				560	620	690	790	910	1060
8	최소값				90	90	110	120	140	160
	최대값				600	660	740	840	960	1110
10	최소값				100	110	120	130	150	170
	최대값				690	760	830	930	1050	1200
12	최소값					120	130	140	160	180
	최대값					850	920	1020	1140	1290
14	최소값					130	140	160	180	200
	최대값					940	1020	1110	1230	1390
16	최소값					150	160	170	190	210
	최대값					1030	1110	1200	1330	1480
18	최소값						170	180	200	220
	최대값						1200	1300	1420	1570
20	최소값						180	200	210	240
	최대값						1290	1390	1510	1660
22	최소값						200	210	230	250
	최대값						1390	1480	1600	1760
25	최소값						210	230	250	270
	최대값						1520	1620	1740	1890

[비고] 중간의 모듈에 대한 백래시를 결정할 경우에는 큰 쪽의 모듈을 취한다.

백래시를 구하는 방법

[보기] 모듈 3mm, 잇수 25와 50인 경우

피니언의 피치원 지름=3×25=75mm, 기어의 피치원 지름=3×50=150mm

표에서 모듈 3mm, 피치원 지름 75mm 일 때 최소치 60㎛, 최대치 430㎛

또, 모듈 3mm, 피치원 지름 150mm 일 때 최소치 70㎛, 최대치 510㎛

따라서, 최소 백래시=60+70=130㎛

최대 백래시=430+510=940㎛

7-5. 검사용 마스터 원통 기어 [KS B 1418-1979 (2012 확인)]

1. 적용 범위

이 규격은 KS B 1404에 규정한 치형을 가진 정면 모듈(m)이 0.2~10인 기어를 검사하기 위한 마스터 원통 인벌류트 기어에 대하여 규정한다.

2. 등급

마스터 기어의 등급은 정밀도에 따라 M00급, M0급 및 M11급으로 한다.

3. 정밀도

■ 구멍 지름의 허용차

단위 : ㎛

항 목	등급	구멍 지름 구분	
		12mm 이상 32mm 이하	32mm 초과 60mm 이하
구멍 지름 (d_1)	M00 M0 M1	+3 0	+5 0

■ 이끝원 지름의 허용차

단위 : ㎛

항 목	등급	구멍 지름 구분		
		60mm 이하	60mm 초과 130mm 이하	130mm 초과 220mm 이하
이끝원 지름 (d_k)	M00 M0 M1	0 -20	0 -40	0 -80

■ 이나비의 허용차

단위 : ㎛

항 목	등급	이나비 구분	
		9mm 이상 30mm 이하	30mm 초과 60mm 이하
구멍 지름 (b)	M00 M0 M1	±100	±200

■ 이끝원 둘레의 흔들림 허용차

단위 : ㎛

항 목	등급	이끝원 지름 구분		
		60mm 이하	60mm 초과 130mm 이하	130mm 초과 220mm 이하
이끝원 둘레의 흔들림	M00 M0 M1	10	20	25

■ 기준면의 흔들림 허용차

단위 : ㎛

항 목		등 급	기준면 지름 구분		
			24mm 이상 40mm 이하	40mm 초과 95mm 이하	95mm 초과 170mm 이하
기준면의 흔들림	바깥둘레	M00 M0 M1	3	4	5
	측면	M00 M0 M1	3	4	5

■ 이두께의 허용차

단위 : ㎛

항 목		등 급	모듈 구분		
			0.2 이상 1.0 이하	1.0 초과 6.0 이하	6.0 초과 10.0 이하
기준면의 흔들림	걸치기 이두께	M00 M0 M1	±10	±15	±25
	오버핀 치수	M00 M0 M1	±25	±36	±56

■ 잇줄 방향 오차의 허용차

단위 : ㎛

항 목	등 급	이나비 구분			
		9mm 이상 12mm 이하	12mm 초과 30mm 이하	30mm 초과 40mm 이하	40mm 초과 60mm 이하
잇줄방향 오차	M00	5	6	7	8
	M0	6	7	8	9
	M1	7	8	9	10

■ 피치 오차, 치형 오차 및 이홈의 흔들림 허용치

단위 : ㎛

등 급	항 목	모듈 구분					
		0.2 이상 0.6 이하	0.6 초과 1.0 이하	1.0 초과 2.5 이하	2.5 초과 4.0 이하	4.0 초과 6.0 이하	6.0 초과 10.0 이하
M00	단일 피치 오차	2	3	3	4	4	5
	인접 피치 오차	2	3	3	4	4	5
	누적 피치 오차	6	7	9	10	12	15
	법선 피치 오차	2	3	4	4	5	7
	치형 오차	2	2	3	4	5	7
	이홈의 흔들림	5	5	6	7	9	11
M0	단일 피치 오차	3	4	4	5	6	8
	인접 피치 오차	3	4	4	5	6	8
	누적 피치 오차	9	10	12	15	17	21
	법선 피치 오차	3	4	5	6	7	10
	치형 오차	3	3	4	5	7	9
	이홈의 흔들림	6	7	9	10	12	15
M1	단일 피치 오차	5	5	6	7	9	11
	인접 피치 오차	5	5	6	7	9	11
	누적 피치 오차	13	14	18	21	24	30
	법선 피치 오차	5	5	7	9	10	14
	치형 오차	4	4	6	7	9	13
	이홈의 흔들림	9	10	12	15	17	21

4. 모양 및 치수

마스터 기어의 모양 및 치수는 다음에 따른다.

① 스퍼 기어의 경우에는 다음 표에 따른다.
또한 이두께는 원칙적으로 원주 피치의 ½로 하고, 이뿌리원 지름은 다음 식에 따른다.

$$d_r=d_0-2h_f$$

여기에서 d_r : 이뿌리원 지름
d_0 : 피치원 지름
h_f : 이뿌리 높이 (1.25m_n이상으로 한다)

② 헬리컬 기어의 경우에 측정 기어의 정면 모듈 ms가 다음 표의 모듈 m과 같을 경우에는 그 제원을, 같지 않을 경우에는 가깝고 작은 쪽의 값에 대응하는 제원을 선택하면 된다. 다만, 피치원 지름, 이끝원 지름 및 이뿌리원 지름은 원칙적으로 다음 식에 따른다.

$$d_0=\pi m_n/\cos\beta_0$$
$$d_k=d_0+2m_n$$
$$d_r=d_0-2h_f$$

여기에서 d_0 : 피치원 지름
d_k : 이끝원 지름
d_r : 이뿌리원 지름
m_n : 마스터 기어의 치직각 모듈
z : 잇수
h_f : 이뿌리 높이 (1.25m_n 이상으로 한다)
β_0 : 마스터 기어의 비틀림각

$$m_s=m_n/\cos\beta_0$$

■ 마스터 기어의 모양 및 치수

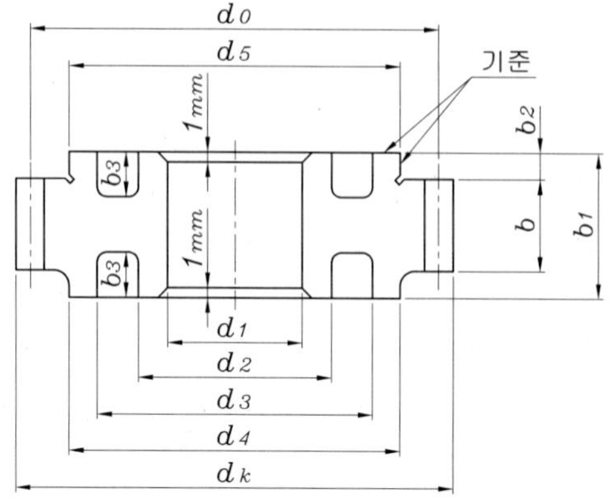

단위 : mm

모듈 m	잇수 z	피치원지름 d_0	구멍 지름 d_1	d_2	d_3	d_4 d_5	이나비 b	b_1	b_2	b_3	이끝원 지름 d_k
0.2	150	30	12	-	-	24	9	14	4	-	30.4
0.25	120	30		-	-					-	30.5
0.3	100	30		-	-					-	30.6
0.4	74	29.6		-	-					-	30.4
0.5	60	30		-	-					-	31.0
0.6	50	30		-	-					-	31.2
0.7	68	47.6	22	-	-	40	12	17	4	-	49
0.8	60	48		-	-					-	49.6
0.9	52	46.8		-	-					-	48.6
1.0	48	48		-	-					-	50
1.25	64	80	32	-	-	70	20	25	4	-	82.5
1.5	54	81		-	-					-	84
1.75	46	80.5		-	-					-	84
2.0	40	80		-	-					-	84
2.25	36	81		-	-					-	85.5
2.5	32	80		-	-					-	85
2.75	42	115.5	32	-	-	95	30	36	5	-	121
3.0	38	114		-	-					-	120
3.25	36	117		-	-					-	123.5
3.5	32	112		-	-					-	119
3.75	30	112.5		-	-					-	120
4.0	28	112		-	-					-	120
4.5	34	153	40	70	110	130	40	46	5	10	162
5.0	30	150									160
5.5	28	154									165
6.0	26	156									168
7.0	28	196	60	90	140	170	60	66	5	12	210
8.0	24	192									208
9.0	22	198									216
10.0	20	200									220

■ 마스터 기어의 재료 및 경도

재 료	열처리 후의 이의 경도 HRC
KS D 3753의 STS 3, SKD11	60 이상
KS D 3525의 STB 2	60 이상
KS D 3711의 SCM 21	55 이상

7-6. 스퍼 기어 및 헬리컬 기어의 정밀도 [KS B ISO 1328-1 : 2005(2010 확인)]

■ 적용 범위

이 규격은 인벌류트 스퍼 기어 및 헬리컬 기어(이하 기어라 한다)의 정면 모듈이 0.2~25이고, 피치원의 지름이 1.5~3200mm인 기어 및 랙에 적용한다.

■ 모듈 0.2 이상 0.6이하 기어의 허용 오차

단위 : μm

등 급	오 차	피치원 지름 (mm)							
		1.5 이상 3 이하	3 초과 6 이하	6 초과 12 이하	12 초과 25 이하	25 초과 50 이하	50 초과 100 이하	100 초과 200 이하	200 초과 400 이하
0	단일피치오차	2	2	3	3	3	4	4	5
	인접피치오차	2	2	3	3	3	4	4	5
	누적피치오차	9	9	10	11	13	14	16	19
	법선피치오차	2	2	3	3	3	4	4	5
	치형오차	2	2	2	2	2	2	2	2
	이홈의 흔들림	6	7	7	8	9	10	12	14
1	단일피치오차	3	3	4	4	4	5	6	7
	인접피치오차	3	3	4	4	4	5	6	7
	누적피치오차	12	13	14	16	18	20	23	27
	법선피치오차	3	3	4	4	5	5	6	7
	치형오차	3	3	3	3	3	3	3	3
	이홈의 흔들림	9	9	10	11	13	14	16	19
2	단일피치오차	4	5	5	6	6	7	8	10
	인접피치오차	4	5	5	6	7	8	9	10
	누적피치오차	17	19	20	22	25	29	33	38
	법선피치오차	4	5	5	6	6	7	8	10
	치형오차	5	5	5	5	5	5	5	5
	이홈의 흔들림	12	13	14	16	18	20	23	27
3	단일피치오차	6	7	7	8	9	10	12	14
	인접피치오차	6	7	8	8	9	11	13	15
	누적피치오차	24	26	29	32	36	40	46	54
	법선피치오차	6	7	7	8	9	10	12	14
	치형오차	7	7	7	7	7	7	7	7
	이홈의 흔들림	17	19	20	22	25	29	33	38
4	단일피치오차	9	9	10	11	13	14	16	19
	인접피치오차	9	10	11	13	14	16	18	21
	누적피치오차	34	37	41	45	50	57	66	77
	법선피치오차	10	11	12	13	15	16	19	22
	치형오차	10	10	10	10	10	10	10	10
	이홈의 흔들림	24	26	29	32	36	40	46	54
5	단일피치오차	12	13	14	16	18	20	23	27
	인접피치오차	14	15	16	18	20	24	27	32
	누적피치오차	48	52	57	63	71	80	92	110
	법선피치오차	16	17	19	20	23	26	30	34
	치형오차	14	14	14	14	14	14	14	14
	이홈의 흔들림	34	37	41	45	50	57	66	77
6	단일피치오차	17	19	20	22	25	29	33	38
	인접피치오차	19	21	24	26	30	34	41	48
	누적피치오차	69	75	81	90	100	115	130	155
	법선피치오차	25	27	30	33	37	41	47	55
	치형오차	20	20	20	20	20	20	20	20
	이홈의 흔들림	48	52	57	63	71	80	92	110
7	단일피치오차	34	37	41	45	50	57	66	77
	인접피치오차	43	46	51	56	67	76	87	105
	누적피치오차	140	150	160	180	200	230	260	310
	법선피치오차	51	54	59	65	73	83	95	110
	치형오차	28	28	28	28	28	28	28	28
	이홈의 흔들림	97	105	115	125	140	160	185	220
8	단일피치오차	69	75	81	90	100	115	130	155
	인접피치오차	91	105	115	125	150	170	200	250
	누적피치오차	280	300	320	360	400	460	530	620
	법선피치오차	100	110	120	130	145	165	190	220
	치형오차	39	39	39	39	39	39	39	39
	이홈의 흔들림	195	210	230	250	280	320	370	430

■ 모듈 0.6 초과 1이하 기어의 허용 오차

단위 : μm

등 급	오 차	피치원 지름 (mm)						
		3 초과 6 이하	6 초과 12 이하	12 초과 25 이하	25 초과 50 이하	50 초과 100 이하	100 초과 200 이하	200 초과 400 이하
0	단일피치오차	2	3	3	3	4	4	5
	인접피치오차	2	3	3	3	4	4	5
	누적피치오차	10	11	12	13	15	17	20
	법선피치오차	3	3	3	3	4	4	5
	치형오차	3	3	3	3	3	3	3
	이홈의 흔들림	7	8	8	9	10	12	14
1	단일피치오차	4	4	4	5	5	6	7
	인접피치오차	4	4	4	5	6	6	7
	누적피치오차	14	15	17	19	21	24	28
	법선피치오차	4	4	4	5	5	6	7
	치형오차	4	4	4	4	4	4	4
	이홈의 흔들림	10	11	12	13	15	17	20
2	단일피치오차	5	5	6	7	7	9	10
	인접피치오차	5	6	6	7	8	9	10
	누적피치오차	20	21	24	26	30	34	39
	법선피치오차	5	6	6	7	8	9	10
	치형오차	6	6	6	6	6	6	6
	이홈의 흔들림	14	15	17	19	21	24	28
3	단일피치오차	7	8	8	9	10	12	14
	인접피치오차	7	8	9	10	12	13	16
	누적피치오차	28	30	33	37	42	48	56
	법선피치오차	7	8	9	10	11	12	14
	치형오차	8	8	8	8	8	8	8
	이홈의 흔들림	20	21	24	26	30	34	39
4	단일피치오차	10	11	12	13	15	17	20
	인접피치오차	10	12	13	15	17	19	22
	누적피치오차	39	43	47	53	60	68	79
	법선피치오차	12	13	14	16	17	20	23
	치형오차	11	11	11	11	11	11	11
	이홈의 흔들림	28	30	33	37	42	48	56
5	단일피치오차	14	15	17	19	21	24	28
	인접피치오차	16	17	19	21	25	28	33
	누적피치오차	55	60	66	74	83	95	110
	법선피치오차	19	20	22	25	28	31	36
	치형오차	16	16	16	16	16	16	16
	이홈의 흔들림	39	43	47	53	60	68	79
6	단일피치오차	20	21	24	26	30	34	39
	인접피치오차	22	25	28	31	35	43	49
	누적피치오차	79	86	94	105	120	135	160
	법선피치오차	30	32	35	39	44	50	58
	치형오차	22	22	22	22	22	22	22
	이홈의 흔들림	55	60	66	74	83	95	110
7	단일피치오차	39	43	47	53	60	68	79
	인접피치오차	49	53	59	70	79	90	110
	누적피치오차	160	170	190	210	240	270	320
	법선피치오차	60	64	70	78	88	100	115
	치형오차	31	31	31	31	31	31	31
	이홈의 흔들림	110	120	130	150	165	190	220
8	단일피치오차	79	86	94	105	120	135	160
	인접피치오차	110	120	130	160	180	200	250
	누적피치오차	320	340	380	420	480	550	640
	법선피치오차	120	130	140	155	175	200	230
	치형오차	44	44	44	44	44	44	44
	이홈의 흔들림	220	240	260	300	330	380	440

■ 모듈 1 초과 1.6 이하 기어의 허용 오차

단위 : μm

등 급	오 차	피치원 지름 (mm)						
		6 초과 12 이하	12 초과 25 이하	25 초과 50 이하	50 초과 100 이하	100 초과 200 이하	200 초과 400 이하	400 초과 800 이하
0	단일피치오차	3	3	3	4	4	5	6
	인접피치오차	3	3	3	4	4	5	6
	누적피치오차	11	12	14	16	18	20	24
	법선피치오차	3	3	4	4	5	5	6
	치형오차	3	3	3	3	3	3	3
	이홈의 흔들림	8	9	10	11	12	14	17
1	단일피치오차	4	4	5	6	6	7	8
	인접피치오차	4	4	5	6	7	8	9
	누적피치오차	16	18	19	22	25	29	33
	법선피치오차	4	5	5	6	7	8	9
	치형오차	4	4	4	4	4	4	4
	이홈의 흔들림	11	12	14	16	18	20	24
2	단일피치오차	6	6	7	8	9	10	12
	인접피치오차	6	7	7	8	9	11	13
	누적피치오차	23	25	28	31	35	41	48
	법선피치오차	6	7	8	8	9	11	13
	치형오차	6	6	6	6	6	6	6
	이홈의 흔들림	16	18	19	22	25	29	33
3	단일피치오차	8	9	10	11	12	14	17
	인접피치오차	8	9	10	12	14	16	19
	누적피치오차	32	35	39	44	50	57	67
	법선피치오차	9	10	11	12	13	15	18
	치형오차	9	9	9	9	9	9	9
	이홈의 흔들림	23	25	28	31	35	41	48
4	단일피치오차	11	12	14	16	18	20	24
	인접피치오차	13	14	15	17	20	24	28
	누적피치오차	45	50	55	62	71	81	95
	법선피치오차	14	15	17	19	21	24	28
	치형오차	13	13	13	13	13	13	13
	이홈의 흔들림	32	35	39	44	50	57	67
5	단일피치오차	16	18	19	22	25	29	33
	인접피치오차	18	20	22	26	29	34	42
	누적피치오차	64	70	77	87	99	115	135
	법선피치오차	22	24	27	29	33	38	44
	치형오차	18	18	18	18	18	18	18
	이홈의 흔들림	45	50	55	62	71	81	95
6	단일피치오차	23	25	28	31	35	41	48
	인접피치오차	27	29	33	39	44	51	59
	누적피치오차	91	100	110	125	140	165	190
	법선피치오차	35	38	42	47	53	61	70
	치형오차	25	25	25	25	25	25	25
	이홈의 흔들림	64	70	77	87	99	115	135
7	단일피치오차	45	50	55	62	71	81	95
	인접피치오차	57	62	73	82	99	115	135
	누적피치오차	180	200	220	250	280	330	380
	법선피치오차	70	77	85	94	105	120	140
	치형오차	35	35	35	35	35	35	35
	이홈의 흔들림	125	140	155	175	200	230	270
8	단일피치오차	91	100	110	125	140	165	190
	인접피치오차	125	140	165	185	210	260	300
	누적피치오차	360	400	440	500	560	660	760
	법선피치오차	140	150	170	190	210	240	280
	치형오차	50	50	50	50	50	50	50
	이홈의 흔들림	250	280	310	350	400	460	530

■ 모듈 1.6 초과 2.5 이하 기어의 허용 오차

단위 : μm

등 급	오 차	피치원 지름 (mm)						
		12 초과 25 이하	25 초과 50 이하	50 초과 100 이하	100 초과 200 이하	200 초과 400 이하	400 초과 800 이하	800 초과 1600 이하
0	단일피치오차	3	4	4	5	5	6	7
	인접피치오차	3	4	4	5	6	7	8
	누적피치오차	13	15	16	19	21	25	29
	법선피치오차	4	4	5	5	6	7	8
	치형오차	4	4	4	4	4	4	4
	이홈의 흔들림	9	10	12	13	15	17	20
1	단일피치오차	5	5	6	7	8	9	10
	인접피치오차	5	6	6	7	8	9	12
	누적피치오차	19	21	23	26	30	35	41
	법선피치오차	5	6	6	7	8	9	11
	치형오차	5	5	6	7	5	5	5
	이홈의 흔들림	13	15	16	19	21	25	29
2	단일피치오차	7	7	8	9	11	12	15
	인접피치오차	7	8	9	10	12	14	16
	누적피치오차	27	30	33	37	43	49	58
	법선피치오차	8	8	9	10	12	13	16
	치형오차	7	7	7	7	7	7	7
	이홈의 흔들림	19	21	23	26	30	35	41
3	단일피치오차	9	10	12	13	15	17	20
	인접피치오차	10	12	13	15	17	19	24
	누적피치오차	38	42	46	52	60	70	82
	법선피치오차	11	12	13	14	16	19	22
	치형오차	10	10	10	10	10	10	10
	이홈의 흔들림	27	30	33	37	43	49	58
4	단일피치오차	13	15	16	19	21	25	29
	인접피치오차	15	17	18	21	25	29	34
	누적피치오차	53	59	66	74	85	99	115
	법선피치오차	17	19	20	23	26	30	35
	치형오차	15	15	15	15	15	15	15
	이홈의 흔들림	38	42	46	52	60	70	82
5	단일피치오차	19	21	23	26	30	35	41
	인접피치오차	21	25	27	31	38	43	51
	누적피치오차	75	83	92	105	120	140	165
	법선피치오차	27	29	32	36	41	47	54
	치형오차	21	21	21	21	21	21	21
	이홈의 흔들림	53	59	66	74	85	99	115
6	단일피치오차	27	30	33	37	43	49	58
	인접피치오차	32	35	41	47	53	62	77
	누적피치오차	105	120	130	150	170	200	230
	법선피치오차	43	47	51	57	65	75	87
	치형오차	29	29	29	29	29	29	29
	이홈의 흔들림	75	83	92	105	120	140	165
7	단일피치오차	53	59	66	74	85	99	115
	인접피치오차	71	78	87	105	120	140	175
	누적피치오차	210	240	260	300	340	400	470
	법선피치오차	86	93	105	115	130	150	175
	치형오차	41	41	41	41	41	41	41
	이홈의 흔들림	150	165	185	210	240	280	330
8	단일피치오차	105	120	130	150	170	200	230
	인접피치오차	160	175	200	220	270	320	370
	누적피치오차	430	470	530	600	680	800	940
	법선피치오차	170	185	210	230	260	300	350
	치형오차	58	58	58	53	58	58	58
	이홈의 흔들림	300	330	370	420	480	560	660

■ 모듈 2.5 초과 4 이하 기어의 허용 오차

단위 : μm

등 급	오 차	피치원 지름 (mm)						
		25 초과 50 이하	50 초과 100 이하	100 초과 200 이하	200 초과 400 이하	400 초과 800 이하	800 초과 1600 이하	1600 초과 3200 이하
0	단일피치오차	4	4	5	6	7	8	9
	인접피치오차	4	4	5	6	7	8	10
	누적피치오차	16	18	20	23	26	31	36
	법선피치오차	5	5	6	6	7	8	10
	치형오차	4	4	4	4	4	4	4
	이흠의 흔들림	11	13	14	16	18	21	25
1	단일피치오차	6	6	7	8	9	11	13
	인접피치오차	6	7	8	9	10	12	14
	누적피치오차	23	25	28	32	37	43	51
	법선피치오차	7	7	8	9	10	12	14
	치형오차	6	6	6	6	6	6	6
	이흠의 흔들림	16	18	20	23	26	31	36
2	단일피치오차	8	9	10	11	13	15	18
	인접피치오차	9	10	11	13	15	17	20
	누적피치오차	33	36	40	46	53	61	72
	법선피치오차	10	10	12	13	15	17	20
	치형오차	9	9	9	9	9	9	9
	이흠의 흔들림	23	25	28	32	37	43	51
3	단일피치오차	11	13	14	16	18	21	25
	인접피치오차	13	14	16	18	21	25	30
	누적피치오차	46	51	57	64	74	86	100
	법선피치오차	13	15	16	18	20	23	27
	치형오차	13	13	13	13	13	13	13
	이흠의 흔들림	33	36	40	46	53	61	72
4	단일피치오차	16	18	20	23	26	31	36
	인접피치오차	18	20	24	27	31	38	45
	누적피치오차	65	72	81	91	105	120	145
	법선피치오차	21	23	26	29	33	37	43
	치형오차	18	18	18	18	18	18	18
	이흠의 흔들림	46	51	57	64	74	86	100
5	단일피치오차	23	25	28	32	37	43	51
	인접피치오차	27	30	33	40	46	54	67
	누적피치오차	91	100	115	130	145	170	200
	법선피치오차	34	37	41	45	51	59	69
	치형오차	25	25	25	25	25	25	25
	이흠의 흔들림	65	72	81	91	105	145	145
6	단일피치오차	33	36	40	46	53	61	72
	인접피치오차	41	45	50	57	69	81	100
	누적피치오차	130	145	160	185	210	250	290
	법선피치오차	54	59	65	72	82	94	110
	치형오차	36	36	36	36	36	36	36
	이흠의 흔들림	91	100	115	130	20	170	200
7	단일피치오차	65	72	81	91	105	120	145
	인접피치오차	86	100	115	130	160	185	220
	누적피치오차	260	290	320	370	420	490	580
	법선피치오차	110	115	130	145	165	190	220
	치형오차	50	50	50	50	50	50	50
	이흠의 흔들림	185	200	230	260	290	340	400
8	단일피치오차	130	145	160	185	210	240	290
	인접피치오차	200	220	260	290	340	390	460
	누적피치오차	520	580	640	740	840	980	1150
	법선피치오차	220	230	260	290	330	380	440
	치형오차	71	71	71	71	71	71	71
	이흠의 흔들림	370	400	450	510	580	680	800

■ 모듈 4 초과 6 이하 기어의 허용 오차

단위 : μm

등 급	오 차	피치원 지름 (mm)						
		25 초과 50 이하	50 초과 100 이하	100 초과 200 이하	200 초과 400 이하	400 초과 800 이하	800 초과 1600 이하	1600 초과 3200 이하
0	단일피치오차	5	5	6	6	7	8	10
	인접피치오차	5	5	6	7	8	9	10
	누적피치오차	19	20	22	25	29	33	38
	법선피치오차	6	6	7	7	8	9	11
	치형오차	6	6	6	6	6	6	6
	이홈의 흔들림	13	14	15	18	20	23	27
1	단일피치오차	7	7	8	9	10	12	14
	인접피치오차	7	8	8	9	11	13	15
	누적피치오차	26	28	32	35	40	46	54
	법선피치오차	8	9	9	10	12	13	15
	치형오차	8	8	8	8	8	8	8
	이홈의 흔들림	19	20	22	25	29	33	38
2	단일피치오차	9	10	11	13	14	16	19
	인접피치오차	10	11	13	14	16	18	21
	누적피치오차	37	40	45	50	57	66	76
	법선피치오차	12	12	13	15	17	19	21
	치형오차	11	11	11	11	11	11	11
	이홈의 흔들림	26	28	32	35	40	46	54
3	단일피치오차	13	14	16	18	20	23	27
	인접피치오차	15	16	18	20	24	27	32
	누적피치오차	52	57	63	71	80	92	105
	법선피치오차	16	17	19	21	23	26	30
	치형오차	16	16	16	16	16	16	16
	이홈의 흔들림	37	40	45	50	57	66	76
4	단일피치오차	19	20	22	25	29	33	38
	인접피치오차	21	24	26	30	34	41	48
	누적피치오차	74	81	90	100	115	130	55
	법선피치오차	26	28	30	33	37	42	48
	치형오차	23	23	23	23	23	23	23
	이홈의 흔들림	52	57	63	70	80	92	105
5	단일피치오차	26	28	32	35	40	46	54
	인접피치오차	31	34	39	44	50	58	71
	누적피치오차	105	115	125	140	160	185	210
	법선피치오차	41	44	47	52	58	66	75
	치형오차	32	32	32	32	32	32	32
	이홈의 흔들림	74	81	90	100	115	130	155
6	단일피치오차	37	40	45	50	57	66	76
	인접피치오차	46	51	56	66	75	87	105
	누적피치오차	150	160	180	200	230	260	310
	법선피치오차	64	69	75	83	92	105	120
	치형오차	45	45	45	45	45	45	45
	이홈의 흔들림	105	115	125	140	160	185	210
7	단일피치오차	74	81	90	100	115	130	155
	인접피치오차	105	115	125	150	170	195	240
	누적피치오차	300	320	360	400	460	530	620
	법선피치오차	130	140	150	165	185	210	240
	치형오차	64	64	64	64	64	64	64
	이홈의 흔들림	210	230	250	280	320	370	430
8	단일피치오차	150	160	180	200	230	260	310
	인접피치오차	220	260	290	320	370	420	490
	누적피치오차	600	640	720	800	920	1050	1200
	법선피치오차	260	280	300	330	370	420	480
	치형오차	90	90	90	90	90	90	90
	이홈의 흔들림	420	450	500	560	640	740	860

■ 모듈 6 초과 10 이하 기어의 허용 오차

단위 : μm

등 급	오 차	피치원 지름 (mm)						
		25 초과 50 이하	50 초과 100 이하	100 초과 200 이하	200 초과 400 이하	400 초과 800 이하	800 초과 1600 이하	1600 초과 3200 이하
0	단일피치오차	6	6	7	7	8	9	10
	인접피치오차	6	6	7	8	9	10	12
	누적피치오차	22	24	26	29	32	37	42
	법선피치오차	7	8	8	9	10	11	12
	치형오차	8	8	8	8	8	8	8
	이홈의 흔들림	16	17	18	20	23	26	29
1	단일피치오차	8	9	9	10	11	13	15
	인접피치오차	8	9	10	11	13	15	17
	누적피치오차	31	34	37	40	45	51	59
	법선피치오차	10	11	12	13	14	15	17
	치형오차	11	11	11	11	11	11	11
	이홈의 흔들림	22	24	26	29	32	37	42
2	단일피치오차	11	12	13	14	16	18	21
	인접피치오차	12	13	15	16	18	20	25
	누적피치오차	44	48	52	58	64	73	84
	법선피치오차	15	15	17	18	20	22	25
	치형오차	15	15	15	15	15	15	15
	이홈의 흔들림	31	34	37	40	45	51	59
3	단일피치오차	16	17	18	20	23	26	29
	인접피치오차	18	19	21	24	27	30	35
	누적피치오차	63	67	73	81	91	105	120
	법선피치오차	20	22	23	25	27	30	34
	치형오차	22	22	22	22	22	22	22
	이홈의 흔들림	44	48	52	58	64	73	84
4	단일피치오차	22	24	26	29	32	37	42
	인접피치오차	26	28	331	34	40	46	52
	누적피치오차	89	96	105	115	130	145	170
	법선피치오차	33	35	37	40	44	49	55
	치형오차	31	31	31	31	31	31	31
	이홈의 흔들림	63	67	73	81	91	105	120
5	단일피치오차	31	34	37	40	45	51	59
	인접피치오차	39	42	46	51	57	68	78
	누적피치오차	125	135	145	160	180	200	230
	법선피치오차	52	55	58	63	69	77	86
	치형오차	43	43	43	43	43	43	43
	이홈의 흔들림	89	96	105	115	130	145	170
6	단일피치오차	44	48	52	58	64	73	84
	인접피치오차	56	60	69	76	85	100	115
	누적피치오차	180	190	210	230	260	290	340
	법선피치오차	82	87	93	100	110	120	135
	치형오차	61	61	61	61	61	61	61
	이홈의 흔들림	125	135	145	160	180	200	230
7	단일피치오차	89	96	105	115	130	145	170
	인접피치오차	125	135	155	175	195	220	270
	누적피치오차	360	380	420	460	520	580	680
	법선피치오차	165	175	185	200	220	240	270
	치형오차	87	87	87	87	87	87	87
	이홈의 흔들림	250	270	290	320	360	410	470
8	단일피치오차	180	190	210	230	260	290	340
	인접피치오차	280	310	330	370	410	470	540
	누적피치오차	720	760	840	920	1050	1150	1350
	법선피치오차	330	350	370	400	440	490	550
	치형오차	120	120	120	120	120	120	120
	이홈의 흔들림	500	540	580	640	720	820	940

■ 모듈 10 초과 16 이하 기어의 허용 오차

단위 : μm

등 급	오 차	피치원 지름 (mm)					
		50 초과 100 이하	100 초과 200 이하	200 초과 400 이하	400 초과 800 이하	800 초과 1600 이하	1600 초과 3200 이하
0	단일피치오차	8	8	9	10	11	12
	인접피치오차	8	9	9	10	12	14
	누적피치오차	30	32	35	38	43	48
	법선피치오차	10	11	12	13	14	15
	치형오차	11	11	11	11	11	11
	이홈의 흔들림	21	23	25	27	30	34
1	단일피치오차	11	12	12	14	15	17
	인접피치오차	12	13	14	15	17	19
	누적피치오차	43	46	49	54	60	68
	법선피치오차	15	15	16	17	19	21
	치형오차	16	16	16	16	16	16
	이홈의 흔들림	30	32	35	38	43	48
2	단일피치오차	15	16	18	19	21	24
	인접피치오차	17	18	20	22	25	28
	누적피치오차	61	65	70	77	86	97
	법선피치오차	21	22	23	25	27	30
	치형오차	22	22	22	22	22	22
	이홈의 흔들림	43	46	49	54	60	68
3	단일피치오차	21	23	25	27	30	34
	인접피치오차	25	27	29	32	38	42
	누적피치오차	85	91	99	110	120	135
	법선피치오차	29	31	33	35	38	42
	치형오차	32	32	32	32	32	32
	이홈의 흔들림	61	65	70	77	86	97
4	단일피치오차	30	32	35	39	43	48
	인접피치오차	38	41	44	48	54	60
	누적피치오차	120	130	140	155	170	195
	법선피치오차	47	49	52	56	61	67
	치형오차	44	44	44	44	44	44
	이홈의 흔들림	85	91	99	110	120	155
5	단일피치오차	43	46	49	54	60	68
	인접피치오차	53	57	62	72	79	89
	누적피치오차	170	180	195	220	240	270
	법선피치오차	74	77	82	88	96	105
	치형오차	63	63	63	63	63	63
	이홈의 흔들림	120	130	150	155	170	195
6	단일피치오차	61	65	70	77	86	97
	인접피치오차	80	86	98	110	120	135
	누적피치오차	240	260	280	310	340	390
	법선피치오차	115	125	130	140	150	165
	치형오차	89	89	89	89	89	89
	이홈의 흔들림	170	180	195	220	240	270
7	단일피치오차	120	130	140	155	170	195
	인접피치오차	180	195	210	250	270	310
	누적피치오차	490	520	560	620	680	780
	법선피치오차	230	250	260	280	300	330
	치형오차	125	125	125	125	125	125
	이홈의 흔들림	340	360	390	430	480	540
8	단일피치오차	240	260	280	310	340	390
	인접피치오차	390	420	450	490	550	620
	누적피치오차	980	1050	1150	1250	1350	1550
	법선피치오차	470	490	520	560	600	660
	치형오차	175	175	175	175	175	175
	이홈의 흔들림	680	720	800	860	960	1100

■ 모듈 16 초과 25 이하 기어의 허용 오차

단위 : μm

등 급	오 차	피치원 지름 (mm) 100 초과 200 이하	200 초과 400 이하	400 초과 800 이하	800 초과 1600 이하	1600 초과 3200 이하
0	단일피치오차	11	11	12	13	14
	인접피치오차	12	13	13	15	16
	누적피치오차	42	45	48	52	58
	법선피치오차	15	16	17	18	19
	치형오차	16	16	16	16	16
	이홈의 흔들림	29	31	34	37	41
1	단일피치오차	15	16	17	19	21
	인접피치오차	17	18	19	21	24
	누적피치오차	59	63	68	74	81
	법선피치오차	21	22	23	25	27
	치형오차	23	23	23	23	23
	이홈의 흔들림	42	45	48	52	58
2	단일피치오차	21	22	24	26	29
	인접피치오차	25	26	28	31	34
	누적피치오차	84	89	96	105	115
	법선피치오차	30	32	33	35	38
	치형오차	33	33	33	33	33
	이홈의 흔들림	59	63	68	74	81
3	단일피치오차	29	31	34	37	41
	인접피치오차	35	39	42	46	51
	누적피치오차	120	125	135	145	160
	법선피치오차	42	44	46	49	53
	치형오차	46	46	46	46	46
	이홈의 흔들림	84	89	96	105	115
4	단일피치오차	42	45	48	52	58
	인접피치오차	56	56	60	69	76
	누적피치오차	170	180	195	210	230
	법선피치오차	67	70	74	79	85
	치형오차	65	65	65	65	65
	이홈의 흔들림	120	125	135	145	160
5	단일피치오차	59	63	68	74	81
	인접피치오차	78	83	89	105	115
	누적피치오차	240	250	270	290	320
	법선피치오차	105	110	115	125	135
	치형오차	93	93	93	93	93
	이홈의 흔들림	170	180	195	210	230
6	단일피치오차	81	89	96	105	1150
	인접피치오차	120	125	135	155	175
	누적피치오차	340	360	390	420	460
	법선피치오차	170	175	185	195	210
	치형오차	130	130	130	130	130
	이홈의 흔들림	240	250	270	290	320
7	단일피치오차	170	180	195	210	230
	인접피치오차	270	290	310	340	370
	누적피치오차	680	720	780	840	920
	법선피치오차	340	350	370	390	420
	치형오차	185	185	185	185	185
	이홈의 흔들림	470	500	540	580	640
8	단일피치오차	340	360	390	420	460
	인접피치오차	540	580	620	680	740
	누적피치오차	1350	1450	1550	1700	1850
	법선피치오차	680	700	740	780	840
	치형오차	260	260	260	260	260
	이홈의 흔들림	940	1000	1100	1200	1300

■ 잇줄 방향 오차의 허용값

단위 : μm

치 폭 (mm)	1.5 이상 3 이하	3 초과 6 이하	6 초과 12 이하	12 초과 25 이하	25 초과 50 이하	50 초과 100 이하	100 초과 200 이하	200 초과 400 이하	400 초과 800 이하
0급	6	7	7	7	9	11	15	24	42
1급	7	7	8	8	10	12	17	27	47
2급	8	8	9	9	11	14	19	31	53
3급	10	10	11	12	14	17	24	38	67
4급	13	13	14	15	17	21	30	48	83
5급	16	17	17	19	22	27	39	61	105
6급	20	21	22	23	27	34	48	77	135
7급	26	26	27	29	34	43	60	96	165
8급	32	33	34	37	43	54	76	120	210

7-7. 공업용 원통 기어-모듈 [KS B ISO 54 : 2001 (2011 확인)]

1. 적용 범위

이 규격은 일반 공업용 및 중공업용 스퍼 기어(평기어)와 헬리컬 기어의 치(齒)직각 모듈의 값을 규정한다. 이 규격은 자동차 분야에 사용되는 기어에는 적용하지 않는다.

2. 용어의 정의

모듈 : 피치를 π(3.14159...)로 나눈 값 또는 기준 지름을 이(teeth)의 수로 나눈 값으로 단위는 mm이다.

[비고] 치직각 모듈은 기준 랙의 치직각 단면에서 정의된다.
기준 랙의 정의는 ISO 53(일반 공업용 및 중공업용 원통기어-표준 랙 치형)을 참조한다.

3. 값 표

1의 시리즈 Ⅰ계열에 주어진 치직각 모듈이 우선되어 사용되어야 한다. Ⅱ계열의 모듈 6.5의 사용은 삼가해야 한다.

■ 모 듈 m

계 열	
Ⅰ	Ⅱ
1	1.125
1.25	1.375
1.5	1.75
2	2.25
2.5	2.75
3	3.5
4	4.5
5	5.5
6	(6.5)
	7
8	9
10	11
12	14
16	18
20	22
25	28
32	36
40	45
50	

7-8. 직선 베벨 기어-모듈 및 다이어미트럴 피치 [KS B ISO 678 : 2007 (2012 확인)]

1. 적용 범위

이 규격은 산업용(일반용 및 고하중용 등) 직선 베벨 기어의 모듈 및 다이어미트럴 피치에 대하여 규정한다.

2. 용어의 정의

①모듈(module)

모듈은 이(tooth)의 크기를 나타내는 것으로 mm 단위로 나타낸 피치 대 원주율 π의 비, 또는 mm 단위로 나타낸 기준원 지름 대 잇수의 비를 말한다.

② 다이어미트럴 피치(dialmetral pitch)

다이어미트럴 피치는 이의 크기를 나타내는 것으로, 원주율 π대 inch(인치) 단위로 나타낸 피치의 비 또는 잇수 대 inch(인치) 단위로 나타낸 기준원 지름의 비를 말한다.

3. 표준값

모듈 및 다이어미트럴 피의 표준값을 아래에 나타낸다. 가능하면 Ⅰ계열을 사용하는 것이 바람직하다. Ⅱ계열의 모듈 6.5는 가능한 한 사용하지 않아야 한다.

■ 모듈 및 다이어미트럴 피치

모듈 피치	
Ⅰ 계열	Ⅱ 계열
1 1.25 1.5 2 2.5 3 4 5 6 8 10 12 16 20 25 32 40 50	1.125 1.375 1.75 2.25 2.75 3.5 4.5 5.5 (6.5) 7 9 11 14 18 22 28 36 45

다이어미트럴 피치	
I 계열	II 계열
20	
	18
16	
	14
12	
	11
10	
	9
8	
	7
6	
	5.5
5	
	4.5
4	
	3.5
3	
	2.75
2.5	
	2.25
2	
	1.75
1.5	
1.25	
1	0.875
0.75	
0.625	
0.50	

4. 직선 베벨 기어 치형의 모듈 1mm 미만의 표준값 (부속서 A)

■ 모듈의 표준값

I 계열의 모듈을 우선 사용하고 필요에 따라서 Ⅱ 계열을 사용한다.

단위 : mm

I 계열	II 계열
0.3	
	0.35
0.4	
	0.45
0.5	
	0.55
0.6	
	0.7
	0.75
0.8	
	0.9

7-9. 기어의 등급

■ 기어의 용도에 따른 등급

사용 기어 \ 정밀도 등급	0	1	2	3	4	5	6	7	8
검사용 어미 기어	■								
계측 기기용 기어	■	■	■	■	■				
고속 감속기용 기어		■	■						
증속기용 기어		■	■						
항공기용 기어		■	■						
영화 기계용 기어		■	■	■					
인쇄 기기용 기어		■	■	■	■				
철도 차량용 기어		■	■	■	■	■			
공작 기계용 기어		■	■	■	■	■	■		
사진기용 기어				■	■				
자동차용 기어				■	■	■			
기어식 펌프용 기어				■	■				
변속기용 기어				■	■	■			
압연기용 기어				■	■	■			
범용 감속기용 기어				■	■	■	■		
원치용 기어				■	■	■	■		
기중기용 기어				■	■	■	■		
제지 기계용 기어				■	■	■	■		
분쇄기용 대형 기어					■	■	■		
농기계용 기어						■	■		
섬유 기계용 기어						■	■		
회전 및 선회용 대형 기어						■	■	■	
압연기 피니언용 기어						■	■	■	
수동용 기어								■	■
내기어(대형 제외)					■	■	■		
대형 내 기어								■	■

■ 기어의 가공 방법에 따른 등급

가공법 및 열처리법 \ 정밀도 등급		0	1	2	3	4	5	6	7	8
쉐이빙 가공할 때	담금질 않함		■	■	■	■	■			
절삭 가공할 때	담금질 않함					■	■	■	■	■
쉐이빙 가공할 때	담금질 함				■	■	■			
절삭 가공할 때	담금질 함							■	■	■
연삭할 때		■	■	■	■	■				

제
7
장

7-10. 마스터 기어(Master Gear) 계산식

항 목		기 호	문자 기호	계 산 식
WORK DATA	치직각 MODULE	m_n	NORMAL MODULE	
	치직각 압력각	α_n	NORMAL P.A	
	비틀림 각	β_o	HELIX ANGLE	
	잇수(WORK)	Z_w	NO OF TEETH	
	전위계수(WORK)	x_w	MODIF. COEFFICIENT	
	기준P.C.D(WORK)	d_{ow}	STD P.C.D	
	외경(WORK)	d_{kw}	OUT DIAMETER	
	기초원경(WORK)	d_{gw}	B.C.D	
	전치높이(WORK)	h_w	TOOTH HEIGHT	
	치저원경(WORK)	d_{rw}	ROOT DIAMETER	
	관리경(WORK)	d_{fw}	T.I.F	
	측정 PIN 경	d_p	BALL DIAMETER	
	가상 중심거리	A_f	CENT. DIST.	
MASTER GEAR 잇수 결정		Z_M	NO. OF TEETH	$Z_M = \frac{2A_f \cos\beta_o}{m_n} - Z_w + 0.4\cos\beta_o$ [조건] 반올림해서 정수로 결정
MASTER GEAR 전위계수 결정		x_M	MODIF. COEFFICIENT	$x_M = -0.2 - x_w$
정면 압력각		α_s	TRANS. P.A	$\alpha_s = \tan^{-1}\left(\frac{\tan\alpha_n}{\cos\beta_o}\right)$
INV 정면 물림 압력각		$inv\,\alpha_{bs}$	INVOLUTE TRANS, OPERAT'G P.A	$inv\alpha_{bs} = 2\tan\alpha_n\left(\frac{x_w + x_M}{Z_w + Z_M}\right) + \tan\alpha_s - \frac{\pi\alpha_s}{180}$
정면 물림 압력각, 각도		α_{bs}	TRANS. OPERAT'G P.A	※ 함수표에서 구한다.
중심거리 증가계수		y	CTR. COEFFICIENT	$y = \frac{Z_w + Z_M}{2\cos\beta_o}\left(\frac{\cos\alpha_s}{\cos\alpha_{bs}} - 1\right)$
중심거리		a_x	CTR. DIST.	$a_x = \left(\frac{Z_w + Z_M}{2\cos\beta_o} + y\right)m_n$
기준 P.C.D		d_{oM}	STD P.C.D	$d_{oM} = \frac{Z_M m_n}{\cos\beta_o}$

(표계속)

항목	기 호	문자 기호	계 산 식
기초원경	d_{gM}	B.C.D	$d_{gM}=d_{oM}\cos\alpha_s$
물림 P.C.D(WORK)	d_{bw}	OPERAT'G P.C.D	$d_{bw}=\dfrac{d_{gw}}{\cos\alpha_{bs}}$
물림 P.C.D(MASTER)	d_{bM}	OPERAT'G P.C.D	$d_{bM}=\dfrac{d_{gM}}{\cos\alpha_{bs}}$
MASTER GEAR 외경	d_{kM}	OUT. DIAMETER	$\sqrt{d_{gM}^2+(2a_x\sin\alpha_{bs}-\sqrt{d_{fw}^2-d_{gw}^2})^2}$
MASTER GEAR 치저경	d_{rM}	ROOT DIAMETER	$d_{rM}=d_{kM}-2h_w$
MASTER GEAR 관리경	d_{fM}	T.I.F	$\sqrt{d_{gM}^2+(2a_x\sin\alpha_{bs}-\sqrt{d_{kw}^2-d_{gw}^2})^2}$
CLEARLANCE MASTER GEAR	C_M	CLEAR LANCE	$C_M=a_x-\dfrac{(d_{kw}+d_{rM})}{2}$ [조건] 0.25m_n 이상
CLEARLANCE WORK	C_w	CLEAR LANCE	$C_w=a_x-\dfrac{(d_{kM}+d_{rw})}{2}$ [조건] 0.25m_n 이상
INV 정면 압력각	$inv\,\alpha_s$	INVOLUTE TRANS. P.A	$inv\,\alpha_s=\tan\alpha_s-\dfrac{\pi\alpha_s}{180}$
INV BALL 중심 압력각	$inv\,\varnothing$	INVOLUTE BALL CTR P.A	$inv\,\varnothing=\dfrac{d_p}{Z_M m_n\cos\alpha_n}-\left(\dfrac{\pi}{2Z_M}-inv\,\alpha_s\right)+\dfrac{2x_M\tan\alpha_n}{Z_M}$
Φ각도	$\varnothing^\circ$		*INV 함수표에서구한다.
O.B.D 치수	d_{mM}	O.B.D $m_s=\dfrac{m_m}{\cos\beta_o}$	[Z_M이 홀수인 경우] $d_{mM}=\dfrac{Z_m m_s\cos\alpha_s}{\cos\varnothing}cos\dfrac{90}{Z_M}+d_p$ [Z_M이 짝수인 경우] $d_{mM}=\dfrac{Z_M m_s\cos\alpha_s}{\cos\varnothing}+d_p$
치형 검사 범위	L	CHECK LENGTH	$L=e_k+e_f$ $e_k=\sqrt{\left(\dfrac{d_{kw}}{2}\right)^2-\left(\dfrac{d_{gw}}{2}\right)^2}-\dfrac{d_{bw}}{2}sin\,\alpha_b$ $e_f=\sqrt{\left(\dfrac{d_{kM}}{2}\right)^2-\left(\dfrac{d_{gM}}{2}\right)^2}-\dfrac{d_{bM}}{2}sin\,\alpha_b$

제
7
장

■ 마스터 기어 계산에 쓰는 기호

NO	기호	용어		계 산 식
		한 글	영 어	
1	a	중심거리	CENTER DISTANCE	$a=\dfrac{(Z_1+Z_2)m}{2}\ ,\ \dfrac{(Z_1+Z_2)m_n}{2\cos\beta_o}$
2	a_x	전위기어 중심거리		$a_x=\left(\dfrac{Z_1+Z_2}{2}+y\right)m,\ \left(\dfrac{Z_1+Z_2}{2\cos\beta_o}+y\right)m_n$
3	b	치폭	FACE WIDTH	
4	c	정극(頂隙)	CLEARANCE	$c=0.157m$ 이상
5	d	지름 또는 피치원 직경	PITCH CIRCLE DIAMETER	
6	d_o	피치원 직경	PITCH CIRCLE DIAMETER	$d_o=Zm\ ,\ \dfrac{Zm_n}{\cos\beta}$
7	d_b	물리기 피치원 직경		
8	d_g	기초원 직경	BASE CIRCLE DIAMETER	$d_g=d_o\cos\alpha_o\ ,\ d_o\cos\alpha_s$
9	d_k	치선원 직경(외경)	OUTSIDE CIRCLE DIAMETER	$d_k=d_o+2h_k$
10	d_m	오우버핀 치수	MEASUREMENT OVER 2BALL	
11	d_p	핀의 직경	BALL DIAMETER	
12	d_r	치저원 직경	ROOT CIRCLE DIAMETER	$d_r=d_o-2h_f$
13	f	백래시	BACKLASH	
14	h	전치높이, 공구 CUT'G깊이	WHOLE DEPTH	$h=2m+c\ ,\ 2m_n+c$
15	h_e	유효이 높이	WORKING DEPTH	$h_e=2m\ ,\ 2m_n$
16	h_f	이뿌리 높이(디덴덤)	DEDENDUM	$h_f=m+c\ ,\ m_n+c$
17	h_k	이끝 높이(어덴덤)	ADDENDUM	$h_k=m\ ,\ m_n$
18	L	리드	LEAD	$L=\dfrac{\pi d_o}{\tan\beta_o}$
19	m	모듈	MODULE	$m=\dfrac{d_o}{Z}=\dfrac{t_o}{\pi}$
20	m_n	치직각 모듈	NORMAL MODULE	$m_n=\dfrac{d_o\cos\beta_o}{Z}=m_s\cos\beta_o$
21	m_s	정면 모듈	TRANSVERSE MODULE	$m_s=\dfrac{m_n}{\cos\beta_o}$

(표계속)

NO	기호	용어		계산식
		한글	영어	
22	P	다이아메트럴 피치	DIAMETRAL PITCH	$P=\frac{25.4}{m}$
23	S	원호이 두께 (임의반지름상)	ARC TOOTH THICKNESS	$S=2r\left(\frac{S_o}{Z_m}+inv\ \alpha_o-inv\ \alpha\right)$
24	S_o	원호이 두께 (피치원상)	ARC TOOTH THICKNESS	$S_o=\frac{t_o}{2}$
25	S_{on}	치직각 원호이 두께(피치원)		$S_{on}=\frac{t_n}{2}$
26	S_{os}	축직각 이두께 (피치원)		$S_{os}=\frac{t_s}{2}$
27	S_j	현 이두께	CORDAL TOOTH THICKNESS	$S_j=Zm\sin\theta$, $Z_v m_n \sin\theta_n$
28	S_{jn}	치직각 현이 두께		
29	S_m	걸치기 이두께	DISPLACEMENT OVER A GIVEN NUMBER OF TEETH	$S_m=m\cos\alpha_o\{\pi(Zm-0.5)+Z\,inv\alpha_o\}$ 또는 $m_n\cos\alpha_n\{\pi(Z_m-0.5)+Z\ inv\ \alpha_s\}$
30	t	원피치, 기준 PITCH	CIRCULAR PITCH	$t=\frac{\pi d}{Z}$
31	t_o	기준 피치	CIRCULAR PITCH	$t_o=\pi m$
32	t_a	축방향 피치	AXIAL PITCH	$t_a=\frac{L}{Z}$
33	t_e	법선 피치	NORMAL PITCH	$t_e=\frac{\pi d_g}{Z}$ = 기초원 PITCH
34	t_{en}	치직각 법선피치	NORMAL BASE PITCH	$t_{en}=\frac{\pi d_g\cos\beta_o}{Z}$
35	t_{es}	축직각 법선피치	TRANSVERSE BASE PITCH	$t_{es}=\frac{\pi d_g}{Z}$
36	t_n	치직각 피치	NORMAL CIRCULAR PITCH	$t_n=\pi m_n$
37	t_s	축직각 피치	TRANSVERSE CIRCULAR PITCH	$t_s=\frac{t_n}{\cos\beta_o}$
38	t_{on}	기준 피치원 상의 치직각 피치		$t_{on}=\pi m_n=t_n$
39	x	전위계수	MODIFCATION COEFFICIENT	
40	x_n	치직각 전위계수		$x_n=\frac{x_s}{\cos\beta_o}$
41	x_s	축직각 전위계수		$x_s=x_n\cos\beta_o$

(표계속)

NO	기호	용 어		계 산 식
		한 글	영 어	
42	y	중심거리 증가계수		$y=\frac{(a_x-a)}{m}$, $\frac{(a_x-a)}{m_n}$
43	Z	잇수	NUMBER OF TEETH	$Z=\frac{d_o}{m}$, $\frac{d_o\cos\beta}{m_n}$
44	Z_m	걸치기 잇수		$Z_m=\frac{\alpha_o}{180}Z+0.5$, $\frac{\alpha_n}{180}Z_v+0.5$
45	Z_v	상당 평기어 잇수	EQUIVALENT NUMBER OF TEETH	$Z_v=\frac{Z}{\cos^3\beta_o}≒\frac{Z\,inv\,\alpha_s}{inv\,\alpha_n}$
46	α_o	기준 압력각	STANDARD PRESSURE ANGLE	α_o=공구압력각, α_n = 공구압력각
47	α_b	물림 압력각	OPERATING PRESSURE ANGLE	$\alpha_b=\alpha_o$
48	α_{bn}	치직각 물림 압력각		$\alpha_{bn}=\alpha_n$, $\tan\alpha_n=\tan\alpha_s\cos\beta_o$
49	α_{bs}	축직각 물림 압력각	TRANSVERSE OPERATING PRESSURE ANGLE	$\alpha_{bs}=\alpha_s$, $\cos\alpha_s=\frac{d_g}{d_o}$
50	α_c	공구 압력각	CUTTER PRESSURE ANGLE	$\alpha_c=d_o$, $\alpha_c=\alpha_n$
	α_n	치직각 압력각	NORMAL PRESSURE ANGLE	$\alpha_n=\alpha_c$, $\tan\alpha_n=\tan\alpha_s\cos\beta_o$
	α_s	축직각 압력각	TRANSVERSE PRESSURE ANGLE	$\tan\alpha_s=\frac{\tan\alpha_n}{\cos\beta_o}$
	β	HELIX각	HAND OF HELIX	
	β_o	피치원통 HELIX각		$\tan\beta_o=\frac{\pi d_o}{L}$, $\cos\beta_o=\frac{(Z_1+Z_2)m_n}{2a}$
	β_g	기초원통 HELIX각		$\tan\beta_g=\frac{\pi d_g}{L}$, $\frac{d_g\tan\beta_o}{d_o}$
	ε	물리기율	CONTACT RATIO	
	θ	이두께 중심각의 반		$\theta=\frac{90°}{Z}$
	θ_v	상당평기어의 θ		$\theta_v=\frac{90°}{Z_v}$
	$\varnothing$	핀의 중심을 지나는 압력각		
	$inv\,\alpha$	인벌류트 함수 $a°$		$inv\,\alpha=\tan\alpha-\alpha(rad)=\tan\alpha-\frac{\pi\alpha°}{180°}$
	d_f	관리경	T.I.F	

7-11. 디버링 커터(Deburring Cutter) 계산식 - 중심거리 변동

항목		기 호	문자 기호	계 산 식
WORK DATA	치직각 모듈	m_n	NORMAL MODULE	
	치직각 압력각	α_n	NORMAL P A	
	비틀림각	β_o	HELIX ANGLE	
	잇수(WORK)	Z_w	NO OF TEETH	
	전위계수(WORK)	x_w	MODIF. COEFFICIENT	
	기준 P.C.D(WORK)	d_{ow}	S.T.D P.C.D	
	외경(WORK)	d_{kw}	OUT DIAMETER	
	기초원직경(WORK)	d_{gw}	B.C.D	
	전치높이(WORK)	h	TOOTH HEIGHT	
	치저원경(WORK)	d_{rw}	ROOT DIAMETER	
	관리경(WORK)	d_{fw}	T.I.F	
CUTTER	가상중심거리	A_f	CENT. DIST	※ -0.6으로 고정
	전위계수(CUTTER)	x_c	MODIF. COEFFICIENT	
	전위계수 합	x_T	-	$x_M = x_w - 0.6$
CUTTER MODULE 계산		m_s	TRANS, MODULE	$\frac{m_n}{\cos\beta_o}$
CUTTER 압력각 계산		α_s	TRANS, MODULE	$\tan^{-1}\left(\frac{\tan\alpha_n}{\cos\beta_o}\right)$
CUTTER 잇수 결정 ※ CTR 전위계수 '0'		Z_c	NO OF TEETH	$\frac{2Af\cos\beta_o}{m_n} - 2x_w\cos\beta_o - Z_w$
CUTTER S.T.D P.C.D		d_{oc}	S.T.D P.C.D	$m_s \times Z_c$
중심거리		a_x	CTR DISTANCE	$\frac{d_{ow}}{2} + x_T m_s + \frac{d_{oc}}{2}$
WHOLE DEPTH		h_c	WHOLE DEPTH	$\frac{h_w}{\cos\beta_o}$
인벌류트 물림 압력각		$inv\,\alpha_{bs}$	INV OPERAT'G P.A	$2\tan\alpha_n\left(\frac{x_M}{Zw+Zc}\right)$
물림 압력각		α_{bs}	OPERAT'G P.A	※ INV 함수표에서 구함
CUTTER 기초원직경		d_{gc}	B.C.D	$d_{oc}\cos\alpha_s$
CUTTER 외경		d_{kc}	OUT DIAMETER	$\sqrt{d_{gc}^2 + (2a_x\sin\alpha_{bs} - \sqrt{d_{fw}^2 - d_{gw}^2})^2}$
걸치기 잇수 (SPUR GEAR)		Z_{mc}	GIV. NO OF TEETH	$\frac{d_s Z_c}{180} + 0.5$ ※ 반올림 정수로 결정
걸치기 치수 (SPUR GEAR)		S_{mc}	SPEC. GIV. NOT	$m_s\cos\alpha_s \times \left\{\pi(Z_{mc} - 0.5) + Z_c(\tan\alpha_s - \frac{\pi\alpha_s}{180})\right.$
CUTTER 치저경		d_{rc}	ROOT DIAMETER	$d_{kc} - 2h_c$
CUTTER 틈새		Cc	CLEARLANCE	$a_x - \frac{(d_{kw} + d_{rc})}{2}$
WORK 틈새		Cw	CLEARLANCE	$a_x - \frac{(d_{kc} + d_{rw})}{2}$

제 7 장

7-12. 디버링 커터(Deburring Cutter) 계산식 - 중심거리 고정

	항목	기 호	문자 기호	계 산 식	DATA
WORK DATA	치직각 모듈	m_n	NORMAL MODULE	※ DEBURRING M/C의 중심거리	3.0
	치직각 압력각	α_n	NORMAL P.A		22.5
	비틀림각	β_o	HELIX ANGLE		12° RH
	잇수(WORK)	Z_w	NO OF TEETH		13
	전위계수	x_w	MODIF. COEFFICENT		계수 : 0.03251 량 : 0.9754
	기준 피치원지름	d_{ow}	S.T.D P.C.D		39.8713
	외경	d_{kw}	OUT DIAMETER		47.01
	기초원경	d_{gw}	B.C.D		36.715
	전치높이	h_w	TOOTH HEIGHT		6.3
	치저원경	d_{rw}	ROOT DIAMETER		34.41
	관리경	d_{fw}	T.I.F		37.41
	중심거리	a_x	CENT DIST		150
CUTTER 잇수 결정		Z_c	NO OF TEETH	$\frac{2a_x\cos\beta_o}{m_n}-2x_w\cos\beta_o-Z_w$	84
CUTTER 모듈 계산		m_s	TRANS, MODULE	$\frac{m_n}{\cos\beta_o}$	3.06702
CUTTER 압력각 계산		α_s		$\tan^{-1}\left(\frac{\tan\alpha_n}{\cos\beta_o}\right)$	22.95107
CUTTER S.T.D P.C.D		d_{oc}	S.T.D P.C.D	$d_{oc}=m_s\times Z_c$	257.6297
중심거리 증가 계수		y		$y=\frac{a_x}{m_n}-\frac{Z_w+Z_C}{2\cos\beta_o}$	0.416481

(표계속)

항목	기 호	문자 기호	계 산 식	DATA
정면 물림 압력각	α_{bs}	TRANS. OPERAT'G P.A	$\cos^{-1}\left(\frac{\cos\alpha_s}{\frac{2y\cos\beta_o}{Z_c+Z_w}+1}\right)$	24.05312
인벌류트 물림 압력각	$inv\,\alpha_{bs}$	INV. TRANS, OPERAT'S P.A	$\tan\alpha_{bs}-\alpha_{bs}$(라디안) $=\tan\alpha_{bs}-\frac{\pi\,\alpha_{bs}}{180}$	0.0265339
인벌류트 정면 압력각	$inv\,\alpha_S$	INV TRANS P.A	$\tan\alpha_s-\alpha_s$(라디안) $=\tan\alpha_s-\frac{\pi\alpha_s}{180}$	0.2289558
전위계수 합	x_w+x_c	SUM, MODIF COEFFICIENT	$\frac{(Z_c+Z_w)(inv\,\alpha_{bs}-inv\,\alpha_s)}{2\tan\alpha_n}$	0.426008
CUTTER의 전위계수	x_c	MODIF COEFFICIENT	(전위계수합)$-x_w$	0.393498
중심거리 확인	a_x	CENT, DIST,	$\left(\frac{Z_c+Z_w}{2\cos\beta_o}+y\right)m_n$	149.999999
정면 물림 압력각	α_{bs}	TRANS, OPERAT'G	※ $inv\,\alpha_{bs}$ 값을 함수표에서 구한다.	
CUTTER의 외경	d_{kc}	OUT DIAMETER	$\left\{a_x-\left(\frac{d_{rw}}{2}+0.3\right)\right\}2$	264.99
CUTTER 기초원경	d_{gc}	B.C.D	$d_{oc}\cos\alpha_s$	237.235
CUTTER 치저경	d_{rc}	ROOT DIAMETER	$\left\{a_x-\left(\frac{d_{kw}}{2}+1.0\right)\right\}2$	25.99
WHOLE DEPTH	h_c	TOOTH HEIGHT	$(d_{kc}-d_{rc})\div 2$	7
걸치기 잇수 (SPUR GEAR)	Z_{mc}	GIV, NO OF TEETH	$\frac{\alpha_s Z_c}{180}+0.5$ ※ 반올림 정수로 결정	11
걸치기 치수 (SPUR GEAR)	S_{mc}	SPEC, GIV, N.O.T	$m_s\cos\alpha_s\times$ $\{\pi(Z_{mc}-0.5)+Z_c\times inv\,\alpha_s\}$	98.5933
틈새(CUTTER) 확인	C_c	CLEARLANCE	$a_n-(d_{kw}+d_{rc})\div 2$	1
틈새(WORK) 확인	C_w	CLEARLANCE	$a_n-(d_{kc}+d_{rw})\div 2$	0.3
이두께	S_j		$S_j=Z_c m_s\sin\left(\frac{90^\circ}{Z_c}\right)$ $h_{j1}=\frac{Z_c m_s}{2}\left\{1-\cos\left(\frac{90}{Z_c}\right)\right\}+(d_{kc}+d_{oc})\div 2$	4.817

7-13. 일반용 스퍼 기어의 모양 및 치수 KS B 1414 : 1975 (2011 확인)

1. 적용 범위 : 일반적으로 사용하는 모듈 1.5~6mm의 표준 스퍼 기어의 모양과 치수
2. 종류 : 0A형, 0B형, 0C형, 1A형, 1B형 및 1C형의 6종류
3. 치형 : KS B 1404에 규정된 압력각 20°, 이끝 높이가 모듈과 같고, 이뿌리 높이가 모듈의 1.25배와 같은 인벌류트 치형

■ 이나비

잇수	이 나 비 mm									
32 이상	10	12	16	20	25	32	36	40	50	60
30 이하	12	14	18	22	28	35	40	45	55	65

■ 잇수

14	15	16	17	18	19	20	21	22	24	25
26	28	30	32	34	36	38	40	42	45	48
50	52	55	58	60	65	70	75	80	90	100

■ 잇수 범위

종 류	이 나 비	모듈 mm						
		1.5	2	2.5	3	4	5	6
0A	보통 나비	20~50	16~45	15~45	15~36	14~30	14~30	14~30
	넓은 나비	20~50	18~45	18~45	18~36	16~30	14~30	14~30
0B, 0C	보통 나비	20~50	19~45	18~45	17~36	17~30	16~30	16~30
	넓은 나비	20~50	20~45	20~45	20~36	18~30	16~30	16~30
1A	보통 나비	-	48~60	48~60	38~60	32~55	32~48	32~48
	넓은 나비	-	48~60	48~60	38~60	32~55	32~48	32~48
1B, 1C	보통 나비	52~60	48~60	48~60	38~60	32~55	32~48	32~48
	넓은 나비	52~60	48~100	48~80	38~100	32~100	32~80	32~65

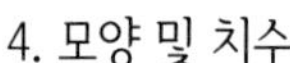
4. 모양 및 치수

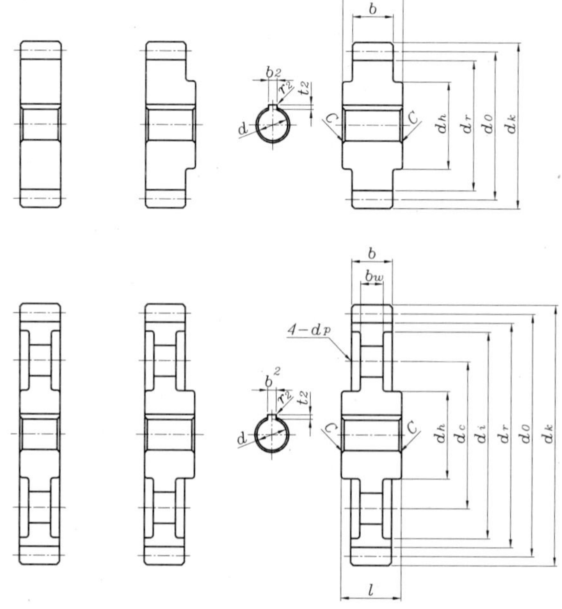

스퍼기어 [비고] 외곽 부분의 모떼기 모양은 한 보기이다.

5. 모듈 1.5mm, 0A형 기어의 치수 (0A 1.5-)

단위 : mm

기호	잇수 z	피치원 지름 d_0	이봉우리원 지름 d_k	이골원 지름 d_r	이나비 b	구멍지름 d	모떼기 C	키 홈 b_2	키 홈 t_2	키 홈 r_2
20N1	20	30	33	26.25	12	14	0.5	3*	1.4*	0.08~0.16
20W1					18					
21N1	21	31.5	34.5	27.75	12	14	0.5	3*	1.4*	
21W1					18	16		4	1.8	
22N1	22	33	36	29.25	12	14	0.5	3*	1.4*	
22W1					18	16		4	1.8	
24N1	24	36	39	32.25	12	14	0.5	3*	1.4*	
24N2						18		5	2.3	0.16~0.25
24W1					18	16		4	1.8	0.08~0.16
25N1	25	37.5	40.5	33.75	12	14	0.5	3*	1.4*	
25N2						18		5	2.3	0.16~0.25
25W1					18	16		4	1.8	0.08~0.16
26N1	26	39	42	35.25	12	14	0.5	3*	1.4*	0.08~0.16
26N2						18		5	2.3	0.16~0.25
26W1					18	16		4	1.8	0.08~0.16
26W2						20	1	5	2.3	0.16~0.25
28N1	28	42	45	38.25	12	14	0.5	3*	1.4*	0.08~0.16
28N2						18		5	2.3	0.16~0.25
28W1					18	16		4	1.8	0.08~0.16
28W2						20	1	5	2.3	0.16~0.25
30N1	30	45	48	41.25	12	16	0.5	4	1.8	0.08~0.16
30N2						20	1	5	2.3	0.16~0.25
30W1					18	18	0.5	5	2.3	
30W2						22	1	6	2.8	
32N1	32	48	51	44.25	10	14	0.5	3*	1.4*	0.08~0.16
32N2						18		5	2.3	0.16~0.25
32W1					16					
32W2						22	1	6	2.8	
34N1	34	51	54	47.25	10	16	0.5	4	1.8	0.08~0.16
34N2						20	1	5	2.3	0.16~0.25
34W1					16	18	0.5			
34W2						22	1	6	2.8	
36N1	36	54	57	50.25	10	16	0.5	4	1.8	0.08~0.16
36N2						20	1	5	2.3	0.16~0.25
36W1					16	18	0.5			
36W2						22	1	6	2.8	
38N1	38	57	60	53.25	10	16	0.5	4	1.8	0.16~0.25
38N2						20	1	5	2.3	
38W1					16	18	0.5	5	2.3	
38W2						22	1	6	2.8	
40N1	40	60	63	56.25	10	16	0.5	4	1.8	0.16~0.25
40N2						20	1	5	2.3	
40W1					16	18	0.5			
40W2						22	1	6	2.8	
42N1	42	63	66	59.25	10	16	0.5	4	1.8	
42N2						20	1	5	2.3	
42W1					16	18	0.5			
42W2						22	1	6	2.8	
45N1	45	67.5	70.5	63.75	10	16	0.5	4	1.8	
45N2						20	1	5	2.3	
45W1					16					
45W2						25		6	2.8	
48N1	48	72	75	68.25	10	18	0.5	5	2.3	
48N2						22	1	6	2.8	
48W1					16	20		5	2.3	
48W2						25		6	2.8	
50N1	50	75	78	71.25	10	18	0.5	5	2.3	
50N2						22	1	6	2.8	
50W1					16	20		5	2.3	
50W2						25		6	2.8	

[주] 키홈의 치수 중 *표는 반달키를 사용하는 것을 표시한다.

제 7 장

6. 모듈 1.5mm, 0B, 0C형 기어의 치수 (0B 1.5-, 0C1.5-)

단위 : mm

기호	잇수 z	피치원 지름 d_0	이봉우리원 지름 d_k	이골원 지름 d_r	이나비 b	구멍지름 d	모떼기 C	허브 바깥지름 d_h	허브 길이 l	키 홈 b_2	t_2	r_2
25N1	25	37.5	40.5	33.75	12	16	0.5	28	16	4	1.8	0.08~0.16
25W1					18	18		32	22.4	5	2.3	0.16~0.25
26N1	26	39	42	35.25	12	16	0.5	28	16	4	1.8	0.08~0.16
26W1					18	18		32	22.4	5	2.3	0.16~0.25
28N1	28	42	45	38.25	12	16	0.5	28	16	4	1.8	0.08~0.16
28W1					18	18		32	22.4	5	2.3	0.16~0.25
30N1	30	45	48	41.25	12	18	0.5	32	16		2.3	
30W1					18	20	1	34	20	5		
32N1	32	48	51	44.25	10	16	0.5	28	14	4	1.8	0.08~0.16
32W1					16	20	1	34	20	5	2.3	0.16~0.25
34N1	34	51	54	47.25	10	18	0.5	32	16	5	2.3	
34W1					16	20	1	34	20			
36N1	36	54	57	50.25	10	18	0.5	32	16			
36W1					16	20	1	34	20			
38N1	38	57	60	53.25	10	18	0.5	32	16			
38W1					16	20	1	34	22.4			
40N1	40	60	63	56.25	10	18	0.5	32	16			
40W1					16	20	1	34	22.4			
42N1	42	63	66	59.25	10	18	0.5	32	16			
42W1					16	20	1	34	22.4			
45N1	45	67.5	70.5	63.75	10	18	0.5	32	16	5	2.3	
45W1					16	22	1	40	22.4	6	2.8	
48N1	48	72	75	68.25	10	20	1	34	16	5	2.3	
48W1					16	22		40	22.4	6	2.8	
50N1	50	75	78	71.25	10	20	1	34	16	5	2.3	
50W1					16	22		40	22.4	6	2.8	

7. 모듈 1.5mm, 1B, 1C형 기어의 치수 (1B 1.5-, 1C1.5-)

단위 : mm

기호	잇수 z	피치원 지름 d_0	이봉우리원 지름 d_k	이골원 지름 d_r	이 나비 b	구멍 지름 d	모떼기 C	허브 바깥지름 d_h	허브 길이 l	키 홈 b_2	t_2	r_2	림 안 지름 d_i	웨브 두께 b_w	코어 지름 d_p	코어 중심지름 d_c
52N1	52	78	81	74.25	10	18	0.5	32	16	5	2.3	0.16~0.25	66	4	-	-
52N2						22		40		6	2.8					
52W1					16	20	1	34	22.4	5	2.3		64	5		
52W2						25		45		6	2.8					
55N1	55	82.5	85.5	78.75	10	18	0.5	32	16	5	2.3		70	4	-	-
55N2						22		40		6	2.8					
55W1					16	20	1	34	22.4	5	2.3		68	5		
55W2						25		45		6	2.8					
58N1	58	87	90	83.25	10	18	0.5	32	16	5	2.3		75	4	-	-
58N2						22		40		6	2.8					
58W1					16	20	1	34	22.4	5	2.3		73	5		
58W2						25		45		6	2.8					
60N1	60	90	93	86.25	10	18	0.5	32	16	5	2.3		78	4	-	-
60N2						22		40		6	2.8					
60W1					16		1		22.4				76	5		
60W2						28		50		8	3.3					
65W1	65	97.5	100.5	93.75	16	22	1	40	22.4	6	2.8		83	5	-	-
65W2						28		50		8	3.3					
70W1	70	105	108	101.25	16	22	1	40	22.4	6	2.8		91	5	-	-
70W2						28		50		8	3.3					
75W1	75	112.5	115.5	108.75	16	25	1	45	22.4	6	2.8		98	5	-	-
75W2						31.5		55		8	3.3					
80W1	80	120	123	116.25	16	25	1	45	25	6	2.8		106	5	16	80
80W2						31.5		55		8	3.3				-	-

8. 모듈 2mm, 0A형 기어의 치수 (0A2-)

단위 : mm

기호	잇수 z	피치원 지름 d_0	이봉우리원 지름 d_k	이골원 지름 d_r	이나비 b	구멍지름 d	모떼기 C	키 홈		
								b_2	t_2	r_2
16N1	16	32	36	27	14	14	0.5	3*	1.4*	0.08~0.16
17N1	17	34	38	29	14	14	0.5			
18N1	18	36	40	31	14	16	0.5	4	1.8	
19N1	19	38	42	33	14	16	0.5	4	1.8	0.08~0.16
19W1					22	18		5	2.3	0.16~0.25
20N1	20	40	44	35	14	16	0.5	4	1.8	0.08~0.16
20N2						20	1	5	2.3	0.16~0.25
20W1					22	18	0.5			
21N1	21	42	46	37	14	16	0.5	4	1.8	0.08~0.16
21N2						20	1	5	2.3	0.16~0.25
21W1					22	18	0.5			
22N1	22	44	48	39	14	16	0.5	4	1.8	0.08~0.16
22N2						20	1	5	2.3	0.16~0.25
22W1					22	18	0.5			
24N1	24	48	52	43	14	16	0.5	4	1.8	0.08~0.16
24N2						20	1	5	2.3	0.16~0.25
24W1					22					
25N1	25	50	54	45	14	18	0.5	5	2.3	
25N2						22	1	6	2.8	
25W1					22	20		5	2.3	
25W2						25		6	2.8	
26N1	26	52	56	47	14	18	0.5	5	2.3	
26N2						22	1	6	2.8	
26W1					22	20		5	2.3	
26W2						25		6	2.8	
28N1	28	56	60	51	14	18	0.5	5	2.3	
28N2						22	1	6	2.8	
28W1					22	20		5	2.3	
28W2						25		6	2.8	
30N1	30	60	64	55	14	18	0.5	5	2.3	
30N2						22	1	6	2.8	
30W1					22	20		5	2.3	
30W2						25		6	2.8	
32N1	32	64	68	59	12	18	0.5	5	2.3	
32N2						22	1	6	2.8	
32W1					20	20		5	2.3	
32W2						25		6	2.8	
34N1	34	68	72	63	12	18	0.5	5	2.3	
34N2						22	1	6	2.8	
34W1					20	20		5	2.3	
34W2						25		6	2.8	
36N1	36	72	76	67	12	18	0.5	5	2.3	0.16~0.25
36N2						22	1	6	2.8	
36W1					20					
36W2						28		8	2.3	
38N1	38	76	80	71	12	18	0.5	5	2.3	
38N2						22	1	6	2.8	
38W1					20					
38W2						28		8	3.3	
40N1	40	80	84	75	12	20	1	5	2.3	
40N2						25		6	2.8	
40W1					20					
40W2						31.5		8	3.3	
42N1	42	84	88	79	12	20	1	5	2.3	
42N2						25		6	2.8	
42W1					20					
42W2						31.5		8	3.3	
45N1	45	90	94	85	12	20	1	5	2.3	
45N2						25		6	2.8	
45W1					20					
45W2						31.5		8	3.3	

[주] 키홈의 치수 중 *표는 반달키를 사용하는 것을 표시한다.

제
7
장

9. 모듈 2mm, 0B, 0C형 기어의 치수 (0B2-, 0C2-)

단위 : mm

기호	잇수 z	피치원 지름 d_0	이봉우리원 지름 d_k	이골원 지름 d_r	이나비 b	구멍지름 d	모떼기 C	허브 바깥지름 d_h	허브 길이 l	키 홈		
										b_2	t_2	r_2
19N1	19	38	42	33	14	18	0.5	32	20	5	2.3	0.16~0.25
20N1	20	40	44	35	14	18	0.5	32	20			
20W1					22	20	1	34	28			
21N1	21	42	46	37	14	18	0.5	32	20			
21W1					22	20	1	34	28			
22N1	22	44	48	39	14	18	0.5	32	20			
22W1					22	20	1	34	28			
24N1	24	48	52	43	14	18	0.5	32	20	5	2.3	
24W1					22	22	1	40	28	6	2.8	
25N1	25	50	54	45	14	20	1	34	20	5	2.3	
25W1					22	22		40	28	6	2.8	
26N1	26	52	56	47	14	20	1	34	20	5	2.3	
26W1					22	22		40	28	6	2.8	
28N1	28	56	60	51	14	20	1	34	20	5	2.3	
28W1					22	22		40	28	6	2.8	
30N1	30	60	64	55	14	20	1	34	20	5	2.3	
30W1					22	22		40	28	6	2.8	
32N1	32	64	68	59	12	20	1	34	18	5	2.3	
32W1					20	22		40	28	6	2.8	
34N1	34	68	72	63	12	20	1	34	18	5	2.3	
34W1					20	22		40	28	6	2.8	
36N1	36	72	76	67	12	20	1	34	18	5	2.3	
36W1					20	25		45	28	6	2.8	
38N1	38	76	80	71	12	20	1	34	20	5	2.8	
38W1					20	25		45	28	6	3.3	
40N1	40	80	84	75	12	22	1	40	20	6	2.8	
40W1					20	28		50	28	8	3.3	
42N1	42	84	88	79	12	22	1	40	20	6	2.8	
42W1					20	28		50	28	8	3.3	
45N1	45	90	94	85	12	22	1	40	20	6	2.8	
45W1					20	28		50	28	8	3.3	

10. 모듈 2mm, 1A형 기어의 치수 (1A2-)

단위 : mm

기호	잇수 z	피치원 지름 d_0	이봉우리원 지름 d_k	이골원 지름 d_r	이나비 b	구멍 지름 d	모떼기 C	허브 바깥지름 d_h	허브 길이 l	키 홈 b_2	키 홈 t_2	키 홈 r_2	림 안 지름 d_i	웨브 두께 b_w	코어 지름 d_p	코어 중심지름 d_c
48N1	48	96	100	91	12	22	1	40	12	6	2.8	0.16~0.25	81	5	-	-
48W1					20	25		45	20				78	6.3		
48W2						31.5		55		8	3.3					
50N1	50	100	104	95	12	22	1	40	12	6	2.8		85	5	-	-
50W1					20	25		45	20				82	6.3		
50W2						31.5		55		8	3.3					
52N1	52	104	108	99	12	22	1	40	12	6	2.8		89	5	-	-
52W1					20	25		45	20				86	6.3		
52W2						31.5		55		8	3.3					
55N1	55	110	114	105	12	25	1	45	12	6	2.8		95	5	-	-
55W1					20				20				92	6.3		
55W2						31.5		55		8	3.3					
58N1	58	116	120	111	12	25	1	45	12	6	2.8		101	5	-	-
58W1					20				20				98	6.3		
58W2						31.5		55		8	3.3					
60N1	60	120	124	115	12	25	1	45	12	6	2.8	0.16~0.25	105	5	16	80
60W1					20	28		50	20	8	3.3		102	6.3	-	-
60W2						35		56		10		0.25~0.40				
65W1	65	130	134	125	20	28	1	50	20	8	3.3	0.16~0.25	112	6.3	16	80
65W2						35		56		10		0.25~0.40			-	-
70W1	70	140	144	135	20	28	1	50	20	8	3.3	0.16~0.25	122	6.3	18	90
70W2						35		56		10		0.25~0.40			16	
75W1	75	150	154	145	20	28	1	50	20	8	3.3	0.16~0.25	132	6.3	20	90
75W2						35		56		10		0.25~0.40			18	100
80W1	80	160	164	155	20	28	1	50	20	8	3.3	0.16~0.25	142	6.3	22.4	100
80W2						35		56		10		0.25~0.40			20	

11. 모듈 2mm, 1A형 기어의 치수 (1A2-)

단위 : mm

기호	잇수 z	피치원 지름 d_0	이봉우리원 지름 d_k	이골원 지름 d_r	이나비 b	구멍 지름 d	모떼기 C	허브 바깥지름 d_h	허브 길이 l	키 홈 b_2	키 홈 t_2	키 홈 r_2	림 안 지름 d_i	웨브 두께 b_w	코어 지름 d_p	코어 중심지름 d_c
48N1	48	96	100	91	12	20	1	34	20	5	2.3	0.16~0.25	81	5	-	-
48N2						25		45		6	2.8					
48W1					20	28		50	28	8	3.3		78	6.3		
48N1	50	100	104	95	12	20	1	34	20	5	2.3		85	5	-	-
48N2						25		45		6	2.8					
48W1					20	28		50	28	8	3.3		82	6.3		
52N1	52	104	108	99	12	20	1	34	20	5	2.3		89	5	-	-
52N2						25		45		6	2.8					
52W1					20	28		50	28	8	3.3		86	6.3		
55N1	55	110	114	105	12	22	1	40	20	6	2.8		95	5	-	-
55N2						28		50		8	3.3					
55W1					20				28				92	6.3		
58N1	58	116	120	111	12	22	1	40	20	6	2.8		101	5	-	-
58N2						28		50		8	3.3					
58W1					20				28				98	6.3		
60N1	60	120	124	115	12	22	1	40	20	6	2.8		105	5	16	71
60N2						28		50		8	3.3				-	-
60W1					20	31.5		55	28				102	6.3		
65W1	65	130	134	125	20	31.5	1	55	28	8	3.3		112	6.3	-	-
70W1	70	140	144	135	20	31.5	1	55	28	8	3.3		122	6.3	16	90
75W1	75	150	154	145	20	31.5	1	55	31.5	8	3.3		132	6.3	20	90
80W1	80	160	164	155	20	31.5	1	55	31.5	8	3.3		142	6.3	22.4	100
90W1	90	180	184	175	20	31.5	1	55	31.5	8	3.3	0.16~0.25	162	6.3	25	112
90W2						42		63		12		0.25~0.40				
100W1	100	200	204	195	20	31.5	1	55	31.5	8	3.3	0.16~0.25	182	6.3	31.5	125
100W2						42		63		12		0.25~0.40			28	

12. 모듈 2.5mm, 0A형 기어의 치수 (0A2.5-)

단위 : mm

기호	잇수 z	피치원 지름 d_0	이봉우리원 지름 d_k	이골원 지름 d_r	이나비 b	구멍지름 d	모떼기 C	키 홈		
								b_2	t_2	r_2
15N1	15	37.5	42.5	31.25	18	16	0.5	4	1.8	0.08~0.16
16N1	16	40	45	33.75	18	18	0.5	5	2.3	0.16~0.25
17N1	17	42.5	47.5	36.25	18	18	0.5			
18N1	18	45	50	38.75	18	18	0.5			
18W1					28	20	1			
19N1	19	47.5	52.5	41.25	18	18	0.5	5	2.3	
19N2						22	1	6	2.8	
19W1					28	20		5	2.3	
20N1	20	50	55	43.75	18	18	0.5	5	2.3	
20N2						22	1	6	2.8	
20W1					28					
20W2						28		8	3.3	
21N1	21	52.5	57.5	46.25	18	20	1	5	2.3	
21N2						25		6	2.8	
21W1					28					
21W2						31.5		8	3.3	
22N1	22	55	60	48.75	18	20	1	5	2.3	
22N2						25		6	2.8	
22W1					28					
22W2						31.5		8	3.3	
24N1	24	60	65	53.75	18	20	1	5	2.3	
24N2						25		6	2.8	
24W1					28					
24W2						31.5		8	3.3	
25N1	25	62.5	67.5	56.25	18	20	1	5	2.3	
25N2						25		6	2.8	
25W1					28					
25W2						31.5		8	3.3	
26N1	26	65	70	58.75	18	20	1	5	2.3	
26N2						25		6	2.8	
26W1					28					
26W2						31.5		8	3.3	
28N1	28	70	75	63.75	18	20	1	5	2.3	
28N2						25		6	2.8	
28W1					28					
28W2						31.5		8	3.3	
30N1	30	75	80	68.75	18	22	1	6	2.8	
30N2						28		8	3.3	
30W1					28	25		6	2.8	
30W2						31.5		8	3.3	

(표계속)

기호	잇수 z	피치원 지름 d_0	이봉우리원 지름 d_k	이골원 지름 d_r	이나비 b	구멍지름 d	모떼기 C	키 홈		
								b_2	t_2	r_2
32N1	32	80	85	73.75	16	22	1	6	2.8	0.16~0.25
32N2						28		8	3.3	
32W1					25	25		6	2.8	
32W2						31.5		8	3.3	
34N1	34	85	90	78.75	16	22	1	6	2.8	
34N2						28		8	3.3	
34W1					25	25		6	2.8	
34W2						31.5		8	3.3	
36N1	36	90	95	83.75	16	22	1	6	2.8	
36N2						28		8	3.3	
36W1					25	25		6	2.8	
36W2						31.5		8	3.3	
38N1	38	95	100	88.75	16	25	1	6	2.8	0.16~0.25
38N2						31.5		8	3.3	
38W1					25	28				
38W2						35		10		0.25~0.40
40N1	40	100	105	93.75	16	25	1	6	2.8	0.16~0.25
40N2						31.5		8	3.3	
40W1					25	28				
40W2						35		10		0.25~0.40
42N1	42	105	110	98.75	16	25	1	6	2.8	0.16~0.25
42N2						31.5		8	3.3	
42W1					25	28				
42W2						35		10		0.25~0.40
45N1	45	112.5	117.5	106.25	16	25	1	6	2.8	0.16~0.25
45N2						31.5		8	3.3	
45W1					25	28				
45W2						35		10		0.25~0.40

13. 모듈 2.5mm, 0B, 0C형 기어의 치수 (0B2.5-, 0C2.5-)

단위 : mm

기호	잇수 z	피치원 지름 d_0	이봉우리원 지름 d_k	이골원 지름 d_r	이나비 b	구멍지름 d	모떼기 C	허브 바깥지름 d_h	허브 길이 l	키 홈		
										b_2	t_2	r_2
18N1	18	45	50	38.75	18	20	1	34	25	5	2.3	0.16~0.25
19N1	19	47.5	52.5	41.25	18	20	1	34	25			
20N1	20	50	55	43.75	18	20	1	34	25	5	2.3	
20W1					28	22		40	35.5	6	2.8	
21N1	21	52.5	57.5	46.25	18	20	1	34	25	5	2.3	
21W1					28	25		45	35.5	6	2.8	
22N1	22	55	60	48.75	18	22	1	40	25	6	2.8	
22W1					28	25		45	35.5			
24N1	24	60	65	53.75	18	22	1	40	25	6	2.8	
24W1					28	28		50	35.5	8	3.3	
25N1	25	62.5	67.5	56.25	18	22	1	40	25	6	2.8	
25W1					28	28		50	35.5	8	3.3	
26N1	26	65	70	58.75	18	22	1	40	25	6	2.8	
26W1					28	28		50	35.5	8	3.3	
28N1	28	70	75	63.75	18	22	1	40	25	6	2.8	
28W1					28	28		50	35.5	8	3.3	
30N1	30	75	80	68.75	18	25	1	40	25	6	2.8	
30W1					28	28		50	35.5	8	3.3	
32N1	32	80	85	73.75	16	25	1	45	25	6	2.8	
32W1					25	28		50	35.5	8	3.3	
34N1	34	85	90	78.75	16	25	1	45	25	6	2.8	
34W1					25	28		50	35.5	8	3.3	
36N1	36	90	95	83.75	16	25	1	45	25	6	2.8	
36W1					25	28		50	35.5	8	3.3	
38N1	38	95	100	88.75	16	28	1	50	25	8	3.3	
38W1					25	31.5		55	35.5			
40N1	40	100	105	93.75	16	28	1	50	25			
40W1					25	31.5		55	35.5			
42N1	42	105	110	98.75	16	28	1	50	25			
42W1					25	31.5		55	35.5			
45N1	45	112.5	117.5	106.25	16	28	1	50	25			
45W1					25	31.5		55	35.5			

14. 모듈 2.5mm, 1A형 기어의 치수 (1A2.5-)

단위 : mm

기호	잇수 z	피치원 지름 d_0	이봉우리원 지름 d_k	이골원 지름 d_r	이나비 b	구멍 지름 d	모떼기 C	허브 바깥지름 d_h	허브 길이 l	키 홈 b_2	키 홈 t_2	키 홈 r_2	림 안 지름 d_i	웨브 두께 b_w	코어 지름 d_p	코어 중심지름 d_c
48N1	48	120	125	113.75	16	28	1	50	16	8	3.3	0.16~0.25	101	6.3	-	-
48W1					25				25				97	8		
48W2						35		56		10		0.25~0.40				
50N1	50	125	130	118.75	16	28	1	50	16	8	3.3	0.16~0.25	106	6.3	-	-
50W1					25				25				102	8		
50W2						35		56		10		0.25~0.40				
52N1	52	130	135	123.75	16	28	1	50	16	8	3.3	0.16~0.25	111	6.3	16	80
52W1					25				25				107	8	-	-
52W2						35		56		10		0.25~0.40				
55N1	55	137.5	142.5	131.25	16	28	1	50	16	8	3.3	0.16~0.25	118	6.3	16	80
55W1					25	31.5		55	25				115	8	-	-
55W2						42		63		12		0.25~0.40				
58N1	58	145	150	138.75	16	31.5	1	55	16	8	3.3	0.16~0.25	126	6.3	16	100
58W1					25				25				122	8		80
58W2						42		63		12		0.25~0.40			-	-
60N1	60	150	155	143.75	16	31.5	1	55	16	8	3.3	0.16~0.25	131	6.3	20	100
60W1					25				25				127	8	18	
60W2						42		63		12		0.25~0.40			16	

15. 모듈 2.5mm, 1A형 기어의 치수 (1A2.5-)

단위 : mm

기호	잇수 z	피치원 지름 d_0	이봉우리원 지름 d_k	이골원 지름 d_r	이나비 b	구멍 지름 d	모떼기 C	허브 바깥지름 d_h	허브 길이 l	키 홈 b_2	키 홈 t_2	키 홈 r_2	림 안 지름 d_i	웨브 두께 b_w	코어 지름 d_p	코어 중심지름 d_c
48N1	48	120	125	113.75	16	25	1	45	25	6	2.8	0.16~0.25	101	6.3	-	-
48W1						31.5		55		8	3.3		97	8		
48W2					25				35.5							
50N1	50	125	130	118.75	16	25	1	45	25	6	2.8		106	6.3	16	80
50W1						31.5		55		8	3.3		102	8	-	-
50W2					25				35.5							
52N1	52	130	135	123.75	16	25	1	45	25	6	2.8		111	6.3	16	80
52W1						31.5		55		8	3.3		107	8	-	-
52W2					25				35.5							
55N1	55	137.5	142.5	131.25	16	25	1	45	25	6	2.8	0.16~0.25	118	6.3	18	80
55W1						31.5		55		8	3.3		115	8	16	
55W2					25			56	35.5	10		0.25~0.40			-	-
58N1	58	145	150	138.75	16	28	1	50	28	8	3.3	0.16~0.25	126	6.3	20	80
58W1						35		56		10		0.25~0.40	122	8	16	100
58W2					25				35.5							
60N1	60	150	155	143.75	16	28	1	50	28	8	3.3	0.16~0.25	131	6.3	20	100
60W1						35		56		10		0.25~0.40	127	8	18	
60W2					25				35.5						16	
65W1	65	162.5	167.5	156.25	25	31.5	1	55	35.5	8	3.3	0.16~0.25	140	8	20	100
65W2						42		63		12		0.25~0.40			18	
70W1	70	175	180	168.75	25	31.5	1	55	35.5	8	3.3	0.16~0.25	152	8	25	100
70W2						42		63		12		0.25~0.40			20	
75W1	75	187.5	192.5	181.25	25	35	1	56	35.5	10	3.3	0.25~0.40	165	8	25	112
75W2						45		70		12						125
80W1	80	200	205	193.75	25	35	1	56	40	10	3.3		177	8	31.5	125
80W2						45		70		12					25	

제 7 장

16. 모듈 3mm, 0A형 기어의 치수 (0A3-)

단위 : mm

기호	잇수 z	피치원 지름 d_0	이봉우리원 지름 d_k	이골원 지름 d_r	이나비 b	구멍지름 d	모떼기 C	키 홈		
								b_2	t_2	r_2
15N1	15	45	51	37.5	22	18	0.5	5	2.3	0.16~0.25
16N1	16	48	54	40.5	22	20	1			
17N1	17	51	57	43.5	22	20	1			
18N1	18	54	60	46.5	22	20	1	5	2.3	
18N2						25		6	2.8	
18W1					35					
19N1	19	57	63	49.5	22	20	1	5	2.3	
19N2						25		6	2.8	
19W1					35					
20N1	20	60	66	52.5	22	20	1	5	2.3	
20N2						25		6	2.8	
20W1					35					
20W2						31.5		8	3.3	
21N1	21	63	69	55.5	22	22	1	6	2.8	
21N2						28		8	3.3	
21W1					35	25		6	2.8	
21W2						31.5		8	3.3	
22N1	22	66	72	58.5	22	22	1	6	2.8	
22N2						28		8	3.3	
22W1					35	25		6	2.8	
22W2						31.5		8	3.3	
24N1	24	72	78	64.5	22	22	1	6	2.8	0.16~0.25
24N2						28		8	3.3	
24W1					35					
24W2						35		10		0.25~0.40
25N1	25	75	81	67.5	22	25	1	6	2.8	0.16~0.25
25N2						31.5		8	3.3	
25W1					35	28				
25W2						35		10		0.25~0.40
26N1	26	78	84	70.5	22	25	1	6	2.8	0.16~0.25
26N2						31.5		8	3.3	
26W1					35	28				
26W2						35		10		0.25~0.40
28N1	28	84	90	76.5	22	25	1	6	2.8	0.16~0.25
28N2						31.5		8	3.3	
28W1					35	28				
28W2						35		10		0.25~0.40
30N1	30	90	96	82.5	22	25	1	6	2.8	0.16~0.25
30N2						31.5		8	3.3	
30W1					35	28				
30W2						35		10		0.25~0.40
32N1	32	96	102	88.5	20	25	1	6	2.8	0.16~0.25
32N2						31.5		8	3.3	
32W1					32	28				
32W2						35		10		0.25~0.40
34N1	34	102	108	94.5	20	25	1	6	2.8	0.16~0.25
34N2						31.5		8	3.3	
34W1					32	28				
34W2						35		10		0.25~0.40
36N1	36	108	114	100.5	20	25	1	6	2.8	0.16~0.25
36N2						31.5		8	3.3	
36W1					32					
36W2						42		12		0.25~0.40

17. 모듈 3mm, 0B, 0C형 기어의 치수 (0B3-, 0C3-)

단위 : mm

기호	잇수 z	피치원 지름 d_0	이봉우리원 지름 d_k	이골원 지름 d_r	이나비 b	구멍지름 d	모떼기 C	허브 바깥지름 d_h	허브 길이 l	키 홈 b_2	t_2	r_2
17N1	17	51	57	43.5	22	22	1	40	31.5	6	2.8	0.16~0.25
18N1	18	54	60	46.5	22	22	1	40	31.5			
19N1	19	57	63	49.5	22	22	1	40	31.5			
20N1	20	60	66	52.5	22	22	1	40	31.5	6	2.8	
20W1					35	28		50	45	8	2.3	
21N1	21	63	69	55.5	22	25	1	45	31.5	6	2.8	
21W1					35	28		50	45	8	2.3	
22N1	22	66	72	58.5	22	25	1	45	31.5	6	2.8	
22W1					35	28		50	45	8	3.3	
24N1	24	72	78	64.5	22	25	1	45	31.5	6	2.8	
24W1					35	31.5		55	45	8	3.3	
25N1	25	75	81	67.5	22	28	1	50	31.5	8	3.3	
25W1					35	31.5		55	45			
26N1	26	78	84	70.5	22	28	1	50	31.5			
26W1					35	31.5		55	45			
28N1	28	84	90	76.5	22	28	1	50	31.5			
28W1					35	31.5		55	45			
30N1	30	90	96	82.5	22	28	1	50	31.5			
30W1					35	31.5		55	45			
32N1	32	96	102	88.5	20	28	1	50	28			
32W1					32	31.5		55	40			
34N1	34	102	108	94.5	20	28	1	50	31.5			
34W1					32	31.5		55	40			
36N1	36	108	114	100.5	20	28	1	50	31.5	8	3.3	0.16~0.25
36W1					32	35		56	40	10	3.3	0.25~0.40

18. 모듈 3mm, 1A형 기어의 치수 (1A3-)

단위 : mm

기호	잇수 z	피치원 지름 d_0	이봉우리원 지름 d_k	이골원 지름 d_r	이나비 b	구멍 지름 d	모떼기 C	허브 바깥지름 d_h	허브 길이 l	키 홈 b_2	t_2	r_2	림 안 지름 d_i	웨브 두께 b_w	코어 지름 d_p	코어 중심지름 d_c
38N1	38	114	120	106.5	20	31.5	1	55	20	8	3.3	0.16~0.25	90	8	-	-
38W1					32				32				86	10		
38W2						42		63		12		0.25~0.40				
40N1	40	120	126	112.5	20	31.5	1	55	20	8	3.3	0.16~0.25	96	8	-	-
40W1					32				32				92	10		
40W2						42		63		12		0.25~0.40				
42N1	42	126	132	118.5	20	31.5	1	55	20	8	3.3	0.16~0.25	102	8	-	-
42W1					32				32				98	10		
42W2						42		63		12		0.25~0.40				
45N1	45	135	141	127.5	20	31.5	1	55	20	8	3.3	0.16~0.25	111	8	-	-
45W1					32				32				107	10		
45W2						42		63		12		0.25~0.40				
48N1	48	144	150	136.5	20	31.5	1	55	20	8	3.3	0.16~0.25	120	8	16	90
48W1					32	35		56	32	10		0.25~0.40	116	10	-	-
48W2						45		70		12						
50N1	50	150	156	142.5	20	31.5	1	55	20	8	3.3	0.16~0.25	126	8	18	90
50W1					32	35		56	32	10		0.25~0.40	122	10	16	
50W2						45		70		12					-	-
52N1	52	156	162	148.5	20	31.5	1	55	20	8	3.3	0.16~0.25	132	8	20	90
52W1					32	35		56	32	10		0.25~0.40	128	10	18	
52W2						45		70		12					-	-
55N1	55	165	171	157.5	20	35	1	56	20	10	3.3	0.25~0.40	141	8	20	100
55W1					32				32				137	10		
55W2						45		70		12					16	
58N1	58	174	180	166.5	20	35	1	56	20	10	3.3		150	8	22.4	100
58W1					32				32				146	10		
58W2						45		70		12					18	112
60N1	60	180	186	172.5	20	35	1	56	20	10	3.3		156	8	25	112
60W1					30				32				152	10	22.4	
60W2						45		70		12					20	

19. 모듈 3mm, 1B, 1C형 기어의 치수 (1B3-, 1C3-)

단위 : mm

기호	잇수 z	피치원 지름 d_0	이봉우리원 지름 d_k	이골원 지름 d_r	이나비 b	구멍 지름 d	모떼기 C	허브 바깥지름 d_h	허브 길이 l	키 홈 b_2	키 홈 t_2	키 홈 r_2	림 안 지름 d_i	웨브 두께 b_w	코어 지름 d_p	코어 중심지름 d_c
38N1					20	28		50	31.5	8		0.16~0.25	90	8		
38N2	38	114	120	106.5		35	1	56		10	3.3	0.25~0.40			-	-
38W1					32				45				86	10		
40N1					20	28		50	31.5	8		0.16~0.25	96	8		
40N2	40	120	126	112.5		35	1	56		10	3.3	0.25~0.40			-	-
40W1					32				45				92	10		
42N1					20	28		50	31.5	8		0.16~0.25	102	8		
42N2	42	126	132	118.5		35	1	56		10	3.3	0.25~0.40			-	-
42W1					32				45				98	10		
45N1					20	28		50	31.5	8		0.16~0.25	111	8	16	80
45N2	45	135	141	127.5		35	1	56		10	3.3	0.25~0.40			-	-
45W1					32				45				107	10		
48N1					20	28		50	31.5	8		0.16~0.25	120	8	18	90
48N2	48	144	150	136.5		35	1	56		10	3.3	0.25~0.40			16	
48W1					32	42		63	45	12			116	10	-	-
50N1					20	28		50	31.5	8		0.16~0.25	126	8	20	90
50N2	50	150	156	142.5		35	1	56		10	3.3	0.25~0.40			16	
50W1					32	42		63	45	12			122	10	-	-
52N1					20	28		50	31.5	8		0.16~0.25	132	8	20	90
52N2	52	156	162	148.5		35	1	56		10	3.3	0.25~0.40			18	100
52W1					32	42		63	45	12			128	10	16	
55N1					20	31.5		55	31.5	8		0.16~0.25	141	8	22.4	
55N2	55	165	171	157.5		42	1	63		12	3.3	0.25~0.40			18	100
55W1					32				45				137	10		
58N1					20	31.5		55	31.5	8		0.16~0.25	150	8	22.4	100
58N2	58	174	180	166.5		42	1	63		12	3.3	0.25~0.40			20	112
58W1					30				45				146	10		
60N1					20	31.5		55	31.5	8		0.16~0.25	156	8	25	
60N2	60	180	186	172.5		42	1	63		12	3.3	0.25~0.40			22.4	112
60W1					32				45				152	10		
65W1	65	195	201	187.5	32	42	1	63	45	12	3.3		167	10	25	118
65W2						50		75		14	3.8				22.4	125
70W1	70	210	216	202.5	32	42	1	63	45	12	3.3		182	10	28	125
70W2						50		75		14	3.8				25	
75W1	75	225	231	217.5	32	42	1	63	45	12	3.3		197	10	31.5	125
75W2						50		75		14	3.8	0.25~0.40			28	140
80W1	80	240	246	232.5	32	42	1	63	50	12	3.3		212	10	35.5	140
80W2						50		75		14	3.8				31.5	
90W1	90	270	276	262.5	32	42	1	63	50	12	3.3		242	10	45	160
90W2						50		75		14	3.8				40	
100W1	100	300	306	292.5	32	42	1	63	50	12	3.3		272	10	50	160
100W2						50		75		14	3.8					180

20. 모듈 4mm, 0A형 기어의 치수 (0A4-)

단위 : mm

기호	잇수 z	피치원 지름 d_0	이봉우리원 지름 d_k	이골원 지름 d_r	이나비 b	구멍지름 d	모떼기 C	키 홈		
								b_2	t_2	r_2
14N1	14	56	64	46	28	22	1	6	2.8	0.16~0.25
15N1	15	60	68	50	28	25	1			
16N1	16	64	72	54	28	25	1	6	2.8	
16W1					45	28		8	3.3	
17N1	17	68	76	58	28	25	1	6	2.8	
17N2						31.5		8	3.3	
17W1					45	28				
18N1	18	72	80	62	28	25	1	6	2.8	0.16~0.25
18N2						31.5		8	3.3	
18W1					45	28				
18W2						35		10		0.25~0.40
19N1	19	76	84	66	28	25	1	6	2.8	0.16~0.25
19N2						31.5		8	3.3	
19W1					45	28				
19W2						35		10		0.25~0.40
20N1	20	80	83	70	28	25	1	6	2.8	0.16~0.25
20N2						31.5		8	3.3	
20W1					45					
20W2						42		10		0.25~0.40
21N1	21	84	92	74	28	28	1	8	3.3	0.16~0.25
21N2						35		10		0.25~0.40
21W1					45	31.5		8		0.16~0.25
21W2						42		12		0.25~0.40
22N1	22	88	96	78	28	28	1	8	3.3	0.16~0.25
22N2						35		10		0.25~0.40
22W1					45	31.5		8		0.16~0.25
22W2						42		12		0.25~0.40
24N1	24	96	104	86	28	28	1	8	3.3	0.16~0.25
24N2						35		10		0.25~0.40
24W1					45	31.5		8		0.16~0.25
24W2						42		12		0.25~0.40
25N1	25	100	108	90	28	28	1	8	3.3	0.16~0.25
25N2						35		10		0.25~0.40
25W1					45	31.5		8		0.16~0.25
25W2						42		12		0.25~0.40
26N1	26	104	112	94	28	28	1	8	3.3	0.16~0.25
26N2						35		10		0.25~0.40
26W1					45					
26W2						45		12		
28N1	28	112	120	102	28	28	1	8	3.3	0.16~0.25
28N2						35		10		0.25~0.40
28W1					45					
28W2						45		12		
30N1	30	120	128	110	28	31.5	1	8	3.3	0.16~0.25
30N2						42		12		0.25~0.40
30W1					45	35		10		
30W2						45		12		

제7장

21. 모듈 4mm, 0B, 0C형 기어의 치수 (0B4-, 0C4-)

단위 : mm

기호	잇수 z	피치원 지름 d_0	이봉우리원 지름 d_k	이골원 지름 d_r	이나비 b	구멍지름 d	모떼기 C	허브 바깥지름 d_h	허브 길이 l	키 홈 b_2	t_2	r_2
17N1	17	68	76	58	28	28	1	50	40	8	3.3	0.16~0.25
18N1	18	72	80	62	28	28	1	50	40			
18W1					45	31.5		55	56			
19N1	19	76	84	66	28	28	1	50	40			
19W1					45	31.5		55	56			
20N1	20	80	88	70	28	28	1	50	40	8	3.3	0.16~0.25
20W1					45	35		56	56	10		0.25~0.40
21N1	21	84	92	74	28	31.5	1	55	40	8	3.3	0.16~0.25
21W1					45	35		56	56	10		0.25~0.40
22N1	22	88	96	78	28	31.5	1	55	40	8	3.3	0.16~0.25
22W1					45	35		56	56	10		0.25~0.40
24N1	24	96	104	86	28	31.5	1	55	40	8	3.3	0.16~0.25
24W1					45	35		56	56	10		0.25~0.40
25N1	25	100	108	90	28	31.5	1	55	40	8	3.3	0.16~0.25
25W1					45	35		56	56	10		0.25~0.40
26N1	26	104	112	94	28	31.5	1	55	40	8	3.3	0.16~0.25
26W1					45	42		63	56	12		0.25~0.40
28N1	28	112	120	102	28	31.5	1	55	40	8	3.3	0.16~0.25
28W1					45	42		63	56	12		0.25~0.40
30N1	30	120	128	110	28	35	1	56	40	10	3.3	0.25~0.40
30W1					45	45		70	56	12		

22. 모듈 4mm, 1A형 기어의 치수 (1A4-)

단위 : mm

기호	잇수 z	피치원 지름 d_0	이봉우리원 지름 d_k	이골원 지름 d_r	이나비 b	구멍 지름 d	모떼기 C	허브 바깥지름 d_h	허브 길이 l	키 홈 b_2	t_2	r_2	림 안 지름 d_i	웨브 두께 b_w	코어 지름 d_p	코어 중심지름 d_c
32N1	32	128	136	118	25	35	1	56	25	10	3.3	0.25~0.40	98	10	-	-
32W1					40				40				93	12		
32W2						45		70		12						
34N1	34	136	144	126	25	35	1	56	25	10	3.3		106	10	-	-
34W1					40				40				101	12		
34W2						45		70		12						
36N1	36	144	152	134	25	35	1	56	25	10	3.3		114	10	-	-
36W1					40				40				109	12		
36W2						45		70		12						
38N1	38	152	160	142	25	35	1	56	25	10	3.3		122	10	16	90
38W1					40				40				117	12	-	-
38W2						45		70		12						
40N1	40	160	168	150	25	35	1	56	25	10	3.3		130	10	18	100
40W1					40				40				125	12	16	90
40W2						45		70		12					-	-
42N1	42	168	176	158	25	35	1	56	25	10	3.3		138	10	20	100
42W1					40	42		63	40	12			133	12	18	
42W2						50		75		14	3.8				16	
45N1	45	180	188	170	25	42	1	63	25	12	3.3		150	10	20	112
45W1					40				40				145	12		
45W2						50		75		14	3.8				16	
48N1	48	192	200	182	25	42	1	63	25	12	3.3		162	10	25	112
48W1					40				40				157	12	22.4	
48W2						50		75		14	3.8				20	125
50N1	50	200	208	190	25	42	1	63	25	12	3.3		170	10	25	125
50W1					40				40				165	12		112
50W2						50		75		14	3.8				22.4	125
52N1	52	208	216	198	25	42	1	63	25	12	3.3		178	10	28	125
52W1					40				40				173	12	25	
52W2						50		75		14	3.8				22.4	
55N1	55	220	228	210	25	42	1	63	25	12	3.3		190	10	31.5	125
55W1					40				40				185	12	28	
55W2						50		75		14	3.8				25	140

23. 모듈 4mm, 1B, 1C형 기어의 치수 (1B4-,1C4-)

단위 : mm

기호	잇수 z	피치원 지름 d_0	이봉우리원 지름 d_k	이골원 지름 d_r	이나비 b	구멍 지름 d	모떼기 C	허브 바깥지름 d_h	허브 길이 l	키 홈 b_2	t_2	r_2	림 안 지름 d_i	웨브 두께 b_w	코어 지름 d_p	코어 중심지름 d_c
32N1	32	128	136	118	25	31.5	1	55	40	8	3.3	0.16~0.25	98	10	-	-
32N2						42		63		12		0.25~0.40				
32W1					40				56				93	12		
34N1	34	136	144	126	25	31.5	1	55	40	8	3.3	0.16~0.25	106	10	-	-
34N2						42		63		12		0.25~0.40				
34W1					40				56				101	12		
36N1	36	144	152	134	25	31.5	1	55	40	8	3.3	0.16~0.25	114	10	-	-
36N2						42		63		12		0.25~0.40				
36W1					40				56				109	12		
38N1	38	152	160	142	25	31.5	1	55	40	8	3.3	0.16~0.25	122	10	16	90
38N2						42		63		12		0.25~0.40			-	-
38W1					40				56				117	12		
40N1	40	160	168	150	25	31.5	1	55	40	8	3.3	0.16~0.25	130	10	18	90
40N2						42		63		12		0.25~0.40			16	100
40W1					40				56				125	12	-	-
42N1	42	168	176	158	25	31.5	1	55	40	8	3.3	0.16~0.25	138	10	20	100
42N2						42		63		12		0.25~0.40			18	
42W1					40				56				133	12	16	
45N1	45	180	188	170	25	35	1	56	40	10	3.3		150	10	22.4	100
45N2						45		70		12					20	112
45W1					40				56				145	12	18	
48N1	48	192	200	182	25	35	1	56	40	10	3.3		162	10	25	112
48N2						45		70		12					22.4	
48W1					40				56				157	12		
50N1	50	200	208	190	25	35	1	56	40	10	3.3		170	10	28	112
50N2						45		70		12					25	125
50W1					40				56				165	12	22.4	112
52N1	52	208	216	198	25	35	1	56	40	10	3.3		178	10	28	125
52N2						45		70		12						
52W1					40				56				173	12	25	
55N1	55	220	228	210	25	35	1	56	40	10	3.3		190	10	31.5	125
55N2						45		70		12					28	
55W1					40				56				185	12		
58W1	58	232	240	222	40	42	1	63	56	12	3.3	0.25~0.40	197	12	31.5	125
58W2						50		75		14	3.8				28	140
60W1	60	240	248	230	40	42	1	63	56	12	3.3		205	12	35.5	140
60W2						50		75		14	3.8				31.5	
65W1	65	260	268	250	40	42	1	63	56	12	3.3		225	12	40	140
65W2						50		75		14	3.8				35.5	160
70W1	70	280	288	270	40	45	1	70	56	12	3.3		245	12	45	160
70W2						56		85		16	4.3				40	
75W1	75	300	308	290	40	45	1	70	63	12	3.3		265	12	50	160
75W2						56		85		16	4.3				45	180
80W1	80	320	328	310	40	45	1	70	63	1	3.3		285	12	56	180
80W2						56		85		16	4.3				50	
90W1	90	360	368	350	40	50	1	75	63	14	3.8		325	12	63	200
90W2						63		90		18	4.4				56	224
100W1	100	400	408	390	40	50	1	75	63	14	3.8		365	12	71	224
100W2						63		90		18	4.4				63	

24. 모듈 5mm, 0A형 기어의 치수 (0A5-)

단위 : mm

기호	잇수 z	피치원 지름 d_0	이봉우리원 지름 d_k	이골원 지름 d_r	이나비 b	구멍지름 d	모떼기 C	키 홈		
								b_2	t_2	r_2
14N1	14	70	80	57.5	35	25	1	6	2.8	0.16~0.25
14W1					55	28		8	3.3	
15N1	15	75	85	62.5	35	25	1	6	2.8	
15N2						31.5		8	3.3	
15W1					55					
16N1	16	80	90	67.5	35	28	1	8	3.3	0.16~0.25
16N2						35		10		0.25~0.40
16W1					55	31.5		8		0.16~0.25
17N1	17	85	95	72.5	35	28	1	8	3.3	0.16~0.25
17N2						35		10		0.25~0.40
17W1					55	31.5		8		0.16~0.25
17W2						42		12		0.25~0.40
18N1	18	90	100	77.5	35	28	1	8	3.3	0.16~0.25
18N2						35		10		0.25~0.40
18W1					55					
18W2						45		12		
19N1	19	95	105	82.5	35	28	1	8	3.3	0.16~0.25
19N2						35		10		0.25~0.40
19W1					55					
19W2						45		12		
20N1	20	100	110	87.5	35	31.5	1	8	3.3	0.16~0.25
20N2						42		12		0.25~0.40
20W1					55	35		10		
20W2						45		12		
21N1	21	105	115	92.5	35	31.5	1	8	3.3	0.16~0.25
21N2						42		12		0.25~0.40
21W1					55	35		10		
21W2						45		12		
22N1	22	110	120	97.5	35	31.5	1	8	3.3	0.16~0.25
22N2						42		12		0.25~0.40
22W1					55	35		10		
22W2						45		12		
24N1	24	120	130	107.5	35	31.5	1	8	3.3	0.16~0.25
24N2						42		12		0.25~0.40
24W1					55	35		10		
24W2						45		12		
25N1	25	125	135	112.5	35	31.5	1	8	3.3	0.16~0.25
25N2						42		12		0.25~0.40
25W1					55	35		10		
25W2						45		12		
26N1	26	130	140	117.5	35	35	1	10	3.3	0.25~0.40
26N2						45		12		
26W1					55	42				
26W2						50		14	3.8	
28N1	28	140	150	127.5	35	35	1	10	3.3	
28N2						45		12		
28W1					55	42				
28W2						50		14	3.8	
30N1	30	150	160	137.5	35	35	1	10	3.3	
30N2						45		12		
30W1					55	42				
30W2						50		14	3.8	

25. 모듈 5mm, 0B, 0C형 기어의 치수 (0B5-, 0C5-)

단위 : mm

기호	잇수 z	피치원 지름 d_0	이봉우리원 지름 d_k	이골원 지름 d_r	이나비 b	구멍 지름 d	모떼기 C	허브 바깥지름 d_h	허브 길이 l	키 홈		
										b_2	t_2	r_2
16N1	16	80	90	67.5	35	31.5	1	55	50	8	3.3	0.16~0.25
16W1					55	35		56	71	10		0.25~0.40
17N1	17	85	95	72.5	35	31.5	1	55	50	8	3.3	0.16~0.25
17W1					55	35		56	71	10		0.25~0.40
18N1	18	90	100	77.5	35	31.5	1	55	50	8	3.3	0.16~0.25
18W1					55	42		63	71	12		0.25~0.40
19N1	19	95	105	82.5	35	31.5	1	55	50	8	3.3	0.16~0.25
19W1					55	42		63	71	12		0.25~0.40
20N1	20	100	110	87.5	35	35	1	56	50	10	3.3	0.25~0.40
20W1					55	42		63	71	12		
21N1	21	105	115	92.5	35	35	1	56	50	10	3.3	
21W1					55	42		63	71	12		
22N1	22	110	120	97.5	35	35	1	56	50	10	3.3	
22W1					55	42		63	71	12		
24N1	24	120	130	107.5	35	35	1	56	50	10	3.3	
24W1					55	42		63	71	12		
25N1	25	125	135	112.5	35	35	1	56	50	10	3.3	
25W1					55	42		63	71	12		
26N1	26	130	140	117.5	35	42	1	63	50	12	3.3	
26W1					55	45		70	71			
28N1	28	140	150	127.5	35	42	1	63	50			
28W1					55	45		70	71			
30N1	30	150	160	137.5	35	42	1	63	50			
30W1					55	45		70	71			

26. 모듈 5mm, 1A형 기어의 치수 (1A5-)

단위 : mm

기호	잇수 z	피치원 지름 d_0	이봉우리원 지름 d_k	이골원 지름 d_r	이나비 b	구멍 지름 d	모떼기 C	허브 바깥지름 d_h	허브 길이 l	키 홈			림 안 지름 d_i	웨브 두께 b_w	코어 지름 d_p	코어 중심지름 d_c
										b_2	t_2	r_2				
32N1	32	160	170	147.5	32	42	1	63	32	12	3.3	0.25~0.40	122	12.5	-	-
32W1					50				50				115	16		
32W2						50		75		14	3.8					
34N1	34	170	180	157.5	32	42	1	63	32	12	3.3		132	12.5	16	100
34W1					50				50				125	16	-	-
34W2						50		75		14	3.8					
36N1	36	180	190	167.5	32	42	1	63	32	12	3.3		142	12.5	18	100
36W1					50				50				135	16		
36W2						50		75		14	3.8				-	-
38N1	38	190	200	177.5	32	42	1	63	32	12	3.3		152	12.5	20	112
38W1					50				50				145	16	18	
38W2						50		75		14	3.8				16	
40N1	40	200	210	187.5	32	45	1	70	32	12	3.3		162	12.5	22.4	112
40W1					50	42		63	50				155	16		
40W2						50		75		14	3.8				20	
42N1	42	210	220	197.5	32	45	1	70	32	12	3.3		172	12.5	25	125
42W1					50	42		63	50				165	16		112
42W2						50		75		14	3.8				20	125
45N1	45	225	235	212.5	32	45	1	70	32	12	3.3		187	12.5	28	125
45W1					50				50				180	16		
45W2						56		85		16	4.3				22.4	140
48N1	48	240	250	227.5	32	45	1	70	32	12	3.3		202	12.5	31.5	140
48W1					50				50				195	16		
48W2						56		85		16	4.3				25	

제 7 장

27. 모듈 5mm, 1B, 1C형 기어의 치수 (1B5-, 1C5-)

단위 : mm

기호	잇수 z	피치원 지름 d_0	이봉우리원 지름 d_k	이골원 지름 d_r	이나비 b	구멍 지름 d	모떼기 C	허브 바깥지름 d_h	허브 길이 l	키 홈			림 안지름 d_i	웨브 두께 b_w	코어 지름 d_p	코어 중심지름 d_c
										b_2	t_2	r_2				
32N1	32	160	170	147.5	32	35	1	56	50	10	3.3	0.25~0.40	122	12.5	16	100
32N2						45		70		12					-	-
32W1					50				71				115	16		
34N1	34	170	180	157.5	32	35	1	56	50	10	3.3		132	12.5	18	100
34N2						45		70		12					16	
34W1					50				71				125	16	-	-
36N1	36	180	190	167.5	32	35	1	56	50	10	3.3		142	12.5	20	100
36N2						45		70		12					18	112
36W1					50				71				135	16	16	100
38N1	38	190	200	177.5	32	35	1	56	50	10	3.3		152	12.5	25	112
38N2						45		70		12					20	
38W1					50				71				145	16	18	
40N1	40	200	210	187.5	32	42	1	63	50	10	3.3		162	12.5	25	112
40N2						50		75		12	3.8				20	125
40W1					50	45		70	71		3.3		155	16		112
42N1	42	210	220	197.5	32	42	1	63	50	10	3.3		172	12.5	25	125
42N2						50		75		12	3.8				22.4	
42W1					50	45		70	71		3.3		165	16		
45N1	45	225	235	212.5	32	42	1	63	50	10	3.3		187	12.5	31.5	125
45N2						50		75		12	3.8				25	140
45W1					50				71				180	16		
48N1	48	240	240	227.5	32	42	1	63	50	10	3.3		202	12.5	35.5	140
48N2						50		75		12	3.8				31.5	
48W1					50				71				195	16	28	
50W1	50	250	260	237.5	50	45	1	70	71	12	3.3		205	16	31.5	140
50W2						56		85		16	4.3				28	
52W1	52	260	270	247.5	50	50	1	75	71	14	3.8		215	16	35.5	147
52W2						63		90		18	4.4				28	160
55W1	55	275	285	262.5	50	50	1	75	71	14	3.8		230	16	35.5	160
55W2						63		90		18	4.4				31.5	
58W1	58	290	300	277.5	50	50	1	75	71	14	3.8		245	16	40	160
58W2						63		90		18	4.4				35.5	180
60W1	60	300	310	287.5	50	50	1	75	71	14	3.8		255	16	45	160
60W2						63		90		18	4.4				35.5	180
65W1	65	325	335	312.5	50	50	1	75	71	14	3.8		280	16	50	180
65W2						63		90		18	4.4				40	200
70W1	70	350	360	337.5	50	50	1	75	71	14	3.8		305	16	56	200
70W2						63		90		18	4.4				50	
75W1	75	375	385	362.5	50	56	1	85	80	16	4.3	0.25~0.40	330	16	56	200
75W2						71		105		20	4.9	0.40~0.60				224
80W1	80	400	410	387.5	50	56	1	85	80	16	4.3	0.25~0.40	355	16	63	224
80W2						71		105		20	4.9	0.40~0.60			56	

28. 모듈 6mm, 0A형 기어의 치수 (0A6-)

단위 : mm

기호	잇수 z	피치원 지름 d_0	이봉우리원 지름 d_k	이골원 지름 d_r	이나비 b	구멍지름 d	모떼기 C	키 홈		
								b_2	t_2	r_2
14N1	14	84	96	69	40	28	1	8	3.3	0.16~0.25
14N2						35		10		0.25~0.40
14W1					65	31.5		8		0.16~0.25
15N1	15	90	102	75	40	28	1	8	3.3	0.16~0.25
15N2						35		10		0.25~0.40
15W1					65	31.5		8		0.16~0.25
15W2						42		12		0.25~0.40
16N1	16	96	108	81	40	28	1	8	3.3	0.16~0.25
16N2						35		10		0.25~0.40
16W1					65					
16W2						45		12		
17N1	17	102	114	87	40	31.5	1	8	3.3	0.16~0.25
17N2						42		12		0.25~0.40
17W1					65	35		10		
17W2						45		12		
18N1	18	108	120	93	40	31.5	1	8	3.3	0.16~0.25
18N2						42		12		0.25~0.40
18W1					65	35		10		
18W2						45		12		
19N1	19	114	126	99	40	31.5	1	8	3.3	0.16~0.25
19N2						42		12		0.25~0.40
19W1					65	35		10		
19W2						45		12		
20N1	20	120	132	105	40	31.5	1	8	3.3	0.16~0.25
20N2						42		12		0.25~0.40
20W1					65	35		10		
20W2						45		12		
21N1	21	126	138	111	40	31.5	1	8	3.3	0.16~0.25
21N2						42		12		0.25~0.40
21W1					65	35		10		
21W2						45		12		
22N1	22	132	144	117	40	31.5	1	8	3.3	0.16~0.25
22N2						42		12		0.25~0.40
22W1					65	35		10		
22W2						45		12		
24N1	24	144	156	129	40	35	1	10	3.3	0.25~0.40
24N2						45		12		
24W1					65	42				
24W2						50		14	3.8	
25N1	25	150	162	135	40	35	1	10	3.3	0.25~0.40
25N2						45		12		
25W1					65	42				
25W2						50		14	3.8	
26N1	26	156	168	141	40	35	1	10	3.3	
26N2						45		12		
26W1					65	42				
26W2						50		14	3.8	
28N1	28	168	180	153	40	35	1	10	3.3	
28N2						45		12		
28W1					65	42				
28W2						50		14	3.8	
30N1	30	180	192	165	40	35	1	10	3.3	
30N2						45		12		
30W1					65	42				
30W2						50		14	3.8	

제 7 장

29. 모듈 6mm, 0B, 0C형 기어의 치수 (0B5-, 0C5-)

단위 : mm

기호	잇수 z	피치원 지름 d_0	이봉우리원 지름 d_k	이골원 지름 d_r	이나비 b	구멍지름 d	모떼기 C	허브 바깥지름 d_h	허브 길이 l	키 홈		
										b_2	t_2	r_2
16N1	16	96	108	81	40	31.5	1	55	56	8	3.3	0.16~0.25
16W1					65	42		63	80	12		0.25~0.40
17N1	17	102	114	87	40	35	1	56	56	10	3.3	0.25~0.40
17W1					65	42		63	80	12		
18N1	18	108	120	93	40	35	1	56	56	10	3.3	
18W1					65	42		63	80	12		
19N1	19	114	126	99	40	35	1	56	56	10	3.3	
19W1					65	42		63	80	12		
20N1	20	120	132	105	40	35	1	56	56	10	3.3	
20W1					65	42		63	80	12		
21N1	21	126	138	111	40	35	1	56	56	10	3.3	
21W1					65	42		63	80	12		
22N1	22	132	144	117	40	35	1	56	56	10	3.3	
22W1					65	42		63	80	12		
24N1	24	144	156	129	40	42	1	63	56	12	3.3	
24W1					65	45		70	80			
25N1	25	150	162	135	40	42	1	63	56			
25W1					65	45		70	80			
26N1	26	156	168	141	40	42	1	63	56			
26W1					65	45		70	80			
28N1	28	168	180	153	40	42	1	63	56			
28W1					65	45		70	80			
30N1	30	180	192	165	40	42	1	63	56			
30W1					65	45		70	80			

30. 모듈 6mm, 1A형 기어의 치수 (1A6)

단위 : mm

기호	잇수 z	피치원 지름 d_0	이봉우 리원 지름 d_k	이골원 지름 d_r	이나비 b	구멍 지름 d	모떼기 C	허브 바깥지름 d_h	허브 길이 l	키 홈			림 안 지름 d_i	웨브 두께 b_w	코어 지름 d_p	코어 중 심지름 d_c
										b_2	t_2	r_2				
32N1	32	192	204	177	36	42	1	63	36	12	3.3	0.25~0.40	145	14	20	112
32W1					60				60				137	18	18	100
32W2						50		75		14	3.8				-	-
34N1	34	204	216	189	36	42	1	63	36	12	3.3		157	14	22.4	112
34W1					60	45		70	60				149	18	20	
34W2						56		85		16	4.3				-	-
36N1	36	216	228	201	36	42	1	63	36	12	3.3		169	14	25	112
36W1					60	45		70	60				161	18	22.4	
36W2						56		85		16	4.3				18	125
38N1	38	228	240	213	36	45	1	70	36	12	3.3		181	14	28	125
38W1					60				60				173	18	25	
38W2						56		85		16	4.3				20	
40N1	40	240	252	225	36	45	1	70	36	12	3.3		193	14	31.5	125
40W1					60				60				185	18	28	
40W2						56		85		16	4.3				25	140
42N1	42	252	264	227	36	45	1	70	36	12	3.3		205	14	35.5	140
42W1					60				60				197	18	31.5	
42W2						56		85		16	4.3				28	
45N1	45	270	282	255	36	45	1	70	36	12	3.3		223	14	40	140
45W1					60			75	60	14	3.8		215	18	35.5	
45W2						56		90		18	4.4				28	160
48N1	48	288	300	273	36	45	1	70	36	12	3.3		241	14	45	160
48W1					60	50		75	60	14	3.8		233	18	40	
48W2						63		90		18	4.4				31.5	

31. 모듈 6mm, 1B, 1C형 기어의 치수 (1B6-, 1C6-)

단위 : mm

기호	잇수 z	피치원 지름 d_0	이봉우리원 지름 d_k	이골원 지름 d_r	이나비 b	구멍 지름 d	모떼기 C	허브 바깥지름 d_h	허브 길이 l	키 홈 b_2	키 홈 t_2	키 홈 r_2	림 안 지름 d_i	웨브 두께 b_w	코어 지름 d_p	코어 중심지름 d_c
32N1	32	192	204	177	36	35	1	56	56	10	3.3	0.25~0.40	145	14	22.4	100
32N2						45		70		12					18	112
32W1					60				80				137	18	-	-
34N1	34	204	216	189	36	35	1	56	56	10	3.3		157	14	25	112
34N2						45		70		12					22.4	
34W1					60	50		75	80	14	3.8		149	18	18	
36N1	36	216	228	201	36	35	1	56	56	10	3.3		169	14	28	112
36N2						45		70		12					25	125
36W1					60	50		75	80	14	3.8		161	18	20	
38N1	38	228	240	213	36	42	1	63	56	12	3.3		181	14	28	125
38N2						50		75		14	3.8				25	
38W1					60				80				173	18	22.4	
40N1	40	240	252	225	36	42	1	63	56	12	3.3		193	14	31.5	125
40N2						50		75		14	3.8				28	140
40W1					60				80				185	18	25	
42N1	42	252	264	237	36	42	1	63	56	12	3.3		205	14	35.5	140
42N2						50		75		14	3.8				31.5	
42W1					60				80				197	18	28	
45N1	45	270	282	255	36	42	1	63	56	12	3.3		223	14	40	140
45N2						50		75		14	3.8				35.5	160
45W1					60	56		85	80	16	4.3		215	18	31.5	
48N1	48	288	300	273	36	42	1	63	56	12	3.3		241	14	45	160
48N2						50		75		14	3.8				40	
48W1					60	56		85	80	16	4.3		233	18	35.5	
50W1	50	300	312	285	60	50	1	75	80	14	3.8		245	18	40	160
50W2						63		90		18	4.4				35.5	180
52W1	52	312	324	297	60	50	1	75	80	14	3.8		257	18	45	160
52W2						63		90		18	4.4				40	180
55W1	55	330	342	315	60	50	1	75	90	14	3.8		275	18	50	180
55W2						63		90		18	4.4				40	200
58W1	58	348	360	333	60	50	1	75	90	14	3.8		293	18	56	180
58W2						63		90		18	4.4				45	200
60W1	60	360	372	345	60	56	1	85	90	16	4.3	0.25~0.40	305	18	56	200
60W2						71		105		20	4.9	0.40~0.60			50	
65W1	65	390	402	375	60	56	1	85	90	16	4.3	0.25~0.40	335	18	63	224
65W2						71		105		20	4.9	0.40~0.60			56	

제8장

#08

기어설계 계산 공식

(小原齒車工業 齒車技術資料 참조)

8-1. 기어 기호와 용어

■ 직선상 치수 및 원주상 치수 용어 및 기호

용 어	영 문	기 호
중심거리(조립거리)	Center distance	a
기준피치	Reference pitch	p
정면피치	Transverse pitch	p_t
치직각피치	Normal pitch	p_n
축방향피치	Axial pitch	p_x
법선피치	Base pitch	p_b
정면법선피치	Transverse base pitch	p_{bt}
치직각법선피치	Normal base pitch	p_{bn}
이높이	Tooth depth	h
이끝 높이	Addendum	h_a
이뿌리 높이	Dddendum	h_f
활줄 이높이	Chordal height	$\bar{h}_a$
일정 활줄 이높이	Constant chord height	h_c
물림 이높이	Working depth	h_w
이두께	Tooth thickness	s
치직각 이두께	Normal tooth thickness	s_n
정면 이두께	Transverse tooth thickness	s_t
봉우리 너비	Crest width	s_a
정면 기초원 이두께	Base thickness	s_b
활줄 이두께	Chordal tooth thickness	$\bar{s}$
일정 활줄 이두께	Constant chord	$\bar{s}_c$
걸치기 이두께	Span measurement over k teeth	W
이의 홈	Tooth space	e
이뿌리 틈새	Tip and root clearance	c
원주 방향 백래시	Circumferential backlash	j_t
치직각 원주 방향 백래시	Normal backlash	j_{tn}
축직각 원주 방향 백래시	Radial backlash	j_{tt}
법선 방향 백래시	Axial backlash	j_n
치직각 법선 방향 백래시	normal base backlash	j_{nn}
축직각 법선 방향 백래시	axial base backlash	j_{nt}
중심거리 방향 백래시	center distance backlash	j_r
반지름 방향 백래시	radial backlash	j_r'
회전 각도 백래시	angular backlash	$j\theta$
치폭	Facewidth	b
유효 치폭	Effective facewidth	b'
리드	Lead	P_z
맞물림 길이	Length of path of contact	g_α
접근 물림 길이	Length of approach path	g_f
퇴거 물림 길이	Length of recess path	g_a
중첩 물림 길이	Overlap length	g_β
기준원 지름	Reference diameter	d
피치원 지름	Pitch diameter	d'
이끝원(치선원) 지름	Tip diameter	d_a
기초원 지름	Base diameter	d_b
이뿌리원 지름	Root diameter	d_f
중앙 기준원 지름	Center reference diameter	d_m
내단 이끝원 지름	Inner tip diameter	d_i
목골의 지름		d_t
기준원 반지름	Reference radius	r
피치원 반지름	Pitch radius	r'
이끝원 반지름	Tip radius	r_a
기초원 반지름	Base radius	r_b
이뿌리원 반지름	Root radius	r_f
목골의 둥근 반지름		r_i
공구 반지름	Tool radius	r_o
치형의 곡률 반지름	Radius of curvature of tooth profile	ρ
원추 거리	Cone distance	R
배원추 거리	Back cone distance	R_v
원추정점에서 외단치끝까지 거리		X
이끝원(치선원)의 축방향 거리		X_b

■ 각도치수 용어 및 기호

용 어	영 문	기호
기준 압력각	Reference pressure angle	α
물림 압력각	Working pressure angle	α'
공구 압력각	Cutter pressure angle	α_0
정면 압력각	Transverse pressure angle	α_t
치직각 압력각	Normal pressure angle	α_n
축평면 압력각	Axial pressure angle	α_x
정면물림 압력각	Transverse working pressure angle	α_t'
이끝원 압력각	Tip pressure angle	α_a
치직각 물림 압력각	Normal working pressure angle	α_n
기준 원통 비틀림각	Reference cylinder helix angle	β
피치 원통 비틀림각	Pitch cylinder helix angle	β'
중앙 비틀림각	Mean spiral angle	β_m
이끝 원통 비틀림각	Tip cylinder helix angle	β_a
기초 원통 비틀림각	Base cylinder helix angle	β_b
축각	Shaft angle	Σ
기준 원추각	Reference cone angle	δ
피치 원추각	Pitch angle	δ'
이끝 원추각	Tip angle	δ_a
이뿌리 원추각	Root angle	δ_f
이끝각	Addendum angle	θ_a
이뿌리각	Dedendum angle	θ_f
정면 접촉각	Transverse angle of transmission	ζ_a
중첩각	Overlap angle	ζ_b
전체 접촉각	Total angle of transmission	ζ_r
이두께의 반각	Tooth thickness half angle	ψ
이끝원 이두께의 반각	Tip tooth thickness half angle	ψ_a
이홈 너비의 반각	Spacewidth half angle	η
크라운 기어의 각 피치	Angular pitch of crown gear	τ
인벌류트 α	Involute function	$\mathrm{inv}\alpha$

■ 수 및 비율의 용어 및 기호

용 어	영 문	기 호
잇 수	Number of teeth	z
상당 평기어 잇수	Equivalent number of teeth	z_v
줄수 또는 피니언(소기어) 잇수	Number of threads, or number of teeth in pinion	z_1
걸치기 잇수		z_m
잇수비	Gear ratio	u
속도비	Transmission ratio	i
모듈	Module	m
정면 모듈	Transverse module	m_t
치직각 모듈	Normal module	m_n
축방향 모듈	Axial module	m_x
다이아메트럴 피치	Diametral pitch	P
정면 물림률	Transverse contact ratio	ε_α
중첩 물림률	Overlap ratio	ε_β
전체 물림률	Total contact ratio	ε_γ
각속도	Angular speed	ω
선속도	Tangential speed	v
회전수	Rotational speed	n
전위계수	Profile shift coefficient	x
치직각 전위계수	Normal profile shift coefficient	x_n
축직각 전위계수	Transverse profile shift coefficient	x_t
중심거리 수정계수	Center distance modification coefficient	y

■ 기타 용어

용 어	영 문	기 호
접선 방향력(원주)	Tangential force(Circumference)	F_u
축방향력(스러스트)	Axial force(Thrust)	F_a
반지름 방향력	Radial force	F_r
이에 걸리는 힘		F_n
핀의 지름	Pin diameter	d_p
이상적인 핀의 지름	Ideal Pin diameter	d'_p
오버핀 치수	over pin	d_m
핀의 중심을 통과하는 압력각	Pressure angle at pin center	ϕ
마찰계수	Coefficient of friction	μ
원호 이두께 계수	Circular thickness factor	K
계수		k

■ 정밀도

용 어	영 문	기 호
단일피치오차	Single pitch deviation	f_{ft}
인접피치오차	Pitch deviation	f_v 또는 f_{pu}
전체 누적피치오차	Total cumulative pitch deviation	F_p
전체 치형오차	Total profile deviation	F_a
이 홈의 흔들림	Runout	F_r
전체 잇줄 오차	Total helix deviation	F_β

■ 그리스 문자 읽는 법

대문자	소문자	쓰는 법	읽는 법
Α	α	Alpha	알파
Β	β	Beta	베타
Γ	γ	Gamma	감마
Δ	δ	Delta	델타
Ε	ε	Epsilon	엡실론
Ζ	ζ	Zeta	제타
Η	η	Eta	에타
Θ	θ	Theta	세타
Ι	ι	Iota	로타
Κ	κ	Kappa	카파
Λ	λ	Lambda	람다
Μ	μ	Mu	뮤
Ν	ν	Nu	뉴
Ξ	ξ	Xi	사이
Ο	ο	Omicron	오미크론
Π	π	Pi	파이
Ρ	ρ	Rho	로
Σ	σ	Sigma	시그마
Τ	τ	Tau	타우
Υ	υ	Upsilon	업실론
Φ	ϕ	Phi	화이
Χ	χ	Chi	카이
Ψ	ψ	Psi	프사이
Ω	ω	Omega	오메가

8-2. 평기어

1. 표준 평기어

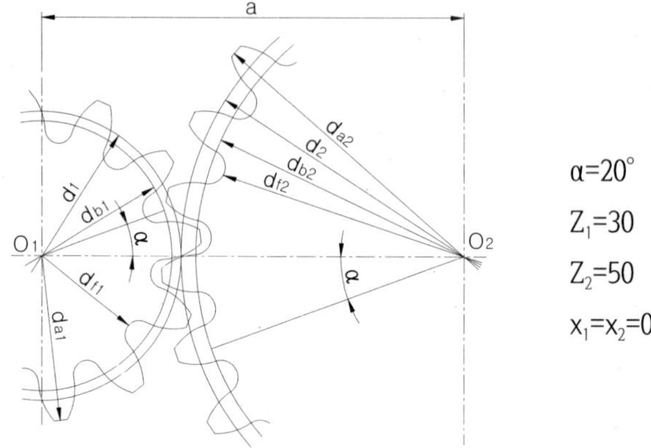

α=20°
Z_1=30
Z_2=50
x_1=x_2=0

표준 평기어의 맞물림

■ 표준 평기어의 계산

계산항목	기호	계산 공식	계산 예제	
			피니언(1)	기어(2)
모듈 Module	m	Set Value	2	
기준압력각 Reference Pressure Angle	α		20°	
잇 수 Number of teeth	z		30	50
중심거리 Center Distance	a	$\frac{(z_1+z_2)m}{2}=\frac{d_1+d_2}{2}$	80.000	
기준원직경 Rerference Diameter	d	zm	60.000	100.000
기초원직경 Base Diameter	d_b	$d\cos\alpha$	56.381	93.969
이끝높이(어덴덤) Addendum	h_a	$1.00m$	2.000	2.000
전체 이높이 Tooth Depth	h	$2.25m$	4.5	4.5
치선원직경 Tip Diameter	d_a	$d+2m$	64.000	104.000
치저원직경 Root Diameter	d_f	$d-2.5m$	55.000	95.000

■ 잇수 구하는 방법

계산항목	기호	계산 공식		계산 예제	
				Pinion(1)	Gear(2)
모듈 Module	m	Set Value		3	
중심거리 Center Distance	a			54.000	
속도비 Speed Ratio	i			0.8	
잇수의 합 Sum of No. of Teeth	z_1+z_2	$\frac{2a}{m}$		36	
잇 수 Number of teeth	z	$\frac{i(z_1+z_2)}{i+1}$	$\frac{z_1+z_2}{i+1}$	16	20

2. 전위 평기어

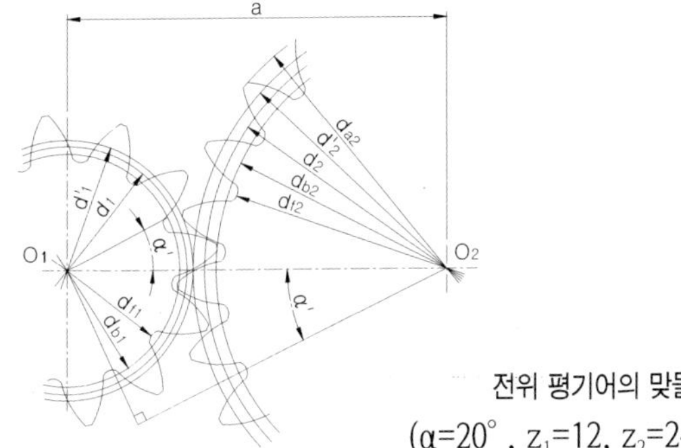

전위 평기어의 맞물림

(α=20°, z_1=12, z_2=24, x_1=+0.6, x_2=+0.36)

■ 전위 평기어의 계산(1)

계산항목	기호	계산 공식	계산 예제	
			피니언(1)	기어(2)
모듈 Module	m	Set Value	3	
기준압력각 Reference Pressure Angle	α		20°	
잇 수 Number of teeth	z		12	24
전위 계수 Profile shift coefficient	x		0.6	0.36
인벌류트 α Involute α	$inv\alpha'$	$2\tan\alpha(\frac{x_1+x_2}{z_1+z_2})+inv\alpha$	0.034316	
물림 압력각 Working pressure angle	α'	인벌류트 함수표에서 구한다.	26.0886°	
중심거리 수정계수 Center distance modification coefficient	y	$\frac{z_1+z_2}{2}(\frac{\cos\alpha}{\cos\alpha'}-1)$	0.83329	
중심거리 Center Distance	a	$(\frac{z_1+z_2}{2}+y)m$	56.4999	
기준원 직경 Rerference Diameter	d	zm	36.000	72.000
기초원 직경 Base Diameter	d_b	$d\cos\alpha$	33.8289	67.6579
물림부의 피치원 직경 Working pitch diameter	d'	$\frac{d_b}{\cos\alpha'}$	37.667	75.333
이끝높이(어덴덤) Addendum	h_{a1} h_{a2}	$(1+y-x_2)m$ $(1+y-x_1)m$	4.420	3.700
전체 이높이 Tooth Depth	h	$\{2.25+y-(x_1+x_2)\}m$	6.370	
치선원 직경 Tip Diameter	d_a	$d+2h_a$	44.840	79.400
치저원 직경 Root Diameter	d_f	d_a-2h	32.100	66.660

[주] 상기 전위 평기어의 계산에 있어서, $x_1=x_2=0$으로 하면 표준 평기어의 계산이 된다.
위 전위 평기어의 계산(1)의 항목 중 전위계수부터 중심거리까지의 계산 항목을 역으로 계산한 것이 다음의 방법이다.

■ 전위 평기어의 계산(2)

계산항목	기호	계산 공식	계산 예제	
중심거리 Center Distance	a	Set value	56.4999	
중심거리 수정계수 Center distance modification coefficient	y	$\frac{a_x}{m}-\frac{z_1+z_2}{2}$	0.8333	
물림 압력각 Working pressure angle	α'	$\cos^{-1}\left(\frac{\cos\alpha}{\frac{2y}{z_1+z_2}+1}\right)$	26.0886°	
전위계수의 합 Sum of profile shift cofficient	x_1+x_2	$\frac{(z_1+z_2)(inv\alpha'-inv\alpha)}{2\tan\alpha}$	0.9600	
전위 계수 Profile shift coefficient	x	-	0.6000	0.3600

제 8 장

3. 래크와 평기어

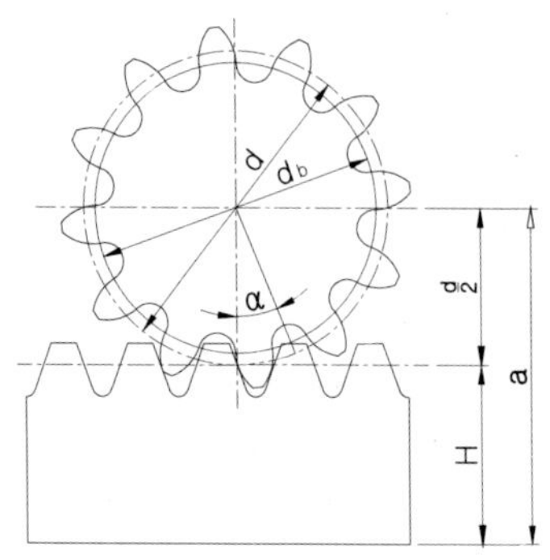

표준 평기어와 래크의 맞물림
(α=20°, z_1=12, x_1=0)

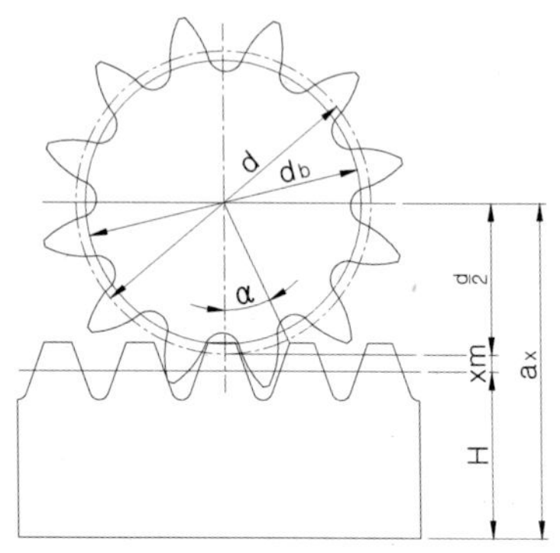

전위 평기어와 래크의 맞물림
(α=20°, z_1=12, x_1=+0.6)

■ 래크와 물림 전위 평기어의 계산

계산항목	기호	계산 공식	계산 예제	
			Spur gear	Rack
모듈 Module	m	Set Value	3	
기준압력각 Reference Pressure Angle	α		20°	
잇 수 Number of teeth	z		12	-
전위 계수 Profile shift coefficient	x		0.6	-
피치선 높이 Height of pitch line	H		-	32.000
물림 압력각 Working pressure angle	α'		20°	
조립 거리 Center distance modification coefficient	a	$\frac{zm}{2}+H+\pi m$	51.800	
기준원직경 Rerference Diameter	d	zm	36.000	-
기초원직경 Base Diameter	d_b	$d\cos\alpha$	33.829	-
물림부의 피치원 직경 Working pitch diameter	d'	$\frac{d_b}{\cos\alpha'}$	36.000	-
이끝높이(어덴덤) Addendum	h_a	$m(1+x)$	4.800	3.000
전체 이높이 Tooth Depth	h	$2.25m$	6.750	
치선원 직경 Tip Diameter	d_a	$d+2h_a$	45.600	-
치저원 직경 Root Diameter	d_f	d_a-2h	32.100	-

4. 내기어

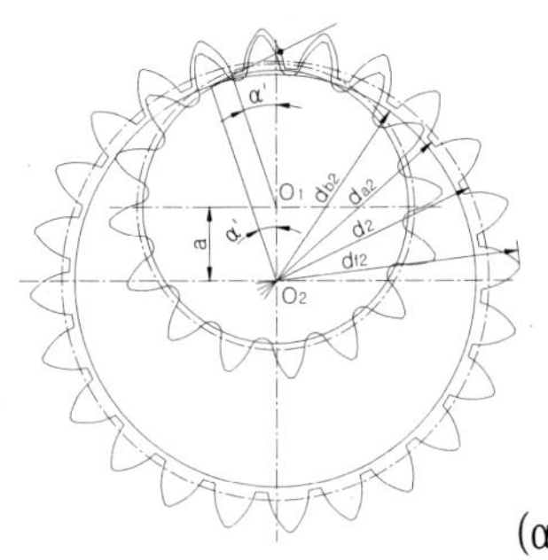

내기어와 평기어의 맞물림
(α=20°, z_1=16, z_2=24, x_1=x_2=+0.5)

■ 전위 내기어와 평기어의 계산(1)

계산항목	기호	계산 공식	계산 예제	
			평기어(1)	내기어(2)
모듈 Module	m	Set Value	3	
기준압력각 Reference Pressure Angle	α		20°	
잇 수 Number of teeth	z		16	24
전위 계수 Profile shift coefficient	x		0	+0.516
인벌류트 α Involute α	$inv\alpha'$	$2\tan\alpha(\frac{x_2-x_1}{z_2-z_1})+inv\alpha$	0.061857	
물림 압력각 Working pressure angle	α'	인벌류트 함수표에서 구한다.	31.321258°	
중심거리 수정계수 Center distance modification coefficient	y	$\frac{z_2-z_1}{2}(\frac{\cos\alpha}{\cos\alpha'}-1)$	0.4000	
중심거리 Center Distance	a	$(\frac{z_2-z_1}{2}+y)m$	13.2	
기준원직경 Rerference Diameter	d	zm	48.000	72.000
기초원직경 Base Diameter	d_b	$d\cos\alpha$	45.105	67.658
물림부의 피치원 직경 Working pitch diameter	d'	$\frac{d_b}{\cos\alpha'}$	52.7998	79.1997
이끝높이(어덴덤) Addendum	h_{a1} h_{a2}	$(1+x_1)m$ $(1-x_2)m$	3.000	1.452
전체 이높이 Tooth Depth	h	$2.25m$	6.75	
치선원 직경 Tip Diameter	d_{a1} d_{a2}	d_1+2h_{a1} d_2-2h_{a2}	54.000	69.096
치저원 직경 Root Diameter	d_{f1} d_{f2}	$d_{a1}-2h$ $d_{a2}+2h$	40.500	82.596

기어 제원으로 처음에 중심거리 a를 고려하여 전위계수를 구하는 경우에는 위 표의 계산 항목 중 전위계수부터 중심거리까지의 계산 항목을 역으로 계산한 것이 다음의 방법이다.

■ 전위 내기어와 평기어의 계산(2)

계산항목	기호	계산 공식	계산 예제	
중심거리 Center Distance	a	Set Value	13.1683	
중심거리 수정계수 Center distance modification coefficient	y	$\frac{a}{m}-\frac{z_2-z_1}{2}$	0.38943	
물림 압력각 Working pressure angle	α'	$\cos^{-1}\left(\frac{\cos\alpha}{\frac{2y}{z_2-z_1}+1}\right)$	31.0937°	
전위계수의 차 Difference of profile shift coefficients	x_2-x_1	$\frac{(z_2-z_1)(inv\alpha'-inv\alpha)}{2\tan\alpha}$	0.5	
전위 계수 Profile shift coefficient	x		0	0.5

8-3. 헬리컬 기어

1. 치직각방식 전위 헬리컬 기어

■ 치직각방식 전위 헬리컬 기어의 계산(1)

계산항목	기호	계산 공식	계산 예제	
			Pinion(1)	Gear(2)
치직각 모듈 Normal module	m_n	Set Value	3	
치직각 압력각 Normal pressure angle	α_n		20°	
기준 원통 비틀림각 Reference cylinder helix angle	β		30°	
잇 수(비틀림 방향) Number of teeth(helical hand)	z		12 (L)	60 (R)
치직각 전위 계수 Profile shift coefficient	x_n		+0.09809	0
정면 압력각 Transverse pressure angle	α_t	$\tan^{-1}(\frac{\tan\alpha_n}{\cos\beta})$	22.79588°	
인벌류트 αbs Involute function αbs	$inv\alpha_t'$	$2\tan\alpha_n(\frac{x_{n1}+x_{n2}}{z_1+z_2})+inv\,\alpha_t$	0.023405	
정면 물림 압력각 Working pressure angle	α_t'	인벌류트 함수표에서 구한다.	23.1126°	
중심거리 수정계수 Center distance modification coefficient	y	$\frac{z_1+z_2}{2\cos\beta}(\frac{\cos\alpha_t}{\cos\alpha_t'}-1)$	0.09744	
중심거리 Center Distance	a	$(\frac{z_1+z_2}{2\cos\beta}+y)m_n$	125.000	
기준원직경 Rerference Diameter	d	$\frac{zm_n}{\cos\beta}$	41.569	207.846
기초원직경 Base Diameter	d_b	$d\cos\alpha_t$	38.322	191.611
물림부의 피치원 직경 Working pitch diameter	d'	$\frac{d_b}{\cos\alpha'}$	41.667	208.333
이끝높이(어덴덤) Addendum	h_{a1} h_{a2}	$(1+y-x_{n2})m_n$ $(1+y-x_{n1})m_n$	3.292	2.998
전체 이높이 Tooth Depth	h	$\{2.25+y-(x_{n1}+x_{n2})\}m_n$	6.748	
치선원 직경 Tip Diameter	d_a	$d+2h_a$	48.153	213.842
치저원 직경 Root Diameter	d_f	d_a-2h	34.657	200.346

기어 제원으로 처음에 중심거리 a를 고려하여 전위계수 x_{n1}, x_{n2}를 구하는 경우에는 위 표의 계산 항목 중 전위계수부터 중심거리까지의 계산 항목을 역으로 계산하며 그 계산이 다음의 방법이다.

■ 치직각방식 전위 헬리컬 기어의 계산(2)

계산항목	기호	계산 공식	계산 예제	
중심거리 Center Distance	a	Set Value	125	
중심거리 수정계수 Center distance modification coefficient	y	$\frac{a}{m_n}-\frac{z_1+z_2}{2\cos\beta}$	0.097447	
정면 물림 압력각 Transverse working pressure angle	α_t'	$\cos^{-1}\left(\frac{\cos\alpha_t}{\frac{2y\cos\beta}{z_1+z_2}+1}\right)$	23.1126°	
전위계수의 합 Sum of profile shift coefficient	$x_{n1}+x_{n2}$	$\frac{(z_1+z_2)(inv\alpha_t'-inv\alpha_t)}{2\tan\alpha_n}$	0.09809	
치직각 전위 계수 Normal profile shift coefficient	x_n	-	0.09809	0

2. 축직각방식 전위 헬리컬 기어

■ 축직각방식 전위 헬리컬 기어의 계산(1)

계산항목	기호	계산 공식	계산 예제	
			Pinion (1)	Gear (2)
정면 모듈 Transverse module	m_t	Set Value	3	
정면 압력각 Transverse pressure angle	α_t		20°	
기준 원통 비틀림각 Reference cylinder helix angle	β		30°	
잇 수(비틀림 방향) Number of teeth(helical hand)	z		12 (L)	60 (R)
축직각 전위 계수 Transverse profile shift coefficient	x_t		0.34462	0
인벌류트 αt Involute function αt	$inv\alpha_t'$	$2\tan\alpha_t(\frac{x_{t1}+x_{t2}}{z_1+z_2})+inv\alpha_t$	0.0183886	
정면 물림 압력각 Transverse working pressure angle	α_t'	인벌류트 함수표에서 구한다.	21.3975°	
중심거리 수정계수 Center distance modification coefficient	y	$\frac{z_1+z_2}{2}(\frac{\cos\alpha_t}{\cos\alpha_t'}-1)$	0.33333	
중심거리 Center Distance	a	$(\frac{z_1+z_2}{2}+y)m_t$	109.0000	
기준원 직경 Rerference Diameter	d	zm_t	36.000	180.000
기초원 직경 Base Diameter	d_b	$d\cos\alpha_t$	33.8289	169.1447
물림부의 피치원 직경 Working pitch diameter	d'	$\frac{d_b}{\cos\alpha_t'}$	36.3333	181.6667
이끝 높이(어덴덤) Addendum	h_{a1} h_{a2}	$(1+y-x_{t2})m_t$ $(1+y-x_{t1})m_t$	4.000	2.966
전체 이높이 Tooth Depth	h	$\{2.25+y-(x_{t1}+x_{t2})\}m_t$	6.716	
치선원 직경 Tip Diameter	d_a	$d+2h_a$	44.000	185.932
치저원 직경 Root Diameter	d_f	d_a-2h	30.568	172.500

■ 축직각방식 전위 헬리컬 기어의 계산(2)

계산항목	기호	계산 공식	계산 예제	
중심거리 Center Distance	a	Set Value	109	
중심거리 수정계수 Center distance modification coefficient	y	$\frac{a_x}{m_t}-\frac{z_1+z_2}{2}$	0.33333	
정면 물림 압력각 Transverse working pressure angle	α_t'	$\cos^{-1}\left(\frac{\cos\alpha_t}{\frac{2y}{z_1+z_2}+1}\right)$	21.39752°	
전위계수의 합 Sum of profile shift coefficient	$x_{t1}+x_{t2}$	$\frac{(z_1+z_2)(inv\alpha_t'-inv\alpha_t)}{2\tan\alpha_t}$	0.34462	
축직각 전위 계수 Transverse profile shift coefficient	x_t		0.34462	0

8-4. 헬리컬 래크

1. 치직각방식 헬리컬 래크

■ 치직각방식 헬리컬 래크의 계산

계산항목	기호	계산 공식	계산 예제	
			Pinion	Rack
치직각 모듈 Normal module	m_n	Set Value	2.5	
치직각 압력각 Normal Pressure Angle	α_n		20°	
기준 원통 비틀림각 Reference cylinder helix angle	β		10° 57'49"	
잇 수(비틀림 방향) Number of teeth(helical hand)	z		20 (R)	- (L)
치직각 전위 계수 Normal profile shift coefficient	x_n		0	-
피치선 높이 Height of pitch line	H		-	27.5
정면 압력각 Transverse pressure angle	α_t	$\tan^{-1}(\frac{\tan\alpha_n}{\cos\beta})$	20.34160°	
조립 거리 Mounting distance	a	$\frac{zm_n}{2\cos\beta}+H+x_n m_n$	52.965	
기준원 직경 Rerference diameter	d	$\frac{zm_n}{\cos\beta}$	50.92956	-
기초원 직경 Base diameter	d_b	$d\cos\alpha_t$	47.75343	-
이끝높이(어덴덤) Addendum	h_a	$m_n(1+x_n)$	2.500	2.500
전체 이높이 Tooth depth	h	$2.25m_n$	5.625	
치선원 직경 Tip diameter	d_a	$d+2h_a$	55.929	-
치저원 직경 Root Diameter	d_f	d_a-2h	44.679	-

2. 축직각 방식 헬리컬 래크

■ 축직각 방식 헬리컬 래크의 계산

계산항목	기호	계산 공식	계산 예제	
			Helical gear	Helical rack
정면 모듈 Transverse module	m_t	Set Value	2.5	
정면 압력각 Transverse pressure angle	α_t		20°	
기준 원통 비틀림각 Reference cylinder helix angle	β		10° 57'49"	
잇 수(비틀림 방향) Number of teeth(helical hand)	z		20 (R)	- (L)
축직각 전위 계수 Transverse profile shift coefficient	x_t		0	-
피치 선 높이 Pitch line height	H		-	27.5
조립 거리 Mounting distance	a	$\frac{zm_t}{2}+H+x_t m_t$	52.500	
기준원 직경 Rerference Diameter	d	zm_t	50.000	-
기초원 직경 Base Diameter	d_b	$d\cos\alpha_t$	46.98463	-
이끝 높이(어덴덤) Addendum	h_a	$m_t(1+x_t)$	2.500	2.500
전체 이높이 Tooth Depth	h	$2.25m_t$	5.625	
치선원 직경 Tip Diameter	d_a	$d+2h_a$	55.000	-
치저원 직경 Root Diameter	d_f	d_a-2h	43.750	-

8-5. 베벨 기어

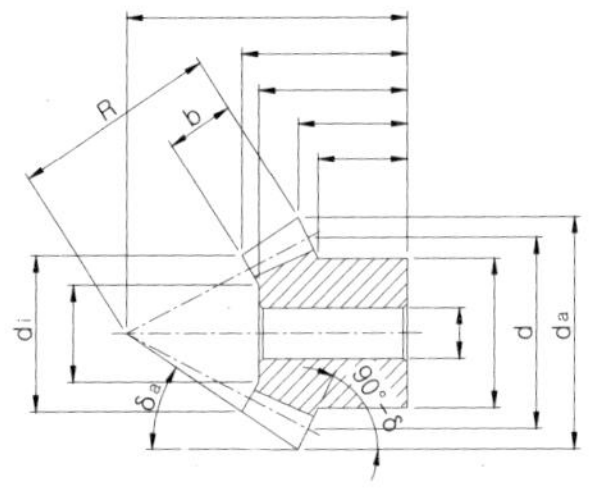

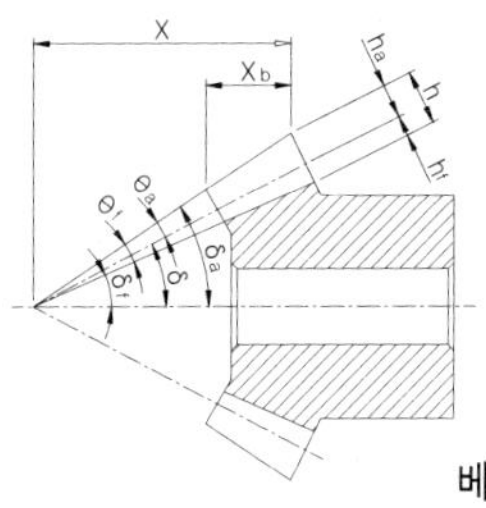

베벨기어의 치수 및 각도

1. 글리슨 스트레이트 베벨 기어

■ 글리슨 스트레이트 베벨 기어의 계산

계산항목	기호	계산 공식	계산 예제	
			Pinion(1)	Gear(2)
축 각 Shaft angle	Σ	Set Value	90°	
모 듈 Module	α_t		3	
기준 압력각 Reference pressure angle	β		20°	
잇 수 Number of teeth	z		20	40
기준원 직경 Reference diameter	d	zm	60	120
기준 원추각 Reference cone angle	δ_1 δ_2	$\tan^{-1}\left(\dfrac{\sin\Sigma}{\dfrac{z_2}{z_1}+\cos\Sigma}\right)$ $\Sigma-\delta_1$	26.56505°	63.43495°
원추 거리 Cone distance	R	$\dfrac{d_2}{2\sin\delta_2}$	67.08204	
치 폭 Facewidth	b	$R/3$ 또는 $10m$ 이하	22	
이끝 높이(어덴덤) Addendum	h_{a1} h_{a2}	$2.000m-h_{a2}$ $0.540m+\dfrac{0.460m}{(\dfrac{z_2\cos\delta_1}{z_1\cos\delta_2})}$	4.035	1.965
이뿌리(디덴덤) Dedendum	h_f	$2.188m-h_a$	2.529	4.599
이뿌리각 Dedendum angle	θ_f	$\tan^{-1}(h_f/R)$	2.15903°	3.92194°
이끝각 Addendum angle	θ_{a1} θ_{a2}	θ_{f2} θ_{f1}	3.92194°	2.15903°
치선 원추각 Tip angle	δ_a	$\delta+\theta_a$	30.48699°	65.59398°
치저 원추각 Root angle	δ_f	$\delta-\theta_f$	24.40602°	59.51301°
외단 치선원 직경 Tip Diameter	d_a	$d+2h_a\cos\delta$	67.2180	121.7575
원추 정점에서 외단치선까지 Pitch apex to crown	X	$Rcos\delta-h_a\sin\delta$	58.1955	28.2425
치선간의 축방향거리 Axial facewidth	X_b	$\dfrac{bcos\delta_a}{\cos\theta_a}$	19.0029	9.0969
내단 치선원 직경 Inner tip diameter	d_i	$d_a-\dfrac{2bsin\delta_a}{\cos\theta_a}$	44.8425	81.6609

제 8 장

■ 표준 스트레이트 베벨 기어의 계산

계산항목	기호	계산 공식	계산 예제	
			Pinion(1)	Gear(2)
축 각 Shaft angle	Σ	Set Value	90°	
모 듈 Module	m		3	
기준 압력각 Reference pressure angle	α		20°	
잇 수 Number of teeth	z		20	40
기준원 직경 Reference diameter	d	zm	60	120
기준 원추각 Reference cone angle	δ_1 δ_2	$\tan^{-1}\left(\frac{\sin\Sigma}{\frac{z_2}{z_1}+\cos\Sigma}\right)$ $\Sigma-\delta_1$	26.56505°	63.43495°
원추 거리 Cone distance	R	$\frac{d_2}{2\sin\delta_2}$	67.08204	
치 폭 Facewidth	b	$R/3$ 또는 $10m$ 이하	22	
이끝 높이(어덴덤) Addendum	h_a	$1.00m$	3.00	
이뿌리(디덴덤) Dedendum	h_f	$1.25m$	3.75	
이뿌리각 Dedendum angle	θ_f	$\tan^{-1}(h_f/R)$	3.19960°	
이끝각 Addendum angle	θ_a	$\tan^{-1}(h_a/R)$	2.56064°	
이끝 원추각 Tip angle	δ_a	$\delta+\theta_a$	29.12569°	65.99559°
이뿌리 원추각 Root angle	δ_f	$\delta-\theta_f$	23.36545°	60.23535°
외단 치선원 직경 Tip Diameter	d_a	$d+2h_a\cos\delta$	65.3666	122.6833
원추 정점에서 외단치선까지 Pitch apex to crown	X	$R\cos\delta-h_a\sin\delta$	58.6584	27.3167
치선간의 축방향거리 Axial facewidth	X_b	$\frac{b\cos\delta_a}{\cos\theta_a}$	19.2374	8.9587
내단 치선원 직경 Inner tip diameter	d_i	$d_a-\frac{2b\sin\delta_a}{\cos\theta_a}$	43.9292	82.4485

3. 글리슨식 스파이럴 베벨 기어

■ 글리슨식 스파이럴 베벨 기어의 계산

계산항목	기호	계산 공식	계산 예제	
			Pinion(1)	Gear(2)
축 각 Shaft angle	Σ	Set Value	90°	
외단 정면 모듈 Module	m		3	
치직각 압력각 Normal pressure angle	α_n		20°	
중앙 비틀림각 Mean spiral angle	β_m		35°	
잇 수(비틀림 방향) Number of teeth(spiral hand)	z		20(L)	40(R)
정면 압력각 Transverse pressure angle	α_t	$\tan^{-1}(\frac{\tan\alpha_n}{\cos\beta})$	23.95680	
기준원 직경 Reference diameter	d	zm	60	120
기준 원추각 Reference cone angle	δ_1 δ_2	$\tan^{-1}\left(\frac{\sin\Sigma}{\frac{z_2}{z_1}+\cos\Sigma}\right)$ $\Sigma-\delta_1$	26.56505°	63.43495°
원추 거리 Cone distance	R	$\frac{d_2}{2\sin\delta_2}$	67.08204	
치 폭 Facewidth	b	$0.3R$ 또는 $10m$ 이하	20	
이끝(어덴덤) 높이 Addendum	h_{a1} h_{a2}	$1.700m-h_{a2}$ $0.460m+\frac{0.390m}{\left(\frac{z_2\cos\delta_1}{z_1\cos\delta_2}\right)}$	3.4275	1.6725
이뿌리(디덴덤) 높이 Dedendum	h_f	$1.888m-h_a$	2.2365	3.9915
이뿌리각 Dedendum angle	θ_f	$\tan^{-1}(\frac{h_f}{R})$	1.90952°	3.40519°
이끝각 Addendum angle	θ_{a1} θ_{a2}	θ_{f2} θ_{f1}	3.40519°	1.90952°
이끝 원추각 Tip angle	δ_a	$\delta+\theta_a$	29.97024°	65.34447°
이뿌리 원추각 Root angle	δ_f	$\delta-\theta_f$	24.65553°	60.02976°
외단 치선원 직경 Tip Diameter	d_a	$d+2h_a\cos\delta$	66.1313	121.4959
원추 정점에서 외단치선까지 Pitch apex to crown	X	$R\cos\delta-h_a\sin\delta$	58.4672	28.5041
치선간의 축방향거리 Axial facewidth	X_b	$\frac{b\cos\delta_a}{\cos\theta_a}$	17.3563	8.3479
내단 치선원 직경 Inner tip diameter	d_i	$d_a-\frac{2b\sin\delta_a}{\cos\theta_a}$	46.1140	85.1224

제
8
장

8-6. 나사 기어

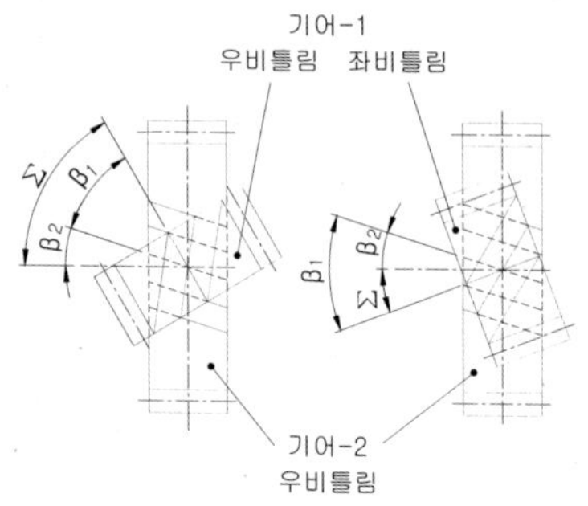

나사기어의 맞물림

1. 치직각방식 전위 나사기어

■ 치직각방식 전위 나사기어의 계산

계산항목	기호	계산 공식	계산 예제	
			Pinion(1)	Gear(2)
치직각 모듈 Normal module	m_n	Set Value	3	
치직각 압력각 Normal pressure angle	α_n		20°	
기준 원통 비틀림각 Reference cylinder helix angle	β		20°	30°
잇 수(비틀림 방향) Number of teeth(helical hand)	z		15 (R)	24 (R)
치직각 전위 계수 Normal profile shift coefficient	x_n		0.4	0.2
상당 평기어 잇수 Number of teeth of an Equivalent spur gear	z_v	$\frac{z}{\cos^3\beta}$	18.0773	36.9504
정면 압력각 Transverse pressure angle	α_t	$\tan^{-1}(\frac{\tan\alpha_n}{\cos\beta})$	21.1728°	22.7959°
인벌류트 αn Involute function αn	$inv\alpha_n$	$2\tan\alpha_n(\frac{x_{n1}+x_{n2}}{zv_1+zv_2})+inv\,\alpha_n$	0.0228415	
치직각 물림 압력각 Normal working pressure angle	$\alpha_n{}'$	인벌류트 함수표에서 구한다.	22.9338°	
정면 물림 압력각 Transverse working pressure angle	$\alpha_t{}'$	$\tan^{-1}(\frac{\tan\alpha_n{}'}{\cos\beta})$	24.2404°	26.0386°
중심거리 수정계수 Center distance modification coefficient	y	$\frac{1}{2}(z_{v1}+z_{v2})(\frac{\cos\alpha_n}{\cos\alpha_n{}'}-1)$	0.55977	
중심거리 Center Distance	a	$(\frac{z_1}{2\cos\beta_1}+\frac{z_2}{2\cos\beta_2}+y)m_n$	67.1925	
기준원직경 Rerference Diameter	d	$\frac{zm_n}{\cos\beta}$	47.8880	83.1384
기초원직경 Base Diameter	d_b	$d\cos\alpha_t$	44.6553	76.6445
물림부의 피치원 직경 Working pitch diameter	d'_1 d'_2	$2a\frac{d_1}{d_1+d_2}$ $2a\frac{d_2}{d_1+d_2}$	49.1155	85.2695
물림부의 피치 원통 비틀림각 Working helix angle	β'	$\tan^{-1}(\frac{d'}{d}tan\beta)$	20.4706°	30.6319°
축 각 Shaft angle	Σ	$\beta'_1+\beta'_2$ 또는 $\beta'_1-\beta'_2$	51.1025°	
이끝높이(어덴덤) Addendum	h_{a1} h_{a2}	$(1+y-x_{n2})m_n$ $(1+y-x_{n1})m_n$	4.0793	3.4793
전체 이높이 Tooth Depth	h	$\{2.25+y-(x_{n1}+x_{n2})\}m_n$	6.6293	
치선원 직경 Tip Diameter	d_a	$d+2h_a$	56.0466	90.0970
치저원 직경 Root Diameter	d_f	d_a-2h	42.7880	76.8384

[비고] 전위없는 표준 나사기어의 물림에 있어서는 다음의 관계가 성립된다. $d_1=d_2$ $d'_2=d_2$ $\beta'_1=\beta_1$ $\beta'_2=\beta_2$

8-7. 원통 웜기어

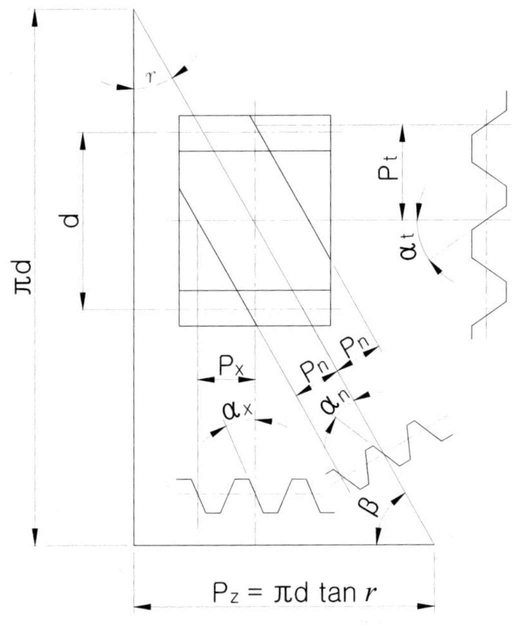

원통 웜(오른쪽 비틀림)

■ 웜기어의 비교표

웜 Worm		
축 평면 Axial plane	치직각 평면 Normal plane	축직각 평면(정면) Transverse plane
$m_x = \dfrac{m_n}{\cos\gamma}$	m_n	$m_t = \dfrac{m_n}{\sin\gamma}$
$\alpha_x = \tan^{-1}(\dfrac{\tan\alpha_n}{\cos\gamma})$	α_n	$\alpha_t = \tan^{-1}(\dfrac{\tan\alpha_n}{\sin\gamma})$
$P_x = \pi m_x$	$P_n = \pi m_n$	$P_t = \pi m_t$
$P_z = \pi m_x z$	$P_z = \dfrac{\pi m_n z}{\cos\gamma}$	$P_z = \pi m_t z tan\gamma$
축직각 평면(정면) Transverse plane	치직각 평면 Normal plane	축 평면 Axial plane
웜 휠 Worm wheel		

1. 축방향 모듈 방식 웜기어

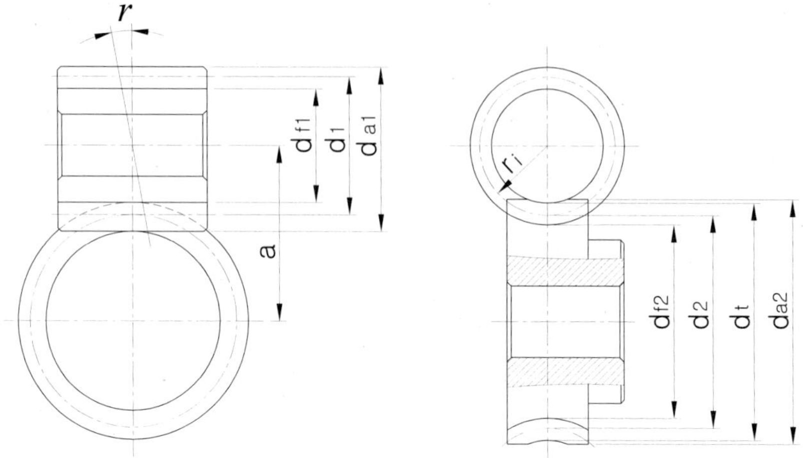

원통 웜기어의 치수

■ 축방향 모듈 방식 웜기어의 계산

계산항목	기호	계산 공식	계산 예제	
			웜(1)	웜휠(2)
축방향 모듈 Axial module	m_x	Set Value	3	
치직각 압력각 Normal pressure angle	α_n		(20°)	
잇 수 No. of threads, No. of teeth	z		Double thread (R)	30 (R)
축직각 전위 계수 Coefficient of profile shift	x_{t2}		-	0
기준원직경 Rerference diameter	d_1 d_2	(Qm_x) [주]1 z_2m_x	44.000	90.000
기준 원통 진행각 Reference cylinder lead angle	γ	$\tan^{-1}(\frac{m_xz_1}{d_1})$	7.76517°	
중심거리 Center distance	a	$\frac{d_1d_2}{2}+x_{t2}\cdot m_x$	67.000	
이끝높이(어덴덤) Addendum	h_{a1} h_{a2}	$1.00m_x$ $(1.00+x_{t2})m_x$	3.000	3.000
전체 이높이 Tooth depth	h	$2.25m_x$	6.750	
치선원 직경 Tip diameter	d_{a1} d_{a2}	d_1+2h_{a1} $d_2+2h_{a2}+m_x$ [주]2	50.000	99.000
목의 직경 Throat diameter	d_t	d_a+2h_{a2}	-	96.000
목의 반지름 Throat surface radius	r_i	$\frac{d_1}{2}-h_{a1}$	-	19.000
치저원 직경 Root diameter	d_{f1} d_{f2}	$d_{a1}-2h$ d_t-2h	36.500	82.500

[주] ① 직경계수 Q는 웜의 피치원직경 d_1과 축방향 모듈 m_x의 비로 표시한다. $Q=\frac{d_1}{m_x}$

② 웜휠의 치선원 직경(이끝원 직경) d_{a2}의 계산식은 이외에도 여러 가지가 있다.

③ 웜의 치폭 b_1은 $\pi m_x(4.5+0.02z_2)$ 정도면 충분하다.

④ 웜휠의 유효치폭 b'는 $2m_x\sqrt{Q+1}$ 로 웜휠의 치폭 b_2는 $b'+1.5m_x$ 이상이면 충분하다.

2. 치직각 방식 웜기어

■ 치직각 방식 웜기어의 계산

계산항목	기호	계산 공식	계산 예제	
			웜(1)	웜휠(2)
치직각 모듈 Normal module	m_n	Set Value	3	
치직각 압력각 Normal pressure angle	α_n		(20°)	
잇 수 No. of threads, No. of teeth	z		Double thread (R)	30 (R)
웜의 피치원 직경 Reference diameter of worm	d_1		44.000	-
치직각 전위 계수 Coefficient of profile shift	x_{n2}		-	-0.1414
기준 원통 진행각 Reference cylinder lead angle	γ	$\sin^{-1}(\frac{m_n z_1}{d_1})$	7.83748°	
웜휠 피치원 직경 Reference diameter of worm wheel	d_2	$\frac{z_2 m_n}{\cos\gamma}$	-	90.8486
중심거리 Center distance	a	$\frac{d_1+d_2}{2}+x_{n2}m_n$	67.000	
이끝높이(어덴덤) Addendum	h_{a1} h_{a2}	$1.00m_n$ $(1.00+x_{n2})m_n$	3.000	2.5758
전체 이높이 Tooth depth	h	$2.25m_x$	6.750	
치선원 직경 Tip diameter	d_{a1} d_{a2}	d_1+2h_{a1} $d_2+2h_{a2}+m_n$	50.000	99.000
목의 직경 Throat diameter	d_t	d_2+2h_{a2}	-	96.000
목의 반지름 Throat surface radius	r_i	$\frac{d_1}{2}-h_{a1}$	-	19.000
치저원 직경 Root diameter	d_{f1} d_{f2}	$d_{a1}-2h$ d_t-2h	36.500	82.500

■ 웜의 크라우닝(crowning)의 계산

계산항목	기호	계산 공식	계산 예제	
			웜(1)	웜휠(2)
축방향 모듈 Axial module	m_x'	[주] 수정하기 전 데이터이다.	3	
치직각 압력각 Normal pressure angle	α_n		(20°)	
웜의 수 No. of threads of worm	z_1		2	
웜의 기준원 직경 Rerference diameter of worm	d_1		44.000	
기준 원통 진행각 Reference cylinder lead angle	γ'	$\tan^{-1}(\frac{m_x' z_1}{d_1})$	7.765166°	
축 평면 압력각 Axial pressure angle	α_x'	$\tan^{-1}(\frac{\tan\alpha_n'}{\cos\gamma'})$	20.170236°	
축 방향 피치 Axial pressure angle	P_x'	$\pi m_x'$	9.424778	
리 드 Lead	P_z'	$\pi m_x z_1$	18.849556	
크라우닝 량 Amount of crowning	C_R	이 크기를 고려해서 결정한다.	0.04	
계 수 Factor	k	치직각 방식 웜기어 계산식에서 구한다.	0.41	
수정 후 데이터				
축 방향 피치 Axial pitch	P_x	$P_x'(\frac{2C_R}{kd_1}+1)$	9.466573	
축 평면 압력각 Axial pressure angle	α_x	$\cos^{-1}(\frac{P_x'}{P_x}\cos x')$	20.847973°	
축 방향 모듈 Axial module	m_x	$\frac{P_x}{\pi}$	3.013304	
기준 원통 진행각 Reference cylinder lead angle	γ	$\tan^{-1}(\frac{m_x z_1}{d_1})$	7.799179°	
치직각 압력각 Normal pressure angle	α_n	$\tan^{-1}(\tan\alpha_x \cos\gamma)$	20.671494°	
리 드 Lead	P_z	$\pi m_x z_1$	18.933146	

제
8
장

8-8. 기어의 이두께(Tooth thickness)

1. 평기어

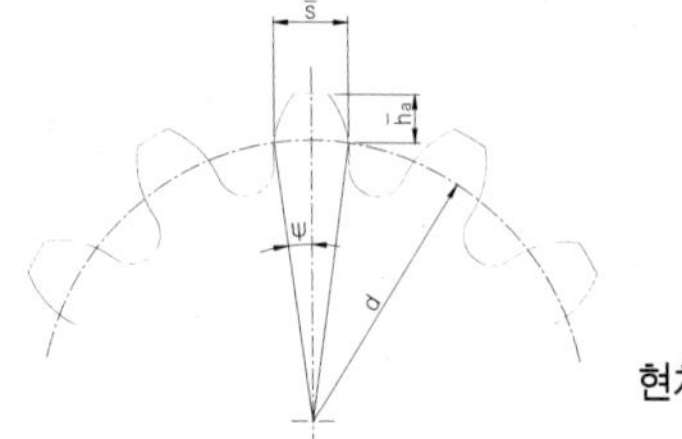

현치두께법

■ 평기어의 현치두께(Chordal tooth thickness)

계산 항목	기 호	계 산 식	계산예
원호 이두께 Tooth thickness	s	$(\frac{\pi}{2}+2xtan\alpha)m$	$m=$ 10 $\alpha=$ 20° $z=$ 12 $x=$ +0.3 $h_a=$ 13.000 $s=$ 17.8918 $\psi=$ 8.54270° $\bar{s}=$ 17.8256 $\overline{h_a}=$ 13.6657
이두께의 반각 Tooth thickness half angle	ψ	$\frac{90}{z}+\frac{360xtan\alpha}{\pi z}$	
현치두께 Chordal tooth thickness	$\bar{s}$	$zm\sin\psi$	
현치높이 Chordal height	$\overline{h_a}$	$\frac{zm}{2}(1-\cos\psi)+h_a$	

2. 스퍼 래크와 헬리컬 래크

■ 래크의 현치두께(Chordal tooth thickness of racks)

계산 항목	기 호	계 산 식	계산예
원호 이두께 Tooth thickness	$\bar{s}$	$\frac{\pi m}{2}$ 또는 $\frac{\pi m_n}{2}$	$m=$ 3 $\alpha=$ 20° $\bar{s}=$ 4.7124 $\overline{h_a}=$ 3.0000
이두께의 반각 Tooth thickness half angle	$\overline{h_a}$	h_a	

3. 헬리컬 기어

■ 치직각방식 헬리컬기어의 현치두께

계산 항목	기 호	계 산 식	계산예
치직각 원호 이두께 Normal tooth thickness	s_n	$(\frac{\pi}{2}+2x_n\tan\alpha_n)m_n$	$m_n=$ 5 $\alpha_n=$ 20° $\beta=$ 25°00'00" $z=$ 16 $x_n=$ +0.2 $h_a=$ 6.0000 $s=$ 8.5819 $z_v=$ 21.4928 $\psi=$ 4.57556° $\bar{s}=$ 8.5728 $\overline{h_a}=$ 6.1712
상당 평기어 잇수 Number of teeth of an equivalent spur gear	z_v	$\frac{z}{\cos^3\beta}$	
치두께의 반각 Tooth thickness half angle	ψ	$\frac{90}{z_v}+\frac{360x_n\tan\alpha_n}{\pi z_v}$	
현치두께 Chordal tooth thickness	$\bar{s}$	$z_v m_n \sin\psi$	
현치높이 Chordal height	$\overline{h_a}$	$\frac{z_v m_n}{2}(1-\cos\psi)+h_a$	

■ 축직각방식 헬리컬기어의 현치두께

계산 항목	기 호	계 산 식	계산예
치직각 원호 이두께 Normal tooth thickness	s_n	$(\frac{\pi}{2}+2x_n\tan\alpha_n)m_n$	$m=$ 4 $\alpha_t=$ 20° $\beta=$ 22°30'00" $z=$ 20 $x_t=$ +0.3 $h_a=$ 4.7184 $s=$ 6.6119 $z_v=$ 25.3620 $\psi=$ 4.04196° $\bar{s}=$ 6.6065 $\overline{h_a}=$ 4.8350
상당 평기어 잇수 Number of teeth of an equivalent spur gear	z_v	$\frac{z}{\cos^3\beta}$	
치두께의 반각 Tooth thickness half angle	ψ	$\frac{90}{z_v}+\frac{360x_n\tan\alpha_n}{\pi z_v}$	
현치두께 Chordal tooth thickness	$\bar{s}$	$z_v m_n \cos\beta \sin\psi$	
현치높이 Chordal height	$\overline{h_a}$	$\frac{z_v m_n \cos\beta}{2}(1-\cos\psi)+h_a$	

4. 베벨기어(Bevel gears)

■ 글리손식 스트레이트 베벨기어의 현치두께

계산 항목	기 호	계 산 식	계산예
원호 이두께 계수(횡전위계수) Tooth thickness factor (Coefficient of horizontal profile shift)	K	아래 그림에서 구한다.	$m=$ 4 $\alpha=$ 20° $\Sigma=$ 90° $z_1=$ 16 $z_2=$ 40 　 $z_1/z_2=$ 0.4 $K=$ 0.0259 $h_{a1}=$ 5.5456 　 $h_{a2}=$ 2.4544 $\delta_1=$ 21.8014° 　 $\delta_2=$ 68.1986° $s_1=$ 7.5119 　 $s_2=$ 5.0545 $\overline{s}_1=$ 7.4946 　 $\overline{s}_2=$ 5.0536 $\overline{h}_{a1}=$ 5.7502 　 $\overline{h}_{a2}=$ 2.4692
원호 이두께 Tooth thickness	s_1 s_2	$\pi m - s_2$ $\frac{\pi m}{2}-(h_{a1}-h_{a2})\tan\alpha - Km$	
현치두께 Chordal tooth thickness	$\overline{s}$	$s-\frac{s^3}{6d^2}$	
현치높이 Chordal height	$\overline{h}_a$	$h_a+\frac{s^3\cos\delta}{4d}$	

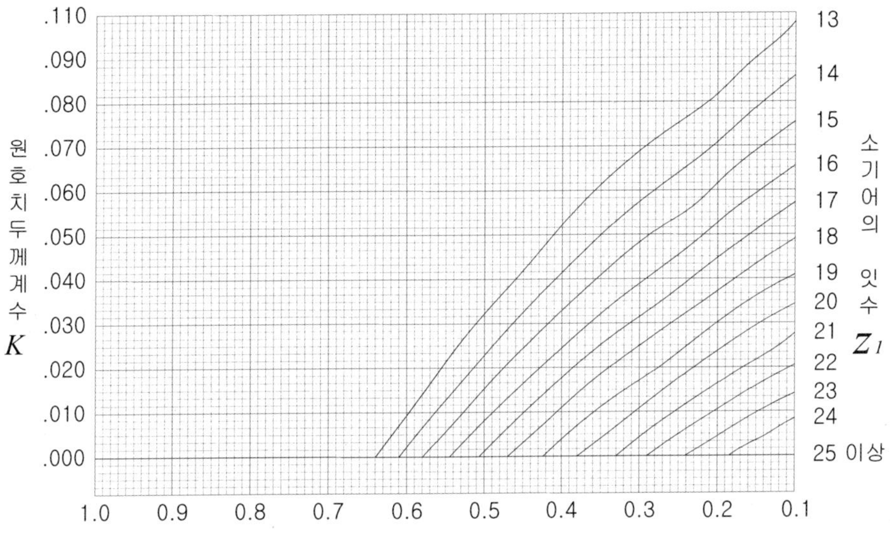

글리손식 스트레이트 베벨 기어의 원호 치 두께 계수 K를 구하는 선도

■ 표준 스트레이트 베벨기어의 현치두께

계산 항목	기 호	계 산 식	계산예
원호 이두께 Tooth thickness	s	$\frac{\pi m}{2}$	$m=$ 4 $\alpha=$ 20° $\Sigma=$ 90° $z_1=$ 16 　 $z_2=$ 40 $d_1=$ 64 　 $d_2=$ 160 $h_a=$ 4.0000 $\delta_1=$ 21.8014° 　 $\delta_2=$ 68.1986° $s=$ 6.2832 $z_{v1}=$ 17.2325 　 $z_{v2}=$ 107.7033 $R_1=$ 34.4650 　 $R_2=$ 215.4066 $\psi_1=$ 5.2227° 　 $\psi_2=$ 0.83563° $\overline{s}_1=$ 6.2745 　 $\overline{s}_2=$ 6.2830 $\overline{h}_{a1}=$ 4.1431 　 $\overline{h}_{a2}=$ 4.0229
상당 평기어 잇수 Number of teeth of an equivalent spur gear	z_v	$\frac{z}{\cos\delta}$	
배 원추 거리 Back cone distance	R_v	$\frac{d}{2\cos\delta}$	
치두께의 반각 Tooth thickness half angle	ψ	$\frac{90}{z_v}$	
현치두께 Chordal tooth thickness	$\overline{s}$	$z_v m \sin\psi$	
현치높이 Chordal height	$\overline{h}_a$	$h_a+R(1-\cos\psi)$	

제 8 장

■ 글리슨식 스파이럴 베벨기어

계산 항목	기 호	계 산 식	계산예
원호 이두께 계수(횡전위계수) Tooth thickness factor (Coefficient of horizontal profile shift)	K	0.060 (글리슨 스파이럴 베벨기어의 원호 이두께 계수 선도에서 구함)	$\Sigma=$ 90° $m=$ 3 $\alpha_n=$ 20° $z_1=$ 20 $z_2=$ 40 $\beta_m=$ 35° $h_{a1}=$ 3.4275 $h_{a2}=$ 1.6725 $K=$ 0.060 $P=$ 9.4248 $s_1=$ 5.6722 $s_2=$ 3.7526
원호 이두께 Tooth thickness	s_1 s_2	$P-s_2$ $\frac{P}{2}-(h_{a1}-h_{a2})\frac{\tan\alpha_n}{\cos\beta_m}-Km$	

5. 웜기어

■ 축방향 모듈(axial module) 방식 웜기어

계산 항목	기 호	계 산 식	계산예
정면 원호 이두께 Tooth thickness	s_{t1} s_{t1}	$\frac{\pi m_t}{2}$ $(\frac{\pi}{2}+2x_{t2}\tan\alpha_t)m_t$	$m_t=$ 3 $\alpha_n=$ 20° $z_1=$ 2 $z_2=$ 30 $d_1=$ 38 $d_2=$ 90 $a_t=$ 65 $x_{t_2}=$ +0.33333 $h_{a1}=$ 3.0000 $h_{a2}=$ 4.0000 $\gamma=$ 8.97263° $\alpha_t=$ 20.22780° $s_{t1}=$ 4.71239 $s_{t2}=$ 5.44934 $z_{v2}=$ 31.12885 $\psi_2=$ 3.34335° $\overline{s_1}=$ 4.6547 $\overline{s_2}=$ 5.3796 $\overline{h_{a1}}=$ 3.0035 $\overline{h_{a2}}=$ 4.0785
상당 평기어 잇수(웜휠) No. of teeth in an equivalent spur gear(worm wheel)	z_{v2}	$\frac{z_2}{\cos^3\gamma}$	
치두께의 반각(웜휠) Tooth thickness half angle (worm wheel)	ψ_2	$\frac{90}{z_{v2}}+\frac{360x_{t2}\tan\alpha_t}{\pi z_{v2}}$	
현치두께 Chordal tooth thickness	$\overline{s_1}$ $\overline{s_2}$	$s_{t1}\cos\gamma$ $z_v m_t\cos\gamma\sin\psi$	
현치높이 Chordal height	$\overline{h_{a1}}$ $\overline{h_{a2}}$	$h_{a1}+\frac{(s_{t1}\sin\gamma\cos\gamma)^2}{4d_1}$ $h_{a2}+\frac{z_v m_t\cos\gamma}{2}(1-\cos\psi)$	

■ 치직각(normal module) 방식 웜기어

계산 항목	기 호	계 산 식	계산예
치직각 원호 이두께 Normal tooth thickness of worm	s_{n1} s_{n2}	$\frac{\pi m_n}{2}$ $(\frac{\pi}{2}+2x_{n2}\tan\alpha_n)m_n$	$m_t=$ 3 $\alpha_n=$ 20° $z_1=$ 2 $z_2=$ 30 $d_1=$ 38 $d_2=$ 91.1433 $a_x=$ 65 $x_{n_2}=$ 0.14278 $h_{a1}=$ 3.0000 $h_{a2}=$ 3.42835 $\gamma=$ 9.08472° $s_{n1}=$ 4.71239 $s_{n2}=$ 5.02419 $z_{v2}=$ 31.15879 $\psi_2=$ 3.07964° $\overline{s_1}=$ 4.7124 $\overline{s_2}=$ 5.0218 $\overline{h_{a1}}=$ 3.0036 $\overline{h_{a2}}=$ 3.4958
상당 평기어 잇수(웜휠) No. of teeth in an equivalent spur gear(worm wheel)	z_{v2}	$\frac{z_2}{\cos^3\gamma}$	
치두께의 반각(웜휠) Tooth thickness half angle (worm wheel)	ψ_2	$\frac{90}{z_{v2}}+\frac{360x_{n2}\tan\alpha_n}{\pi z_{v2}}$	
현치두께 Chordal tooth thickness	$\overline{s_1}$ $\overline{s_2}$	s_{n1} $z_{v2}m_n\sin\psi$	
현치높이 Chordal height	$\overline{h_{a1}}$ $\overline{h_{a2}}$	$h_{a1}+\frac{(s_{n1}\sin\gamma)^2}{4d_1}$ $h_{a2}+\frac{z_v m_n}{2}(1-\cos\psi)$	

8-9. Span Measurement of Teeth

1. 평기어와 내기어(Spur & Internal Gears)

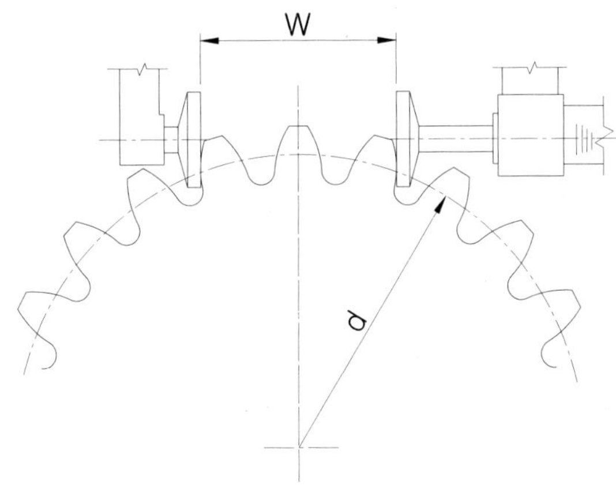

평기어의 Span Measurement of Teeth

■ 평기어와 내기어의 Span Measurement of Teeth

계산 항목	기 호	계 산 식	계 산 예
스팬 잇수 Span number of teeth	z_m	$z_{mth} = zK(f) + 0.5$ [주] 참조 z_m은 z_{mth}에 가장 가까운 정수로 한다.	$m=$ 3 $\alpha=$ 20° $z=$ 24 $x=$ +0.4 z_{mth} = 3.78787 z_m = 4 W= 32.8266
스팬 이두께 Span measurement over teeth	W	$mcos\alpha\{\pi(z_m - 0.5) + zinv\alpha\} + 2xm\sin\alpha$	

[주] 여기서,

$$K(f) = \frac{1}{\pi}\{\sec\alpha\sqrt{(1+2f)^2 - \cos^2\alpha} - inv\alpha - 2ftan\alpha\} \qquad \text{단, } f = \frac{x}{z}$$

■ 치직각방식 헬리컬기어의 스팬 이두께

계산 항목	기 호	계 산 식	계 산 예
스팬 잇수 Span number of teeth	z_m	$z_{mth} = zK(f,\beta) + 0.5$ [주] 참조 z_m은 z_{mth}에 가장 가까운 정수로 한다.	$m=$ 3 α_n = 20° $z=$ 24 β=25°00′00″ x_n = +0.4 α_t = 21.88023° z_{mth} = 4.63009 z_m = 5 W= 42.0085
스팬 이두께 Span measurement over teeth	W	$m_n\cos\alpha_n\{\pi(z_m - 0.5) + zinv\alpha_t\} + 2x_n m_n \sin\alpha_n$	

[주] 여기서,

$$K(f,\beta) = \frac{1}{\pi}\left\{\left(1 + \frac{\sin^2\beta}{\cos^2\beta + \tan^2\alpha_n}\right)\sqrt{(\cos^2\beta + \tan^2\alpha_n)(\sec\beta + 2f)^2 - 1} - inv\alpha_t - 2ftan\alpha_n\right\} \qquad \text{단, } f = \frac{x_n}{z}$$

제 8 장

■ 축직각방식 헬리컬기어의 스팬 이두께

계산 항목	기 호	계 산 식	계 산 예
스팬 잇수 Span number of teeth	z_m	$z_{mth} = zK(f,\beta)+0.5$ [주] 참조 z_m은 z_{mth}에 가장 가까운 정수로 한다.	$m = 3$ $\alpha_t = 20°$ $z = 24$ $\beta = 22°30'00''$ $x_t = +0.4$ $\alpha_n = 18.58597°$ $z_{mth} = 4.31728$ $z_m = 4$ $W = 30.5910$
스팬 이두께 Span measurement over teeth	W	$m_t \cos\beta \cos\alpha_n \{\pi(z_m - 0.5) + z\,inv\alpha_t\} + 2x_t m_t \sin\alpha_n$	

[주] 여기서,

$$K(f,\beta) = \frac{1}{\pi}\left\{\left(1+\frac{\sin^2\beta}{\cos^2\beta+\tan^2\alpha_n}\right)\sqrt{(\cos^2\beta+\tan^2\alpha_n)(\sec\beta+2f)^2-1} - inv\alpha_t - 2f\tan\alpha_n\right\} \text{ 단, } f = \frac{x_s}{z\cos\beta}$$

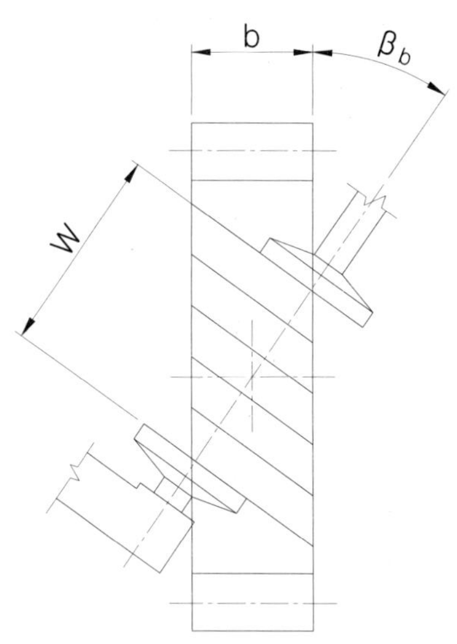

헬리컬기어의 치폭

오른쪽 그림과 같이 헬리컬기어의 스팬 이두께를 측정하려면 어느 정도 일정 이상의 치폭이 필요하다. 최저 치폭을 b_{min}으로 한다면,

$b_{min} = W \sin\beta_b + \Delta b$

여기서 β_b는 기초 원통 비틀림각(helix angle at the base cylinder)으로,

$\beta_b = \tan^{-1}(\tan\beta \cos\alpha_t)$

$\quad = \sin^{-1}(\sin\beta \cos\alpha_n)$

안정적인 측정을 하려면 Δb는 적어도 3mm 정도가 필요하다.

8-10. 오버핀법

1. 평기어

오버핀법에 있어 핀은 표준기어의 피치원상에서 전위기어의 d+2xm 원상에서 기어와 접촉하는 것이 이상적이다.

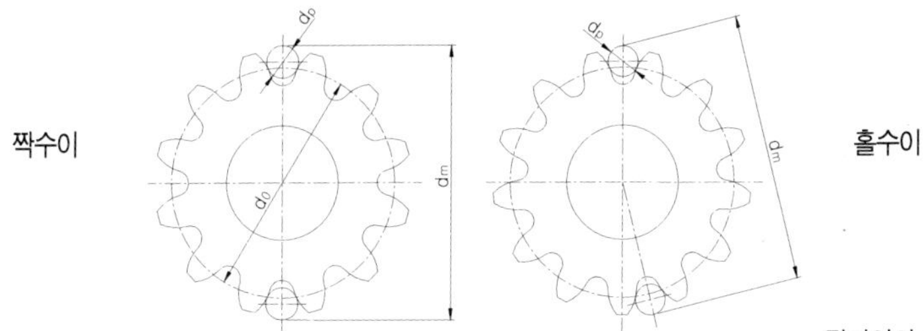

평기어의 오버핀(볼)법

■ 평기어에 접촉하는 핀의 직경

계산 항목	기 호	계 산 식	계 산 예
이 홈의 반각 Spacewidth half angle	η	$\left(\frac{\pi}{2z} - inv\alpha\right) - \frac{2xtan\alpha}{z}$	$m =$ 1 $\alpha =$ 20° $z =$ 20 $x =$ 0 $\eta =$ 0.0636364 $\alpha' =$ 20° $\phi =$ 0.4276057 $d_p' =$ 1.7245
핀 또는 볼과 치면과의 접점에 따른 압력각 Pressure angle the point pin is tangent to tooth surface	α'	$\cos^{-1}\left\{\frac{zmcos\alpha}{(z+2x)m}\right\}$	
핀의 중심을 통과하는 압력각 Pressure angle at pin center	ϕ	$\tan\alpha' + \eta$	
이상적인 핀 또는 볼의 직경 Ideal pin diameter	d_p'	$zmcos\alpha(inv\phi + \eta)$	

[주] 각도 η, ϕ의 단위는 라디안(radian)이다.

여기서 계산된 핀(볼)의 직경은 이상적인 것이지만 이것은 특별제작을 해야 하므로 구하기가 어렵다. 이런 경우는 계산된 핀(볼)의 직경과 근접한 치수로 시중에 판매되고 있는 고정밀도의 핀(볼)을 사용하여 오버핀(볼)치수를 측정하는 것이 현실적이다. 핀의 직경을 결정하였다면 아래 식에 따라 오버핀 치수를 계산한다.

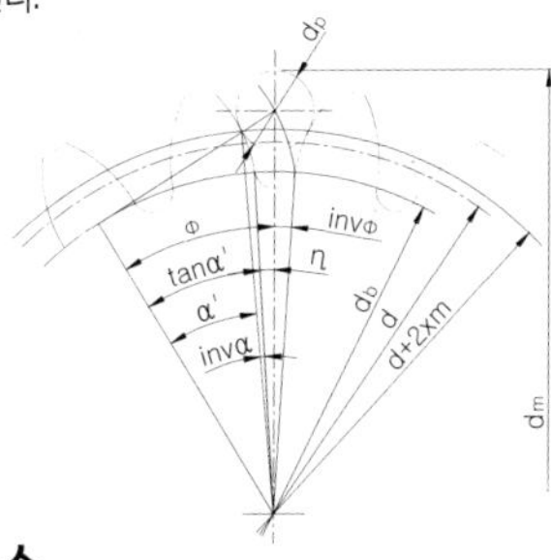

평기어의 오버핀 치수

■ 평기어의 오버핀(볼) 치수

계산 항목	기 호	계 산 식	계 산 예
핀의 직경 Pin diameter	d_p	[주] 참조	$d_p =$ 1.7 로 하고 $inv\phi =$ 0.0268197 $\phi =$ 24.1350° $d_m =$ 22.2941
인벌류트 ϕ Involute function ϕ	$inv\phi$	$\frac{d_p}{mzcos\alpha} - \frac{\pi}{2z} + inv\alpha + \frac{2xtan\alpha}{z}$	
핀의 중심을 통과하는 압력각 Pressure angle at pin center	ϕ	인벌류트 함수표에서 찾는다.	
오버핀 치수 Measurement over pin(ball)	d_m	짝수이 $\frac{zmcos\alpha}{\cos\phi} + d_p$ 홀수이 $\frac{zmcos\alpha}{\cos\phi} cos\frac{90°}{z} + d_p$	

[주] 평기어에 접촉하는 핀의 직경의 계산에서 구한 이상적인 핀(볼)의 직경 또는 그것에 근접한 직경의 것을 사용한다.

아래 표에는 모듈 m=1, 기준압력각 α=20°의 평기어에 있어 d+2xm 원상에서 평기어에 접촉하는 핀의 직경의 계산값을 나타낸다.

■ d+2xm 원상에서 평기어에 접촉하는 핀의 직경 m=1, α=20°

잇수 Z	전위계수(Profile shift coefficient) x							
	-0.4	-0.2	0	0.2	0.4	0.6	0.8	1.0
10	-	1.6348	1.7886	1.9979	2.2687	2.6079	3.0248	3.5315
20	1.6231	1.6599	1.7245	1.8149	1.9306	2.0718	2.2389	2.4329
30	1.6418	1.6649	1.7057	1.7632	1.8369	1.9267	2.0324	2.1542
40	1.6500	1.6669	1.6967	1.7389	1.7930	1.8589	1.9365	2.0257
50	1.6547	1.6680	1.6915	1.7248	1.7675	1.8196	1.8810	1.9516
60	1.6577	1.6687	1.6881	1.7155	1.7509	1.7940	1.8448	1.9032
70	1.6598	1.6692	1.6857	1.7090	1.7392	1.7759	1.8193	1.8691
80	1.6614	1.6695	1.6839	1.7042	1.7305	1.7625	1.8003	1.8438
90	1.6625	1.6698	1.6825	1.7005	1.7237	1.7521	1.7857	1.8242
100	1.6635	1.6700	1.6814	1.6975	1.7184	1.7439	1.7740	1.8087
110	1.6642	1.6701	1.6805	1.6951	1.7140	1.7372	1.7645	1.7960
120	1.6649	1.6703	1.6797	1.6931	1.7104	1.7316	1.7567	1.7855
130	1.6654	1.6704	1.6791	1.6914	1.7074	1.7269	1.7500	1.7766
140	1.6659	1.6705	1.6785	1.6900	1.7048	1.7229	1.7444	1.7690
150	1.6663	1.6706	1.6781	1.6887	1.7025	1.7195	1.7394	1.7625
160	1.6666	1.6706	1.6777	1.6877	1.7006	1.7164	1.7351	1.7567
170	1.6669	1.6707	1.6773	1.6867	1.6989	1.7138	1.7314	1.7517
180	1.6672	1.6708	1.6770	1.6858	1.6973	1.7114	1.7280	1.7472
190	1.6674	1.6708	1.6767	1.6851	1.6960	1.7093	1.7250	1.7432
200	1.6676	1.6708	1.6764	1.6844	1.6947	1.7074	1.7223	1.7396

2. 래크와 헬리컬 래크

래크의 경우에도 핀(볼)은 기준 피치선상에서 래크와 접촉하는 것이 이상적이다. 래크의 오버핀 치수 계산을 아래 표에 나타내었다. 헬리컬 래크의 경우에는 아래 표에서 모듈 m을 치직각모듈 m_n으로, 기준압력각 α를 치직각 압력각 α_n으로 하여 계산한다.

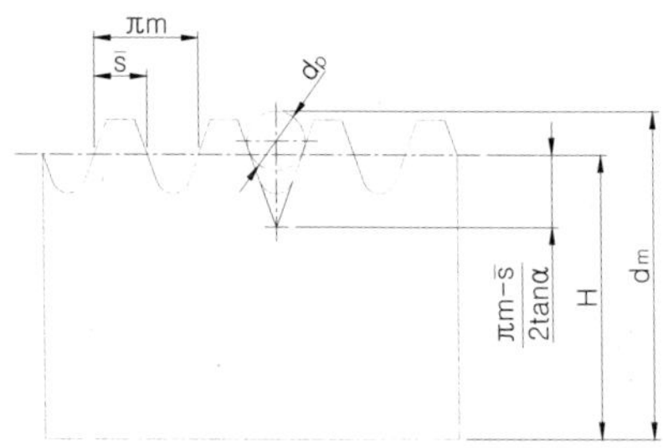

래크의 오버핀 치수

■ 래크의 오버핀(볼) 치수

계산 항목	기 호	계 산 식	계 산 예
이상적인 핀(볼)의 직경 Ideal pin diameter	d'_p	$\dfrac{\pi m - s}{\cos\alpha}$	$m = 1$ $z = 20$ $\bar{s} = 1.5708$ 이상적인 핀의 직경 $d'_p = 1.6716$, $d_p = 1.7$로 함 $H = 14.000$ $d_m = 15.1774$
오버핀 치수 Measurement over pin(ball)	d_m	$H - \dfrac{\pi m - \bar{s}}{2\tan\alpha} + \dfrac{d_p}{2}(1 + \dfrac{1}{\sin\alpha})$	

■ 헬리컬 래크의 오버핀(볼) 치수

계산 항목	기 호	계 산 식	계 산 예
이상적인 핀(볼)의 직경 Ideal pin diameter	d'_p	$\dfrac{\pi m_n - \bar{s}}{\cos\alpha_n}$	$m = 1$ $\alpha_n = 20°$ $\beta = 15°$ $\bar{s} = 1.5708$ 이상적인 핀의 직경 $d'_p = 1.6716$ $d_p = 1.7$로 한다. $H = 14.000$ $d_m = 15.1774$
오버핀 치수 Measurement over pin(ball)	d_m	$H - \dfrac{\pi m_n - \bar{s}}{2\tan\alpha_n} + \dfrac{d_p}{2}(1 + \dfrac{1}{\sin\alpha_n})$	

3. 내기어(Internal Gears)

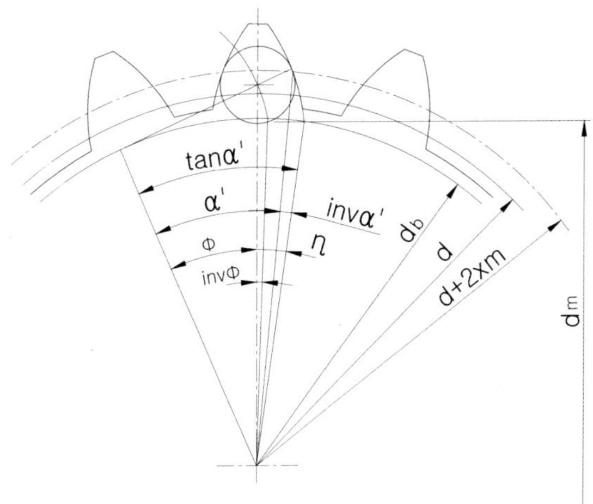

내기어의 Between 핀(볼) 치수

그림과 같이 내기어의 경우에도 핀(볼)은 원상에서 내기어에 접촉하는 것이 이상적이다.

아래 표에 이상적인 핀(볼)의 직경을 구하는 방법과 내기어의 Between 핀(볼)치수의 계산을 나타내었다.

■ 핀(볼)의 직경

계산 항목	기 호	계 산 식	계 산 예
이 홈의 반각 Spacewidth half angle	η	$(\frac{\pi}{2z}+inv\alpha)+\frac{2xtan\alpha}{z}$	$m=$ 1 $\alpha=$ 20° $z=$ 40 $x=$ 0 $\eta=$ 0.054174 $\alpha'=$ 20° $\phi=$ 0.309796 $d_p'=$ 1.6489
핀 또는 볼과 치면과의 접점에 따른 압력각 Pressure angle the point pin is tangent to tooth surface	α'	$\cos^{-1}\left\{\frac{zmcos\alpha}{(z+2x)m}\right\}$	
핀의 중심을 통과하는 압력각 Pressure angle at pin center	ϕ	$\tan\alpha'-\eta$	
이상적인 핀 또는 볼의 직경 Ideal pin diameter	d_p'	$zmcos\alpha(\eta-inv\phi)$	

■ 내기어의 Between 핀(볼)의 치수

계산 항목	기 호	계 산 식	계 산 예
핀의 직경 Pin diameter	d_p	[주] 참조	$d_p=$ 1.7 로 한다. $inv\phi=$ 0.0089467 $\phi=$ 16.9521° $d_m=$ 37.5951
인벌류트 Involute function	$inv\phi$	$(\frac{\pi}{2z}+inv\alpha)-\frac{d_p}{zmcos\alpha}+\frac{2xtan\alpha}{z}$	
핀의 중심을 통과하는 압력각 Pressure angle at pin center	ϕ	인벌류트 함수표에서 찾는다.	
오버핀 치수 Measurement over pin(ball)	d_m	짝수이 $\frac{zmcos\alpha}{\cos\phi}-d_p$ 홀수이 $\frac{zmcos\alpha}{\cos\phi}cos\frac{90°}{z}-d_p$	

[주] 헬리컬 래크의 오버핀(볼) 치수 계산에서 구한 이상적인 핀(볼)의 직경 또는 그것에 근접하는 직경의 것을 사용한다.

제8장

아래 표에는 모듈 m=1, 기준압력각 α=20°의 내기어에 있어 d+2xm 원상에서 내기어에 접촉하는 핀의 직경의 계산값을 나타낸다.

■ d+2xm 원상에서 내기어에 접촉하는 핀의 직경 m=1, α=20°

잇수	전위계수(Profile shift coefficient) x							
z	-0.4	-0.2	0	0.2	0.4	0.6	0.8	1.0
10	-	1.4789	1.5936	1.6758	1.7283	1.7519	1.7460	1.7092
20	1.4687	1.5604	1.6284	1.6759	1.7047	1.7154	1.7084	1.6837
30	1.5309	1.5942	1.6418	1.6751	1.6949	1.7016	1.6956	1.6771
40	1.5640	1.6123	1.6489	1.6745	1.6895	1.6944	1.6893	1.6774
50	1.5845	1.6236	1.6533	1.6740	1.6862	1.6900	1.6856	1.6732
60	1.5985	1.6312	1.6562	1.6737	1.6839	1.6870	1.6832	1.6725
70	1.6086	1.6368	1.6583	1.6734	1.6822	1.6849	1.6815	1.6721
80	1.6162	1.6410	1.6600	1.6732	1.6810	1.6833	1.6802	1.6718
90	1.6222	1.6443	1.6612	1.6731	1.6800	1.6820	1.6792	1.6717
100	1.6270	1.6470	1.6622	1.6729	1.6792	1.6810	1.6784	1.6716
110	1.6310	1.6492	1.6631	1.6728	1.6785	1.6801	1.6778	1.6715
120	1.6343	1.6510	1.6638	1.6727	1.6779	1.6794	1.6772	1.6714
130	1.6371	1.6525	1.6644	1.6727	1.6775	1.6788	1.6768	1.6714
140	1.6396	1.6539	1.6649	1.6726	1.6771	1.6783	1.6764	1.6714
150	1.6417	1.6550	1.6653	1.6725	1.6767	1.6779	1.6761	1.6713
160	1.6435	1.6561	1.6657	1.6725	1.6764	1.6775	1.6758	1.6713
170	1.6451	1.6570	1.6661	1.6724	1.6761	1.6772	1.6755	1.6713
180	1.6466	1.6578	1.6664	1.6724	1.6759	1.6768	1.6753	1.6713
190	1.6479	1.6585	1.6666	1.6724	1.6757	1.6766	1.6751	1.6713
200	1.6491	1.6591	1.6669	1.6723	1.6755	1.6763	1.6749	1.6713

4. 헬리컬 기어

헬리컬 기어에 있어 기어의 d+2xnmn 원상의 기어에 접촉하는 것처럼 이상적인 볼(핀)의 직경은 평기어 계산식의 잇수 z를 상당 평기어 잇수 z_v로 두고 변환하는 것에 따라 근사치의 계산을 할 수가 있다. 아래 표에는 치직각 방식 헬리컬 기어의 볼(핀)의 직경의 계산을 나타내었다.

■ 치직각 방식 헬리컬 기어의 핀(볼)의 직경

계산 항목	기 호	계 산 식	계 산 예
상당 평기어 잇수 Number of teeth of an equivalent spur gear	z_v	$\frac{z}{\cos^3\beta}$	$m_n = 1$ $\alpha_n = 20°$ $z = 20$ $\beta = 15°00'00''$ $x_n = +0.4$ $z_v = 22.19211$ $\eta = 0.0427566$ $\alpha' = 24.90647°$ $\phi = 0.507078$ $d'_p = 1.9020$
이홈의 반각 Spacewidth half angle	η	$\frac{\pi}{2z_v} - inv\alpha_n - \frac{2x_n\tan\alpha_n}{z_v}$	
핀(볼)과 치면과의 접점에 따른 압력각 Pressure angle at the point pin is tangent to tooth surface	α'	$\cos^{-1}(\frac{z_v\cos\alpha_n}{z_v+2x_n})$	
핀의 중심을 통과하는 압력각 Pressure angle at pin center	ϕ	$\tan\alpha' + \eta$	
이상적인 오버핀(볼)의 직경 Measurement over pin(ball)	d'_p	$z_v m_n \cos\alpha_n (inv\phi + \eta)$	

[주] 각도 η, ϕ의 단위는 라디안(radian)이다.

■ 치직각 방식 헬리컬 기어의 오버핀(볼)의 치수

계산 항목	기 호	계 산 식	계 산 예
핀의 직경 Pin diameter	d_p	[주] 참조	$d_p =$ 2 로 한다. $\alpha_t =$ 20.646896° $inv\phi =$ 0.058890 $\phi =$ 30.8534° $d_m =$ 24.5696
인벌류트 Involute function	$inv\phi$	$\frac{d_p}{m_n z cos\alpha_n} - \frac{\pi}{2z} + inv\alpha_t + \frac{2x_n \tan\alpha_n}{z}$	
핀의 중심을 통과하는 압력각 Pressure angle at pin center	ϕ	인벌류트 함수표에서 찾는다.	
오버핀 치수 Measurement over pin(ball)	d_m	짝수이 $\frac{zm_n \cos\alpha_t}{\cos\beta \cos\phi} + d_p$	
		홀수이 $\frac{zm_n \cos\alpha_t}{\cos\beta \cos\phi} cos \frac{90°}{z} + d_p$	

[주] 치직각 방식 헬리컬 기어의 핀(볼)의 직경의 계산에서 구한 이상적인 볼(핀)의 직경 또는 근접한 직경의 것을 사용한다.

■ 축직각 방식 헬리컬기어의 볼(핀)의 직경

계산 항목	기 호	계 산 식	계 산 예
상당 평기어 잇수 Number of teeth of an equivalent spur gear	z_v	$\frac{z}{\cos^3\beta}$	$m_t =$ 3 $\alpha_t =$ 20° $z =$ 36 $\beta =$ 33°33'26.3" $\alpha_n =$ 16.87300° $x_t =$ +0.2 $z_v =$ 62.20800 $\eta =$ 0.014091 $\alpha' =$ 18.26390 $\phi =$ 0.34411 $inv\phi =$ 0.014258 $d'_p =$ 4.2190
이홈의 반각 Spacewidth half angle	η	$\frac{\pi}{2z_v} - inv\alpha_n - \frac{2x_t \tan\alpha_t}{z_v}$	
핀(볼)과 치면과의 접점에 따른 압력각 Pressure angle at the point pin is tangent to tooth surface	α'	$\cos^{-1}\left(\frac{z_v \cos\alpha_n}{z_v + 2\frac{x_t}{\cos\beta}}\right)$	
핀의 중심을 통과하는 압력각 Pressure angle at pin center	ϕ	$\tan\alpha' + \eta$	
이상적인 오버핀(볼)의 직경 Measurement over pin(ball)	d'_p	$z_v m_t \cos\beta \cos\alpha_n (inv\phi + \eta)$	

[주] 각도 η, ϕ의 단위는 라디안(radian)이다.

■ 축직각 방식 헬리컬기어의 오버볼(핀)의 치수

계산 항목	기 호	계 산 식	계 산 예
볼(핀)의 직경 Ball(pin) diameter	d_p	[주] 참조	d_p = 4.5 $inv\phi =$ 0.027564 $\phi =$ 24.3453° d_m = 115.892
인벌류트 Involute function	$inv\phi$	$\frac{d_p}{m_t z cos\beta \cos\alpha_n} - \frac{\pi}{2z} + inv\alpha_t + \frac{2x_t \tan\alpha_t}{z}$	
핀의 중심을 통과하는 압력각 Pressure angle at pin center	ϕ	인벌류트 함수표에서 찾는다.	
오버핀(볼) 치수 Measurement over pin(ball)	d_m	짝수이 $\frac{zm_t \cos\alpha_t}{\cos\phi} + d_p$	
		홀수이 $\frac{zm_t \cos\alpha_t}{\cos\phi} cos \frac{90°}{z} + d_p$	

[주] 치직각 방식 헬리컬 기어의 오버핀(볼)의 치수에서 구한 이상적인 볼(핀)의 직경 또는 그것에 근접한 직경의 것을 사용한다.

제 8 장

5. 웜의 삼침법

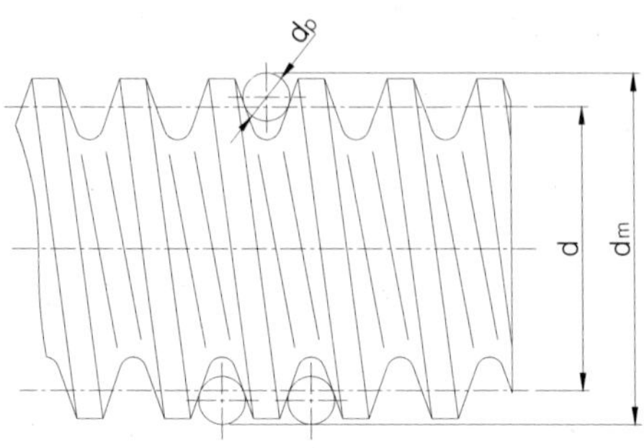

웜의 삼침법

웜의 치형으로 폭넓게 사용되고 있는 3형(形)의 치형은 공구압력각 α=20°를 기준으로 하고 있지만, 이 공구로 절삭하게 되면 웜의 치직각압력각 αn은 20°보다 작게 된다. 그 치직각 압력각 α_n을 구하는 AGMA의 근사식을 나타낸다.

$$\alpha_n = \alpha_0 - \frac{90}{z_1}\frac{\gamma}{\gamma_0 \cos^2\gamma + \gamma} sin^3\gamma$$

여기서 γ : 웜의 기준원 직경(Worm reference radius)

γ_0 : 공구의 반경(Cutter radius)

z_1 : 웜의 수(Number of threads)

γ : 웜의 기준 원통 진행각(Lead angel of worm)

이 3형(形) 치형을 직선치형으로 근사적으로 생각하면 래크와 동일한 방법으로 계산할 수가 있다.

■ 웜의 삼침치수법의 계산-1

계산 항목	기 호	계 산 식	계 산 예
이상적인 오버핀(볼)의 직경 Ideal pin diameter	d'_p	$\frac{\pi m_x}{2\cos\alpha_x}$	$m_x = 2$ $\alpha_n = 20°$ $z_1 = 1$ $d_1 = 31$ $\gamma = 3.691386°$ $\alpha_x = 20.03827°$ $d'_p = 3.3440$ $d_p = 3.3$ 으로 한다. $d_m = 35.3173$
삼침치수 Three wire measurement	d_m	$d_1 - \frac{\pi m_x}{2\tan\alpha_x} + d_p\left(1 + \frac{1}{\sin\alpha_x}\right)$	

그러나, 이 방법은 웜의 진행각을 작게 하고 무시한 것이므로 진행각이 커지면 오차가 크게 발생한다. 그 진행각을 고려한 것이 아래 방법이다.

■ 웜의 삼침치수법의 계산-2

계산 항목	기 호	계 산 식	계 산 예
이상적인 핀의 직경 Ideal pin diameter	d'_p	$\frac{\pi m_n}{2\cos\alpha_n}$	$m_x = 2$ $\alpha_n = 20°$ $z_1 = 1$ $d_1 = 31$ $\gamma = 3.691386°$ $m_n = 1.99585$ $d'_p = 3.3363$ $d_p = 3.3$ 으로 한다. $d_m = 35.3344$
삼침치수 Three wire measurement	d_m	$d_m = d_1 - \frac{\pi m_n}{2\tan\alpha_n} + d_p\left(1 + \frac{1}{\sin\alpha_n}\right) - \frac{(d_p\cos\alpha_n\sin\gamma)^2}{2d_1}$	

■ 축 방향 모듈 방식 웜의 핀 직경

계산 항목	기 호	계 산 식	계 산 예
상당 평기어 잇수 Number of teeth of an equivalent spur gear	z_v	$\frac{z_1}{\cos^3(90° - \gamma)}$	$m_x = 2$ $\alpha_n = 20°$ $z_1 = 1$ $d_1 = 31$ $\gamma = 3.691386°$ $z_v = 3747.1491$ $\eta = -0.014485$ $\alpha' = 20°$ $\phi = 0.349485$ $inv\phi = 0.014960$ $d'_p = 3.3382$
이홈의 반각 Spacewidth half angle	η	$\frac{\pi}{2z_v} - inv\alpha_n$	
핀(볼)과 치면과의 접점에 따른 압력각 Pressure angle at the point pin is tangent to tooth surface	α'	$\cos^{-1}(\frac{z_v \cos\alpha_n}{z_v})$	
핀의 중심을 통과하는 압력각 Pressure angle at pin center	ϕ	$\tan\alpha' + \eta$	
이상적인 오버핀(볼)의 직경 Measurement over pin(ball)	d'_p	$z_v m_x \cos\gamma \cos\alpha_n (inv\phi + \eta)$	

■ 축 방향 모듈 방식 웜의 삼침치수

계산 항목	기 호	계 산 식	계 산 예
핀(볼)의 직경 Pin(ball) diameter	d'_p	[주] 참조	$d_p = 3.3$ 으로 한다. $\alpha_t = 79.96878°$ $inv\alpha = 4.257549$ $inv\phi = 4.446297$ $\phi = 80.2959°$ $d_m = 35.3345$
인벌류트 Involute function	$inv\phi$	$\frac{d_p}{m_x z_1 \cos\gamma \cos\alpha_n} - \frac{\pi}{2z_1} + inv\alpha_t$	
핀의 중심을 통과하는 압력각 Pressure angle at pin center	ϕ	인벌류트 함수표에서 찾는다.	
삼침치수 Three wire measurement	d_m	$\frac{z_1 m_x \cos\alpha_t}{\tan\gamma \cos\phi} + d_p$	

[주] 축 방향 모듈 방식 웜의 핀 직경에서 구한 이상적인 핀의 직경 또는 그것에 가까운 직경의 것을 사용한다. 여기서, $\alpha_t = \tan^{-1}(\frac{\tan\alpha_n}{\sin\gamma})$

■ 치직각 방식 웜의 핀 직경

계산 항목	기 호	계 산 식	계 산 예
상당 평기어 잇수 Number of teeth of an equivalent spur gear	z_v	$\frac{z_1}{\cos^3(90° - \gamma)}$	$m_n = 2.5$ $\alpha_n = 20°$ $z_1 = 1$ $d_1 = 37$ $\gamma = 3.874288°$ $z_v = 3241.792$ $\eta = -0.014420$ $\alpha' = 20°$ $\phi = 0.349550$ $inv\phi_v = 0.0149687$ $d'_p = 4.1785$
이홈의 반각 Spacewidth half angle	η	$\frac{\pi}{2z_v} - inv\alpha_n$	
핀과 치면과의 접점에 따른 압력각 Pressure angle at the point pin is tangent to tooth surface	α'	$\cos^{-1}(\frac{z_v \cos\alpha_n}{z_v})$	
핀의 중심을 통과하는 압력각 Pressure angle at pin center	ϕ	$\tan\alpha' + \eta$	
이상적인 오버핀(볼)의 직경 Measurement over pin(ball)	d'_p	$z_v m_n \cos\alpha_n (inv\phi + \eta)$	

[주] 각도 n, 의 단위는 라디안(radian)이다.

■ 치직각 방식 웜의 삼침치수

계산 항목	기 호	계 산 식	계 산 예
핀의 직경 Pin diameter	d'_p	[주] 참조	$d_p = 4.2$로 한다. $\alpha_t = 79.48331°$ $inv\alpha_t = 3.999514$ $inv\phi = 4.216536$ $\phi = 79.8947°$ $d_m = 42.6897$
인벌류트 Involute function	$inv\phi$	$\frac{d_p}{m_n z_1 \cos\alpha_n} - \frac{\pi}{2z_1} + inv\alpha_t$	
핀의 중심을 통과하는 압력각 Pressure angle at pin center	ϕ	인벌류트 함수표에서 찾는다.	
삼침치수 Three wire measurement	d_m	$\frac{z_1 m_n \cos\alpha_t}{\sin\gamma \cos\phi} + d_p$	

[주] 치직각 방식 웜의 핀 직경에서 구한 이상적인 핀의 직경 또는 그것에 근사하는 직경의 것을 사용한다. 여기서, $\alpha_t = \tan^{-1}(\frac{\tan\alpha_n}{\sin\gamma})$

8-11. 여러 가지 기어의 백래시

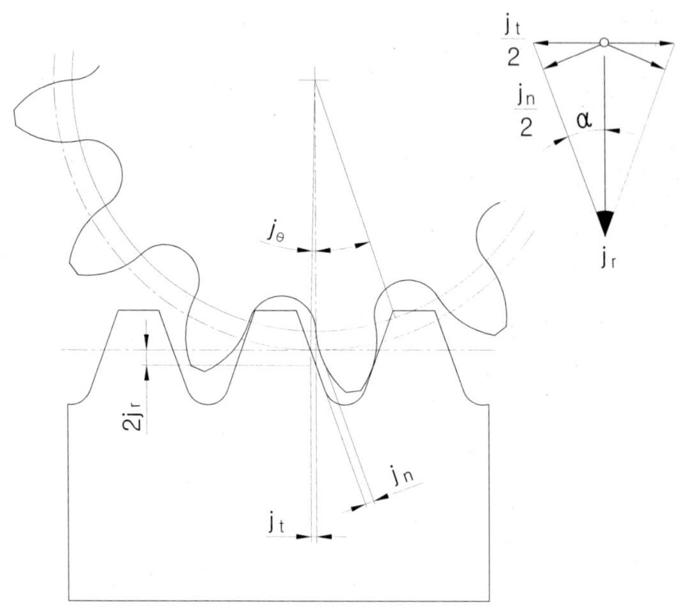

백래시의 종류와 방향

■ 백래시 관계식

Gear mesh	기어의 종류	원주방향 j_t와 법선방향 j_n의 관계식	중심거리방향 j_r와 원주방향 j_t의 관계식
Parallel Axes Gears	평 기어 Spur gear	$j_n = j_t \cos\alpha$	$j_r = \frac{j_t}{2\tan\alpha}$
	헬리컬 기어 Helical gear	$j_{nn} = j_{tt} \cos\alpha_n \cos\beta$	$j_r = \frac{j_{tt}}{2\tan\alpha_t}$
Intersecting Axes Gears	스트레이트 베벨 기어 Straight bevel gear	$j_n = j_t \cos\alpha$	$j_r = \frac{j_t}{2\tan\alpha \sin\delta}$
	스파이럴 베벨 기어 Spiral bevel gear	$j_{nn} = j_{tt} \cos\alpha_n \cos\beta_m$	$j_r = \frac{j_{tt}}{2\tan\alpha_t \sin\delta}$
Nonparallel & Nonintersecting Axes Gears	웜 Worm	$j_{nn} = j_{tt1} \cos\alpha_n \sin\gamma$	$j_r = \frac{j_{tt2}}{2\tan\alpha_x}$
	웜 휠 Worm wheel	$j_{nn} = j_{tt2} \cos\alpha_n \cos\gamma$	

8-12 인벌류트 함수 테이블 (Involute Function Table)

inv α=tanα-α (주 : 각도의 단위는 라디안으로 한다)

min(′)	12°	13°	14°	15°	16°
0	0.003117	0.003975	0.004982	0.006150	0.007493
1	0.003130	0.003991	0.005000	0.006171	0.007517
2	0.003143	0.004006	0.005018	0.006192	0.007541
3	0.003157	0.004022	0.005036	0.006213	0.007565
4	0.003170	0.004038	0.005055	0.006234	0.007589
5	0.003183	0.004053	0.005073	0.006255	0.007613
6	0.003197	0.004069	0.005091	0.006276	0.007637
7	0.003210	0.004085	0.005110	0.006297	0.007661
8	0.003223	0.004101	0.005128	0.006318	0.007686
9	0.003237	0.004117	0.005146	0.006340	0.007710
10	0.003250	0.004132	0.005165	0.006361	0.007735
11	0.003264	0.004148	0.005184	0.006382	0.007759
12	0.003277	0.004164	0.005202	0.006404	0.007784
13	0.003291	0.004180	0.005221	0.006425	0.007808
14	0.003305	0.004197	0.005239	0.006447	0.007833
15	0.003318	0.004213	0.005258	0.006469	0.007857
16	0.003332	0.004229	0.005277	0.006490	0.007882
17	0.003346	0.004245	0.005296	0.006512	0.007907
18	0.003360	0.004261	0.005315	0.006534	0.007932
19	0.003374	0.004277	0.005334	0.006555	0.007957
20	0.003387	0.004294	0.005353	0.006577	0.007982
21	0.003401	0.004310	0.005372	0.006599	0.008007
22	0.003415	0.004327	0.005391	0.006621	0.008032
23	0.003429	0.004343	0.005410	0.006643	0.008057
24	0.003443	0.004359	0.005429	0.006665	0.008082
25	0.003458	0.004376	0.005448	0.006687	0.008107
26	0.003472	0.004393	0.005467	0.006709	0.008133
27	0.003486	0.004409	0.005487	0.006732	0.008158
28	0.003500	0.004426	0.005506	0.006754	0.008183
29	0.003514	0.004443	0.005525	0.006776	0.008209

inv α=tanα-α

min(′)	12°	13°	14°	15°	16°
30	0.003529	0.004459	0.005545	0.006799	0.008234
31	0.003543	0.004476	0.005564	0.006821	0.008260
32	0.003557	0.004493	0.005584	0.006843	0.008285
33	0.003572	0.004510	0.005603	0.006866	0.008311
34	0.003586	0.004527	0.005623	0.006888	0.008337
35	0.003600	0.004544	0.005643	0.006911	0.008362
36	0.003615	0.004561	0.005662	0.006934	0.008388
37	0.003630	0.004578	0.005682	0.006956	0.008414
38	0.003644	0.004595	0.005702	0.006979	0.008440
39	0.003659	0.004612	0.005722	0.007002	0.008466
40	0.003673	0.004629	0.005742	0.007025	0.008492
41	0.003688	0.004646	0.005762	0.007048	0.008518
42	0.003703	0.004664	0.005782	0.007071	0.008544
43	0.003718	0.004681	0.005802	0.007094	0.008571
44	0.003733	0.004698	0.005822	0.007117	0.008597
45	0.003747	0.004716	0.005842	0.007140	0.008623
46	0.003762	0.004733	0.005862	0.007163	0.008650
47	0.003777	0.004751	0.005882	0.007186	0.008676
48	0.003792	0.004768	0.005903	0.007209	0.008702
49	0.003807	0.004786	0.005923	0.007233	0.008729
50	0.003822	0.004803	0.005943	0.007256	0.008756
51	0.003838	0.004821	0.005964	0.007280	0.008782
52	0.003853	0.004839	0.005984	0.007303	0.008809
53	0.003868	0.004856	0.006005	0.007327	0.008836
54	0.003883	0.004874	0.006025	0.007350	0.008863
55	0.003898	0.004892	0.006046	0.007374	0.008889
56	0.003914	0.004910	0.006067	0.007397	0.008916
57	0.003929	0.004928	0.006087	0.007421	0.008943
58	0.003944	0.004946	0.006108	0.007445	0.008970
59	0.003960	0.004964	0.006129	0.007469	0.008998
60	0.003975	0.004982	0.006150	0.007493	0.009025

inv α=tanα-α

min(′)	17°	18°	19°	20°	21°
0	0.009025	0.010760	0.012715	0.014904	0.017345
1	0.009052	0.010791	0.012750	0.014943	0.017388
2	0.009079	0.010822	0.012784	0.014982	0.017431
3	0.009107	0.010853	0.012819	0.015020	0.017474
4	0.009134	0.010884	0.012854	0.015059	0.017517
5	0.009161	0.010915	0.012888	0.015098	0.017560
6	0.009189	0.010946	0.012923	0.015137	0.017603
7	0.009216	0.010977	0.012958	0.015176	0.017647
8	0.009244	0.011008	0.012993	0.015215	0.017690
9	0.009272	0.011039	0.013028	0.015254	0.017734
10	0.009299	0.011071	0.013063	0.015293	0.017777
11	0.009327	0.011102	0.013098	0.015333	0.017821
12	0.009355	0.011133	0.013134	0.015372	0.017865
13	0.009383	0.011165	0.013169	0.015411	0.017908
14	0.009411	0.011196	0.013204	0.015451	0.017952
15	0.009439	0.011228	0.013240	0.015490	0.017996
16	0.009467	0.011260	0.013275	0.015530	0.018040
17	0.009495	0.011291	0.013311	0.015570	0.018084
18	0.009523	0.011323	0.013346	0.015609	0.018129
19	0.009552	0.011355	0.013382	0.015649	0.018173
20	0.009580	0.011387	0.013418	0.015689	0.018217
21	0.009608	0.011419	0.013454	0.015729	0.018262
22	0.009637	0.011451	0.013490	0.015769	0.018306
23	0.009665	0.011483	0.013526	0.015809	0.018351
24	0.009694	0.011515	0.013562	0.015849	0.018395
25	0.009722	0.011547	0.013598	0.015890	0.018440
26	0.009751	0.011580	0.013634	0.015930	0.018485
27	0.009780	0.011612	0.013670	0.015971	0.018530
28	0.009808	0.011644	0.013707	0.016011	0.018575
29	0.009837	0.011677	0.013743	0.016052	0.018620

inv α=tanα-α

min(′)	17°	18°	19°	20°	21°
30	0.009866	0.011709	0.013779	0.016091	0.018665
31	0.009895	0.011742	0.013816	0.016133	0.018710
32	0.009924	0.011775	0.013852	0.016174	0.018755
33	0.009953	0.011807	0.013889	0.016214	0.018800
34	0.009982	0.011840	0.013926	0.016255	0.018846
35	0.01001	0.011873	0.013963	0.016296	0.018891
36	0.010041	0.011906	0.013999	0.016337	0.018937
37	0.010070	0.011939	0.014036	0.016379	0.018983
38	0.010099	0.011972	0.014073	0.016420	0.019028
39	0.010129	0.012005	0.014110	0.016461	0.019074
40	0.010158	0.012038	0.014148	0.016502	0.019120
41	0.010188	0.012071	0.014185	0.016544	0.019166
42	0.010217	0.012105	0.014222	0.016585	0.019212
43	0.010247	0.012138	0.014259	0.016627	0.019258
44	0.010277	0.012172	0.014297	0.016669	0.019304
45	0.010307	0.012205	0.014334	0.016710	0.019350
46	0.010336	0.012239	0.014372	0.016752	0.019397
47	0.010366	0.012272	0.014409	0.016794	0.019443
48	0.010396	0.012306	0.014447	0.016836	0.019490
49	0.010426	0.012340	0.014485	0.016878	0.019536
50	0.010456	0.012373	0.014523	0.016920	0.019583
51	0.010486	0.012407	0.014560	0.016962	0.019630
52	0.010517	0.012441	0.014598	0.017004	0.019676
53	0.010547	0.012475	0.014636	0.017047	0.019723
54	0.010577	0.012509	0.014674	0.017089	0.019770
55	0.010608	0.012543	0.014713	0.017132	0.019817
56	0.010638	0.012578	0.014751	0.017174	0.019864
57	0.010669	0.012612	0.014789	0.017217	0.019912
58	0.010699	0.012646	0.014827	0.017259	0.019959
59	0.010730	0.012681	0.014866	0.017302	0.020006
60	0.010760	0.012715	0.014904	0.017345	0.020054

inv α=tanα-α

min(′)	22°	23°	24°	25°	26°
0	0.020054	0.023049	0.026350	0.029975	0.033947
1	0.020101	0.023102	0.026407	0.030039	0.034016
2	0.020149	0.023154	0.026465	0.030102	0.034086
3	0.020197	0.023207	0.026523	0.030166	0.034155
4	0.020244	0.023259	0.026581	0.030229	0.034225
5	0.020292	0.023312	0.026639	0.030293	0.034294
6	0.020340	0.023365	0.026697	0.030357	0.034364
7	0.020388	0.023418	0.026756	0.030420	0.034434
8	0.020436	0.023471	0.026814	0.030484	0.034504
9	0.020484	0.023524	0.026872	0.030549	0.034574
10	0.020533	0.023577	0.026931	0.030613	0.034644
11	0.020581	0.023631	0.026989	0.030677	0.034714
12	0.020629	0.023684	0.027048	0.030741	0.034785
13	0.020678	0.023738	0.027107	0.030806	0.034855
14	0.020726	0.023791	0.027166	0.030870	0.034926
15	0.020775	0.023845	0.027225	0.030935	0.034996
16	0.020824	0.023899	0.027284	0.031000	0.035067
17	0.020873	0.023952	0.027343	0.031065	0.035138
18	0.020921	0.024006	0.027402	0.031130	0.035209
19	0.020970	0.024060	0.027462	0.031195	0.035280
20	0.021019	0.024114	0.027521	0.031260	0.035352
21	0.021069	0.024169	0.027581	0.031325	0.035423
22	0.021118	0.024223	0.027640	0.031390	0.035494
23	0.021167	0.024277	0.027700	0.031456	0.035566
24	0.021217	0.024332	0.027760	0.031521	0.035637
25	0.021266	0.024386	0.027820	0.031587	0.035709
26	0.021316	0.024441	0.027880	0.031653	0.035781
27	0.021365	0.024495	0.027940	0.031718	0.035853
28	0.021415	0.024550	0.028000	0.031784	0.035925
29	0.021465	0.024605	0.028060	0.031850	0.035997

inv α=tanα-α

min(′)	22°	23°	24°	25°	26°
30	0.021514	0.024660	0.028121	0.031917	0.036069
31	0.021564	0.024715	0.028181	0.031983	0.036142
32	0.021614	0.024770	0.028242	0.032049	0.036214
33	0.021665	0.024825	0.028302	0.032116	0.036287
34	0.021715	0.024881	0.028363	0.032182	0.036359
35	0.021765	0.024936	0.028424	0.032249	0.036432
36	0.021815	0.024992	0.028485	0.032315	0.036505
37	0.021866	0.025047	0.028546	0.032382	0.036578
38	0.021916	0.025103	0.028607	0.032449	0.036651
39	0.021967	0.025159	0.028668	0.032516	0.036724
40	0.022018	0.025214	0.028729	0.032583	0.036798
41	0.022068	0.025270	0.028791	0.032651	0.036871
42	0.022119	0.025326	0.028852	0.032718	0.036945
43	0.022170	0.025382	0.028914	0.032785	0.037018
44	0.022221	0.025439	0.028976	0.032853	0.037092
45	0.022272	0.025495	0.029037	0.032920	0.037166
46	0.022324	0.025551	0.029099	0.032988	0.037240
47	0.022375	0.025608	0.029161	0.033056	0.037314
48	0.022426	0.025664	0.029223	0.033124	0.037388
49	0.022478	0.025721	0.029285	0.033192	0.037462
50	0.022529	0.025778	0.029348	0.033260	0.037537
51	0.022581	0.025834	0.029410	0.033328	0.037611
52	0.022632	0.025891	0.029472	0.033397	0.0.7686
53	0.022684	0.025948	0.029535	0.033465	0.037761
54	0.022736	0.026005	0.029598	0.033534	0.037835
55	0.022788	0.026062	0.029660	0.033602	0.037910
56	0.022840	0.026120	0.029723	0.033671	0.037985
57	0.022892	0.026177	0.029786	0.033740	0.038060
58	0.022944	0.026235	0.029849	0.033809	0.038136
59	0.022997	0.26292	0.029912	0.033878	0.038211
60	0.023049	0.026350	0.029975	0.033947	0.038287

inv α=tanα-α

min(′)	27°	28°	29°	30°	31°
0	0.038287	0.043017	0.048164	0.053751	0.059809
1	0.038362	0.043100	0.048253	0.053849	0.059914
2	0.038438	0.043182	0.048343	0.053946	0.060019
3	0.038514	0.043264	0.048432	0.054043	0.060124
4	0.038589	0.043347	0.048522	0.054140	0.060230
5	0.038666	0.043430	0.048612	0.054238	0.060335
6	0.038742	0.043513	0.048702	0.054336	0.060441
7	0.038818	0.043596	0.048792	0.054433	0.060547
8	0.038894	0.043679	0.048883	0.054531	0.060653
9	0.038971	0.043762	0.048973	0.054629	0.060759
10	0.039047	0.043845	0.049063	0.054728	0.060866
11	0.039124	0.043929	0.049154	0.054826	0.060972
12	0.039201	0.044012	0.049245	0.054924	0.061079
13	0.039278	0.044096	0.049336	0.055023	0.061186
14	0.039355	0.044180	0.049427	0.055122	0.061292
15	0.039432	0.044264	0.049518	0.055221	0.061400
16	0.039509	0.044348	0.049609	0.055320	0.061507
17	0.039586	0.04432	0.049701	0.055419	0.061614
18	0.039664	0.044516	0.049792	0.055518	0.061721
19	0.039741	0.044601	0.049884	0.055617	0.061829
20	0.039819	0.044685	0.049976	0.055717	0.061937
21	0.039897	0.044770	0.050068	0.055817	0.062045
22	0.039974	0.044855	0.050160	0.055916	0.062153
23	0.040052	0.044939	0.050252	0.056016	0.062261
24	0.040131	0.045024	0.050344	0.056116	0.062369
25	0.040209	0.045110	0.050437	0.056217	0.062478
26	0.040287	0.045195	0.050529	0.056317	0.062586
27	0.040366	0.045280	0.050622	0.056417	0.062695
28	0.040444	0.045366	0.050715	0.056518	0.062804
29	0.040523	0.045451	0.050808	0.056619	0.062913

inv α=tanα-α

min(′)	27°	28°	29°	30°	31°
30	0.040602	0.045537	0.050901	0.056720	0.063022
31	0.040680	0.045623	0.050994	0.056821	0.063131
32	0.040759	0.045709	0.051087	0.056922	0.063241
33	0.040838	0.045795	0.051181	0.057023	0.063350
34	0.040918	0.045881	0.051274	0.057124	0.063460
35	0.040997	0.045967	0.051368	0.057226	0.063570
36	0.041076	0.046054	0.051462	0.057328	0.063680
37	0.041156	0.046140	0.051556	0.057429	0.063790
38	0.041236	0.046227	0.051650	0.057531	0.063901
39	0.041316	0.046313	0.051744	0.057633	0.064011
40	0.041395	0.046400	0.051838	0.057736	0.064122
41	0.041475	0.046487	0.051933	0.057838	0.064232
42	0.041556	0.046575	0.052027	0.057940	0.064343
43	0.041636	0.046662	0.052122	0.058043	0.064454
44	0.041716	0.046749	0.052217	0.058146	0.054565
45	0.041797	0.046837	0.052312	0.058249	0.064677
46	0.041877	0.046924	0.052407	0.058352	0.064788
47	0.041958	0.047012	0.052502	0.058455	0.064900
48	0.042039	0.047100	0.052597	0.058558	0.065012
49	0.042120	0.047188	0.052693	0.058662	0.065123
50	0.042201	0.047276	0.052788	0.058765	0.065236
51	0.042282	0.047364	0.052884	0.058869	0.065348
52	0.042363	0.047452	0.052980	0.058973	0.065460
53	0.042444	0.047541	0.053076	0.059077	0.065573
54	0.042526	0.047630	0.053172	0.059181	0.065685
55	0.042607	0.047718	0.053268	0.059285	0.065798
56	0.042689	0.047807	0.053365	0.059390	0.065911
57	0.042771	0.047896	0.053461	0.059494	0.066024
58	0.042853	0.047985	0.053558	0.059599	0.066137
59	0.042935	0.048074	0.053655	0.059704	0.066250
60	0.043017	0.048164	0.053751	0.059809	0.066364

inv α=tanα-α

min(′)	32°	33°	34°	35°	36°
0	0.066364	0.073449	0.081097	0.089342	0.098224
1	0.066478	0.073572	0.081229	0.089485	0.098378
2	0.066591	0.073695	0.081362	0.089628	0.098531
3	0.066705	0.073818	0.081494	0.089771	0.098685
4	0.066819	0.073941	0.081627	0.089914	0.098840
5	0.066934	0.074064	0.081760	0.090028	0.098994
6	0.067048	0.074188	0.081894	0.090201	0.099149
7	0.067163	0.074311	0.082027	0.090345	0.099303
8	0.067277	0.074435	0.082161	0.090489	0.099458
9	0.067392	0.074559	0.082294	0.090633	0.099614
10	0.067507	0.074684	0.082428	0.090777	0.099769
11	0.067622	0.074808	0.082562	0.090922	0.099924
12	0.067738	0.074932	0.082697	0.091067	0.100080
13	0.067853	0.075057	0.082831	0.091211	0.100236
14	0.067969	0.075182	0.082966	0.091356	0.100392
15	0.068084	0.075307	0.083100	0.091502	0.100548
16	0.068200	0.075432	0.083235	0.091647	0.100705
17	0.068316	0.075557	0.083371	0.091793	0.100862
18	0.068432	0.075683	0.083506	0.091938	0.101019
19	0.068549	0.075808	0.083641	0.092084	0.101176
20	0.068665	0.075934	0.083777	0.092230	0.101333
21	0.068782	0.076060	0.083913	0.092377	0.101490
22	0.068899	0.076186	0.084049	0.092523	0.101648
23	0.069016	0.076312	0.084185	0.092670	0.101806
24	0.069133	0.076439	0.084321	0.092816	0.101964
25	0.069250	0.076565	0.084457	0.092963	0.102122
26	0.069367	0.076692	0.084594	0.093111	0.102280
27	0.069485	0.076819	0.084731	0.093258	0.102439
28	0.069602	0.076946	0.084868	0.093406	0.102598
29	0.069720	0.077073	0.085005	0.093553	0.102757

inv α=tanα-α

min(′)	32°	33°	34°	35°	36°
30	0.069838	0.077200	0.085142	0.093701	0.102916
31	0.069956	0.077328	0.085280	0.093849	0.103075
32	0.070075	0.077455	0.085418	0.093998	0.103235
33	0.070193	0.077583	0.085555	0.094146	0.103395
34	0.070312	0.077711	0.085693	0.094295	0.103555
35	0.070430	0.077839	0.085832	0.094443	0.103715
36	0.070549	0.077968	0.085970	0.094592	0.103875
37	0.070668	0.078096	0.086108	0.094742	0.104036
38	0.070788	0.078225	0.086247	0.094891	0.104196
39	0.070907	0.078354	0.086386	0.095041	0.104357
40	0.071026	0.078483	0.086525	0.095190	0.104518
41	0.071146	0.078612	0.086664	0.095340	0.104680
42	0.071266	0.078741	0.086804	0.095490	0.104841
43	0.071386	0.078871	0.086943	0.095641	0.105003
44	0.071506	0.079000	0.087083	0.095791	0.105165
45	0.071626	0.079130	0.087223	0.095942	0.105327
46	0.071747	0.079260	0.087363	0.096093	0.105489
47	0.071867	0.079390	0.087503	0.096244	0.105652
48	0.071988	0.079520	0.087644	0.096395	0.105814
49	0.072109	0.079651	0.087784	0.096546	0.105977
50	0.072230	0.079781	0.087925	0.096698	0.106140
51	0.072351	0.079912	0.088066	0.096850	0.106304
52	0.072473	0.080043	0.088207	0.097002	0.106467
53	0.072594	0.080174	0.088348	0.097154	0.106631
54	0.072716	0.080306	0.088490	0.097306	0.106795
55	0.072838	0.080437	0.088631	0.097459	0.0106959
56	0.072959	0.080569	0.088773	0.097611	0.107123
57	0.073082	0.080700	0.088915	0.097764	0.107288
58	0.073204	0.080832	0.089057	0.097917	0.107452
59	0.073326	0.080964	0.089200	0.098071	0.107617
60	0.073449	0.081097	0.089342	0.098224	0.107782

inv α=tanα-α

min(′)	37°	38°	39°	40°	41°
0	0.107782	0.118061	0.129106	0.140968	0.15370
1	0.108948	0.118238	0.129296	0.141173	0.15392
2	0.108113	0.118416	0.129488	0.141378	0.15414
3	0.108279	0.118594	0.129679	0.141583	0.15436
4	0.108445	0.118772	0.129870	0.141789	0.15458
5	0.108611	0.118951	0.130062	0.141995	0.15480
6	0.108777	0.119130	0.130254	0.142201	0.15503
7	0.108943	0.119309	0.130446	0.142408	0.15525
8	0.109110	0.119488	0.130639	0.142614	0.15547
9	0.109277	0.119667	0.130832	0.142821	0.15569
10	0.109444	0.119847	0.131025	0.143028	0.15591
11	0.109611	0.120027	0.131218	0.143236	0.15614
12	0.109779	0.120207	0.131411	0.143443	0.15636
13	0.109947	0.120387	0.131605	0.143651	0.15658
14	0.110114	0.120567	0.131798	0.143859	0.15680
15	0.110283	0.120748	0.131993	0.144067	0.15703
16	0.110451	0.120929	0.132187	0.144276	0.15725
17	0.110619	0.121110	0.132381	0.144485	0.15748
18	0.110788	0.121291	0.132576	0.144694	0.15770
19	0.110957	0.121473	0.132771	0.144903	0.15793
20	0.111126	0.121655	0.132966	0.145113	0.15815
21	0.111295	0.121837	0.133162	0.145323	0.15838
22	0.111465	0.122019	0.133357	0.145533	0.15860
23	0.111635	0.122201	0.133553	0.145743	0.15883
24	0.111805	0.122384	0.133750	0.145954	0.15905
25	0.111975	0.122567	0.133946	0.146165	0.15928
26	0.112145	0.122750	0.134143	0.146376	0.15950
27	0.112316	0.122933	0.134339	0.146587	0.15973
28	0.112486	0.123116	0.134536	0.146798	0.15996
29	0.112657	0.123300	0.134734	0.147010	0.16019

inv α=tanα-α

min(′)	37°	38°	39°	40°	41°
30	0.112829	0.123484	0.134931	0.147222	0.16041
31	0.113000	0.123668	0.135129	0.147435	0.16064
32	0.113171	0.123853	0.135327	0.147647	0.16087
33	0.113343	0.124037	0.135525	0.147860	0.16110
34	0.113515	0.124222	0.135724	0.148073	0.16133
35	0.113687	0.124407	0.135923	0.148286	0.16156
36	0.113860	0.124592	0.136122	0.148500	0.16178
37	0.114032	0.124778	0.136321	0.148714	0.16201
38	0.114205	0.124964	0.136520	0.148928	0.16224
39	0.114378	0.125150	0.136720	0.149142	0.16247
40	0.114552	0.125336	0.136920	0.149357	0.16270
41	0.114725	0.125522	0.137120	0.149572	0.16293
42	0.114899	0.125709	0.137320	0.149787	0.16317
43	0.115073	0.125895	0.137521	0.150002	0.16340
44	0.115247	0.126083	0.137722	0.150218	0.16363
45	0.115421	0.126270	0.137923	0.150433	0.16386
46	0.115595	0.126457	0.138124	0.150650	0.16409
47	0.115770	0.126645	0.138326	0.150866	0.16432
48	0.115945	0.126833	0.138528	0.151083	0.16456
49	0.116120	0.127021	0.138730	0.151299	0.16479
50	0.116296	0.127209	0.138932	0.151516	0.16502
51	0.116471	0.127398	0.139134	0.151734	0.16525
52	0.116647	0.127587	0.139337	0.151951	0.16549
53	0.116823	0.127776	0.139540	0.152169	0.16572
54	0.116999	0.127965	0.139743	0.152388	0.16596
55	0.117175	0.128155	0.139947	0.152606	0.16619
56	0.117352	0.128344	0.140151	0.152825	0.16642
57	0.117529	0.128534	0.140355	0.153043	0.16666
58	0.117706	0.128725	0.140559	0.153263	0.16689
59	0.117883	0.128915	0.140763	0.153482	0.16713
60	0.118061	0.129106	0.140968	0.153702	0.16737

inv α=tanα-α

min(′)	42°	43°	44°	45°	46°
0	0.16737	0.18202	0.19774	0.21460	0.23268
1	0.16760	0.18228	0.19802	0.21489	0.23299
2	0.16784	0.18253	0.19829	0.21518	0.23330
3	0.16807	0.18278	0.19856	0.21548	0.23362
4	0.16831	0.18304	0.19883	0.21577	0.23393
5	0.16855	0.18329	0.19910	0.21606	0.23424
6	0.16879	0.18355	0.19938	0.21635	0.23456
7	0.16902	0.18380	0.19935	0.21665	0.23487
8	0.16926	0.18406	0.19992	0.21694	0.23519
9	0.16950	0.18431	0.20020	0.21723	0.23550
10	0.16974	0.18457	0.20047	0.21753	0.23582
11	0.16998	0.18482	0.20075	0.21782	0.23613
12	0.17022	0.18508	0.20102	0.21812	0.23645
13	0.17045	0.18534	0.20130	0.21841	0.23676
14	0.17069	0.18559	0.20157	0.21871	0.23708
15	0.17093	0.18585	0.20185	0.21900	0.23740
16	0.17117	0.18611	0.20212	0.21930	0.23772
17	0.17142	0.18637	0.20240	0.21960	0.23803
18	0.17166	0.18662	0.20268	0.21989	0.23835
19	0.17190	0.18688	0.20296	0.22019	0.23867
20	0.17214	0.18714	0.20323	0.22049	0.23899
21	0.17238	0.18740	0.20351	0.22079	0.23931
22	0.17262	0.18766	0.20379	0.22108	0.23963
23	0.17286	0.18792	0.20407	0.22138	0.23995
24	0.17311	0.18818	0.20435	0.22168	0.24027
25	0.17335	0.18844	0.20463	0.22198	0.24059
26	0.17359	0.18870	0.20490	0.22228	0.24091
27	0.17383	0.18896	0.20518	0.22258	0.24123
28	0.17408	0.18922	0.20546	0.22288	0.24156
29	0.17432	0.18948	0.20575	0.22318	0.24188

inv α=tanα-α

min(′)	42°	43°	44°	45°	46°
30	0.17457	0.18975	0.20603	0.22348	0.24220
31	0.17481	0.19001	0.20631	0.22378	0.24253
32	0.17506	0.19027	0.20659	0.22409	0.24285
33	0.17530	0.19053	0.20687	0.22439	0.24317
34	0.17555	0.19080	0.20715	0.22469	0.24350
35	0.17579	0.19106	0.20743	0.22499	0.24382
36	0.17604	0.19132	0.20772	0.22530	0.24415
37	0.17628	0.19159	0.20800	0.22560	0.24447
38	0.17653	0.19185	0.20828	0.22590	0.24480
39	0.17678	0.19212	0.20857	0.22621	0.24512
40	0.17702	0.19238	0.20885	0.22651	0.24545
41	0.17604	0.19265	0.20914	0.22682	0.24578
42	0.17628	0.19291	0.20942	0.22712	0.24611
43	0.17653	0.19318	0.20971	0.22743	0.24643
44	0.17678	0.19344	0.20999	0.22773	0.24676
45	0.17826	0.19371	0.21028	0.22804	0.24709
46	0.17851	0.19398	0.21056	0.22835	0.24742
47	0.17876	0.19424	0.21085	0.22865	0.24775
48	0.17901	0.19451	0.21114	0.22896	0.24808
49	0.17926	0.19478	0.21142	0.22927	0.24841
50	0.17951	0.19505	0.21171	0.22958	0.24874
51	0.17976	0.19532	0.21200	0.22989	0.24907
52	0.18001	0.19558	0.21229	0.23020	0.24940
53	0.18026	0.19585	0.21257	0.23050	0.24973
54	0.18051	0.19612	0.21286	0.23081	0.25006
55	0.18076	0.19639	0.21315	0.23112	0.25040
56	0.18101	0.19666	0.21344	0.23143	0.25073
57	0.18127	0.19393	0.21373	0.23174	0.25106
58	0.18152	0.19720	0.21402	0.23206	0.25140
59	0.18177	0.19747	0.21431	0.23237	0.25173
60	0.18202	0.19774	0.21460	0.23268	0.25206

inv α=tanα-α

min(′)	47°	48°	49°	50°	51°
0	0.25206	0.27285	0.29516	0.31909	0.34478
1	0.25240	0.27321	0.29554	0.31950	0.34522
2	0.25273	0.27357	0.29593	0.31992	0.34567
3	0.25307	0.27393	0.29631	032033	0.34611
4	0.25341	0.27429	0.29670	0.32075	0.34656
5	0.25374	0.27465	0.29709	0.32116	0.34700
6	0.25408	0.27501	0.29749	0.32157	0.34745
7	0.25442	0.27538	0.29786	0.32199	0.34790
8	0.25475	0.27574	0.29825	0.32241	0.34834
9	0.25509	0.27610	0.29864	0.32283	0.34879
10	0.25543	0.27646	0.29903	0.32324	0.34924
11	0.25577	0.27683	0.29942	0.32366	0.34969
12	0.25611	0.27719	0.29981	0.32408	0.35014
13	0.25645	0.27755	0.30020	0.32450	0.35059
14	0.25679	0.27792	0.30059	0.32492	0.35104
15	0.25713	0.27828	0.30098	0.32534	0.35149
16	0.25747	0.27865	0.30137	0.32576	0.35194
17	0.25781	0.27902	0.30177	0.32618	0.35240
18	0.25815	0.27938	0.30216	0.32661	0.35285
19	0.25849	0.27975	0.30255	0.32703	0.35330
20	0.25883	0.28012	0.30295	0.32745	0.35376
21	0.25918	0.28048	0.30334	0.32787	0.35421
22	0.25952	0.28085	0.30374	0.32830	0.35467
23	0.25986	0.28122	0.30413	0.32872	0.35512
24	0.26021	0.28159	0.30453	0.32915	0.35558
25	0.26055	0.28196	0.30492	0.32957	0.35604
26	0.26089	0.28233	0.30532	0.33000	0.35649
27	0.26124	0.28270	0.30572	0.33042	0.35695
28	0.26159	0.28307	0.30611	0.33085	0.35741
29	0.26193	0.28344	0.30651	0.33128	0.35787

inv α=tanα-α

min(′)	47°	48°	49°	50°	51°
30	0.26228	0.28381	0.30691	0.33171	0.35833
31	0.26262	0.28418	0.30731	0.33213	0.35879
32	0.26297	0.28455	0.30771	0.33256	0.35925
33	0.26332	0.28493	0.30811	0.33299	0.35971
34	0.26367	0.28530	0.30851	0.33342	0.36017
35	0.26401	0.28567	0.30891	0.33385	0.36063
36	0.26436	0.28605	0.30931	0.33428	0.36110
37	0.26471	0.28642	0.30971	0.33471	0.36156
38	0.26506	0.28680	0.31012	0.33515	0.36202
39	0.26541	0.28717	0.31052	0.33558	0.36249
40	0.26576	0.28755	0.31092	0.33601	0.36295
41	0.26611	0.28792	0.31133	0.33645	0.36342
42	0.26646	0.28830	0.31173	0.33688	0.36388
43	0.26682	0.28868	0.31214	0.33731	0.36435
44	0.26717	0.28906	0.31254	0.33775	0.36482
45	0.26752	0.28943	0.31295	0.33818	0.36529
46	0.26787	0.28981	0.31135	0.33862	0.36575
47	0.26823	0.29019	0.31376	0.33903	036622
48	0.26858	0.29057	0.31417	0.33949	0.36669
49	0.26893	0.29095	0.13457	0.33993	0.36716
50	0.26929	0.29133	0.31498	0.34037	0.36763
51	0.26964	0.29171	0.31539	0.34081	0.36810
52	0.27000	0.29209	0.31580	0.34125	0.36858
53	0.27035	0.29247	0.31621	0.34169	0.36905
54	0.27071	0.29286	0.31662	0.34213	0.36952
55	0.27107	0.29324	0.31703	0.34257	0.36999
56	0.27142	0.29362	0.31744	0.34301	0.37047
57	0.27178	0.29400	0.31785	0.34345	0.37094
58	0.27214	0.29439	0.31826	0.34389	0.37142
59	0.27250	0.29477	0.31868	0.34434	0.37189
60	0.27285	0.29516	0.31909	0.34478	0.37237

inv α=tanα-α

min(′)	52°	53°	54°	55°	56°
0	0.37237	0.40202	0.43390	0.46822	0.50518
1	0.37285	0.40253	0.43446	0.46881	0.50582
2	0.37332	0.40305	0.43501	0.46940	0.50646
3	0.37380	0.40356	0.43556	0.47000	0.50710
4	0.37428	0.40407	0.43611	0.47060	0.50774
5	0.37476	0.40459	0.43667	0.47119	0.50838
6	0.37524	0.40511	0.43722	0.47179	0.50903
7	0.37572	0.40562	0.43778	0.47239	0.50967
8	0.37620	0.40614	0.43833	0.47299	0.51032
9	0.37668	0.40666	0.43889	0.47359	0.51096
10	0.37716	0.40717	0.43945	0.47419	0.51161
11	0.37765	0.40769	0.44001	0.47479	0.51226
12	0.37813	0.40821	0.44057	0.47539	0.51291
13	0.37861	0.40873	0.44113	0.47599	0.51356
14	0.37910	0.40925	0.44169	0.47660	0.51421
15	0.37958	0.40977	0.44225	0.47720	0.51486
16	0.38007	0.41030	0.44281	0.47780	0.51551
17	0.38055	0.41082	0.44337	0.47841	0.51616
18	0.38104	0.41134	0.44393	0.47902	0.15682
19	0.38153	0.41187	0.44450	0.47962	0.51747
20	0.38202	0.41239	0.44506	0.48023	0.51813
21	0.38251	0.41292	0.44563	0.48084	0.51878
22	0.38299	0.41344	0.44619	0.48145	0.51944
23	0.38348	0.41397	0.44676	0.48206	0.52010
24	0.38397	0.41450	0.44733	0.48267	0.52076
25	0.38446	0.41502	0.44789	0.48328	0.52141
26	0.38496	0.41555	0.44846	0.48389	0.52207
27	0.38545	0.41608	0.44903	0.48451	0.52274
28	0.38594	0.41661	0.44960	0.48512	0.52340
29	0.38643	0.41714	0.45017	0.48574	0.52406

inv α=tanα-α

min(′)	52°	53°	54°	55°	56°
30	0.38693	0.41767	0.45074	0.48635	0.52472
31	0.38742	0.41820	0.45132	0.48697	0.52539
32	0.38792	0.41874	0.45189	0.48758	0.52605
33	0.38841	0.41927	0.45246	0.48820	0352672
34	0.38891	0.41980	0.45304	0.48882	0.52739
35	0.38941	0.42034	0.45361	0.48944	0.52805
36	0.38990	0.42087	0.45419	0.49006	0.52872
37	0.39040	0.42141	0345476	0.49068	0.52939
38	0.39090	0.42194	0.45534	0.49130	0.53006
39	0.39140	0.42248	0.45592	0.49192	0.53073
40	0.39190	0.42302	0.45650	0.49255	0.53141
41	0.39240	0.42355	0.45708	0.49317	0.53208
42	0.39290	0.42409	0.45766	0.49380	0.53275
43	0.39340	0.42463	0.45824	0.49442	0.53343
44	0.39390	0.42517	0.45882	0.49505	0.53410
45	0.39441	0.42571	0.45940	0.49568	0.53478
46	0.39491	0.42625	0.45998	0.49630	0.53546
47	0.39541	0.42680	0.46057	0.49693	0.53613
48	0.39592	0.42734	0.46115	0.49756	0.53681
49	0.29642	0.42788	0.46173	0.49819	0.53749
50	0.39693	0.42843	0.46232	0.49882	0.53817
51	0.39743	0.42897	0.46291	0.49945	0.53885
52	0.39794	0.42952	0.16349	0.50009	0.53954
53	0.39845	0.43006	0.46408	0.50072	0.54022
54	0.39896	0.43061	0.46467	0.50135	0.54090
55	0.39947	0.43116	0.46526	0.50199	0.54159
56	0.39998	0.43171	0.46585	0.50263	0.54228
57	0.40049	0.43225	0.46644	0.50326	0.54296
58	0.40100	0.43280	0.46703	0.50390	0.54365
59	0.40151	0.43335	0.46762	0.50454	0.54434
60	0.40202	0.43390	0.46822	0.50518	0.54503

inv α=tanα-α

min(′)	57°	58°	59°	60°	61°
0	0.54503	0.58804	0.63454	0.68485	0.73940
1	0.54572	0.58879	0.63534	0.68573	0.74034
2	0.54641	0.58954	0.63615	0.68660	0.74129
3	0.54710	0.59028	0.63693	0.68748	0.74224
4	0.54779	0.59103	0.63777	0.68835	0.74319
5	0.54849	0.59178	0.63858	0368923	0.74415
6	0.54918	0.59253	0.63939	0.69011	0.74510
7	0.54988	0.59328	0.64020	0.69099	0.74606
8	0.55057	0.59403	0.64102	0.69187	0.74701
9	0.55127	0.59479	0.64183	0.69275	0.74797
10	0.55197	0.59554	0.64265	0.69364	0.74893
11	0.55267	0.59630	0.64346	0.69452	0.74989
12	0.55337	0.59705	0.64428	0.69541	0.75085
13	0.55407	0.59781	0.64510	0.69630	0.75184
14	0.55477	0.59857	0.64592	0.69719	0.75278
15	0.55547	0.59933	0.64674	0.69808	0.75375
16	0.55618	0.60009	0.64756	0.69897	0.75471
17	0.55688	0.60085	0.64839	0.69986	0.75568
18	0.55759	0.60161	0.64921	0.70075	0.75665
19	0.55829	0.60237	0.65004	0.70165	0.75762
20	0.55900	0.60314	0.65086	0.70254	0.75859
21	0.55971	0.60390	0.65469	0.70344	0.75957
22	0.56042	0.60467	0.65252	0.70434	0.76054
23	0.56113	0.60544	0.65335	0.70524	0.76152
24	0.56184	0.60620	0.65418	0.70614	0.76250
25	0.56255	0.60697	0.65501	0.70704	0.76348
26	0.56326	0.60774	0.65585	0.70794	0.76446
27	0.56398	0.60851	0.65668	0.70885	0.76544
28	0.56469	0.60929	0.65752	0.70975	0.76642
29	0.56540	0.61006	0.65835	0.71066	0.76741

inv α=tanα-α

min(′)	57°	58°	59°	60°	61°
30	0.56612	0.61083	0.65919	0.71157	0.76839
31	0.56684	0.61161	0.66003	0.71248	0.76938
32	0.56756	0.61239	0.66087	0.71339	0.77037
33	0.56828	0.61316	0.66171	0.71430	0.77136
34	0.56900	0.61394	0.66255	0.71521	0.77235
35	0.56972	0.61472	0.66340	0.71613	0.77334
36	0.57044	0.61550	0.66424	0.71704	0.77434
37	0.57116	0.61628	0.66509	0.71796	0.77533
38	0.57188	0.61706	0.66593	0.71888	0.77633
39	0.57261	0.61785	0.66678	0.71980	0.77733
40	0.57333	0.61863	0.66763	0.72072	0.77833
41	0.57406	0.61942	0.66848	0.72164	0.77933
42	0.57479	0.62020	0.66933	0.72256	0.78033
43	0.57552	0.62099	0.67019	0.72349	0.78134
44	0.57625	0.62178	0.67104	0.72441	0.78234
45	0.57698	0.62257	0.67189	0.72534	0.78335
46	0.57771	0.62336	0.67275	0.72627	0.78436
47	0.57844	0.62415	0.67361	0.72720	0.78537
48	0.57917	0.62494	0.67447	0.72813	0.78638
49	0.57991	0.62574	0.67532	0.72906	0.78739
50	0.58064	0.62653	0.67618	0.72999	0.78841
51	0.58138	0.62733	0.67705	0.73093	0.78942
52	0.58211	0.62812	0.67791	0.73186	0.79044
53	0.58285	0.62892	0.67877	0.73280	0.79146
54	0.58359	0.62972	0.67964	0.73374	0.79247
55	0.58433	0.63052	0.68050	0.73468	0.79350
56	0.58507	0.63132	0.68137	0.73562	0.79425
57	0.58581	0.63212	0.68224	0.73656	0.79554
58	0.58656	0.63293	068311	0.73751	0.79657
59	0.58730	0.63373	0.68398	0.73845	0.79759
60	0.58804	0.63454	0.68485	0.73940	0.79862

inv α=tanα-α

min(′)	62°	63°	64°	65°	66°
0	0.79862	0.86305	0.93329	1.01004	1.09412
1	0.79965	0.86417	0.93452	1.01138	1.09559
2	0.80068	0.86530	0.93574	1.01272	1.09706
3	0.80172	0.86642	0.93697	1.01407	1.09853
4	0.80275	0.86755	0.93820	1.01541	1.10001
5	0.80378	0.83835	0.93943	1.01676	1.10149
6	0.80482	0.86980	0.94066	1.01811	1.10297
7	0.80586	0.87094	0.94190	1.01946	1.10445
8	0.80690	0.87207	0.94313	1.02081	1.10593
9	0.80794	0.87320	0.94437	1.02217	1.10742
10	0.80898	0.87434	0.94561	1.02352	1.10891
11	0.81003	0.87548	0.94685	1.02488	1.11040
12	0.81107	0.87662	0.94810	1.02624	1.11190
13	0.81212	0.87776	0.94934	1.02761	1.11339
14	0.81317	0.87890	0.95059	1.02897	1.11489
15	0.81422	0.88004	0.95184	1.03034	1.11639
16	0.84527	0.88119	0.95309	1.03171	1.11790
17	0.81632	0.88234	0.95434	1.03308	1.11940
18	0.81738	0.88349	0.95560	1.03446	1.12091
19	0.81844	0.88464	0.95686	1.03583	1.12242
20	0.81949	0.88579	0.95812	1.03721	1.12393
21	0.82055	0.88694	0.95938	1.03859	1.12545
22	0.82161	0.88810	0.96064	1.03997	1.12697
23	0.82267	0.88926	0.96190	1.04136	1.12849
24	0.82374	0.89042	0.96317	1.04274	1.13001
25	0.82480	0.89158	0.96444	1.04413	1.1.154
26	0.82587	0.89274	0.96571	1.04552	1.13306
27	0.82694	0.89390	0.96698	1.04692	1.13459
28	0.82801	0.89507	0.96825	1.04831	1.13613
29	0.82908	0.89624	0.96953	1.04971	1.13766

inv α=tanα-α

min(′)	62°	63°	64°	65°	66°
30	0.83015	0.89741	0.97081	1.05111	1.13920
31	0.83123	0.89858	0.97209	1.05251	1.14074
32	0.83230	0.89975	0.97337	1.05391	1.14228
33	0.85338	0.90092	0.97465	4.05532	1.14383
34	0.83446	0.90210	0.97594	1.05673	1.14537
35	0.83554	0.90328	0.97722	1.05814	1.14692
36	0.83662	0.90446	0.97851	1.05955	1.14847
37	0.83770	0.90564	0.97980	1.06097	1.15003
38	0.83879	0.90682	0.98110	1.06238	1.15159
39	0.83987	0.90801	098239	1.06380	1.15315
40	0.84096	0.90919	0.98369	1.06522	1.15471
41	0.84205	0.91038	0.98499	1.06665	1.15627
42	0.84314	0.91157	0.98629	1.06807	1.15784
43	0.84424	0.91276	0.98759	1.06950	1.15941
44	0.84533	0.91396	0.98890	1.07093	1.16098
45	0.84643	0.91515	0.99020	1.07236	1.16256
46	0.84752	0.91635	0.99151	1.07380	1.16413
47	0.84862	0.91755	0.99282	1.07524	1.16571
48	0.84972	0.91875	0.99413	1.07667	1.16729
49	0.85082	0.91995	0.99545	1.07812	1.16888
50	0.85193	0.92115	0.99677	1.07956	1.17047
51	0.85303	0.62236	0.99808	1.08100	1.17206
52	0.85414	0.92357	0.99941	1.08245	1.17365
53	0.85525	0.92478	1.00073	1.08390	1.17524
54	0.85636	0.92599	1.00205	1.08536	1.17684
55	0.85747	0.92720	1.00338	1.08681	1.17844
56	0.85858	0.92842	1.00471	1.08827	1.18004
57	0.85970	0.92963	1.00604	1.08973	1.18165
58	0.86082	0.93085	1.00737	1.09119	1.18326
59	0.86193	0.93207	1.00871	1.09265	1.18487
60	0.86305	0.93329	1.01004	1.09412	1.18648

inv α=tanα-α

min(′)	67°	68°	69°	70°	71°
0	1.18648	1.28826	1.40081	1.52575	1.66503
1	1.18810	1.29005	1.40279	1.52794	1.66748
2	1.18972	1.29183	1.40477	1.53015	1.66994
3	1.19134	1.29362	1.40675	1.53235	1.67241
4	1.19296	1.29541	1.40874	1.53456	1.67488
5	1.19459	1.29721	1.41073	1.53678	1.67735
6	1.19622	1.29901	1.41272	1.53899	1.67983
7	1.19785	1.30081	1.41472	1.54122	1.68232
8	1.19948	1.30262	1.41672	1.54344	1.68480
9	1.20112	1.30442	1.41872	1.54567	1.68730
10	1.20276	1.30623	1.42073	1.54791	1.68980
11	1.20440	1.30805	1.42274	1.55014	1.69230
12	1.20604	1.30986	1.42475	1.55239	1.69481
13	1.20769	1.31168	1.12677	1.55463	1.69732
14	1.20934	1.31351	1.42879	1.55688	1.69984
15	1.21100	1.31533	1.43081	1.55914	1.70236
16	1.21265	1.31716	1.43284	1.56140	1.70488
17	1.21431	1.31899	1.43487	1.56366	1.70742
18	1.21597	1.32083	1.43691	1.56593	1.70995
19	1.21763	1.32267	1.43895	1.56820	1.71249
20	1.21930	1.32451	1.44099	1.57047	1.71504
21	1.22097	1.32635	1.44304	1.57275	1.71759
22	1.22264	1.32820	1.44509	1.57503	1.72015
23	1.22432	1.33005	1.44714	1.57732	1.72271
24	1.22599	1.33191	1.44920	1.57961	1.72527
25	1.22767	1.33376	1.45126	1.58491	1.72785
26	1.22936	1.33562	1.45332	1.58421	1.73042
27	1.23104	1.33749	1.45539	1.58652	1.73300
28	1.23273	1.33935	1.45746	1.58882	1.73559
29	1.23442	1.34122	1.45954	1.59114	1.73818

inv α=tanα-α

min(′)	67°	68°	69°	70°	71°
30	1.23612	1.34310	1.46162	1.59346	1.74077
31	1.23781	1.34497	1.46370	1.59578	1.74338
32	1.23951	1.34685	1.46579	1.59810	1.74598
33	1.24122	1.34874	1.46788	1.60043	1.74859
34	1.24292	1.35062	0.46997	1.60277	1.75121
35	1.24463	1.35251	1.47207	1.60511	1.75383
36	1.24634	1.35440	1.47417	1.60745	1.75646
37	1.24805	1.35630	1.47627	1.60980	1.75909
38	1.24977	1.35820	1.47838	1.61215	1.76172
39	1.25149	1.36010	1.48050	1.61451	1.76436
40	1.25321	1.36201	1.48261	1.61687	1.76701
41	1.25494	1.36391	1.48473	1.61923	1.76966
42	1.25666	1.36583	1.48686	1.62160	1.77232
43	1.25839	1.36774	1.48898	1.62398	1.77498
44	1.26013	1.36966	1.49112	1.62636	1.77765
45	1.26187	1.37158	1.49325	1.62874	1.78035
46	1.26360	1.37351	1.49539	1.63113	1.78300
47	1.26535	1.37544	1.49753	1.63352	1.78568
48	1.26709	1.37737	1.49968	1.63592	1.78837
49	1.26884	1.37930	1.50183	1.63832	1.79106
50	1.27059	1.38124	1.50399	1.64072	1.79376
51	1.27235	1.38318	1.50614	1.64313	1.79647
52	1.27410	1.38513	1.50831	1.64555	1.79918
53	1.27586	1.38708	1.51047	1.64797	1.80189
54	1.27762	1.38903	1.51264	1.65039	1.80461
55	1.27936	1.39098	1.51482	1.65282	1.80734
56	1.28116	1.39294	1.51700	1.65525	1.81007
57	1.28293	1.39490	1.51918	1.65769	1.81280
58	1.28470	1.39687	1.52136	1.60013	1.81555
59	1.28648	1.39884	1.52355	1.66258	1.81829
60	1.28826	1.40081	1.52575	1.66503	1.82105

$inv\ \alpha = \tan\alpha - \alpha$

min(′)	72°	73°	74°	75°	76°
0	1.82105	1.99676	2.19587	2.42305	2.68433
1	1.82380	1.99988	2.19941	2.42711	2.68902
2	1.82657	2.00300	2.20296	2.43118	2.69371
3	1.82934	2.00613	2.20652	2.43525	2.69842
4	1.83211	2.00926	2.21008	2.43934	2.70314
5	1.83489	2.01240	2.21366	2.44343	2.70787
6	1.83768	2.01555	2.21724	2.44753	2.71262
7	1.84047	2.01871	2.22083	2.45165	2.71737
8	1.84326	2.02187	2.22442	2.45577	2.72214
9	1.84607	2.02504	2.22803	2.45990	2.72692
10	1.84888	2.02821	2.23164	2.46405	2.73171
11	1.85169	2.03139	2.23526	2.46820	2.73651
12	1.85451	2.03458	2.23889	2.47236	2.74133
13	1.85733	2.03777	2.24253	2.47653	2.74616
14	1.86016	2.04097	2.24617	2.48071	2.75100
15	1.86300	2.04418	2.24983	2.48491	2.75585
16	1.86584	2.04740	2.25349	2.48911	2.76071
17	1.86869	2.05062	2.25716	2.49332	2.76559
18	1.87154	2.05385	2.26083	2.49754	2.77048
19	1.87440	2.05708	2.26452	2.50177	2.77538
20	1.87726	2.06032	2.26821	2.50601	2378029
21	1.88014	2.06357	2.27192	2.51027	2.78522
22	1.88301	2.06683	2.27563	2.51453	2.79016
23	1.88589	2.07709	2.27935	2.51880	2.79511
24	1.88878	2.07336	2.28307	2.52308	2.80007
25	1.89167	2.07664	2.28681	2.52737	2.80505
26	1.89457	2.07992	2.29055	2.53168	2.81004
27	1.89748	2.08321	2.29430	2.53599	2.81504
28	1.90039	2.08651	2.29807	2.54031	2.82006
29	1.90331	2.08981	2.30184	2.54465	2.82508

inv α=tanα-α

min(′)	72°	73°	74°	75°	76°
30	1.90623	2.09313	2.30561	2.54899	2.83012
31	1.90916	2.09645	2.30940	2.55334	2.83518
32	1.91210	2.09977	2.31319	2.55771	2.84024
33	1.91504	2.10310	2.31700	2.56208	2.84532
34	1.91798	2.10644	2.32081	2.56647	2.85041
35	1.92094	2.10979	2.32463	2.57087	2.85552
36	1.92389	2.11315	2.32846	2.57527	2.86064
37	1.92686	2.11651	2.33230	2.57969	2.86577
38	1.92983	2.11988	2.33615	2.58412	2.87092
39	1.93281	2.12325	2.34000	2.58856	2.87607
40	1.93579	2.12664	2.34387	2.59301	2.88125
41	1.93878	2.13003	2.34774	2.59747	2.88643
42	1.94178	2.13343	2.35162	2.60194	2.89163
43	1.94478	2.13683	2.35551	2.60642	2.89684
44	1.94779	2.14024	2.35941	2.61092	2.60207
45	1.95080	2.14366	2.36332	2.61542	2.90731
46	1.95382	2.14709	2.36724	2.61994	2.91256
47	1.95685	2.15053	2.37117	2.62446	2.91783
48	1.95988	2.15397	2.37511	2.62900	2.92311
49	1.96292	2.15742	2.37905	2.63355	2.92840
50	1.96596	2.16088	2.38300	2.63811	2.93371
51	1.96901	2.16434	2.38697	2.64268	2.93903
52	1.97207	2.16781	2.39094	2.64726	2.94437
53	1.97514	2.17130	2.39492	2.65186	2.94972
54	1.97821	2.17478	2.93891	2.65646	2.95509
55	1.98128	2.17828	2.40291	2.66108	2.96046
56	1.98437	2.18178	2.40692	2.66571	2.96586
57	1.98746	2.18529	2.41094	2.67034	2.97126
58	1.99055	2.18881	2.41497	2.67500	2.97669
59	1.99365	2.19234	2.41901	2.67966	2.98212
60	1.99676	2.19587	2.42305	2.68433	2.98757

$\text{inv}\ \alpha = \tan\alpha - \alpha$

min(′)	77°	78°	79°	80°	81°
0	2.98757	3.34327	3.76574	4.27502	4.90003
1	2.99304	3.34972	3.77345	4.28439	4.91165
2	2.99852	3.35619	3.78119	4.29379	4.92331
3	3.00401	3.36267	3.78895	4.30323	4.93502
4	3.00952	3.36918	3.79673	4.31270	4.94677
5	3.01504	3.37570	3.80454	4.32220	4.95856
6	3.02058	3.38224	3.81237	4.33173	4.97040
7	3.02613	3.38880	3.82023	4.34130	4.98229
8	3.03170	3.39538	3.82811	4.35090	4.99422
9	3.03728	3.40197	3.83601	4.36053	5.00620
10	3.04288	3.40859	3.84395	4.37020	5.01822
11	3.04849	3.41523	3.85190	4.37990	5.03029
12	3.05412	3.42188	3.85988	4.38963	5.04240
13	3.05977	3.42856	3.86789	4.39940	5.05456
14	3.06542	3.43525	3.87592	4.40920	5.06677
15	3.07110	3.44197	3.88398	4.41903	5.07902
16	3.07679	3.44870	3.89206	4.42890	5.09133
17	3.08249	3.45545	3.90017	4.43880	5.10368
18	3.08821	3.46222	3.90830	4.44874	5.11608
19	3.09395	3.46902	3.91646	4.45871	5.12852
20	3.09970	3.47583	3.92465	4.46872	5.14102
21	3.10546	3.48266	3.93286	4.47877	5.15356
22	3.11125	3.48952	3.94110	4.48885	5.16616
23	3.11704	3.49639	3.94937	4.49896	5.17880
24	3.12286	3.50328	3.95766	4.50911	5.19149
25	3.12869	3.51020	3.96598	4.51930	5.20424
26	3.13453	3.51713	3.97433	4.52952	5.21703
27	3.14040	3.52408	3.98270	4.53978	5.22987
28	3.14627	3.53106	3.99110	4.55007	5.24277
29	3.15217	3.53806	3.99953	4.56041	5.25572

inv α=tanα-α

min(′)	77°	78°	79°	80°	81°
30	3.15808	3.54507	4.00798	4.57077	5.26871
31	3.16401	3.55211	4.01646	4.58118	5.28176
32	3.16995	3.55917	4.02497	4.59162	5.29486
33	3.17591	3.56625	4.03351	4.60210	5.30802
34	3.18188	3.57335	4.04207	4.61262	5.32122
35	3.18788	3.58047	4.05067	4.62318	5.33448
36	3.19389	3.58762	4.05929	4.63377	5.34780
37	3.19991	3.59478	4.06794	4.64441	5.36117
38	3.20595	3.60197	4.07662	4.65508	5.37459
39	3.21201	3.60918	4.08532	4.66579	5.38806
40	3.21809	3.61641	4.09406	4.67654	5.40159
41	3.22418	3.62366	4.10282	4.68733	5.41518
42	3.23029	3.63094	4.11162	4.69816	5.42882
43	3.23642	3.63823	4.12044	4.70902	5.44251
44	3.24257	3.64555	4.12929	4.71993	5.45626
45	3.24873	3.65289	4.13817	4.73088	5.47007
46	3.25491	3.66026	4.14708	4.74186	5.48394
47	3.26110	3.66764	4.15602	4.75289	5.49786
48	3.26732	3.67505	4.16499	4.76396	5.51184
49	3.27355	3.68248	4.17399	4.77507	5.52588
50	3.27980	3.68993	4.18302	4.78622	5.53997
51	3.28606	3.69741	4.19208	4.79741	5.55413
52	3.29235	3.70491	4.20118	4.80865	5.56834
53	3.29865	3.71243	4.21030	4.81992	5.58261
54	3.30497	3.71998	4.21945	4.83124	5.59694
55	3.31131	3.72755	4.22863	4.84260	5.61133
56	3.31767	3.73514	4.23785	4.85400	5.62578
57	3.32404	3.74275	4.24709	4.86544	5.64030
58	3.33043	3.75039	4.25637	4.87693	5.65487
59	3.33684	3.75806	4.26568	4.88846	5.66950
60	3.34327	3.76574	4.27502	4.90003	5.68420

기어감속장치 설계 계산

[설계 조건 및 사양]

정격출력 : 3.7kw, 회전속도(동기속도) 1500rpm인 유도전동기로 접속하고 회전속도를 약 1/17.5로 감속시키는 조건에서 연속적인 운전을 하지만 특별한 부하변동이나 충격은 없는 것으로 가정한다. 그리고 기어는 표준 스퍼기어를 이용하여 설계한다.

9-1. 기구의 결정

스퍼기어를 사용하여 감속하므로 2단 변속으로 하고 후단은 전단보다 토크가 크게 되므로 모듈 1/17.5을 크게 한다. 감속장치를 소형으로 하기 위해서 입력축과 출력축을 동일 중심선상에 배치한다.

기어의 재료는 SM43C를 사용하고 형상 및 치수는 [스퍼기어의 각부 치수의 예]에 따르고 서로 맞물리는 기어의 모듈과 잇수를 결정한다. 그리고 베어링은 단열 깊은 홈 볼 베어링의 규격에서 선정하며 기어열의 구상도를 다음과 같이 예시한다.

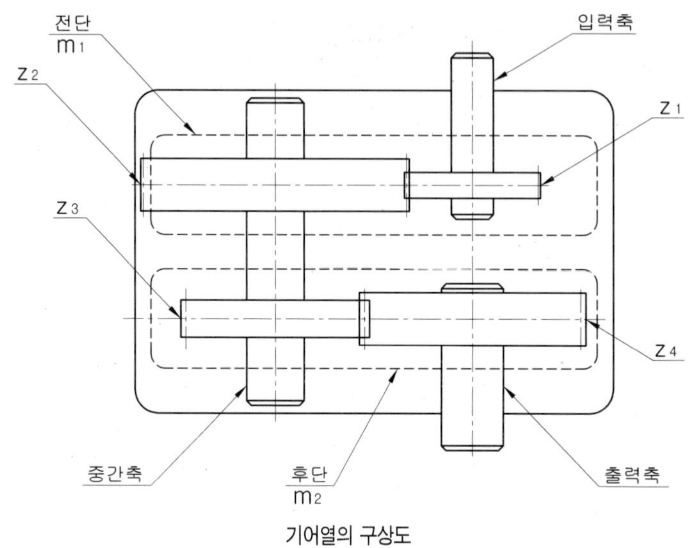

기어열의 구상도

9-2. 기어의 모듈과 잇수

설계의 순서로 먼저 감속기어의 잇수 및 모듈을 가정하고 그 가정이 적절한지 부적절한지를 검토하여 결정한다.

입력축과 출력축을 동일 중심선상에 배치하기 위해서는 입력축과 중간축의 중심거리와 중간축과 출력축의 중심거리는 동일하게 하지 않으면 안된다. 그러므로 기어축의 중심거리를 a[mm], 입력측 기어의 모듈을 m_1[mm], 잇수를 z_1, z_2, 출력측 기어의 모듈을 m_2[mm], 잇수를 z_3, z_4라고 한다면 아래의 공식이 성립된다.

$$a = \frac{m_1(z_1+z_2)}{2} = \frac{m_2(z_3+z_4)}{2} \quad \cdots\cdots\cdots\cdots ①$$

m_1=3mm, m_1=4mm로 가정하고 z_1과 z_3를 18로 하면 식 ①은 다음과 같이 된다.

$$\frac{3(18+z_2)}{2} = \frac{4(18+z_4)}{2}$$

$$54+3z_2 = 72+4z_4$$

$$18-3z_2+4z_4 = 0 \quad \cdots\cdots\cdots\cdots ②$$

또, 속도전달비 i는,

$$i = \frac{z_2}{z_1} \times \frac{z_4}{z_3} = \frac{z_2}{18} \times \frac{z_4}{18} = 17.5 \quad \cdots\cdots\cdots\cdots ③$$

식 ②, ③의 두 개의 조건으로부터 z_2, z_4를 구하고 z_1과 z_3와 맞물리도록 잇수를 선택하면 z_2=90°, z_4=63을 구할 수 있다. 이 잇수로부터 속도 전달비를 구하면,

$$i = \frac{z_2}{z_1} \times \frac{z_4}{z_3} = \frac{90}{18} \times \frac{63}{18} = \frac{5670}{324} = 17.5$$

결국, 설계 요구 조건을 만족하고 있다.
따라서 기어축의 중심거리 a는 다음과 같은 식이 된다.

$$a_1 = \frac{m_1(z_1 + z_2)}{2} = \frac{3(18+90)}{2} = 162 \ [\text{mm}]$$

$$a_2 = \frac{m_2(z_3 + z_4)}{2} = \frac{4(18+63)}{2} = 162 \ [\text{mm}]$$

이 결과 입력축과 출력축은 동일 중심선상에 있다는 것을 알 수 있다.

9-3. 축과 베어링의 설계

축은 길이가 비교적 짧기 때문에 허용 비틀림 응력을 25MPa로 하는 것으로 하고 강성이나 굽힘강도에 대해서는 고려하지 않는 것으로 한다. 베어링은 보통의 사용시간이고 특별한 충격이나 추력은 발생하지 않는 것으로 설정하고 단열 깊은 홈 볼베어링(62계열)에서 선택하는 것으로 한다.

① 입력축

일반적으로 3.7kw의 유도전동기의 축지름은 28mm로 되어 있으므로 이것에 맞추어 축지름 d1=28mm로 한다. 여기서 유도전동기의 회전속도에 4%의 미끄럼(슬립)이 있는 것으로 하여 n_1=1500×(1-0.04)=1440[rpm]으로 한다. 그리고, 축에 발생하는 응력 τ를 계산해 보면,

$$\tau = 48.6 \times 10^3 \frac{P}{d_1^3 n_1} = 48.6 \times 10^3 \times \frac{3.7 \times 10^3}{28^3 \times 1440} = 5.96 \ [\text{MPa}]$$

로 되어 허용응력 25MPa보다 작으므로 안전하다고 볼 수 있다.
베어링은 [레이디얼 볼 베어링]의 규격에 의해 호칭번호 6207(안지름 35mm)로 한다.

② 출력축

출력축의 회전속도 n_{III}[rpm], 축지름 d_{III}[mm]로 하면 출력축 지름은,

$$n_{III} = n_I \times \frac{z_1}{z_2} \times \frac{z_3}{z_4} = 1440 \times \frac{18}{90} \times \frac{18}{63} = 82.3 \ [\text{rpm}]$$

$$d_{III} = 36.5 \times \sqrt[3]{\frac{P}{t_a n_{III}}} = 36.5 \times \sqrt[3]{\frac{3.7 \times 10^3}{25 \times 82.3}} = 44.4 = 45 \ [\text{mm}]$$

베어링은 호칭번호 6211(안지름 55mm)를 사용한다.

③ 중간축

중간축의 회전속도 **n**$_{II}$[rpm], 축지름 **d**$_{II}$[mm]로 하면,

$$n_{II} = n_I \frac{z_1}{z_2} = 1440 \times \frac{18}{90} = 288 \ \text{[rpm]}$$

$$d_{II} = 36.5 \times \sqrt[3]{\frac{P}{t_a n_{II}}} = 36.5 \times \sqrt[3]{\frac{3.7 \times 10^3}{25 \times 288}} = 29.2 = 30 \ \text{[mm]}$$

중간축은 입출력 축보다 길고 입력측 대기어와 출력측 소기어가 장착되어있기 때문에 계산값보다도 큰 값인 **d**$_{II}$=45[mm]로 한다.

베어링은 호칭번호 6209 (안지름 45mm)를 적용한다.

9-4 기어의 설계

스퍼기어의 설계에 기초하여 잇수를 결정할 때에 가정한 입력측과 출력측의 기어의 모듈이 이의 강도에서 충분한지 여부를 검토한다. 여기서는 기어가 장시간 연속운전 조건이라는 점을 고려하여 치면강도에 의한 것으로 한다.

① 입력측 기어의 모듈

모듈 **m**$_1$=3mm, 잇수 **z**$_1$=18로 가정했으므로 기어의 주속도 **v**$_1$[m/s], 피치원직경을 로 **d**$_1$[mm]로 하면

$$v_1 = \frac{p d_1 n_1}{60 \times 1000} = \frac{p \times 3 \times 18 \times 1440}{60 \times 1000} = 4.07 \ \text{[m/s]}$$

이에 작용하는 원주력 **F**$_1$은

$$F_1 = \frac{P}{v_1} = \frac{3.7 \times 10^3}{4.07} = 909 \ \text{[N]이 된다.}$$

기어의 치면강도로 부터 원주력 **F**$_1$=909[N]을 전달할 때에 발생하는 접촉응력 σ_H[MPa]를 구하면,

$$\sigma_H = \sqrt{\frac{F_1}{d_1 b} \cdot \frac{u_1 + 1}{u_1}} Z_H Z_E \sqrt{K_A} \sqrt{K_V S_H}$$

소기어의 피치원직경 **d**=**m**$_1$**z**$_1$=3×18=54[mm]

기어 **b**는 치폭계수 **K**=10 으로 하면 **m**$_1$=3mm가 되기 때문에 **b**=**K**·**m**에 의해

대기어는 32mm, 소기어는 35mm로 하고 맞물림 치폭 **b**=32mm가 된다.

항목	계산식
잇수비	$u_1 = \dfrac{z_2}{z_1} = \dfrac{90}{18} = 5.00$
영역계수	$Z_H = 2.49$
재료정수계수	$Z_E = 189.8$ MPa
사용계수	$K_A = 1$ (균일 부하로 한다)
동하중계수	$K_V = 1.2$
치면강도의 안전율	$S_H = 1.0$
S_H	$S_H = \sqrt{\dfrac{909}{54 \times 32} \times \dfrac{5.00+1}{5.00}} \times 2.49 \times 189.8 \times \sqrt{1 \times 1.2} \times 1.0 = 411$ [MPa]

이의 강도를 증가시키기 위해서 고주파열처리한 기어를 사용하면 SM43C에서는 치면강도 **HV**=520, 허용접촉응력 σ_{Hlim}=885**MPa**이 되므로, $\sigma_H < \sigma_{Hlim}$이 되어 안전하다.

이상으로 m_1=3mm로 결정한다.

② 출력측 기어의 모듈

모듈 m_2를 4mm로 가정한다면 주속도는,

$$v_3 = \frac{p m_2 z_3 n_{III}}{60 \times 1000} = \frac{p \times 4 \times 18 \times 288}{60 \times 1000} = 1.09 \ \ \text{[m/s]}$$

$$F_2 = \frac{P}{v_2} = \frac{3.7 \times 10^3}{1.09} = 3394 \ \ \text{[N]}$$

입력측의 기어와 동일하게 원주력 F_2=3394[N]을 전달할 때에 발생하는 접촉응력 σ_H[MPa]를 구해서 모듈 m_2을 결정한다.

소기어의 피치원 직경 $d=m_2 z_3$=4×18=72[mm]

치폭 **b**는 입력측의 기어와 동일하게 **K**=10으로 하면 대기어는 40mm, 소기어는 45mm로 되고 맞물리는 치폭 **b**=40mm가 된다.

잇수비 $u_2 = \dfrac{z_4}{z_3} = \dfrac{63}{18} = 3.50$

각 계수 및 안전율은 입력측과 동일한 값을 적용한다.

$$S_H = \sqrt{\frac{3394}{72 \times 40} \times \frac{3.50+1}{3.50}} \times 2.49 \times 189.8 \times \sqrt{1 \times 1.2} \times 1.0 = 637 \ \ \text{[MPa]}$$

출력측의 기어도 고주파열처리를 한 기어를 사용하므로 치면강도 **HV**=520, σ_{Hlim}=885**MPa**로 되어 안전하다.

따라서 모듈 m_2는 4mm로 결정한다.

③ 스퍼기어의 각부의 치수 예

기어의 형상은 아래 그림에서 큰기어는 웨브 부착 C형으로 하고 소기어는 치저원 직경이 작으므로 입력축 및 중간축과 각각 일체형으로 설계한다.

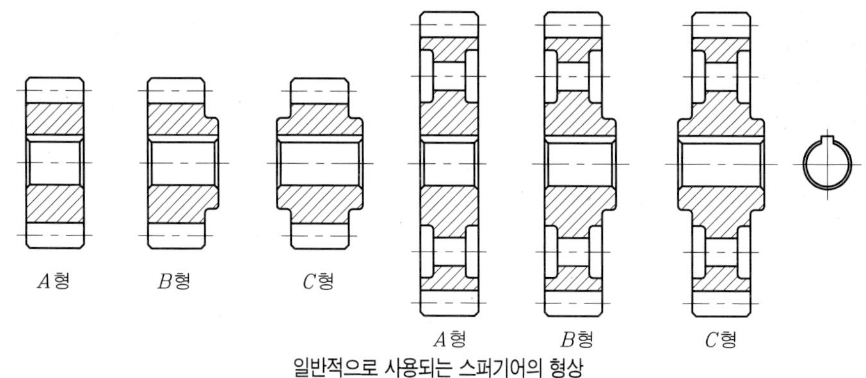

일반적으로 사용되는 스퍼기어의 형상

기어 각부의 치수는 다음과 같이 결정한다.

1) 입력측 대기어

단위 : mm

항목	계산식
피치원 직경	$d_2 = m_1 z_2 = 3 \times 90 = 270$
이끝원 직경	$d_{a2} = m_1(z_2 + 2) = 3 \times (90 + 2) = 276$
이뿌리원 직경	$d_{f2} = m_1(z_2 - 2.5) = 3 \times (90 - 2.5) = 262.5$
림(rim)의 두께	$l_{w2} = 3.15 m_1 = 3.15 \times 3 = 9.45 \fallingdotseq 9.5$
림(rim)의 내경	$d_{i2} = d_{f2} - 2 l_{w2} = 262.5 - 2 \times 9.5 = 243.5 \fallingdotseq 244$
허브(hub)의 구멍지름	중간축 베어링의 안지름이 45mm이므로 $d_{s2} = 50$ 으로 한다.
허브(hub)의 외형	$d_{h2} = d_{s2} + 7 t_2 = 50 + 7 \times 3.8 = 76.6 \fallingdotseq 80$ 으로 한다.
허브(hub)의 길이	$l_2 = b_2 + 2 m_1 + 0.04 d_2 = 32 + 2 \times 3 + 0.04 \times 270 = 48.8 \fallingdotseq 50$
보스의 두께	$b_{w2} = 3 m_1 = 3 \times 3 = 9 \fallingdotseq 10$
무게 감소 구멍의 중심원의 직경	$d_{c2} = 0.5(d_{i2} + d_{h2}) = 0.5 \times (244 + 80) = 162$
무게 감소 구멍의 직경	$d_{p2} = 0.25(d_{i2} - d_{h2}) = 0.25 \times (244 - 80) = 41 \fallingdotseq 45$
무게 감소 구멍의 수량	$n = 4$

2) 출력측 대기어

단위 : mm

항목	계산식
피치원 직경	$d_4 = m_2 z_4 = 4 \times 63 = 252$
이끝원 직경	$d_{a4} = m_2(z_4+2) = 4 \times (63+2) = 260$
이뿌리원 직경	$d_{f4} = m_2(z_4-2.5) = 4 \times (63-2.5) = 242$
림(rim)의 두께	$l_{w4} = 3.15\,m_2 = 3.15 \times 4 = 12.6 \fallingdotseq 13$
림(rim)의 내경	$d_{i4} = d_{f4} - 2\,l_{w4} = 242 - 2 \times 13 = 216$
허브(hub)의 구멍지름	출력축 베어링의 안지름이 55mm이므로 $d_{s4} = 60$ 으로 한다.
허브(hub)의 외형	$d_{h4} = d_{s4} + 7\,t_2 = 60 + 7 \times 4.4 = 90.8 \fallingdotseq 90$ 으로 한다.
허브(hub)의 길이	$l_4 = b_4 + 2\,m_2 + 0.04\,d_4 = 40 + 2 \times 4 + 0.04 \times 252 = 58.08 \fallingdotseq 60$
보스의 두께	$b_{w4} = 3\,m_2 = 3 \times 4 = 12$
무게 감소 구멍의 중심원의 직경	$d_{c4} = 0.5\,(d_{i4} + d_{h4}) = 0.5 \times (216 + 90) = 153$
무게 감소 구멍의 직경	$d_{p4} = 0.25\,(d_{i4} - d_{h4}) = 0.25 \times (216 - 90) = 31.5 \fallingdotseq 35$
무게 감소 구멍의 수량	$n = 4$

9-5. 기어박스의 설계

특별한 형상이나 치수의 경우에는 용접구조형이 있지만 일반적으로는 회주철제(GC200)를 많이 사용한다. 여기서는 주조에 의한 것으로 하고 다음과 같이 설계한다.

① 베어링의 중심에서 상부와 하부를 분할할 수 있도록 하고 조립, 분해, 점검 등이 쉬운 구조로 설계한다.

② 입출력축의 베어링 하우징은 기어박스와 일체형의 구조로 설계한다.

③ 윤활은 대기어의 이 끝에 주유되도록 하고, 기어박스 하부를 오일통으로서 오일빼기나 오일 게이지를 설계한다.

④ 기어박스의 상부에는 주유구를 겸한 점검창, 내부의 온도상승을 방지하기 위한 에어빼기를 설계한다.

제 9 장

■ 기어의 제원표

단위 : mm

항목		기호	입력측		출력측	
			소기어 ①	대기어 ②	소기어 ③	대기어 ④
기어의 형상			축과 일체형	웨브 부착 C형	축과 일체형	웨브 부착 C형
모듈		m	3		4	
잇수		z	18	90	18	63
치폭(이너비)		b	35	32	45	40
피치원 직경		d	54	270	72	252
이끝원 직경(치선원 직경)		d_a	-	276	-	260
이뿌리원 직경(치저원 직경)		d_f	-	262.5	-	242
림의 내경		d_i	-	244	-	216
허브	구멍지름	d_s	-	50	-	60
	외경	d_h	-	80	-	90
	길이	l	-	50	-	60
키	치수	$b \times h$	-	-	-	-
	홈의 깊이	t_2	-	-	-	-
웨브 두께		b_w	-	10	-	12
무게감소 구멍	내경	d_p	-	45	-	35
	중심원의 직경	d_c	-	162	-	153
	갯수	n	-	4	-	4

■ 스퍼기어 각부의 치수 예

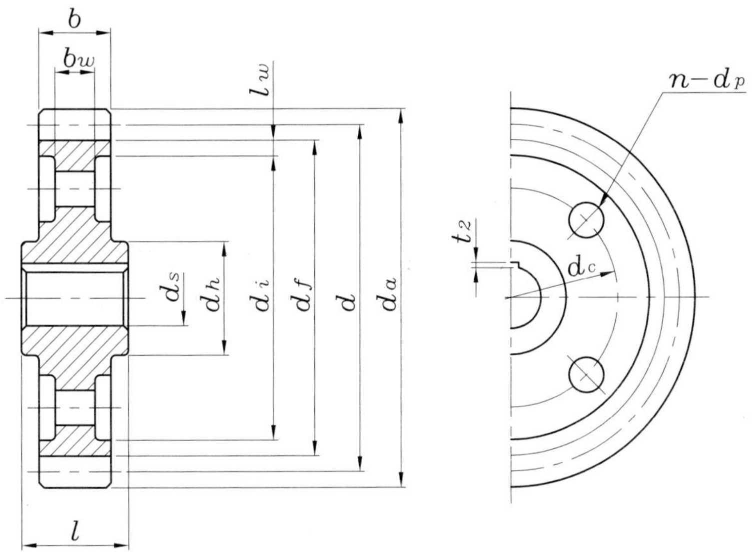

단위 : mm

항 목	기 호	설명 및 계산식
모듈	m	잇수 z, 피치원직경 $d=mz$
이너비(치폭)	b	$b=(6\ \ 10)m$
이끝원직경(치선원직경)	d_a	$d_a=m(z+2)$
이뿌리원 직경(치저원 직경)	d_f	$d_f=m(z-2.5)$
허브의 외경	d_h	강제 $d_h=d_s+7t_2$ (t_2 : 허브측 키홈의 깊이) 주철제 $d_h=(1.8\ \ 2.0)d_s$
허브의 구멍지름	d_s	계산값에 근접한 축지름의 규격에서 선택한다.
허브의 길이	l	$l=b+2m+0.04d$ $d=250$ mm 정도 까지 경하중인 경우에는 $l=b$ 로 해도 좋다.
림의 두께	l_w	$l_w=(2.5\sim3.15)m$
림의 내경	d_f	d_f-2l_w
웨브의 두께	b_w	$b_w=(2.4\sim3)m$
무게감소 구멍의 중심원 직경	d_c	$d_c=0.5(d_f+d_h)$
무게 감소 구멍의 직경	d_p	$d_p=0.25(d_f-d_h)$ 정도, 또는 이것에 근사한 드릴의 직경으로 해도 좋다. ∅16mm 이하는 뚫지 않는다. 주물빼기 구멍과 허브 및 림과의 사이는 1.5m 이상으로 한다.
무게 감소 구멍의 갯수	n	$n=4\sim6$

제
9
장

■ 레이디얼 볼 베어링의 기본동정격하중, 기본정정격하중의 예

[단위 : 100N] (100N 미만 절사)

		단열깊은홈형				복열자동조심형				단열앵귤러형			
		62		63		12		13		72		73	
		C	C_0	C	C_0	C	C_0	C	C_0	C	C_0	C	C_0
00	10	51	23	81	34	55	11	73	16	54	27	93	43
01	12	68	30	97	42	57	12	96	21	80	40	94	45
02	15	76	37	114	54	76	17	97	22	86	46	134	71
03	17	95	48	136	66	80	20	127	32	108	60	159	86
04	20	128	66	159	79	100	26	126	33	145	83	187	104
05	25	140	78	206	112	122	33	182	50	162	103	264	158
06	30	195	113	267	150	158	46	214	63	225	148	335	209
07	35	257	153	335	192	159	51	253	78	297	201	400	263
08	40	291	179	405	240	193	65	298	97	355	251	490	330
09	45	315	204	530	320	220	73	385	127	395	287	635	435
10	50	350	232	620	385	228	81	435	141	415	315	740	520
11	55	435	293	715	445	269	100	515	179	510	395	860	615
12	60	525	360	820	520	305	115	575	208	620	485	980	715
13	65	575	400	925	600	310	125	625	229	705	580	1110	820
14	70	620	440	1040	680	350	138	750	277	765	635	1250	935
15	75	660	495	1130	770	390	157	800	300	760	645	1360	1060
16	80	725	530	1230	865	400	170	890	330	890	760	1470	1190
17	85	840	620	1330	970	495	208	985	380	1030	890	1590	1330
18	90	960	715	1430	1070	575	235	1170	445	1180	1030	1710	1470
19	95	1090	820	1530	1190	640	271	1290	510	1280	1110	1830	1620
20	100	1220	930	1730	1410	695	297	1400	575	1440	1260	2070	1930

[주] 72, 73의 접촉각은 30° 의 것

제10장

#10

평기어 감속기의 설계

10-1. 설계 요구 조건

다음과 같은 조건의 평기어 감속기를 설계하시오.

① 형식 : 일단 평기어 형식

② 전동기 : 단상유도모터 4극×750W×50Hz

③ 감속비 : i=1/5

④ 사용 목적 : 식품가공 공장의 컨베이어 구동용으로 수평축에서 토크의 변동이 다소 있음

⑤ 수명시간 : 30,000 시간

10-2. 기구도

설계의 첫 번째 단계는 설계하고자 하는 기계의 구조 등을 나타내는 기구도를 그리는 것이다. 독창적인 설계 이외에는 일반적으로 제조사 카탈로그 등을 수집하여 참고하는 것이 좋다.

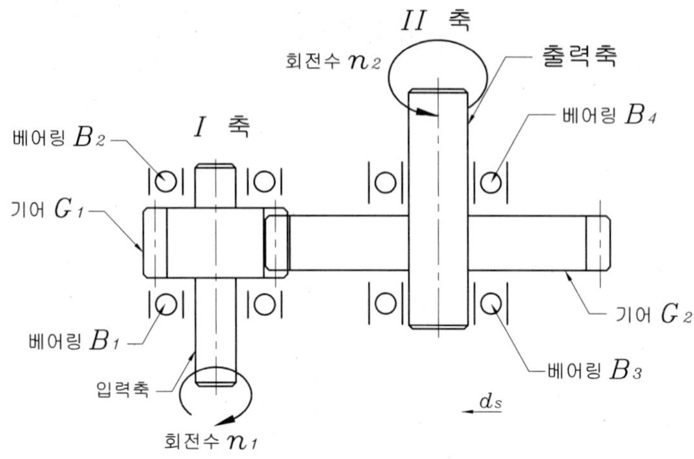

10-3. 전동기의 선정

사용하고자 하는 전동기 제조사의 카탈로그를 수집하여 요구 사양에 해당하는 모터를 선정한다.

출력 L	0.75 Kw
극수 P	4 P
전부하회전수 n	1440 rpm
전원주파수 f	50 Hz

10-4. 기어 잇수의 선정

1) 소기어(Pinion)의 잇수 z_1

장치를 소형으로 컴팩트하게 하기 위해서는 피니언의 잇수가 가능한 한 적은 것이 이상적이지만 너무 적게 하면 언더컷이나 맞물림율에 있어 문제가 발생한다. 일반적으로 압력각 20°의 기어에서 최소 잇수는 이론상 17매, 실용상 14매로 하고 있다. 따라서 여기서는 z_1=14매로 한다.

2) 대기어(Gear)의 잇수 z_2

감속비 i와 잇수, 회전수의 관계식은

$$i = \frac{z_1}{z_2} = \frac{n_2}{n_1}$$

설계 요구 조건에서 i=1/5이므로

$$z_2 = \frac{z_1}{i} = \frac{14}{\frac{1}{5}} = 70 \text{ [매]}$$

일반적으로 기어 감속장치에서는 잇수의 정수배를 꺼리므로 z_2=69매로 한다.

(3) 감속비 오차 ε

설계 감속비 $i' = \frac{z_1}{z_2} = \frac{14}{69} = 0.203$

감속비 오차 $\epsilon = \frac{i - i'}{i} = \frac{0.2 - 0.203}{0.2} = -1.5$ [%]

10-5. 모듈의 결정

사용하는 모듈은 기어의 이의 강도계산에 의해 구하는 것으로 한다. 이의 굽힘강도에 대해서는 루이스의 식, 면압강도에 대해서는 헤르츠의 식을 적용한다.

10-5-1 루이스의 식(굽힘강도)에 의한 모듈 m_b

루이스의 식은 한 매의 이가 어느 정도의 접선력에 의한 굽힘에 견딜 수 있느지를 검토하는 식으로 다음 식에 의해 주어진다.

$$F = \sigma_b \bullet f_v \bullet f_w \bullet b \bullet t \bullet y$$

① 허용 반복 굽힘응력

기어의 재료는 SM45C의 재질로 하고 다음 표에 의해 σ_b=30kgf/㎟ 로 한다.

■ 기어 재료의 허용 굽힘 응력값 σ_b

재질	기호	인장강도 kgf/㎟	허용반복굽힘응력 kgf/㎟	재질	기호	인장강도 kgf/㎟	허용반복굽힘응력 kgf/㎟
회주철품	GC200 GC250 GC300 GC350	17 이상 22 이상 27 이상 32 이상	7 9 11 13	니켈크롬강	SNC236 SNC631 SNC836	75 이상 85 이상 95 이상	35~40 40~60 40~60
탄소강 주강품	SC410 SC450 SC480	42 이상 46 이상 49 이상	12 19 20	청동 인청동(주물) 니켈청동(단조)		18 이상 20 이상 64~90	>5 5~7 20~30
기계구조용 탄소강	SM25C SM35C SM45C	45 이상 52 이상 58 이상	21 26 30	베이클라이트 소가죽 떡갈나무		- - -	3~5 2~4.5 2~2.5

제
10
장

② 피니언기어의 피치원 직경 d_{01}의 가선정

$$d_{01} = \sqrt[3]{\frac{1.949 \times 10^6 N(1+i')}{n_1 \cdot K \cdot k \cdot i'}}$$

N : 전달동력 [KW]　K : 표준 K값　k : 치폭계수=1.0

■ 표준 K값

기계의 종류	사용 특성		경도		피치원 주속도 m/s	정도 (精度)	K값 kgf/㎟
	구동	종동	소기어	대기어			
터빈 구동 발전기 내연기관 구동 압축기 전동기 구동 압축기	- - -	- - -	강 B225 강 B225 강 B225	강 B180 강 B180 강 B180	20 20 20	高정도 高정도 高정도	0.08 0.045 0.04
일반 공작기계용	일정	일정	강 B575 강 B350 강 B210	강 B575 강 B300 강 B180	5 5 5	보통 보통 보통	0.35~0.70 0.25~0.32 0.12~0.18
	일정	일정	강 B575 강 B300 강 B210	강 B575 강 B300 강 B180	15 15 15	보통 보통 보통	0.33~0.53 0.20~0.27 0.09~0.15
공업용 대기어 권상기 요(窯) · 분쇄기용	일정 일정	中충격 中충격	강 B225 강 B260	강 B180 강 B210	최대 5 -	창성치절 창성치절	0.055~0.07 0.09~0.12

$$d_{01} = \sqrt[3]{\frac{1.949 \times 10^6 \times 0.75 \times (1+0.203)}{1440 \times 0.2 \times 1 \times 0.203}} = 31.1 \ \text{[mm]}$$

③ 기어의 주속도 V

$$V = \frac{\pi \cdot d_{01} \cdot n_1}{60 \times 1000} = \frac{3.14 \times 31.1 \times 1440}{60 \times 1000} = 2.3 \ \text{[m/s]}$$

④ 속도계수 f_V

아래 속도계수 표의 값에 따라 주속도 V가 0.5~10m/s의 범위이므로

$$f_V = \frac{3}{3+V} = \frac{3}{3+2.3} = 0.57$$

⑤ 기어에 가해지는 접선력 F

$$F = \frac{102N}{V} = \frac{102 \times 0.75}{2.3} = 33.3 \ \text{[kgf]}$$

⑥ 하중계수 f_w

아래 하중계수 표의 값에 따라 '변동하는 경우'의 f_w=0.74로 한다.

■ 속도계수 f_V

주속도 V[m/s]의 범위	기어의 공작정도	f_v의 값
0.5~10	보통	$3/(3+V)$
5~20	정밀	$6/(6+V)$
20~50	고정밀	$5.5/(5.5+\sqrt{V})$

■ 하중계수 f_w

하중의 상태	f_w의 값
비교적 조용한 경우	0.80
변동하는 경우	0.74
충격을 수반하는 경우	0.67

⑦ 치형계수 y

아래 표의 값 중에서 잇수 z_1=14, 압력각 α=20°인 보통이에서 치형계수 y=0.088이 된다.

■ 치형계수 y

잇수 z	14.5° 並歯	20° 並歯	20° 底歯	잇수 z	14.5° 並歯	20° 並歯	20° 底歯
12	0.067	0.078	0.099	26	0.098	0.110	0.135
13	0.071	0.083	0.103	28	0.100	0.112	0.137
14	0.075	0.088	0.108	30	0.101	0.114	0.139
15	0.078	0.092	0.111	34	0.104	0.118	0.142
16	0.081	0.094	0.115	38	0.106	0.122	0.145
17	0.084	0.096	0.117	50	0.110	0.130	0.151
18	0.086	0.098	0.120	60	0.113	0.134	0.154
19	0.088	0.100	0.123	75	0.115	0.138	0.158
20	0.090	0.102	0.125	100	0.117	0.142	0.161
21	0.092	0.104	0.127	150	0.119	0.146	0.165
22	0.093	0.105	0.129	300	0.122	0.150	0.170
24	0.095	0.107	0.132	래크(rack)	0.124	0.154	0.175

⑧ 치폭(face width) b

치폭(이너비)은 일반적으로 보통 가공의 경우 b=10m 정도, 정밀가공의 경우 b=(10~20)m이 가능하다고 한다. (m : 모듈)

⑨ 원피치(circular pitch)

$t = \pi \cdot m$[mm]

⑩ 모듈 **m_b**

루이스의 식을 변형하면 아래와 같이 된다.

$$m = \sqrt{\frac{F}{10\sigma_b \cdot f_v \cdot f_w \cdot \pi \cdot y}} = \sqrt{\frac{33.3}{10 \times 30 \times 0.57 \times 0.74 \times 3.14 \times 0.088}} = 0.98$$

※ **m_b=0.98**

10-5-2 헤르츠의 식(면압강도)에 의한 모듈 m_c

헤르츠의 식은 기어의 치면에 작용하는 압력에 대한 강도를 구하는 식으로 고속회전하는 기어의 내마모성을 검토한다.

$$F = f_v \cdot K \cdot d_{01} \cdot b \cdot \frac{2z_2}{z_1 + z_2}$$

① 비응력(比応力)계수 K

아래 표에 의해 기어재료의 강도를 소기어는 HB350, 대기어는 HB300으로 선정한다.

※ K = 0.154

■ 비응력(比応力)계수 K

기어 재료(경도 HB)				K kgf/㎟
소기어		대기어		
강	150	강	150	0.027
	200		150	0.039
	250		150	0.053
	200		200	0.053
	250		200	0.069
	300		200	0.086
	250		250	0.086
	300		250	0.107
	350		250	0.130
	300		300	0.130
	350		300	0.154
	400		300	0.168
	350		350	0.182
	400		350	0.210
	500		350	0.226

기어 재료(경도 HB)				K kgf/㎟
소기어		대기어		
강	150	강	150	0.311
	400		400	0.329
	400		400	0.348
	400		400	0.389
	400		400	0.569
	400	주철		0.039
	400	주철		0.079
	400	주철		0.130
	400	주철		0.139
	400	인청동		0.041
	400	인청동		0.082
	400	인청동		0.135
주철		주철		0.188
니켈 주철		니켈 주철		0.186
니켈 주철		인청동		0.155

② 소기어 피치원 직경 d_{01}

$d_{01} = z_1 \cdot m$[mm]

③ 모듈 m_c

헤르츠의 식을 변형하면,

$$m = \sqrt{\frac{F(z_1 + z_2)}{20 f_v \cdot K \cdot z_1 \cdot z_2}} = \sqrt{\frac{33.3 \times (14 \times 69)}{20 \times 0.57 \times 0.154 \times 14 \times 69}} = 1.28$$

※ $m_c = 1.28$

10-5-3 가선정한 소기어 피치원 직경 d_{01}에 의해 구한 모듈

$d_{01} = z_1 \cdot m$[mm]

$$m = \frac{d_{01}}{z_1} = \frac{31.1}{14} = 2.22 \text{ [mm]}$$

이상의 결과에 따라 모듈 **m**은 모듈의 표준값의 제1계열을 고려하여 **m=2**로 결정한다.

■ 모듈의 표준값

제1계열	제2계열	제3계열	제1계열	제2계열	제3계열
0.1					
	0.15			3.5	3.75
0.2			4		
	0.25			4.5	
0.3			5		
	0.35			5.5	
0.4			6		6.5
	0.45				
0.5				7	
	0.55		8		
0.6		0.65		9	
	0.7		10		
0.08	0.75			11	
			12		
1	0.9			14	
1.25			16		
1.5				18	
	1.75		20		
2				22	
	2.25		25		
2.5				28	
	2.75		32		
3		3.25		36	
			40		
				45	
			50		

제
10
장

10-6. 스퍼 기어의 제원

아래의 계산표를 완성하시오.

계 산 항 목	기 호	소기어	대기어
중심거리	a		
이끝원 직경	d_a		
기준 피치원 직경	d_0		
기초원 직경	d_b		
이뿌리원 직경	d_f		
유효 이 높이	h'		
이끝 높이	h_a		
원피치	P		
법선 피치	P_b		
공구 표준 절입 깊이	h		
원호 이두께	S		
클리어런스	C		
걸치기 잇수	Z_m		
걸치기 이두께	S_m		
맞물림율	ϵ		

10-7. 축의 설계

각 기어의 배치를 아래 그림과 같이 계획도로 작도하고 베어링간 거리를 가정하여 각 축에 작용하는 굽힘 모멘트와 베어링에 작용하는 힘(반력)을 계산한다.

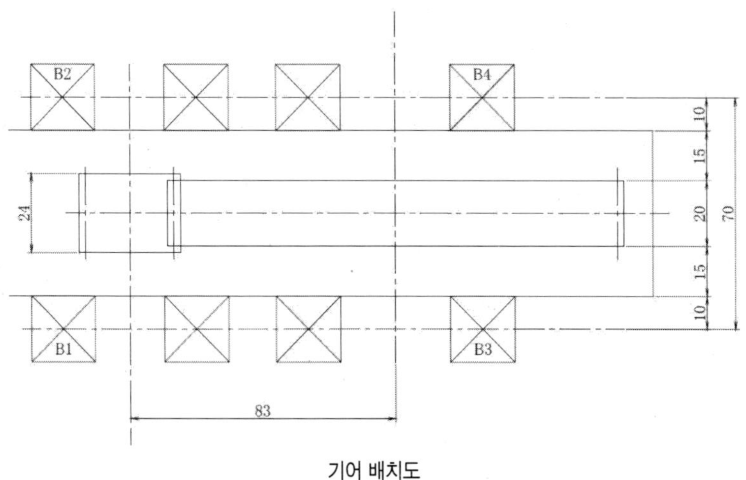

기어 배치도

10-7-1. 축에 작용하는 하중

감속기 축에는 기어 전도시(伝導時)의 접선력 F_t와 치면의 압력각에 의해 생기는 반경 방향력 F_s의 합력(合力) F가 기어의 취부 위치에 작용한다.

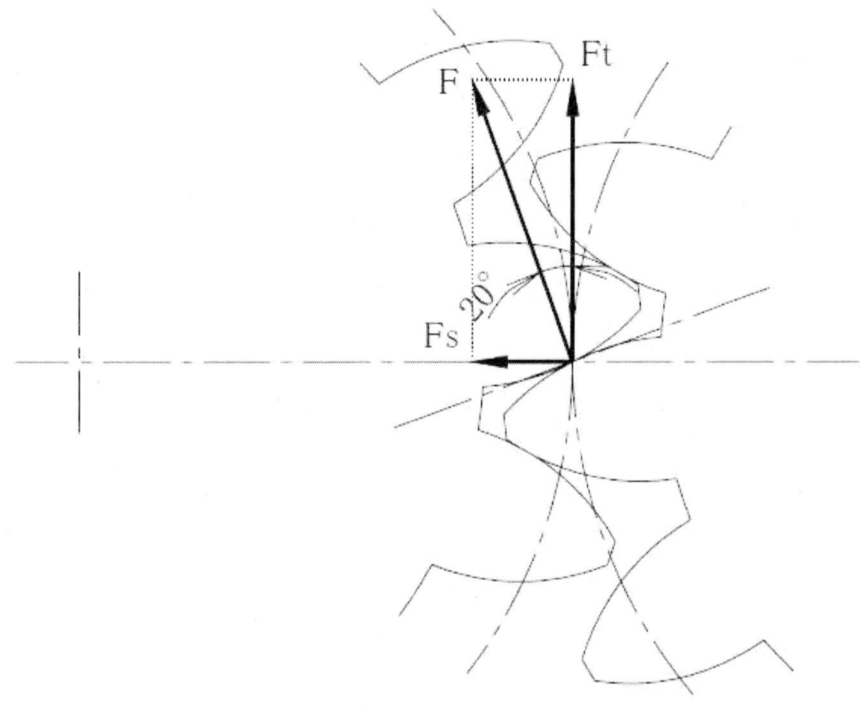

축에 작용하는 힘

① 접선력 F_t

$$F_t = \frac{1.949 \times 10^6 N}{m \cdot z_1 \cdot n_1} = \frac{1.949 \times 10^6 \times 0.75}{2 \times 14 \times 1440} = 36.3 \ \text{[kgf]}$$

② 반경 방향력 F_s

$$F_s = F_t \cdot \tan\alpha = 36.6 \times \tan 20^\circ = 13.2 \ \text{[kgf]}$$

③ 합력(合力) F

$$F = \sqrt{F_t^2 + F^{2_s}} = \sqrt{36.3^2 + 13.2^2} = 38.6 \ \text{[kgf]}$$

제
10
장

10-7-2. 각 축에 작용하는 반력 및 굽힘 모멘트

일단 감속기이므로 Ⅰ축과 Ⅱ축의 기어 취부 위치에 동일한 합력(合力) F가 작용하는 것으로 계산한다. 이 축은 아래 그림에 나타낸 것과 같이 합력(合力) F를 2개의 베어링으로 지지하는 단순지지보로 고려해서 반력과 굽힘 모멘트를 계산한다. 베어링의 거리(span)는 계획도에 의해 구한다.

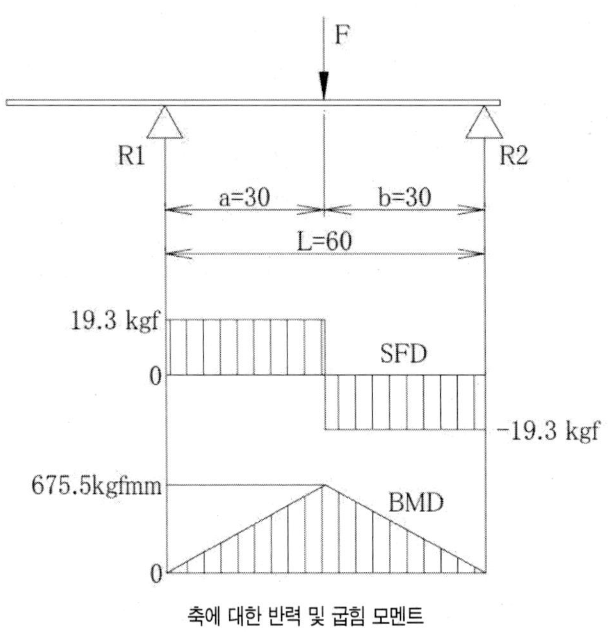

축에 대한 반력 및 굽힘 모멘트

① 반력 R_1, R_2

합력(合力) F가 지점의 중앙에 작용하므로

$$R_1 = R_2 = \frac{F}{2} = \frac{38.6}{2} = 19.3 \ [\text{kgf}]$$

② 최대 굽힘 모멘트 M_1

$$M_1 = R_1 \cdot a = 19.3 \times 35 = 675.5 \ [\text{kgf·mm}]$$

10-7-3. 각 축의 축지름의 계산

① 입력축 축지름 d_{I1}

전동기의 축지름 S에 맞추어 d_{I1}=19mm로 한다.

② 기어 G_1 부의 축지름 d_{I2}

Ⅰ축은 비틀림 모멘트와 굽힘 모멘트가 동시에 작용한다. 또한 재료를 SM45C로 한 경우 상당 비틀림 모멘트를 구해 축지름의 계산을 해야 한다.

(a) Ⅰ 축의 비틀림 모멘트 T_1

$$T_1 = \frac{9.74 \times 10^5 N}{n_1} = \frac{9.74 \times 10^5 \times 0.75}{1440} = 507 \text{ [kgf·mm]}$$

(b) Ⅰ 축의 상당 비틀림 모멘트 T_{e1}

동적효과계수 K_m=2.0, K_t=1.5로 하고,

$$T_{e1} = \sqrt{(K_m \cdot M_1)^2 + (K_t \cdot T_1)^2}$$

$$= \sqrt{(2.0 \times 675.5)^2 + (1.5 \times 507)^2} = 1351 \text{ [kgf·mm]}$$

(c) 축지름 d_{I2}

허용전단응력 τ = 3.5kgf/mm²로 하고,

$$d_{I2} = \sqrt[3]{\frac{16\,T_{e1}}{\pi \cdot \tau}} = \sqrt[3]{\frac{16 \times 1351}{3.14 \times 3.5}} = 12.5 \text{ [mm]}$$

③ 기어 G_2 부의 축지름 d_{II1}

②와 동일하게 축 재료를 SM45C로 하고 상당 비틀림 모멘트에 의해 축지름을 계산한다.

(a) Ⅱ 축의 회전수 n^2

$$n_2 = n_1 \cdot i = 1440 \times \frac{14}{69} = 292 \text{ [rpm]}$$

(b) Ⅱ 축의 비틀림 모멘트 T_2

$$T_2 = \frac{9.74 \times 10^5 \times 0.75}{292} = 2502 \text{ [kgf·mm]}$$

(c) Ⅱ 축의 상당 비틀림 모멘트 T_{e2}

동적효과계수 및 최대 굽힘 모멘트는 Ⅰ 축과 동일하게 한다. (K_m=2.0, K_t=1.5)

$$T_{e2} = \sqrt{(2.0 \times 675.5)^2 + (1.5 \times 2502)^2} = 3989 \text{ [kgf·mm]}$$

(d) 축지름 d_{II1}

$$d_{II1} = \sqrt[3]{\frac{16\,T_{e2}}{\pi \cdot \tau}} = \sqrt[3]{\frac{16 \times 3989}{3.14 \times 3.5}} = 18.0 \text{ [mm]}$$

④ 키홈을 고려한 축지름 d_{II1}'

Ⅰ 축의 기어 G_2와 축은 키에 의한 고정이므로 키홈을 고려해서 계산해야 한다.

$$d_{II1}' = (1.25 \sim 1.35)\,d_{II1}$$

$$= (1.25 \times 18.0 \sim 1.35 \times 18.0) = 22.5 \sim 24.3 \text{ [mm]}$$

⑤ 출력축의 축지름 d_{II2}

출력축은 축 끝에 키홈을 가공하므로 d_{II1}'를 고려하지만 공작기계나 위치결정장치 등 비틀림 강성이 요구되는 경우에는 검토가 필요하다. 여기서는 공작기계이므로 다음 식으로 검토한다.

$$d_{II2} = 22.7\sqrt[3]{\frac{T_{e2}}{G}}$$

G : 횡탄성계수=8.1×10³[kgf·㎟] (강의 경우)

$$d_{II2} = 22.7\sqrt[3]{\frac{3989}{8.1\times10^3}} = 17.9 \ [\text{mm}]$$

따라서 축지름 d_{II1}(18.0mm)과 동일하므로 문제가 없다는 것을 알 수 있다.

이상의 계산결과에 따라 아래 그림에 나타낸 것과 같이 계획도를 작도한다.

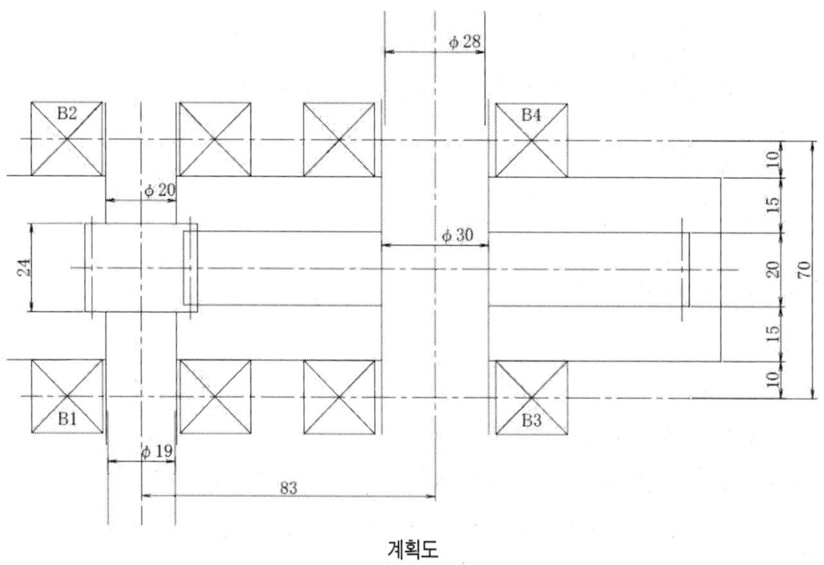

계획도

10-7-4. 키의 설계

이 감속기에서는 3개소에 키를 사용하지만 입력축 축단에 사용하는 키는 강도 계산을 생략하고, 기어 G_2와 Ⅱ축의 고정에 사용하는 키만 강도계산을 한다.

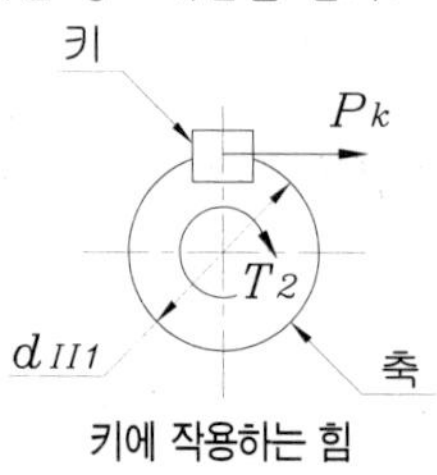

키에 작용하는 힘

① 키의 선정

위의 그림에서 축지름 d_{II1}'=30mm이므로 KS B 1311의 규격에 따라 적합한 키를 선정하면 **b×h=8×7**이 된다.

② 키에 작용하는 접선력 P_k

축에 작용하는 비틀림 모멘트 T_2에 따라서

$$P_k = \frac{2T_2}{d_{II1}'} = \frac{2 \times 2502}{30} = 166.8 \text{ [kgf]}$$

③ 키의 길이 (전단응력에 의한 경우)

키의 허용전단응력 τ = **3.5**kgf • mm²

$$L_k = \frac{P_k}{b \cdot \tau} = \frac{166.8}{8 \times 3.5} = 6.0 \text{ [mm]}$$

④ 키의 길이 (압축응력에 의한 경우)

키의 허용압축응력 σ_c=**5.8**kgf • mm²

$$L_k = \frac{2P_k}{h \cdot \sigma_c} = \frac{2 \times 166.8}{7 \times 5.8} = 8.2 \text{ [mm]}$$

이상의 결과에 따라 키의 길이는 규격과 균형을 고려하여 L_k=**20**mm로 적용한다.

⑤ 입력축끝 및 출력축끝

KS B 0701 원통 축끝 규격에 따라 결정한다.

입력축끝은 전동기 축지름에 맞추어 19mm, 출력축끝은 d_{II1}'를 고려하여 28mm로 한다.

10-8. 베어링의 설계

베어링 설치부 축지름은 앞서 검토한 치수를 적용하고 수명시간은 설계 요구 조건에 의해 30,000 시간인 것을 고려하여 베어링을 선정한다.

10-8-1. I 축의 베어링 B_1, B_2의 선정

① 베어링 B_1, B_2에 작용하는 하중 F_{B1}, F_{B2}

베어링에 작용하는 하중은 10-7-2. 각축에 작용하는 반력 및 굽힘 모멘트 ①식에서 구한 반력 R_1, R_2에 하중계수 f_w=**1.8**, 기어계수 f_g=**1.1**을 고려한 것이므로 다음 식에 의해 구할 수 있다.

$$F_{B1} = F_{B2} = R_1 \cdot f_w \cdot f_g$$
$$= 19.3 \times 1.8 \times 1.1 = 38.2 \text{ [kgf]}$$

제 10 장

■ 하중계수 f_w

운전 조건	사용 개소별	f_w
충격이 없는 원활한 운전인 경우	공작기계, 전동기, 공조기기	1~1.2
보통 운전인 경우	송풍기, 콤프레셔, 엘리베이터, 크레인, 제지기계	1.2~1.5
충격 및 진동을 수반하는 운전인 경우	건설기계, 크라셔, 압연기	1.5~3

■ 기어계수 f_g

기어의 다듬질 정도	f_g
종밀 연삭 기어	1~1.1
보통 절삭 기어	1.1~1.3

② 속도계수 f_n

$$f_n = \sqrt[3]{\frac{33.3}{n_1}} = \sqrt[3]{\frac{33.3}{1440}} = 0.285$$

③ 수명계수 f_h

설계 요구 조건에서 수명시간 L_h=30000으로

$$f_h = \sqrt[3]{\frac{L_h}{500}} = \sqrt[3]{\frac{30000}{500}} = 3.91$$

④ 소요 기본 동정격하중 C_1, C_2

$$C_1 = C_2 = \frac{f_h}{f_n} \cdot F_{B1} = \frac{3.91}{0.285} \times 38.2 = 524 \text{ [kgf]}$$

이상으로 C=524kgf, d_{B1}=20mm를 만족하는 베어링을 카탈로그에서 선정하면 단열 깊은 홈 볼 베어링 6904가 해당이 된다. 하지만 시중에서 구하기 쉬운 것을 고려한다면 베어링 계열 60이 구하기 쉬우므로 6004(C_r=955kgf)를 사용하는 것으로 한다.

10-8-2. Ⅱ축의 베어링 B_3, B_4의 선정

① 베어링 B_3, B_4에 작용하는 하중 F_{B3}, F_{B4}

베어링 B_3, B_4에 작용하는 하중 F_{B3}, F_{B4}에 대해서는 반력 R_3, R_4가 Ⅰ축의 반력 R_1, R_2와 동일하므로

$F_{B1} = F_{B2} = F_{B3} = F_{B4} = 38.2$[kgf]

② 속도계수 f_n

$$f_n = \sqrt[3]{\frac{33.3}{n_2}} = \sqrt[3]{\frac{33.3}{292}} = 0.485$$

③ 수명계수 f_h

$$f_h = \sqrt[3]{\frac{L_h}{500}} = \sqrt[3]{\frac{30000}{500}} = 3.91$$

④ 소요 기본 동정격하중 C_3, C_4

$$C_3 = C_4 = \frac{f_h}{f_n} \bullet F_{B3} = \frac{3.91}{0.485} \times 38.2 = 308 \text{ [kgf]}$$

이상에 따라 C=308kgf, d_{B3} = d_{B4} = 30mm를 만족하는 베어링을 카탈로그에서 선정하면 단열 깊은 홈 볼베어링 6906이 해당한다. 그러나 B_1, B_2와 마찬가지로 시중에서 쉽게 구할 수 있는 점을 고려해서 B_3, B_4에는 단열 깊은 홈 볼베어링 6006(C_r=1350kgf)를 사용하는 것으로 설계한다.

10-9. 기타 주의 사항

그 외에 설계상에서 주의해야 할 사항을 나열한다.

① 기어의 치면, 베어링의 윤활, 오일실, 공기빼기, 드레인 빼기
② 회전축의 높이
③ 주조품 케이스 등의 두께, 각, 모서리의 둥글기
④ 조립용 볼트의 사이즈와 수량
⑤ 끼워맞춤, 치수허용차
⑥ 가공 공정에 관한 사항
⑦ 기어의 치면정도나 열처리에 관한 사항

스플라인

11-1. 스플라인

1. 스플라인의 개요

스플라인(spline)이란 큰 토크를 전달하고자 할 때 원주 방향을 따라서 여러 줄의 키홈을 가공한 축을 사용하며 회전토크를 전달하는 동시에 축방향으로도 이동할 수 있는 기계 요소이다.

주요 용도로는 기어변속장치의 축으로서 공작기계, 자동차, 항공기 등의 동력 전달기구 등에 사용하며, 종류로는 키홈의 모양에 따라 각형 스플라인과 인벌류트 스플라인(involute spline), 세레이션으로 구분한다.

각형 스플라인의 줄수는 6, 8, 10의 3종류가 있다. 스플라인은 보통형 평행키에 비하여 큰 토크를 전달할 수가 있으며, 스플라인 축은 키홈의 역할 뿐만 아니라 축의 역할도 한다. 각형 스플라인의 호칭은 [스플라인의 홈수N x 작은지름d x 큰지름D]의 형태로 표기한다. 아래 표 원통형 축의 각형 스플라인 호칭치수에서 예를 들어 각형 스플라인의 호칭이 축 또는 허브의 경우, 6x23x26이라면 스플라인 홈수 N이 6개, 작은 지름 d가 23mm, 큰 지름 D가 26mm이다.

제작시 SPLINE GENERATOR로 전용 HOB를 제작 사용하여 가공시 높은 정밀도와 일반 KEY의 역할을 보완하여 중하중이나 고하중이 걸리는 경우에 사용하며, 정확한 슬라이드와 고정밀도를 유지할 수가 있다.

스플라인의 끼워맞춤은 작업 방법에 따라 고정을 하는 경우와 유동이 있는 경우, 두가지 방법이 있으며, 큰 지름방향으로 아주 헐거운 끼워맞춤을 하며, 폭과 안지름부분에서 끼워맞춤의 공차를 다르게 하여 틈새를 조정하여 미끄럼형, 근접 미끄럼형, 고정형으로 구분한다.

큰 토크를 전달하는 경우에, 2개 이상의 키를 사용하여 축의 상하방향에 키홈 가공을 하여 사용하는 것은 기계 가공상 바람직하지 않으며, 또한 상하 키홈에 의해 축의 단면적이 감소되어 축의 강도를 현저하게 저하시키는 요인이 된다. 이러한 경우 활동형 키(미끄럼키)를 추과 일체로 하여 축에 여러 개의 키홈 가공을 하여 동일 간격으로 배치한 스플라인 축을 사용한다. 스플라인은 축 방향으로의 이동이 가능하고, 토크를 여러 개의 키로 분담시키기 때문에 큰 토크를 전달하는 것이 가능하며 내구성이 우수하다.

2. 스플라인의 면압 강도

스플라인의 면압 강도는 키의 면압 강도와 동일하다. 면압 강도에 대한 스플라인의 허용전달력 F(kgf)는 아래 식에 의해 계산한다.

$$F=\eta ZHL\sigma$$

여기서, η : 치면의 접촉효율 (0.3~0.9)

Z : 잇수

H : 이의 접촉높이(이뿌리방향) mm

L : 스플라인의 접촉길이 mm

σ : 스플라인의 허용면압력 kgf/mm^2

고정인 경우 : 7~125 kgf/mm^2

무부하 상태에서 유동인 경우 : 4.5~9 kgf/mm^2

부하 상태에서 유동인 경우 : 3이하 kgf/mm^2

면압 강도에 대한 스플라인의 허용전달 토크 T(kgf-m)는,

$$T=Fd_e/2000$$

여기서, d_e : 스플라인의 유효 지름 mm

스플라인축은 이 면압 강도 이외에 굽힘 강도나 비틀림 강도, 특히 축의 휨 등도 검토할 필요가 있다.

11-2. 원통형 축의 각형 스플라인 [KS B 2006]

■ 원통형 축의 각형 스플라인 호칭치수 [KS B 2006 : 2003(IDT ISO 14 : 1982)]

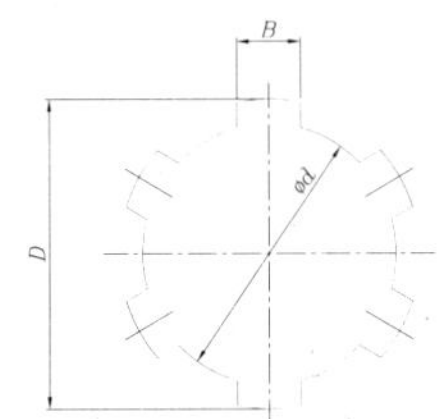

d mm	경 하중용 호칭 N x d x D	홈수 N	D mm	B mm	중간 하중용 호칭 N x d x D	홈수 N	D mm	B mm
11					6x11x14	6	14	3
13					6x13x16	6	16	3.5
16					6x16x20	6	20	4
18					6x18x22	6	22	5
21					6x21x25	6	25	5
23	6x23x26	6	26	6	6x23x28	6	28	6
26	6x26x30	6	30	6	6x26x32	6	32	6
28	6x28x32	6	32	7	6x28x34	6	34	7
32	8x32x36	8	36	6	8x32x38	8	38	6
36	8x36x40	8	40	7	8x36x42	8	42	7
42	8x42x46	8	46	8	8x42x48	8	48	8
46	8x46x50	8	50	9	8x46x54	8	54	9
52	8x52x58	8	58	10	8x52x60	8	60	10
56	8x56x62	8	62	10	8x56x65	8	65	10
62	8x62x68	8	68	12	8x62x72	8	72	12
72	10x72x78	10	78	12	10x72x82	10	82	12
82	10x82x88	10	88	12	10x82x92	10	92	12
92	10x92x98	10	98	14	10x92x102	10	102	14
102	10x102x108	10	108	16	10x102x112	10	112	16
112	10x112x120	10	120	18	10x112x125	10	125	18

■ 구멍 및 축의 공차

구멍

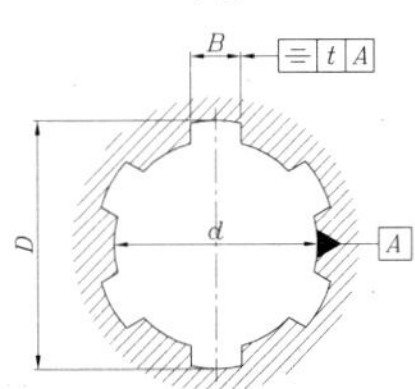

축

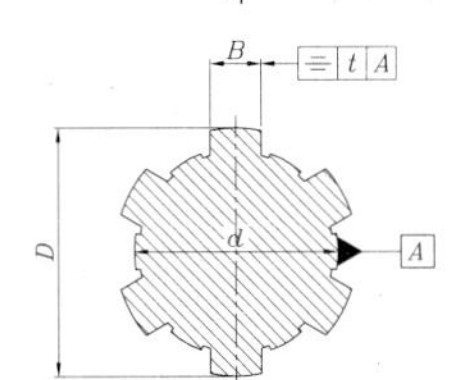

구멍 공차 브로칭 후 열처리하지 않은 것			브로칭 후 열처리한 것			축공차			고정형태
B	D	d	B	D	d	B	D	d	
H9	H10	H7	H11	H10	H7	d10	a11	f7	미끄럼형
H9	H10	H7	H11	H10	H7	f9	a11	g7	근접 미끄럼형
H9	H10	H7	H11	H10	H7	h10	a11	h7	고정형

■ 대칭에서의 공차

단위 : mm

스플라인 나비 B	3	3.5,4,5,6	7,8,9,10	12,14,16,18
대칭에서 공차 t	0.010 (IT7)	0.012 (IT7)	0.015 (IT7)	0.018 (IT7)

■ 스플라인의 재질 및 열처리 [참고]

요구 재질과 열처리	소재의 열처리	소재 경도, HB	비 고
SM43C 담금질, 뜨임	담금질, 뜨임 (뜨임 온도 630~680℃)	170 ~ 200	강도가 그다지 필요 없는 축
SM43C 고주파 열처리, 뜨임	담금질, 뜨임 (뜨임 온도 603~680℃)	170 ~ 200	고강도가 필요한 축
표면 경화재 침탄 열처리, 뜨임	불림	170 ~ 200	
일반 구조용 압연강재		180 이하	

[주] 위 표 이외의 재질을 사용하는 경우의 열처리에 관해서는 별도로 제조사와 협의할 것.

11-3. 스플라인 및 세레이션의 표시방법 [KS B ISO 6413 : 변경전 KS B 0008]

① 스플라인 이음(spline joint) : 원통 모양 축의 바깥둘레에 설치한 등간격의 이(齒)와 이것과 관련하는 원통 모양 구멍의 안둘레에 설치한 축과 같은 간격의 끼워 맞추는 홈이 동시에 물림으로써 토크를 전달하는 결합된 동축의 기계요소 [KS B ISO 4156]

② 인벌류트 스플라인(involute spline) : 잇면의 윤곽이 인벌류트 곡선의 이 또는 홈을 가진 스플라인 이음의 축 또는 구멍[KS B ISO 4156]

③ 각형 스플라인(straight-sided spline) : 잇면의 윤곽이 평행 평면의 이 또는 홈을 가진 스플라인 이음의 축 또는 구멍

④ 세레이션(serration) : 잇면의 윤곽이 일반적으로 60°인 압력각의 이 또는 홈을 가진 스플라인 이음의 축 또는 구멍

1. 그림 기호

각형 스플라인

각형 스플라인

2. 호칭 방법의 지시 방법

호칭 방법은 그 형체 부근에 반드시 스플라인 이음의 윤곽에서 인출선을 끌어내어서 지시하는 것이 좋다.

스플라인 이음이 위의 규정에 따르지 않는 경우 또는 그 요구사항을 수정한 경우에는 필요사항을 그 도면 안이나 다른 관련 문서에 표의 형식으로 표시함과 동시에 적용하는 윤곽에 인출선 및 도면기호를 사용하여 조합시켜야 한다.

3. 스플라인 이음의 완전한 도시

정확한 치수에서 모든 상세부를 나타내는 스플라인 이음의 완전한 도시는 보통은 기술 도면에는 필요하지 않으므로 피하는 것이 좋다. 만일 그와 같은 도시를 하여야 할 경우에는 ISO 128에 규정하는 도형의 표시방법을 적용한다.

4. 각형 스플라인 및 인벌류트 스플라인의 간단한 도시

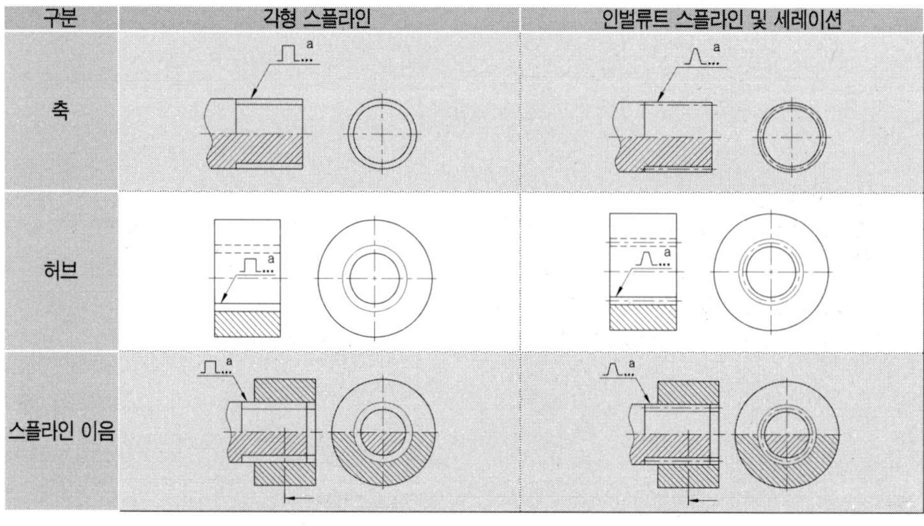

구분	각형 스플라인	인벌류트 스플라인 및 세레이션
축	a	a
허브	a	a
스플라인 이음	a	a

11-4. 자동차용 인벌류트 스플라인 [KS R 2001]

1. 적용 범위

이 규격은 인벌류트 곡선을 이의 측면에 가진 나선형이 아닌 인벌류트 스플라인으로서 주로 자동차의 기구, 특히 동력 전달을 하는 축과 구멍을 결합하기 위하여 사용되는 것에 대하여 규정한다. 이 스플라인은 다음과 같은 특질을 가지고 있다.

① 작동할 때 자동적으로 동심이 된다. 또 잇면과 피치의 정밀도를 비교적 쉽게 높일 수 있으므로 회전력을 원활히 전달할 수 있다.

② 기어와 동일한 이론에 기초를 두고 있으므로 20° 낮은 이의 기어 절삭 공구를 사용하여 용이하게 높은 정밀도의 것을 제작할 수 있다.

③ 구멍 기준 방식에 따르고 있으므로 브로우치· 피니언 커터 등 전삭 공구의 종류를 최소로 할 수 있다.

2. 기호 및 용어의 뜻

기 호	용어의 뜻
a	압력각, 잇면의 1점에서 그 반지름선과 치형의 접선과 이루는 각
a_0	기준 피치원상에서의 압력각
d	호칭 지름, 스플라인의 지름을 표시하기 위한 호칭이며, 큰 지름 맞춤의 경우 축의 큰 지름(=브로우치 가공 구멍의 큰 지름의 기본 치수를 취한다)
D_1	구멍의 큰 지름(잇면 맞춤 · 커터에 의한 경우)
D_2	구멍의 큰 지름(잇면 맞춤 · 브로우치에 의한 경우 및 큰 지름 맞춤의 경우)
d_1	축의 큰 지름(잇면 맞춤의 경우)
d_2	축의 큰 지름(큰 지름 맞춤의 경우), 큰 지름 : 축에 있어서는 이끝이 그리는 원, 구멍에 있어서는 이뿌리가 그리는 원의 지름
D_k	구멍의 작은 지름
d_r	축의 작은 지름, 작은 지름 : 축에 있어서는 이뿌리가 그리는 원의 지름
d_0	기준 피치원 지름, 기준 피치원의 지름 $d_0=z_m$, 기준 피치빌 : 기준 피치에 잇수를 곱한 길이의 원 둘레를 갖는 원
d_g	기초원 지름, 기초원의 지름, 기초원 : 인벌류트 치형을 만드는데 기초가 되는 원
h_{ck}	축 이끝의 모떼기의 반지름 방향의 길이
m	모듀울 표준 래크의 피치를 원주율로 나눈 값 표준 래크 : 표준 피치원의 반지름이 무한대가 되었을 때의 스플라인 축의 직각 단면이며, 스플라인 축 치형의 기준이 되는 것이다.
Mi	구멍의 오우버 핀 지름
M_c	축의 오우버 핀 지름 오우버 핀 지름 ; 서로 대하는 2개의 잇홈에 각각 핀을 꽂았을 때, 구멍의 경우는 핀 사이의 거리, 축의 경우는 핀을 포함하는 거리를 말한다.
R	구멍의 구석살 곡선에 끼워 맞출 때, 허용되는 최대 둥글기(이하 구멍의 이뿌리 둥글기라고 한다)
r	축의 구석살 곡선에 끼워 맞출 때, 허용되는 최대 둥글기(이하 축의 이뿌리 둥글기라고 한다)
S_0	기준 피치원상의 이의 두께, 호의 길이에 따른다.
S_g	기초원 상의 이의 두께, 호의 길이로 표시한다.
t_0	기준 피치, 기준 피치원상의 원피치 $t_0=\pi_m$
t_g	기초원 상의 원피치
U	축의 오우버 핀 지름을 측정하는 데 쓰이는 핀의 지름
V	구멍의 오우버 핀 지름을 측정하는 데 쓰이는 핀의 지름
V_1	구멍의 오우버 핀 지름을 측정하는 데 쓰이는 핀의 평탄부에서의 높이
W	축의 경우에는 잇수 z_w의 걸치기 이의 두께, 즉 z_w개의 이를 평행인 평면으로 잡는 틈새 구멍의 경우에는 잇홈의 수 z_w의 걸치기 홈의 폭, 즉 z_w개의 홈과(z_w-1)개의 이를 포함하는 두 잇면의 최대 간격
x	전위 계수 전위량을 모듀울로 나눈 값
x_m	전위량, 전위 기어에 상당하는 축의 이의 이것에 속하는 기준 래크형 공구를 물렸을 때, 기준 래크형 공구의 기준 피치선과 축의 기준 피치원과의 거리
z	잇수
z_w	축의 걸치기 이의 두께 측정에서 잡는 잇수, 또는 구멍의 걸치기 홈의 폭을 측정할 때 잡는 홈의 수

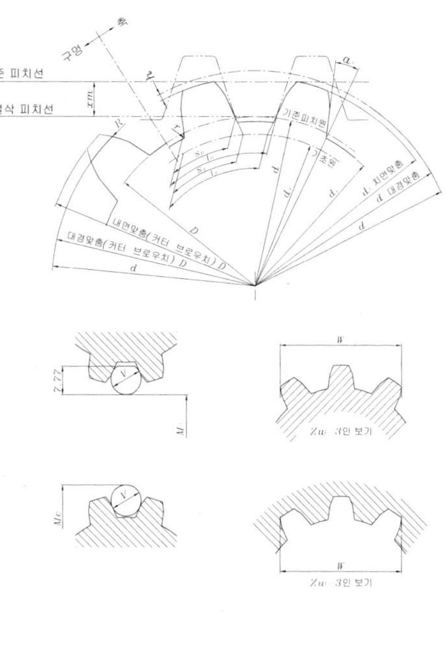

3. 구성의 기본 요소

① 모듈

단위 : mm

제1계열	0.5	1	1.25	1.667	2.5	5	10
제2계열	0.75	3.75	7.5				
제3계열	1.5	2	3	4.5	6		

[비고] 제1 및 제2 계열의 모듈은 각각 10 및 7.5를 정수로 나눈 값에 일치하며 ISO와 같다. 그 호칭 지름은 로울링 베어링의 호칭 안지름과 일치하는 것이 많다. 제3계열은 제1, 2 계열 사이를 보충한 것이다.

② 잇수 잇수는 6개에서 40매까지로 한다.

③ 전위량 및 압력각 축의 이에 충분한 강도를 주기 위하여 전위량을 0.8m으로 한다. 다만, 로울링 베어링의 호칭 안지름에 호칭 지름 d를 일치시키기 위하여 다음 전위량을 취한다.

0.6m 0.633m 0.9m 0.967m

따라서 유효 이높이의 중앙부에서의 압력각은 약 30°가 되고, 접촉면의 활동 및 동심 작용에 대하여 가장 적당한 것을 얻는다. 또한 기준 피치원에서의 압력각은 항상 20°이다.

④ 이의 기본 모양

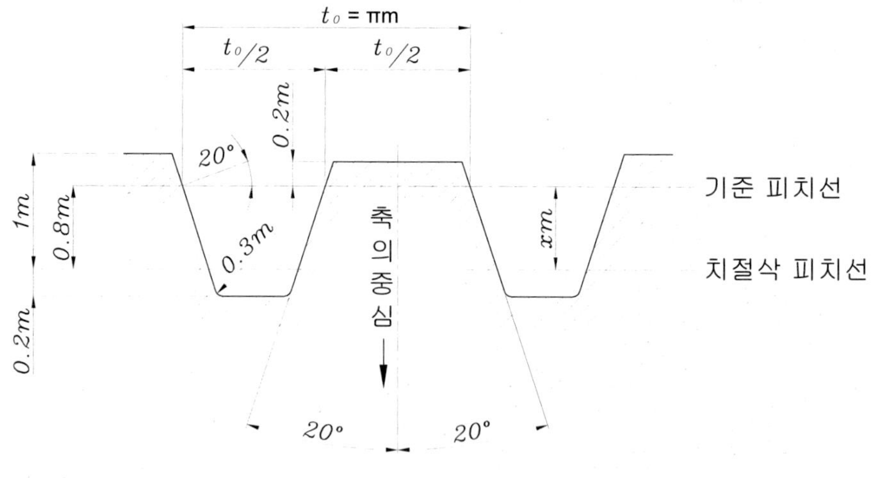

스플라인 축의 기준 래크

위 그림에서 기준 피치선은 이것을 따라 측정한 래크의 이 두께가 기준 피치 $t_0(=\pi_m)$의 ½이 되는 특정한 피치선이다. 기준 래크의 이끝은 그 기준 피치선에서 0.2m의 거리로 한다.

스플라인의 유호 높이는 1m와 같게 한다. 끼워맞춤의 경우 작은 지름의 틈새의 최소치는 0.2m로 하고, 이뿌리에서의 둥글기는 그 틈새의 치수를 고려하여 0.3m로 한다.

11-5. 각형 스플라인 [구 규격 KS B 2006]

1. 각형 스플라인 I 형의 모양과 기본 치수

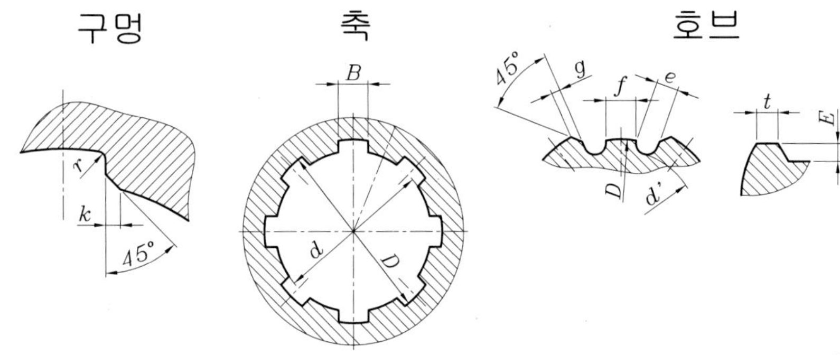

단위 : mm

호칭 지름 d	홈 수 N	작은 지름 d	큰 지름 D	나비 B	g (최소)	k (최대)	r (최대)	참고: 넓이 S_0 (㎟)	호브를 절단할 경우: d' (최소)	e (최대)	f (최소)	호브 t	호브 m
23		23	26	6				6.6	22.0	1.3	3.4	0.5	0.5
26		26	30	6			0.2	9.5	24.4	1.9	3.8		0.8
28		28	32	7				9.6	26.6	1.8	4.0		
32		32	36	8	0.3	0.3		9.6	30.6	1.8	5.1	0.7	0.7
36		36	40	8			0.3	9.5	34.6	1.8	7.2		
42		42	46	10				9.6	40.8	1.6	8.7		0.6
46	6	46	50	12				9.7	44.8	1.5	9.0		
52		52	58	14				15.1	50.2	2.4	8.2		
56		56	62	14				14.9	54.2	2.5	10.2		
62		62	68	16				15.0	60.2	2.4	11.5	1.0	0.9
72		72	78	18	0.4	0.4	0.4	14.9	70.2	2.4	14.9		
82		82	88	20				14.9	80.4	2.2	18.3		0.8
92		92	98	22				14.8	90.4	2.1	21.8		
32		32	36	6				11.0	30.2	1.2	2.5		0.9
36		36	40	7	0.4	0.4	0.3	11.1	34.4	1.9	3.3		
42		42	46	8				11.1	40.4	1.8	4.9	0.7	0.8
46	8	46	50	9				11.1	44.4	1.7	5.6		
52		52	58	10				17.9	49.6	2.8	4.8		1.2
56		56	62	10	0.5	0.5	0.5	17.7	53.4	2.8	6.3	1.0	1.3
62		62	68	12				17.9	59.6	2.6	7.1		1.2
72		72	78	12				22.0	69.4	2.6	6.4		
82		82	88	12				21.7	79.4	2.6	8.5	1.0	1.3
92	10	92	98	14	0.5	0.5	0.5	21.8	89.4	2.5	9.9		
102		102	108	16				21.9	99.6	2.2	11.6		1.2
112		112	120	18				32.1	108.8	3.3	10.5	1.3	1.6

[주] 1. r은 모떼기로써 대신할 수 있다.
2. S_0는 스플라인의 길이 1mm마다의 치면이 압력을 받는 넓이를 표시한다.

[비고] 1. 축의 치면은 작은 지름 d를 그린 원호와 교차하는 부분까지 평행하여야 한다.
2. 축을 호브 가공하는 경우 이외에는 d', e, f의 값은 제한하지 않는다.

2. 각형 스플라인 Ⅱ형의 모양과 기본 치수

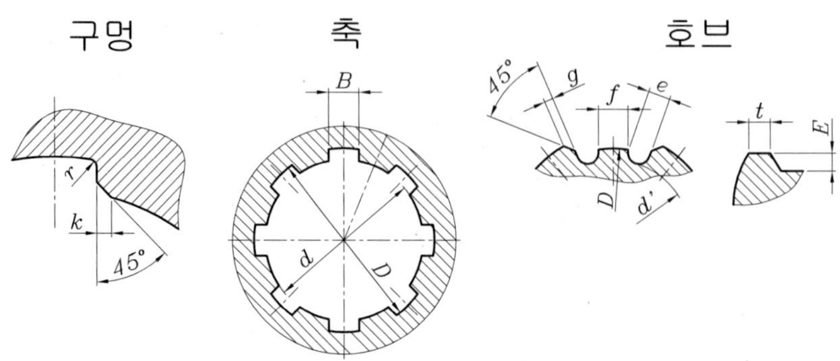

단위 : mm

호칭 지름 d	홈 수 N	작은 지름 d	큰 지름 D	나비 B	g (최소)	k (최대)	r (최대)	참고						
								넓이 S_0 (㎟)	호브를 절단할 경우					
									d' (최소)	e (최대)	f (최소)	호브 t	호브 m	
11	6	11	14	3	0.3	0.3	0.2	6.6	9.8	1.7	-	0.5	0.6	
13		13	16	3.5				6.6	11.8	1.6	-			
16		16	20	4				9.6	14.4	2.2	-	0.7	0.8	
18		18	22	5				9.7	16.6	2.0	0.4		0.7	
21		21	25	5				9.5	19.4	2.1	1.9		0.8	
23		23	28	6				12.7	21.2	2.4	1.2		0.9	
26		26	32	6	0.4	0.4	0.3	14.6	23.6	3.2	1.2	1.0	1.2	
28		28	34	7				14.8	25.8	3.1	1.4		1.1	
32		32	38	8				14.8	29.8	2.9	2.8			
36		36	42	8				14.6	33.6	3.0	4.8		1.2	
42		42	48	10				14.8	39.8	2.8	6.3		1.1	
46		46	54	12	0.5	0.5	0.5	20.2	43.2	3.7	4.5	1.3	1.4	
52		52	60	14				20.4	49.2	3.5	6.0			
56		56	65	14				23.2	53.4	4.3	6.6	1.6	1.3	
62		62	72	16				26.4	58.8	4.6	7.1		1.6	
72		72	82	18				26.3	68.6	4.7	10.1	2.0	1.7	
82		82	92	20				26.3	78.8	4.6	13.5		1.6	
92		92	102	22				26.2	88.8	4.5	17.0			
32	8	32	38	6	0.4	0.4	0.3	19.1	29.2	3.3	-	1.0	1.4	
36		36	42	7				19.2	33.4	3.1	0.9		1.3	
42		42	48	8				19.2	39.4	3.0	2.4			
46		46	54	9	0.5	0.5	0.5	26.0	42.6	4.1	0.8	1.3	1.7	
52		52	60	10				26.0	48.6	3.9	2.6			
56		56	65	10				29.9	52.0	4.8	2.3	1.6	2.0	
62		62	72	12				34.1	57.8	5.1	2.1		2.1	
72	10	72	82	12	0.5	0.5	0.5	42.2	67.4	5.3	-	2.0	2.3	
82		82	92	12				41.9	77.0	5.4	2.9		2.5	
92		92	102	14				42.0	87.4	5.2	4.5		2.3	
102		102	112	16				42.1	97.6	4.9	6.2		2.2	
112		112	125	18				57.3	106.0	6.5	4.1	2.4	3.0	

[주] 1. r은 모떼기로써 대신할 수 있다.
2. S_0는 스플라인의 길이 1mm마다의 치면이 압력을 받는 넓이를 표시한다.

[비고] 1. 축의 치면은 작은 지름 d를 그린 원호와 교차하는 부분까지 평행하여야 한다.
2. 축을 호브 가공하는 경우 이외에는 d', e, f의 값은 제한하지 않는다.

11-6. 스플라인의 제도 예

1. 스플라인 축

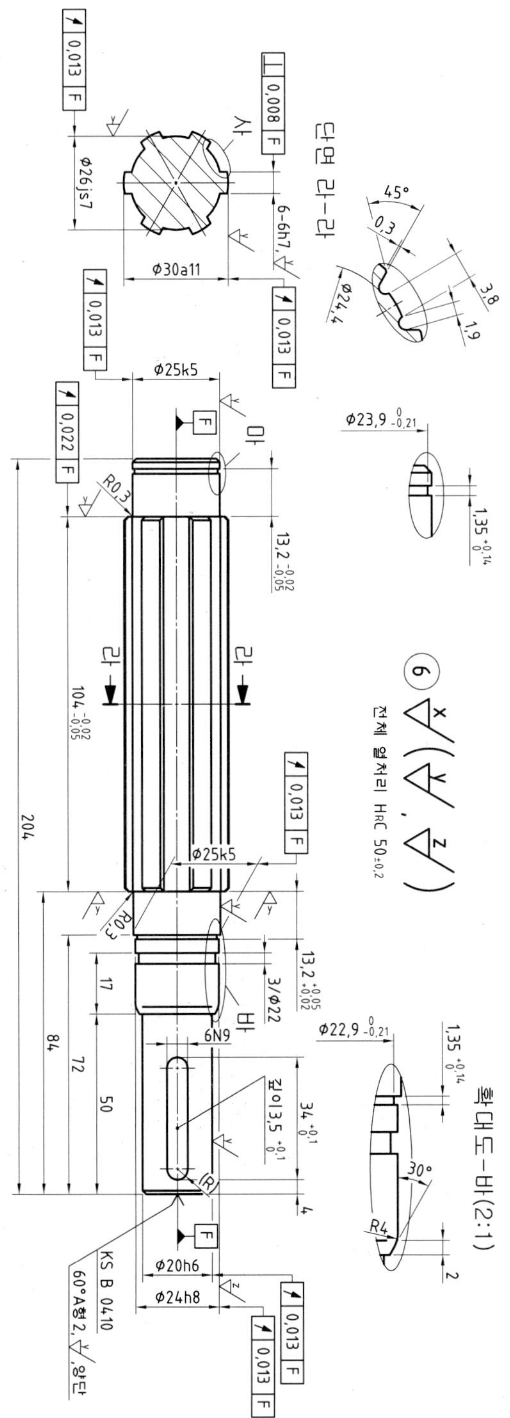

2. 스플라인 구멍

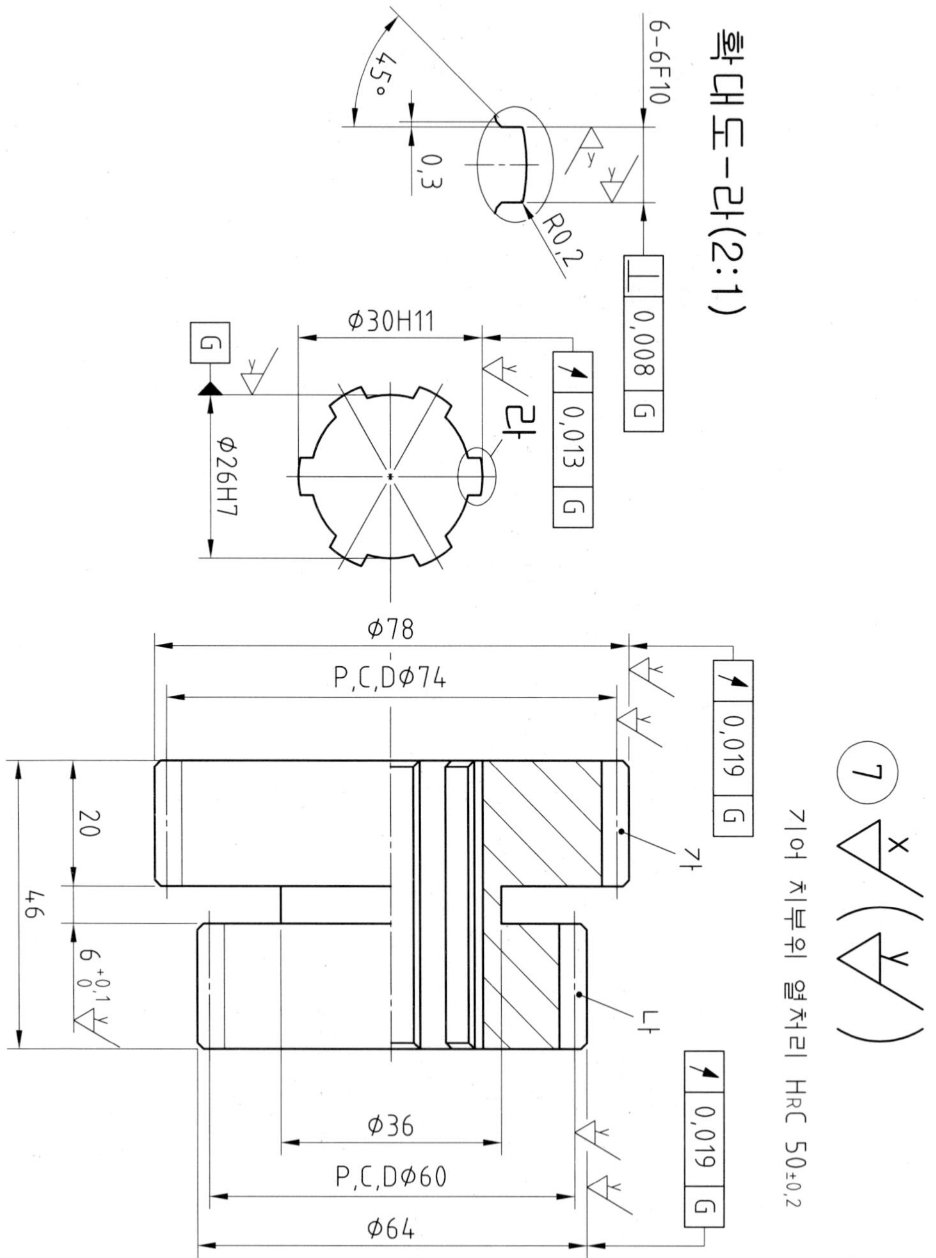

확대도-라(2:1)
6-6F10
45°
0,3
R0,2
0,008 G
Ø30H11
0,013 G
라
G
Ø26H7
Ø78
P,C,DØ74
0,019 G
7
기어 치부위 열처리 HRC 50±0,2
20
46
6 +0,1 0
가
나
Ø36
P,C,DØ60
0,019 G
Ø64

제12장

#12

세레이션 및 래칫 휠

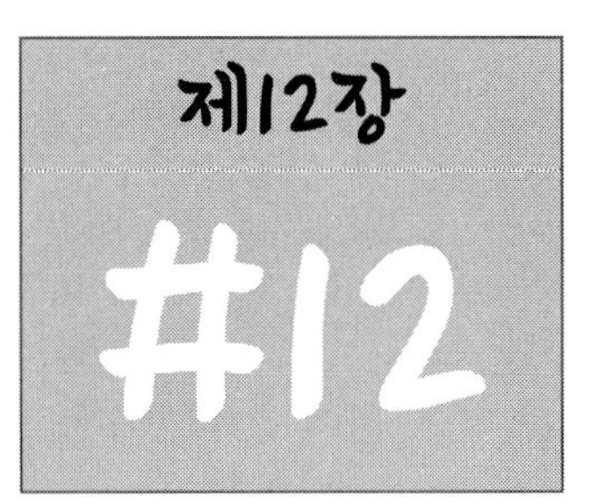

12-1. 인벌류트 세레이션 [KS B 2007-1978 (2011 확인)]

1. 적용 범위

이 규격은 인벌류트 곡선을 이 측면의 모양으로 가지는 인벌류트 세레이션으로서, 주로 축과 구멍과의 결합에 사용되는 것에 대하여 규정한다. 다만 테이퍼 세레이션은 제외한다.

2. 기호 및 용어의 정의

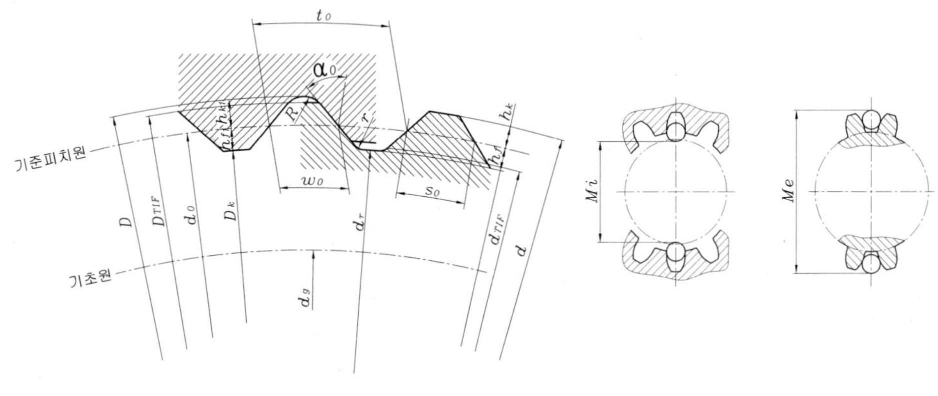

기호의 설명　　　　오버핀 지름 측정도

기호	용어의 정의
α	압력각. 잇면의 한 점에서 그의 반지름선과 치형에 대한 접선의 서로 이루는 각
α_0	기준 피치원상에서의 압력각
d	호칭 지름 및 축의 큰 지름 기본 치수를 취한다. [주] 큰 지름이란 축에서는 잇봉우리면이 만드는 원, 구멍에서는 이 바닥이 만드는 원의 지름을 말한다.
D	구멍의 큰지름 [주] 큰 지름이란 축에서는 잇봉우리면이 만드는 원, 구멍에서는 이 바닥이 만드는 원의 지름을 말한다.
D_k	구멍의 작은 지름 [주] 작은 지름이란 축에서는 이 바닥이 만드는 원, 구멍에서는 잇봉우리면이 만드는 원을 말한다.
d_r	축의 작은 지름 [주] 작은 지름이란 축에서는 이 바닥이 만드는 원, 구멍에서는 잇봉우리면이 만드는 원을 말한다.
d_0	기준 피치원 지름
d_g	기초원 지름 [주] 기초원이란 인벌류트 이가 만들어지는 기초가 되는 원을 말한다.
D_{TIF}	구멍의 인벌류트 한계 지름 [주] 인벌류트 한계 지름이란 구멍과 축의 끼워맞춤의 관점에서 필요한 이 바닥에 가까운 인벌류트 치형의 한계 지름을 말한다.
d_{TIF}	축의 인벌류트 한계 지름 [주] 인벌류트 한계 지름이란 구멍과 축의 끼워맞춤의 관점에서 필요한 이 바닥에 가까운 인벌류트 치형의 한계 지름을 말한다.
h_{k1}	구멍의 이끝 높이
h_K	축의 이끝 높이
h_{f1}	구멍의 이 뿌리 높이
h_f	축의 이 뿌리 높이
m	모듈
M_i	구멍의 오버핀 지름 [주] 오버핀 지름이란 서로 마주보는 2개의 치형 홈에 각각 핀을 끼웠을 때, 구멍의 경우에는 핀 사이의 거리를 말한다.
M_e	축의 오버핀 지름 [주] 오버핀 지름이란 서로 마주보는 2개의 치형 홈에 각각 핀을 끼웠을 때, 축의 경우에는 핀을 끼운 거리를 말한다.
R	구멍의 이 뿌리의 둥글기
r	축의 이 뿌리의 둥글기
s_0	기준 피치원상의 이 두께(호의 길이에 따른)
t_0	기준 피치(기준 피치원상의 원둘레 피치)
U	오버핀 지름의 측정에 사용되는 핀의 지름
w_0	구멍의 기준 피치원상의 치형 홈의 나비(호의 길이에 따른)
x	전위 계수
z	잇수
E	축의 기준 피치원상의 이 두께의 변화와 오버핀 지름의 변화의 비
F	구멍의 기준 피치원상의 이 두께의 변화와 오버핀 지름의 변화의 비

3. 구성의 기본 요소

① 모듈 : 이 크기의 기본으로서 다음의 6종류의 모듈을 취한다.

0.5 0.75 1.0 1.5 2.0 2.5 (단위 : mm)

② 잇수 : 잇수는 10개부터 60개까지로 한다.

③ 압력각 : 기준 피치원상에서의 압력각은 45°로 한다.

④ 유효 이 높이 : 유효 이 높이는 0.8m으로 한다.

⑤ 전위량 : 전위량은 0.1m으로 한다.

4. 이의 기본 모양

세레이션의 기준 래크

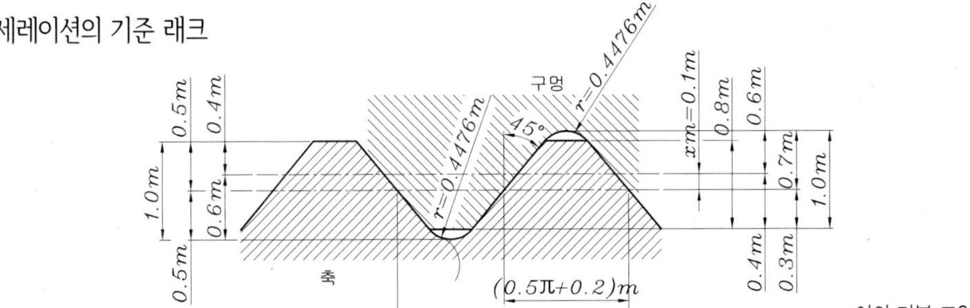

이의 기본 모양

[비고] 세레이션의 기준 피치원은 기준 랙의 치절 피치선에 접한다.

5. 기본식

항 목		기본식
호칭 지름		$d=(z+0.8+0.2x)m=(z+1)m$
기준 피치		$t_0=\pi m$
기초원 지름		$d_g=d_0\cos\alpha_0$
기준 피치원 지름		$d_0=zm$
구멍	큰 지름	$D=(z+1.4)m=d+0.4m$
	작은 지름	$D_k=(z-0.6)m=d-1.6m$
	인벌류트 한계 지름	$D_{TIF}=(z+1.1)m$
	이끝 높이	$h_{k1}=(0.4-x)m=0.3m$
	이 뿌리 높이	$h_{f1}=(0.6+x)m=0.7m$
	기준 피치원상의 치형 홈의 나비(호)	$w_0=\left(\frac{\pi}{2}+2x\tan\alpha_0\right)m=(0.5\pi+0.2)m$
축	큰 지름	$d=(z+0.8+2x)m=(z+1)m$
	작은 지름	$d_r=(z-1)m=d-2m$
	인벌류트 한계 지름	$d_{TIF}=(z-0.7)m$
	이끝 높이	$h_k=(0.4+x)m=0.5m$
	이 뿌리 높이	$h_f=(0.6-x)m=0.5m$
	기준 피치원상의 이 두께(호)	$s_0=\left(\frac{\pi}{2}+2x\tan\alpha_0\right)m=(0.5\pi+0.2)m$

오버핀 지름

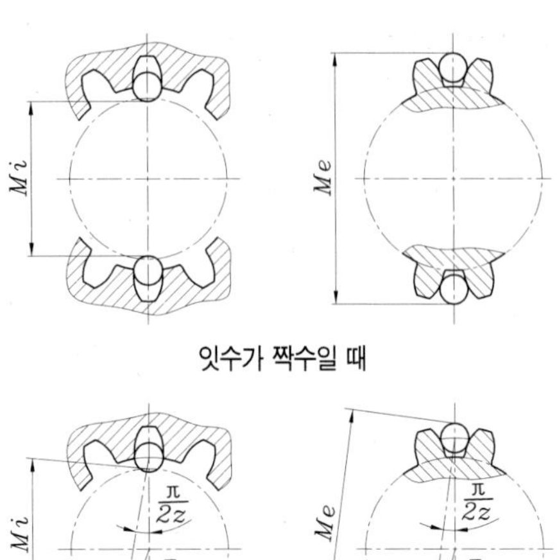

잇수가 짝수일 때

잇수가 홀수일 때

항 목		기본식
구멍쪽	α_i를 핀 중심에서의 압력각이라 하면	$inv\,\alpha_i = inv\alpha_0 + \frac{w_0}{d_0} - \frac{U}{d_g}$
	Z가 짝수일 때	$M_i = \frac{d_g}{\cos\alpha_i} - U$
	Z가 홀수일 때	$M_i = \frac{d_g}{\cos\alpha_i} \cdot \cos\frac{90^\circ}{z} - U$
	Z가 짝수일 때의 계수	$F = \frac{dM_i}{dw} = \frac{\cos\alpha_0}{\sin\alpha_i}$
	Z가 홀수일 때의 계수	$F = \frac{dM_i}{dw_0} = \frac{\cos\alpha_0}{\sin\alpha_i} \cdot \frac{90^\circ}{z}$
축쪽	α_e를 핀 중심에서의 압력각이라 하면	$inv\,\alpha_i = inv\,\alpha_0 + \frac{s_0}{d_0} - \frac{U}{d_g} - \frac{\pi}{z}$
	z가 짝수일 때	$M_e = \frac{d_g}{\cos\alpha_e} + U$
	z가 홀수일 때	$M_e = \frac{d_g}{\cos\alpha_e} \cdot \cos\frac{90^\circ}{z} + U$
	z가 짝수일 때의 계수	$E = \frac{dM_e}{ds_0} = \frac{\cos\alpha_0}{\sin\alpha_i}$
	z가 홀수일 때의 계수	$E = \frac{dM_e}{ds_0} = \frac{\cos\alpha_0}{\sin\alpha_e} \cdot \cos\frac{90^\circ}{z}$

6. 인벌류트 세레이션의 호칭 방법

인벌류트 세레이션 축 및 구멍의 호칭 방법은 호칭 지름, 잇수 및 모듈로 한다.

[보기]

인벌류트 세레이션 축 37×36×1

인벌류트 세레이션 구멍 37×36×1

제 12 장

7. 도면 지시

인벌류트 세레이션 축의 도면 지시

인벌류트 세레이션 축 37×36×1	
모 듈	1
압 력 각	45°
잇 수	36
기준 피치원 지름	36
오버핀 지름	39.431 -0.028 -0.067 (핀지름 2.000Φ)

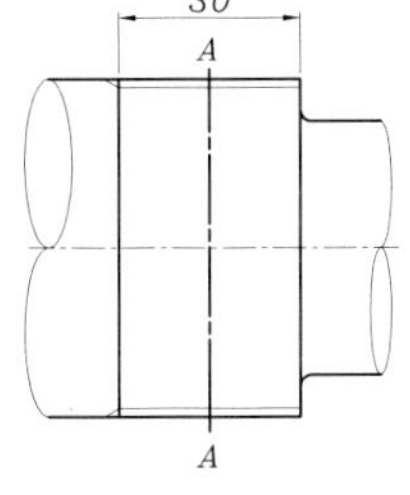

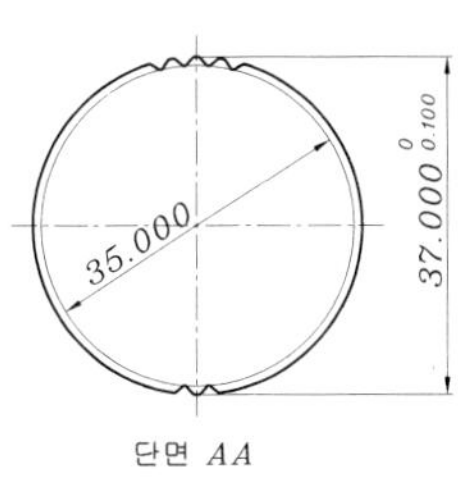

단면 AA

인벌류트 세레이션 구멍의 도면 지시

인벌류트 세레이션 구멍 37×36×1	
모 듈	1
압 력 각	45°
잇 수	36
기준 피치원 지름	36
오버핀 지름	32.926 +0.092 +0.051 (핀지름 2.000Φ)

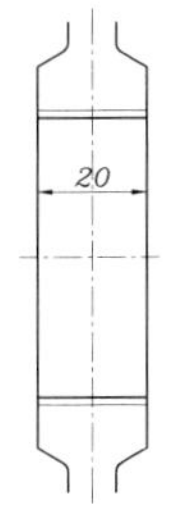

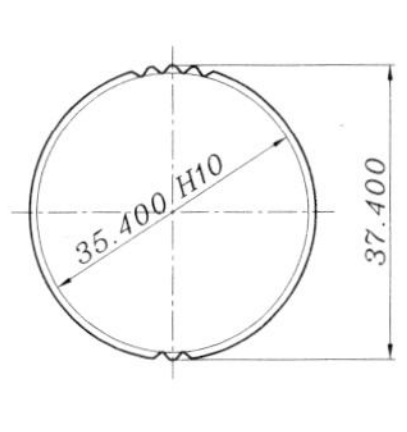

[참고] 끼워맞춤 산출표

총합 허용 오차

단위 : μ =0.001mm

잇수 z \ 모듈 m	0.5	0.75	1.0	1.5	2.0	2.5

누적 피치 오차

단위 : μ =0.001mm

10	38	43	43	50	55	55
11~12	38	43	43	50	55	60
13~16	41	43	48	50	60	60
17~20	41	48	48	55	60	60
21~24	41	48	48	55	60	65
25	46	48	48	55	60	65
26~33	46	48	55	55	65	65
34~40	46	55	55	65	65	65
41~50	46	55	55	65	65	75
51~60	50	55	60	65	75	75

치형 오차

치형 오차	10	11	11	13	15	15

잇줄 방향 오차

끼워맞춤 길이 (mm)	1.5~3	3~6	6~12	12~25	25~50	50~100
잇줄 방향 오차	13	13	14	15	17	22

잇수 z \ 모듈 m	0.5	0.75	1.0	1.5	2.0	2.5

총합 허용 오차

10	37	40	40	46	50	50
11~12	37	40	40	46	50	54
13~16	38	40	44	46	54	54
17~20	38	44	44	50	54	54
21~24	38	44	44	50	54	58
25	42	44	44	50	54	58
26~33	42	44	49	50	58	58
34~40	42	49	49	57	58	58
41~48	42	49	49	57	58	67
49~50	43	49	49	57	58	67
51~59	45	49	53	57	67	67
60	45	49	53	57	67	67

이 두께의 치수차

H 10	+40 0	+40 0	+40 0	+40 0	+48 0	+48 0
j 10	±20	±20	±20	±20	±24	±24

[참고] 직선 치형(구멍) 홈의 각도

직선 치형 홈의 각 $\theta = 90^\circ - \left(\frac{202.918311}{z}\right)^\circ$

단위 : 도

z	θ	z	θ	z	θ	z	θ	z	θ
10	69.7	20	79.8	30	83.2	40	84.9	50	85.9
11	71.6	21	80.3	31	83.5	41	85.1	51	86.0
12	73.1	22	80.8	32	83.7	42	85.2	52	86.1
13	74.4	23	81.2	33	83.9	43	85.3	53	86.2
14	75.5	24	81.5	34	84.0	44	85.4	54	86.2
15	76.5	25	81.9	35	84.2	45	85.5	55	86.3
16	77.3	26	82.2	36	84.4	46	85.6	56	86.4
17	78.1	27	82.5	37	84.5	47	85.7	57	86.4
18	78.7	28	82.8	38	84.7	48	85.8	58	86.5
19	79.3	29	83.0	39	84.8	49	85.9	59	86.6
-	-	-	-	-	-	-	-	60	86.6

인벌류트 세레이션의 호칭 지름 d

단위 : mm

잇수 z	모듈 m					
	0.50	0.75	1.00	1.50	2.00	2.50
10	5.50	8.25	11.00	16.50	22.00	27.50
11	6.00	9.00	12.00	18.00	24.00	30.00
12	6.50	9.75	13.00	19.50	26.00	32.50
13	7.00	10.50	14.00	21.00	28.00	35.00
14	7.50	11.25	15.00	22.50	30.00	37.50
15	8.00	12.00	16.00	24.00	32.00	40.00
16	8.50	12.75	17.00	25.50	34.00	42.50
17	9.00	13.50	18.00	27.00	36.00	45.00
18	9.50	14.25	19.00	28.50	38.00	47.50
19	10.00	15.00	20.00	30.00	40.00	50.00
20	10.50	15.75	21.00	31.50	42.00	52.50
21	11.00	16.50	22.00	33.00	44.00	55.00
22	11.50	17.25	23.00	34.50	46.00	57.50
23	12.00	18.00	24.00	36.00	48.00	60.00
24	12.50	18.75	25.00	37.50	50.00	62.50
25	13.00	19.50	26.00	39.00	52.00	65.00
26	13.50	20.25	27.00	40.50	54.00	67.50
27	14.00	21.00	28.00	42.00	56.00	70.00
28	14.50	21.75	29.00	43.50	58.00	72.50
29	15.00	22.50	30.00	45.00	60.00	75.00
30	15.50	23.25	31.00	46.50	62.00	77.50
31	16.00	24.00	32.00	48.00	64.00	80.00
32	16.50	24.75	33.00	49.50	66.00	82.50
33	17.00	25.50	34.00	51.00	68.00	85.00
34	17.50	26.25	35.00	52.50	70.00	87.50
35	18.00	27.00	36.00	54.00	72.00	90.00
36	18.50	27.75	37.00	55.50	74.00	92.50
37	19.00	28.50	38.00	57.00	76.00	95.00
38	19.50	29.25	39.00	58.50	78.00	97.50
39	20.00	30.00	40.00	60.00	80.00	100.00
40	20.50	30.75	41.00	61.50	82.00	102.50
41	21.00	31.50	42.00	63.00	84.00	105.00
42	21.50	32.25	43.00	64.50	86.00	107.50
43	22.00	33.00	44.00	66.00	88.00	110.00
44	22.50	33.75	45.00	67.50	90.00	112.50
45	23.00	34.50	46.00	69.00	92.00	115.00
46	23.50	35.25	47.00	70.50	94.00	117.50
47	24.00	36.00	48.00	72.00	94.00	120.00
48	24.50	36.75	49.00	73.50	96.00	122.50
49	25.00	37.50	50.00	75.00	98.00	125.00
50	25.50	38.25	51.00	76.50	102.00	127.50
51	26.00	39.00	52.00	78.00	104.00	130.00
52	26.50	39.75	53.00	79.50	106.00	132.50
53	27.00	40.50	54.00	81.00	108.00	135.00
54	27.50	41.25	55.00	82.50	110.00	137.50
55	28.00	42.00	56.00	84.00	112.00	140.00
56	28.50	42.75	57.00	85.50	114.00	142.50
57	29.00	43.50	58.00	87.00	116.00	145.00
58	29.50	44.25	59.00	88.50	118.00	147.50
59	30.00	45.00	60.00	90.00	120.00	150.00
60	30.50	45.75	61.00	91.50	122.00	152.50

12-2. 래칫 휠

1. 래칫의 굽힘강도

래칫의 허용토크는 아래와 같은 허용 전달력 계산식으로 계산하여 토크로 환산한 값이다.

제
12
장

허용 전달력 f_b[N]

$$f_b = \sigma_b \cdot \frac{b \cdot e^2}{6} \cdot \frac{1}{h} \cdot \frac{1}{S_F}$$

여기에서,

σ_b : 굽힘응력 (225.55MPa로 설정)

b : 치폭 E 치수 (mm)

e : 이골의 길이 (mm)

$e =$ 이의 높이$(h) \times \left(60 - \dfrac{360}{\text{잇수}(z)}\right)$로 계산

h : 이의 높이 H 치수 (mm)

S_F : 안전율 (2로 설정)

r_f : 이뿌리의 반지름 (mm)

$$r_f = \frac{\text{치폭 } D - (2 \cdot h)}{2}$$

웜기어의 역회전을 방지하는 래칫의 적용 예(KHK 카탈로그 발췌)

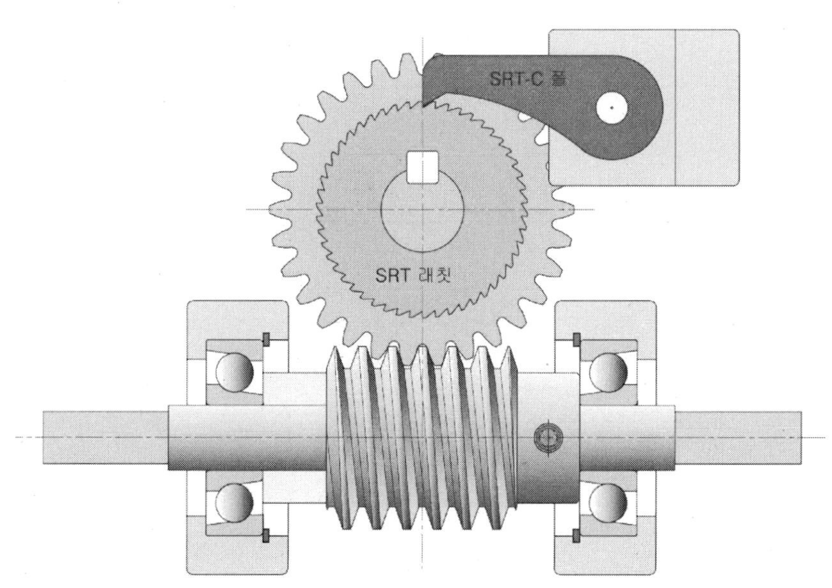

2. 래칫 휠의 제도

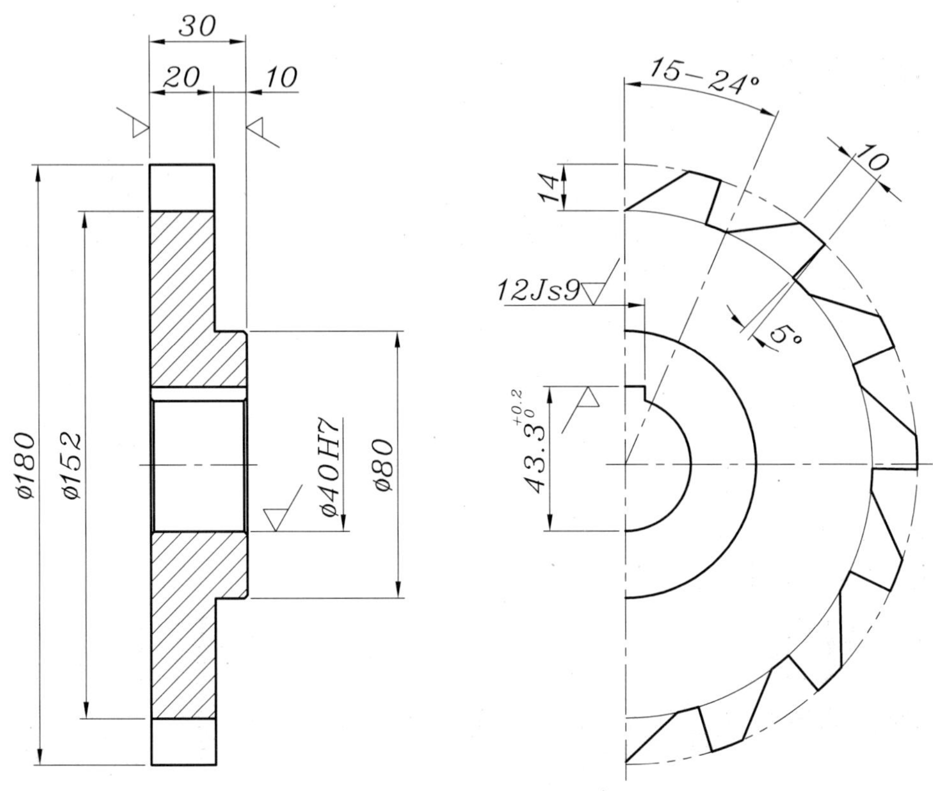

래칫 휠 요목표	
구 분 \ 품 번	
잇 수	15
원주피치	37.68
이높이	14
이뿌리지름	ø152

제13장

결합용 기계요소의 주요 계산 공식

13-1. 나사 및 볼트

항 목	공 식	비 고
리드	$l = n \cdot p$	나사의 줄수 : n 피치 : p
수나사의 유효지름	삼각나사 $d_2 \fallingdotseq \dfrac{d+d_1}{2}$ 사각나사 $d_2 = \dfrac{d+d_1}{2}$	
나사의 유효단면적	$A = \dfrac{\pi}{4}\left(\dfrac{\text{유효지름}+\text{수나사의골지름}}{2}\right)^2$	
사각 나사의 효율 (자리면 마찰 무시하는 경우)	$\eta = \dfrac{\tan\alpha}{\tan(\rho+\alpha)}$	리드각 : α 마찰각 : ρ
나사를 죌 때의 회전력	$P = Q\dfrac{\mu\pi d_2 + p}{\pi d_2 - \mu p}$	축방향하중 : Q 리드각 : α 마찰각 : ρ
축방향으로 인장하중만 작용하는 경우의 지름	$d \fallingdotseq \sqrt{\dfrac{2Q}{\sigma_a}}$	축방향하중 : Q 인장응력 : σ_a
축방향의 하중과 회전력을 동시에 받는 경우 나사의 지름	$d = \sqrt{2\times\dfrac{4}{3}\,Q/\sigma_a} = \sqrt{\dfrac{8Q}{3\sigma_a}}$	축방향하중 : Q 인장응력 : σ_a
전단하중 작용시 지름	$d = \sqrt{\dfrac{4Q}{\pi}}$	
너트와 산수	$Z = \dfrac{Q}{\dfrac{\pi}{4}(d^2 - d_1^2)q} = \dfrac{Q}{\pi d_2 h q}$	허용 면압력 : q 나사의 유효지름 : d_2 나사산의 높이 : h
너트의 높이	$H = Z \cdot P = \dfrac{Q \cdot p}{\pi d_2 h q},\ Z = \dfrac{H}{p}$	나사산 수 : Z 피치 : p
세트 스크류의 지름	$d = \dfrac{D}{8} + 0.8[cm]$	

■ 나사의 종류별 분류

구 분	종 류
나사산의 모양에 따른 구분	삼각나사, 사각나사, 사다리꼴나사, 둥근 나사
나사의 용도에 따른 구분	체결용 나사, 운동용 나사, 위치조정용 나사
피치와 나사지름 비율에 따른 구분	보통 나사, 가는 나사
사용 단위계에 따른 구분	미터계 나사, 인치계 나사
접촉 상태에 따른 구분	미끄럼 나사, 구름 나사
사용 목적에 따른 구분	결합용 나사, 운동용 나사
적용되는 장치에 따른 구분	일반 나사, 작은 나사, 관용 나사, 태핑 나사

■ 나사의 종류별 설명

구 분	종 류	설 명
결합용 나사	미터 나사	나사산의 각이 60°인 미터계 나사로 가장 널리 사용된다. mm단위 나사의 지름과 피치의 크기를 호칭의 기준으로 정하며, 미터 보통 나사는 [M 호칭지름]으로 미터 가는 나사는 [M 호칭지름 x 피치]로 표기한다.
	유니파이 나사	ABC나사라고도 하며, 나사산의 각이 60°인 인치계 삼각나사이다. 유니파이 보통나사(UNC)와 유니파이 가는나사(UNF)로 분류된다.
	관용 나사	파이프를 연결하는 나사로 사용되며 관용 테이퍼 나사(PT)와 관용 평행 나사(PF)의 두 종류가 있으며 기밀을 요구하는 곳에는 테이퍼형이 좋다.
운동용 나사	사각 나사	아르멘고드가 고안한 운동용 나사로 나사잭, 나사 프레스, 선반의 이송 나사 등으로 사용되며 나사의 효율은 높지만 제작이 어렵다.
	사다리꼴 나사	애크미(acme)나사라고도 하며 추력을 전달하는 운동용 나사의 효율면에서는 사각나사가 기구학적으로 이상적이지만 제작의 어려움으로 사다리꼴 나사로 대체하여 사용한다.
	톱니나사	바이스, 압착기 등과 같이 하중의 방향이 일정하게 작용하는 경우 사용되는 나사로 하중을 받는 쪽을 사각 나사의 형태로 만들고 반대쪽은 삼각 나사의 형태로 만들어 각각의 장점을 지닌 나사이다.
	둥근나사	너클 나사라고도 하며 나사산의 모양이 반원형이며 원형나사라고도 한다. 먼지나 모래, 이물질 등이 나사산으로 들어가는 염려가 있는 경우 또는 전구용 나사로 사용된다.

13-2. 키, 핀, 코터

항 목	공 식	비 고
키의 전단응력	$\tau_k = \dfrac{P}{A_s} = \dfrac{P}{bl}$	키에 작용하는 힘 : P 키의 폭 : b 키의 길이 : l
키가 전달하는 비틀림 모멘트	$T = \dfrac{d}{2}P$	키에 작용하는 힘 : P 축의 지름 : d 축의 원주상 발생 토크 : T
키에 발생하는 허용전단응력	$\tau_k = \dfrac{2T}{bld}$, $T = \dfrac{\tau_k bdl}{2}$	회전 토크 : T 키의 폭 : b 키의 길이 : l
키의 폭	$b = \dfrac{\pi}{12}d ≒ \dfrac{1}{4}d$	키의 길이 l : 보통 1.5d 이상
키의 길이	$l = \dfrac{2T}{bd\tau}$	키의 전단면적 $(b \times l)$mm $bl = \dfrac{2T}{\pi d}$
키의 압축응력	$\sigma_c = \dfrac{P}{\left(\dfrac{h}{2}\right) \cdot l} = \dfrac{4T}{h \cdot l \cdot d}$	$T = \dfrac{\sigma_c \cdot h \cdot d \cdot l}{4}$
스플라인의 전달 토크 스플라인의 전달 동력	$T = \eta \cdot Z(h-2c)\sigma_a l \dfrac{(d_1+d_2)}{4}$ $H_{PS} = \dfrac{TN}{716200}[N \cdot mm]$	허용면압력 : σ_a 보스의 길이 : l 잇수(홈수) : Z 이면의 모떼기 : c 이너비 : b 접촉효율 : $\eta ≒ 0.75$ 스플라인 작은 지름, 내경 : d_1 스플라인의 큰 지름, 외경 : d_2 전달동력[PS] : H_{PS}
핀의 접촉면압	$Q = q(d_1 a)$	축하중 : Q 핀의 허용면압 : q $1.4 \sim 2.1\,[kgf/mm^2]$ 핀의 지름 : d_1 구멍의 접촉길이 : a
핀의 지름	$d_1 = \sqrt{\dfrac{Q}{mq}}$	$a = md_1\,(m = 1 \sim 1.5d)$
핀의 축하중	$Q = 2\left(\dfrac{\pi d_1^{\,2}}{4}\right) \cdot \tau$	축하중 : Q 전단응력 : τ 핀의 지름 : d_1
핀의 전단응력	$\tau = \dfrac{2Q}{\pi d_1^2}$	축하중 : Q 전단응력 : τ 핀의 지름 : d_1
코터의 압축압력	$\sigma_c = \dfrac{P}{bd}$, $d = \dfrac{D}{2}$	축하중 : P 코터의 두께 : b 로드 끝의 지름 : d 소켓 플랜지의 지름 : D
코터의 두께	$b = \left(\dfrac{1}{4} \sim \dfrac{1}{3}\right)d$	
코터의 전단응력 (로드 끝)	$\tau_s = \dfrac{P}{2dh_1}$	로드 끝의 길이 $h_1 = \dfrac{P}{2d\tau_s} = \dfrac{2}{3}h$
코터의 폭	$h = \sqrt{\dfrac{3Pd}{4b\sigma_b}}$	$h_1 = h_2 = \left(\dfrac{2}{3} \sim \dfrac{3}{2}\right)d$

13-3. 리벳 및 리벳이음의 강도 계산

항 목	공 식	비 고
리벳의 전단	$W=\frac{\pi d^2}{4}\tau$	하중 : $W[N]$ 리벳의 지름 : $d[mm]$ 리벳의 전단응력 : $\tau[MPa]$
리벳 구멍 사이의 판의 절단	$W=(p-d)t\sigma_t$	판의 두께 : $t[mm]$ 리벳의 피치 : $p[mm]$ 판의 인장응력 : $\sigma_t[MPa]$
강판 가장자리 판의 전단	$W=2et\tau'$	리벳 중심에서 강판 가장자리까지의 거리 : $e[mm]$ 판의 전단응력 : $\tau'[MPa]$ 하중 : $W[N]$
리벳의 지름 또는 강판의 압축응력	$W=dt\sigma_c$	리벳 또는 강판의 압축응력 : $\sigma_c[MPa]$
강판 끝의 절개 경우	$M=\frac{1}{8}Wd=\sigma_b Z=\sigma_b\cdot\frac{1}{6}\left(e-\frac{d}{2}\right)^2 t$	굽힘 모멘트 : M 단면계수 : $Z=\frac{1}{6}\left(e-\frac{d}{2}\right)^2 t$
리벳의 효율	$\eta_s=\frac{n\frac{\pi}{4}d^2\tau}{pt\sigma_t}=\frac{n\pi d^2\tau}{4pt\sigma_t}$	1피치 내에 있는 리벳의 전단면의 수 : n
보일러 동체 강판의 두께	$t=\frac{pD}{2\sigma_t}$	보일러 동체 내경 : $D[mm]$ 강판의 두께 : $t[mm]$ 증기의 사용압력 : $p[MPa]$ 강판의 인장강도 : $\sigma_t[MPa]$ 보일러 동체의 길이 : $l[mm]$
보일러 동체 강판의 인장강도	$\sigma_t=\frac{pDl}{2tl}=\frac{pD}{2t}$	
보일러 판의 두께	$t=\frac{pDS}{2\sigma\eta}+C$	안전계수 : S 부식을 고려한 값 : C
보일러 동체 원주 이음 강도	$\sigma'_t=\frac{\frac{\pi}{4}D^2p}{\pi Dt}=\frac{Dp}{4t}$	동판의 가로 단면적 : πDt 작용하는 힘 : $\frac{\pi}{4}d^2p$ 판의 인장응력 : σ_t'

13-4. 용접의 이음 설계 강도

■ 재닝(Jenning)의 응력계산도표

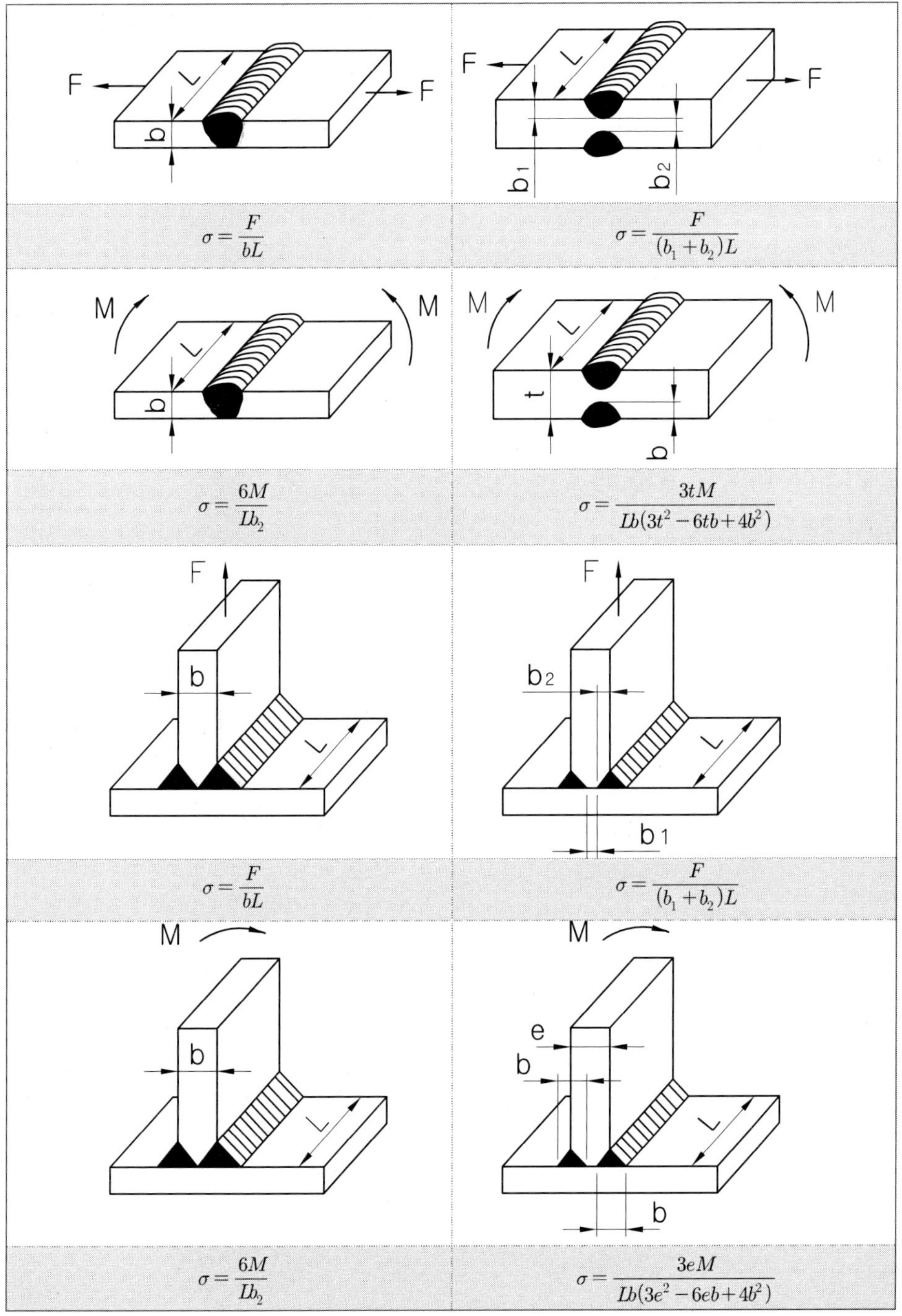

13-4. 용접의 이음 설계 강도(계속)

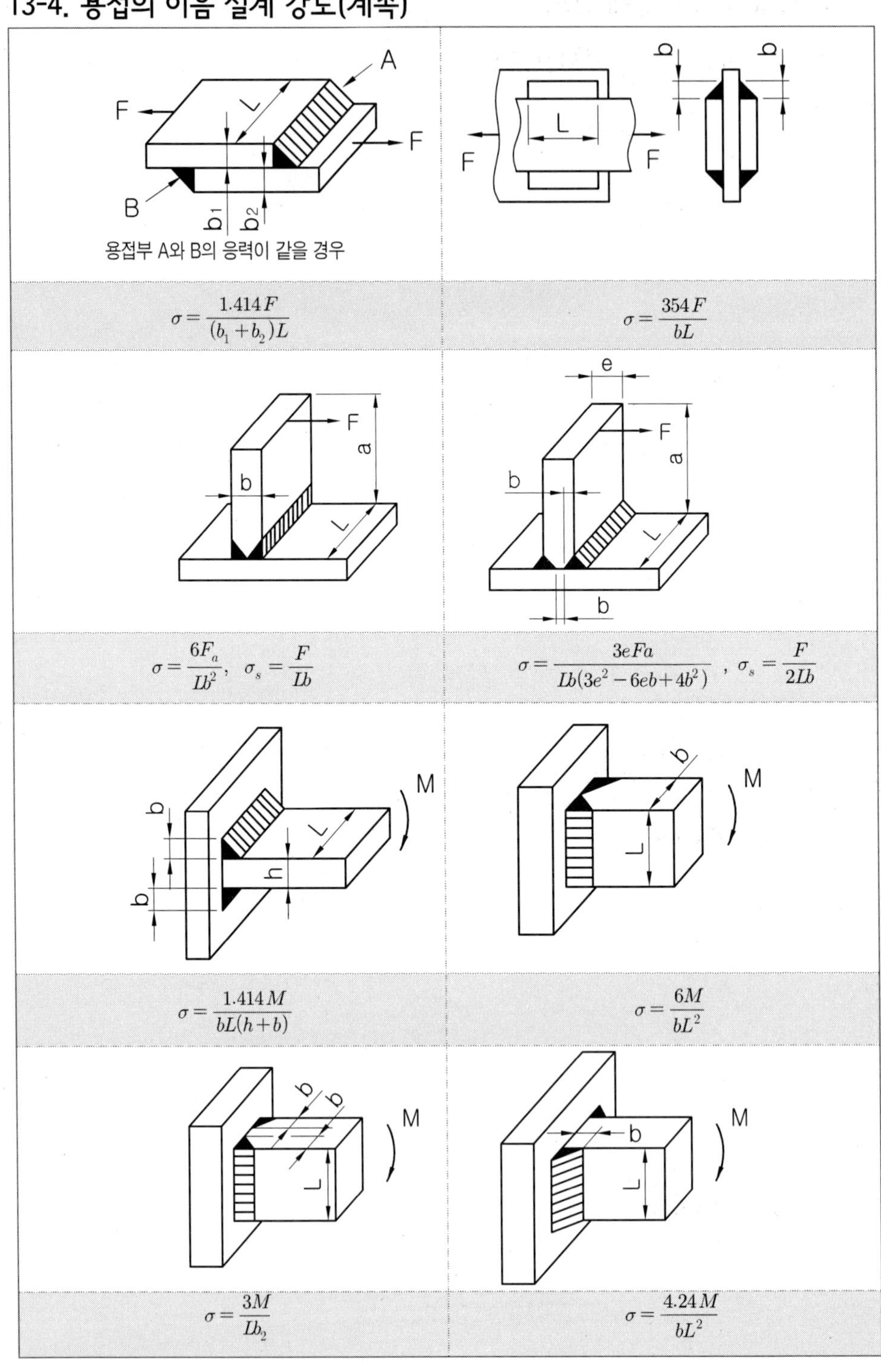

제14장

축계 기계요소 설계 계산

14-1.강도에 의한 축지름의 설계

■ 정하중을 받는 직선축의 강도

T : 축에 작용하는 비틀림 모멘트[$N \cdot mm$]
M : 축에 작용하는 굽힘 모멘트[$N \cdot mm$]
N : 분당 회전 속도[rpm]
$H = H_{PS}$: 전달 마력[PS]
$H' = H_{kW}$: 전달 마력[kW]
d : 중실축(실체 원형축)의 지름[mm]
d_1 : 중공축(속이 빈 원형축)의 내경[mm]
d_2 : 중공축(속이 빈 원형축)의 외경[mm]
l : 축의 길이[mm]
σ : 축의 허용굽힘응력[MP_a]
τ : 축의 허용전단응력[MP_a]
η : 좌굴효과를 표시하는 계수
l : 베어링 사이의 거리
k : 축의 단면 2차반지름(회전반지름)
λ : 세장비, $\lambda = \frac{l}{k}$
σ_Y : 압축항복점
n : 축의 받침계수(단말계수)

1. 차축과 같이 굽힘 모멘트만을 받는 축

항 목	공 식	비 고
실체원형축의 경우	$d = \sqrt[3]{\frac{32}{\pi\sigma_a}M} ≒ 2.17\sqrt[3]{\frac{M}{\sigma_a}}$	• 위험단면의 최대굽힘응력 $\sigma = \frac{M}{Z}$ • 단면계수 $Z = \frac{\pi}{32}d^3 \quad \therefore M = \sigma Z = \sigma\frac{\pi}{32}d^3$
속빈원형축의 경우	$d_2 = \sqrt[3]{\frac{10.2M}{(1-x^4)\sigma_a}} ≒ 2.17\sqrt[3]{\frac{M}{(1-x^4)\sigma_a}}$	• 단면계수 $Z = \frac{\pi}{32}\left(\frac{d_2^4 - d_1^4}{d_2}\right)$

2. 비틀림 모멘트만을 받는 축

항 목	공 식	비 고
실체원형축의 경우	$d = \sqrt[3]{\frac{5.1}{\tau_a}T} = 1.72\sqrt[3]{\frac{T}{Ta}}$	
축이 전달하는 동력을 마력 H_{PS}로 표시	$T = \frac{716200\,H_{PS}}{N}$ [$kgf \cdot mm$] $= \frac{7018760 \cdot H_{PS}}{N}$ [$N \cdot mm$]	$1PS = 75$ [$kg_f \cdot m/s$] $\omega = \frac{2\pi N}{60}$
축이 전달하는 동력을 H_{kW}로 표시	$T = \frac{974000\,H_{kW}}{N}$ [$kgf \cdot mm$] $= \frac{9545200 \cdot H_{kW}}{N}$ [$N \cdot mm$]	$1kW = 102$ [$kg_f \cdot m/s$]

2. 비틀림 모멘트만을 받는 축(계속)

항 목	공 식	비 고
마력을 $N[rpm]$으로 전달시키는 축의 지름	$d=\sqrt[3]{\dfrac{3.575\times 10^7 H_{PS}}{\tau_a \cdot N}}=329.4\sqrt[3]{\dfrac{H_{PS}}{\tau_a \cdot N}}\ [mm]$	$\dfrac{\pi}{16}d^3\tau_a=\dfrac{7018760\cdot H_{PS}}{N}$, $\tau\,[MPa]$, $N\,[rpm]$
kW의 동력을 전달시키는 축의 지름	$d=365.0\sqrt[3]{\dfrac{H_{kW}}{\tau_a N}}\ [mm]$	$\tau\,[MPa]$ $N\,[rpm]$
속빈원형축의 경우	$d_2=\sqrt[3]{\dfrac{5.1T}{(1-x^4)\tau_a}}=1.72\sqrt[3]{\dfrac{T}{(1-x^4)\tau_a}}\ [mm]$	
마력을 $N[rpm]$으로 전달시키는 축의 지름	$d=329.4\sqrt[3]{\dfrac{H_{PS}}{(1-x^4)\tau_a N}}\ [mm]$	
kW의 동력을 전달시키는 축의 지름	$d=365.0\sqrt[3]{\dfrac{H_{kW}}{(1-x^4)\tau_a N}}\ [mm]$	

3. 굽힘 모멘트와 비틀림 모멘트를 동시에 받는 축

항목	공식	비고
실체원형축의 경우	$d=\sqrt[3]{\dfrac{5.1}{\tau}\sqrt{M^2+M^2}}$	연성재료의 경우
	$d=\sqrt[3]{\dfrac{5.1}{\sigma}(M+\sqrt{M^2+M^2})}$	취성재료의 경우
속빈원형축의 경우	$d_2=\sqrt[3]{\dfrac{5.1}{(1-x^4)\tau}\sqrt{M^2+T^2}}$	연성재료의 경우
	$d_2=\sqrt[3]{\dfrac{5.1}{(1-x^4)\sigma}(M+\sqrt{M^2+T^2})}$	취성재료의 경우

4. 굽힘 모멘트와 비틀림 모멘트 및 축방향의 하중이 동시에 작용하는 축

항목	공식	비고
단축(짧은 축)의 경우	$d_3=\dfrac{16}{\pi\tau_a}\sqrt{\left\{\dfrac{P(1+x^2)d}{8}+M\right\}^2+T^2}$	연성재료의 경우
	$d_3=\dfrac{16}{\pi\sigma_a}\left\{\dfrac{P(1+x^2)d}{8}+M\right\}+\sqrt{\left\{\dfrac{P(1+x^2)d}{8}\right\}^2+T^2}$	취성재료의 경우
장축(긴 축)의 경우	$d_3=\dfrac{16}{\pi\tau_a}\sqrt{\left\{\dfrac{\eta P(1+x^2)d}{8}+M\right\}^2+T^2}$	연성재료의 경우
	$d_3=\dfrac{16}{\pi\sigma_a}\left\{\dfrac{\eta P(1+x^2)d}{8}+M\right\}+\sqrt{\left\{\dfrac{\eta P(1+x^2)d}{8}+M\right\}^2+T^2}$	취성재료의 경우

■ 동하중을 받는 직선축의 강도

T : 축에 작용하는 비틀림 모멘트$[N \cdot mm]$
M : 축에 작용하는 굽힘 모멘트$[N \cdot mm]$
N : 분당 회전 속도$[rpm]$
$H = H_{PS}$: 전달 마력$[PS]$
$H' = H_{kW}$: 전달 마력$[kW]$
d : 중실축(실체 원형축)의 지름$[mm]$

d_1 : 중공축(속이 빈 원형축)의 내경$[mm]$
d_2 : 중공축(속이 빈 원형축)의 외경$[mm]$
l : 축의 길이$[mm]$
σ : 축의 허용굽힘응력$[MP_a]$
τ : 축의 허용전단응력$[MP_a]$
k_t : 동적효과계수
k_m : 동적효과계수

1. 비틀림 모멘트와 굽힘 모멘트가 동시에 작용하는 축

항 목	공 식	비 고			
		동적효과계수 값			
		회전축		정지축	
연성재료의 경우	$d=\sqrt[3]{\frac{16}{\pi(1-x^4)\tau_a}}\sqrt{(k_m M)^2+(k_t T)^2}$	k_t	k_m	k_t	k_m
		1.0	1.5	1.0	1.0
취성재료의 경우	$d=\sqrt[3]{\frac{16}{\pi(1-x^4)\sigma_a}}(k_m M)+\sqrt{(k_m M)^2+(k_t T)^2}$	1.0~1.5	1.5~2.0	1.5~2.0	1.5~2.0
		1.5~3.0	2.0~3.0	-	-

2. 비틀림 모멘트와 굽힘 모멘트 및 축방향하중이 동시에 작용하는 축

항 목	공 식	비 고
연성재료의 경우	$d_2=\left[\frac{16}{\pi(1-x^4)\tau_a}\sqrt{\left\{kM+\eta d\frac{(1+x^2)}{8}P\right\}^2+(k_t T)^2}\right]^{\frac{1}{3}}$	속빈원형축의 바깥지름 : d_2
취성재료의 경우	$d_2=\left[\frac{16}{\pi(1-x^4)\sigma_a}\left\{k_m M+\eta d_2\frac{(1+x^2)}{8}P\right\}+\sqrt{\left\{k_M M+\eta d_2\frac{(1+x^2)}{8}P\right\}^2+(k_t T)}\right]^{\frac{1}{3}}$	

14-2. 강성도에 의한 축지름의 설계

■ 직선축의 비틀림 강성도

T : 축에 작용하는 비틀림 모멘트$[N \cdot mm]$	τ : 축의 허용전단응력$[MP_a]$
M : 축에 작용하는 굽힘 모멘트$[N \cdot mm]$	η : 좌굴효과를 표시하는 계수
N : 분당 회전 속도$[rpm]$	l : 베어링 사이의 거리
$H = H_{PS}$: 전달 마력$[PS]$	k : 축의 단면 2차반지름(회전반지름)
$H' = H_{kW}$: 전달 마력$[kW]$	λ : 세장비, $\lambda = \frac{l}{k}$
d : 중실축(실체 원형축)의 지름$[mm]$	σ_Y : 압축항복점
d_1 : 중공축(속이 빈 원형축)의 내경$[mm]$	n : 축의 받침계수(단말계수)
d_2 : 중공축(속이 빈 원형축)의 외경$[mm]$	θ : 축의 비틀림$[rad]$
l : 축의 길이$[mm]$	θ° : 축의 비틀림각$[^\circ]$
σ : 축의 허용굽힘응력$[MP_a]$	G : 재료의 횡탄성계수$[MPa]$

1. 비틀림 모멘트만 작용하는 축

항 목	공 식	비 고
실체원형축의 비틀림	$\theta = \frac{32}{\pi} \cdot \frac{7018760}{G} \cdot \frac{l \cdot H_{PS}}{Nd^4} [rad]$ $\fallingdotseq 7.149 \times 10^7 \frac{l \cdot H_{PS}}{GNd^4} [rad]$	횡탄성계수 G의 값 연강 : 78~83[GPa] 황동 : 41[GPa] 인청동 : 42[GPa] Ni, Ni-Cr, Cr-V : 59~82[GPa]
실체원형축의 비틀림각	$\theta^\circ \fallingdotseq 4.096 \times 10^9 \frac{l \cdot H_{PS}}{GNd^4} [^\circ]$	
속빈원형축의 비틀림각	$\theta^\circ = \frac{583.6\,Tl}{(d_2^4 - d_1^4)G} [^\circ]$	
Bach의 축공식	$\theta^\circ = \frac{1}{4} = \frac{(4.096 \times 10^9) \times 1000 \times H_{PS}}{(81 \times 10^3) N \times d^4}$ $d \fallingdotseq 120 \sqrt[4]{\frac{H_{PS}}{N}} [mm]$	여기서, 연강 G=81[GPa]
Bach의 축공식 H_{kw}로 환산	$T = \frac{9745200 \cdot H_{kW}}{N} [N \cdot mm]$ $d \fallingdotseq 130 \sqrt[4]{\frac{H_{kW}}{(1-x^4)N}} [mm]$	
단붙이 축의 비틀림각	$\theta = \frac{32\,Tl}{\pi d_1^4 G}$	

14-3. 베어링(Bearing)

N : 축의 회전수 $[rpm]$ P : 하중 $[kg_f]$ σ_a : 축의 허용 굽힘응력 $[kg_f/mm^2]$	l : 저널의 길이 $[mm]$ d : 저널의 지름 $[mm]$ p : 베어링내의 평균압력 $[kg_f/mm^2]$

저널의 길이 : $l = \dfrac{\pi PN}{6000pv}\ [mm]$　　저널의 지름 : $d = \sqrt[3]{\dfrac{\pi \times P \times l}{\pi \sigma_a}}$

베어링내의 평균 압력 : $p = \dfrac{P}{dl}$　　• 압력속도계수 pv값의 허용설계 자료 $[N/mm^2 \cdot m/s]$

■ 주요 설계 공식

p : 베어링내의 평균 압력 σ_a : 축의 허용굽힘응력	P : 베어링 중앙지점에 작용하는 집중하중 l : 베어링의 폭

항 목	공 식	비 고
엔드 저널의 지름	$d = \sqrt[3]{\dfrac{16Pl}{\pi\sigma_a}}\ [mm]$	$\sigma = \dfrac{16Pl}{\pi d^3}$
엔드 저널의 폭	$\dfrac{l}{d} = \sqrt{\dfrac{\pi}{16}\dfrac{\sigma_a}{p}}$	$P = pdl$
중간저널의 지름	$d = \sqrt[3]{\dfrac{4PL}{\pi\sigma_a}}\ [mm]$	$L = l + 2l_1$
중간 저널의 폭	$\dfrac{l}{d} = \sqrt{\dfrac{\pi}{4e}\dfrac{\sigma_a}{p}}$	$P = pdl$ e : 보통 1.5
베어링내의 평균 압력	$P = \dfrac{P}{dl}\ [kg_f/mm^2]$	
레이디얼 저널의 길이	$l = \dfrac{\pi PN}{60000Pv}[mm]$	
베어링 마찰력	$F = \mu P$	P : 베어링에 가해지는 반경방향하중
마찰로 인한 동력손실[kW]	$H' = [kW] = \dfrac{\mu P[N] \cdot v[m/s]}{1000}$ $H' = [kW] = \dfrac{\mu P[kg_f] \cdot v[m/s]}{102}$	
마찰로 인한 동력손실[PS]	$H = [PS] = \dfrac{\mu P[kg_f] \cdot v[m/s]}{75}$ $H = [PS] = \dfrac{\mu P[N] \cdot v[m/s]}{735.5}$	v : 축의 원주속도

[표 계속]

항목	공식	비고
볼 베어링의 수명시간	$L_h = \left(\frac{C}{P}\right)^3 \times \frac{10^6}{60N}$	N : 분당 회전수 P : 동등가하중$[N]$ 또는 $[kg_f]$ C : 기본 동정격하중$[N]$ 또는 $[kg_f]$ 레이디얼 베어링에서는 C, P가 반경 방향하중을 나타내고, 스러스트 베어링에서는 축방향 하중을 나타낸다.
롤러 베어링의 수명시간	$L_h = \left(\frac{C}{P}\right)^{\frac{3}{10}} \times \frac{10^6}{60N}$	
베어링 속도계수	$f_n = \left(\frac{33\,1/3}{N}\right)^{1/r}$	볼 베어링의 경우 $r=3$ 롤러 베어링의 경우 $r=10/3$
베어링 수명계수	$f_h = \left(\frac{L_h}{500}\right)^{1/r}$	
베어링 수명식	$f_h = \frac{C}{P} f_n$	P : 동등가하중$[N]$ 또는 $[kg_f]$ C : 기본 동정격하중$[N]$ 또는 $[kg_f]$ 볼 베어링의 경우 $r=3$ 롤러 베어링의 경우 $r=10/3$ 레이디얼 베어링에서는 C, P가 반경 방향하중을 나타내고, 스러스트 베어링에서는 축방향 하중을 나타낸다.

14-4. 축이음

■ 원통 커플링

T : 전달토크	P : 커플링 원통을 조이는 힘	πdL : 접촉면적
Q : 마찰면에 작용하는 수직력의 총합	q : 접촉면 압력	μ : 마찰계수
L : 축과 원통의 접촉부 길이	d : 축지름	σ_t : 볼트의 인장응력

항목		공식	비고
일체형 원통 커플링의 전달토크		$T=\mu Q\frac{d}{2}=\mu\cdot q(\pi dL)\left(\frac{d}{2}\right)=\mu\pi P\cdot\left(\frac{d}{2}\right)$	$Q=q(\pi dL)=\pi P$
분할형 원통 커플링	전달토크	$T=\mu\cdot q(\pi dL)\left(\frac{d}{2}\right)=\mu\pi P\cdot\left(\frac{d}{2}\right)$	$P=q(dL)$ $Q=q(\pi dL)=\pi P$
	볼트 인장력	$P=\left(\frac{Z}{2}\right)F$	Z : 볼트의 총 개수(짝수)
	볼트 1개에 작용하는 인장력	$F=\sigma_t\left(\frac{\pi}{4}\delta^2\right)$	σ_t : 볼트의 인장응력 δ : 볼트의 안지름
	볼트의 수	$Z=\frac{\tau_s d^2}{\mu\pi\sigma_t\delta^2}$	τ_s : 축의 비틀림응력 σ_t : 볼트의 인장응력 δ : 볼트의 안지름 d : 축 지름

[표 계속]

항목		공식	비고
플랜지 커플링	전달 토크	$T \fallingdotseq \left(\frac{\pi}{4}\delta^2\right)\tau_b \cdot Z \cdot \left(\frac{D_B}{2}\right)$	$\frac{D_B}{2}$: 축중심에서 볼트 중심까지 거리 τ_b : 볼트의 허용전단응력
	볼트의 안지름	$\delta = 0.5\sqrt{\frac{d^3}{Z\cdot\left(\frac{D_B}{2}\right)}}$	d : 축 지름 Z : 볼트의 수 $\frac{D_B}{2}$: 축중심에서 볼트 중심까지 거리
	플랜지 뿌리부의 응력	$\tau_f = \frac{2T''}{\pi D_f^2 t}$	T'' : 플랜지 뿌리부의 허용전단응력 t : 플랜지 뿌리부의 두께 D_f : 플랜지 뿌리부의 지름 $\pi D_f t$: 플랜지 뿌리부의 전단면적

■ 맞물림 클러치

T : 전달토크	D_m : 평균 반지름	Z : 클로(claw)의 개수
A_2 : 클로 한 개의 접촉면 단면적	q : 접촉면압력	h : 접촉면의 높이
D_1 : 안지름	D_2 : 바깥지름	

항목		공식	비고
맞물림 클러치	접촉면압력	$q = \frac{8T}{\left(D_2^2 - D_1^2\right)h \cdot Z}$	T : 전달토크 D_1 : 안지름 D_2 : 바깥지름
	클로(claw) 뿌리에서 전단응력	$\tau_f = \frac{32T}{\pi(D_1 + D_2)\left(D_2^2 - D_1^2\right)}$	
원판클러치	단판 클러치 전달토크	$T = \left(\frac{D_m}{2}\right)F$	F : 정지 마찰에 의한 회전력 $\frac{D_m}{2}$: 원판의 평균 반지름
	단판 클러치 최대전달토크	$T = \left(\frac{D_m}{2}\right)\mu Q$	Q : 축방향으로 미는 힘 $\frac{D_m}{2}$: 원판의 평균 반지름 μ : 마찰계수
	다판 클러치 최대전달토크	$T = Z\left(\frac{D_m}{2}\right)\cdot \mu Q_1 = \frac{D_m}{2}\cdot \mu Q$	Q : 축방향으로 미는 힘 Q_1 : 각클러치면 1개당 축방향으로 미는 힘
	재료가 받는 평균면압력	$q = \frac{2T}{\mu \pi D_m^2\ b \cdot Z}$	$T = \mu Q \cdot \frac{D_m}{2}$

제15장

전동용 기계요소 설계 계산

15-1. 마찰전동

■ 마찰계수와 단위폭당 수직힘(p_0)

표면 재료	단위폭당 수직힘(p_0) [kg/mm]	마찰계수 [μ]
주철 대 주철	2.0~3.0	0.1~0.15
주철 대 종이	0.5~0.7	0.15~0.2
주철 대 가죽	0.7~1.5	0.2~0.3
주철 대 목재	1.0~2.5	0.2~0.3

■ 주요 공식

항목		공식	비고
원통 마찰차	원동차의 원주속도	$v_1 = \frac{D_1/1000}{2} \cdot \left(\frac{2\pi}{60}N_1\right)$	D_1, D_2 : 지름 $[mm]$ N_1, N_2 : 회전각속도 $[rpm]$
	종동차의 원주속도	$v_2 = \frac{D_2/1000}{2} \cdot \left(\frac{2\pi}{60}N_2\right)$	
	원동차에 대한 종동차의 회전 각속도비	$i = \frac{N_2}{N_1} = \frac{D_1}{D_2}$	
	마찰차의 두 축간의 중심거리(외접)	$C = (D_1 + D_2)/2$	
	마찰차의 두 축간의 중심거리(내접)	$C = (D_2 - D_1)/2$	※ $D_2 > D_1$ 일 때
	마찰차의 전달동력	$H'\ [kW] = \frac{F\,[kg_f] \cdot v\,[m/s]}{102}$ $H'\ [PS] = \frac{F\,[kg_f] \cdot v\,[m/s]}{75}$	$v\,[m/s]$: 원주속도 $F\,[kg_f]$: 회전력
	마찰차의 너비	$b \geq \frac{Q}{p_0}$	p_0 : 단위길이당 허용 수직힘
홈붙이 마찰차	전달동력	$H'\ [kW] = \frac{F\,[kg_f] \cdot v\,[m/s]}{102}$ $H'\ [PS] = \frac{F\,[kg_f] \cdot v\,[m/s]}{75}$	
	홈의 각도	$2\alpha = 30^\circ \sim 40^\circ$	각도 α가 작을수록 상당마찰계수 μ'값이 커진다.

항목		공식	비고
홈붙이 마찰차	홈의 깊이	$h = 0.94\sqrt{\mu' P}$	$h\,[mm]$ $p[kg_f]$
	홈의 수	$Z \geq \dfrac{Q}{2h \cdot p_0}$	홈의 수는 5~6개 권장
원추 마찰차	회전속도비	$i = \dfrac{N_2}{N_1} = \dfrac{w_2}{w_1} = \dfrac{D_1}{D_2} = \dfrac{\sin\alpha}{\sin\beta}$	D_1, D_2 : 지름 $[mm]$ N_1, N_2 : 회전각속도 $[rpm]$
	원추각	$\tan\delta_1 = \dfrac{\sin\Sigma}{\cos\Sigma + \dfrac{N_1}{N_2}}$ $\tan\delta_2 = \dfrac{\sin\Sigma}{\cos\Sigma + \dfrac{N_2}{N_1}}$	
	두 축이 이루는 축각이 90°인 경우 각속도비	$i = \dfrac{N_2}{N_1} = \tan\delta_1 = \dfrac{1}{\tan\delta_2}$	$\Sigma = \delta_1 + \delta_2 = 90^\circ$
	전달 동력	$H'\,[kW] = \dfrac{F\,[kg_f] \cdot v\,[m/s]}{102}$ $H'\,[PS] = \dfrac{F\,[kg_f] \cdot v\,[m/s]}{75}$	
	접촉면 너비	$b \geq \dfrac{Q}{p_0}$	p_0 : 단위길이당 허용 수직힘

15-2. 기어전동

기어를 돌리는 힘

$$F = \frac{102p}{v}[kg] \qquad F = \sigma_b \cdot b \cdot my \qquad \sigma_b = f_v \cdot f_w \cdot \sigma_0$$

■ 스퍼 기어의 치형 계수 *y*의 값

잇수(Z)	표준기어				스퍼 표준기어	
	압력각 $\alpha = 14.5°$		압력각 $\alpha = 20°$		압력각 $\alpha = 20°$	
	y	(y)	y	(y)	y	(y)
12	0.237	0.355	0.277	0.415	0.338	0.496
13	0.249	0.377	0.292	0.443	0.350	0.515
14	0.261	0.399	0.308	0.468	0.365	0.540
15	0.270	0.415	0.319	0.490	0.374	0.556
16	0.279	0.430	0.325	0.503	0.386	0.578
17	0.288	0.446	0.330	0.512	0.391	0.587
18	0.293	0.459	0.335	0.522	0.399	0.603
19	0.299	0.471	0.340	0.534	0.409	0.616
20	0.305	0.481	0.346	0.543	0.415	0.628

[표 계속]

잇수(Z)	표준기어				스퍼 표준기어	
	압력각 $\alpha = 14.5°$		압력각 $\alpha = 20°$		압력각 $\alpha = 20°$	
	y	(y)	y	(y)	y	(y)
21	0.311	0.490	0.352	0.553	0.420	0.638
22	0.313	0.496	0.354	0.559	0.426	0.647
24	0.318	0.509	0.359	0.572	0.434	0.663
26	0.327	0.522	0.367	0.587	0.443	0.679
28	0.332	0.534	0.372	0.597	0.448	0.688
30	0.334	0.540	0.377	0.606	0.453	0.697
34	0.342	0.553	0.388	0.628	0.461	0.713
38	0.347	0.565	0.400	0.650	0.469	0.729
43	0.352	0.575	0.411	0.672	0.474	0.738
50	0.357	0.587	0.422	0.694	0.486	0.757
60	0.365	0.603	0.433	0.713	0.493	0.773
75	0.369	0.613	0.443	0.735	0.504	0.792
100	0.374	0.622	0.454	0.757	0.512	0.807
150	0.378	0.635	0.464	0.779	0.523	0.829
300	0.385	0.650	0.474	0.801	0.536	0.855
래크	0.390	0.660	0.484	0.823	0.550	0.880

■ 기어재료의 허용 휨 응력 δ_0의 값

종 류	기 호	인장강도 σ [kg/mm]	경 도 (HB)	허용 응력 δ_0[kg/mm^2]
주철	GC150 GC200 GC250 GC300	>15 >20 >25 >30	140~160 160~180 180~240 190~240	7 9 11 13
주강	SC410 SC450 SC480	>42 >46 >49	140 160 190	12 19 20
기계구조용 탄소강	SM25C SM35C SM45C	>45 >52 >58	123~183 149~207 167~229	21 26 30
표면경화강	SM15CK SNC815 SNC836	>50 >80 >100	유냉400 수냉600	30 35~40 40~55
니켈크로뮴강	SNC236 SNC415 SNC631	>75 >85 >95	212~255 248~302 269~321	35~40 40~60 40~60
청동 델타메탈 인청동(주물) 니켈-청동(단조)	-	>18 35~60 19~30 64~90	85 - 70~100 180~260	>5 10~20 5~7 20~30

■ 속도계수 f_v의 식

f_v의 식	용 도
$\frac{3.05}{3.05+v}$	기계가공하지 않은 기어, 거친 기계가공한 기어, 크레인, 윈치. 시멘트 밀 등의 기어 v=0.5~10m/sec, 저속도용
$\frac{6.1}{6.1+v}$	기계가공한 기어, 전동기, 전기기관차, 일반기계용 기어 v=5~20m/sec, 중속도용
$\frac{5.55}{5.55+\sqrt{v}}$	정밀가공한 기어, 형삭, 연삭, 랩 가공한 기어, 증기터빈 송풍기, 고속 기계 등의 기어 v=20~50m/sec, 고속도용
$\frac{0.75}{1+v}+0.25$	비금속 기어, 전동기의 작은 기어, 그 밖의 제조용 기계 등의 기어

■ 하중계수 f_w의 값

부하 상태	f_w
정하중이 걸리는 경우	0.8
변동하중이 걸리는 경우	0.74
충격하중이 걸리는 경우	0.67

제 15 장

15-3. 벨트 전동

■ 주요 계산 공식

항 목	공 식	비 고
벨트의 속도	$V=\frac{\pi D_1 N_1}{1000\times 60}\ (m/s)$	
벨트의 속도비	$i=\frac{N_2}{N_1}=\frac{D_1}{D_2}$	N_1 : 원동축 회전각속도[rpm] N_2 : 종동축 회전각속도[rpm]
평행걸기(바로걸기)의 경우 벨트의 길이	$L=2C+\frac{\pi}{2}(D_1+D_2)+\frac{(D_2-D_1)^2}{4C}$	L : 벨트의 길이 D_1 : 원동 풀리의 지름 D_2 : 종동 풀리의 지름 $C\geq 0.7(D_1+D_2)$ $C\leq 2(D_1+D_2)$
십자걸기(엇걸기)의 경우 벨트의 길이	$L=2C+\frac{\pi}{2}(D_1+D_2)+\frac{(D_2+D_1)^2}{4C}$	
평행걸기(바로걸기)의 경우 축간 중심거리	$C\fallingdotseq\frac{H+\sqrt{H^2-2(D_2-D_1)^2}}{4}$	
십자걸기(엇걸기)의 경우 축간 중심거리	$C\fallingdotseq\frac{H+\sqrt{H^2-2(D_2+D_1)^2}}{4}$	$H=L-\frac{\pi}{2}(D_2+D_1)$
벨트의 초장력	$T_0=C\cdot\left(\frac{T_t+T_s}{2}\right)$	C : 0.9 ~1

[표 계속]

항 목	공 식	비 고
벨트의 유효장력	$T_e = (T_t - mv^2)\dfrac{e^{\mu\theta}-1}{e\mu\theta}$	
벨트의 전달토크	$T = \dfrac{D}{2} \cdot T_e$	T_e : 유효장력 D : 풀리의 지름
벨트의 최대전달동력	① $H' = \dfrac{T_e' v}{1000} = \dfrac{v}{1000}(T_t - mv^2)\dfrac{e^{\mu\theta}-1}{e^{\mu\theta}}$ ② $H' = \dfrac{T_e v}{102} = \dfrac{v}{102}(T_t - mv^2)\dfrac{e^{\mu\theta}-1}{e^{\mu\theta}}$ ③ $H = \dfrac{T_e v}{75} = \dfrac{v}{75}(T_t - mv^2)\dfrac{e^{\mu\theta}-1}{e^{\mu\theta}}$ ④ $H = \dfrac{T_e' v}{735.5} = \dfrac{v}{735.5}(T_t - mv^2)\dfrac{e^{\mu\theta}-1}{e^{\mu\theta}}$	아이텔바인 식 H' : 동력 $[kW]$ H : 동력 $[PS]$ T_e : 유효장력 $[kg_f]$ T_t : 긴장측 인장력 $[kg_f]$ v : 원주속도 $[m/s]$ m : 단위 길이당 질량 $[kg/m]$

■ 장력비 $\dfrac{e^{\mu\theta}-1}{e^{\mu\theta}}$ 의 값 μ : 마찰계수, θ : 작은 접촉각

θ[°]	μ=0.1	μ=0.2	μ=0.3	μ=0.4	μ=0.5
90	0.145	0.270	0.376	0.467	0.544
100	0.160	0.295	0.408	0.502	0.582
110	0.175	0.319	0.438	0.536	0.617
120	0.189	0.342	0.467	0.567	0.649
130	0.203	0.365	0.494	0.596	0.678
140	0.217	0.386	0.520	0.624	0.705
150	0.230	0.408	0.544	0.679	0.730
160	0.244	0.428	0.567	0.673	0.752
170	0.257	0.448	0.589	0.695	0.773
180	0.270	0.467	0.610	0.715	0.792

■ 마찰계수(μ)

재 질		마찰계수(μ)
벨 트	풀 리	
가죽	주철	0.2~0.3
고무	주철	0.2~0.25
무명	주철	0.2~0.3
가죽	목재	0.4

■ V-벨트 1개당 전달동력(kW)

V벨트 모양별	V벨트의 속도(m/sec)			
	5	10	15	20
M	0.25	0.45	0.6	0.7
A	0.45	0.8	1.2	1.3
B	0.75	1.4	2.0	2.2
C	1.25	2.4	3.3	3.8
D	2.5	5.0	6.5	7.5
E	4.0	7.5	10.0	12.0

15-4. 체인 전동

항 목	공 식	비 고
피치원 지름	$D_p = \dfrac{p}{\sin(180°/Z)}$	p : 체인의 피치 $[mm]$ Z : 스프로킷 휠의 잇수
이끝원 지름	$D_0 = p[0.6 + \cot(180°/Z)]$	
이뿌리원 지름	$D_B = D_p - d_r$	D_p : 피치원 지름 d_r : 롤러체인에서 롤러의 외경
이뿌리거리	짝수이인 경우 $D_C = D_B$ 홀수이인 경우 $D_C = D_p \cdot \cos\left(\dfrac{90°}{Z}\right) - d_r$	D_p : 피치원 지름 D_B : 이뿌리원 지름 d_r : 롤러체인에서 롤러의 외경
보스의 최대 지름	$D_H = p\left(\cot\dfrac{180°}{Z} - 1\right) - 0.76$	p : 체인의 피치 $[mm]$ Z : 스프로킷 휠의 잇수
체인의 링크 수	$L \fallingdotseq 2C + \dfrac{(Z_1 + Z_2)p}{2} + \dfrac{(Z_2 - Z_1)^2 p^2}{4C\pi^2}$ $L \fallingdotseq 2C + \dfrac{\pi(D_1 + D_2)}{2} + \dfrac{(D_2 - D_1)^2}{4C}$	Z_1, Z_2 : 스프로킷의 잇수 p : 체인의 피치 C : 스프로킷 휠 중심간 거리 D : 스프로킷 휠의 피치원지름
스프로킷 휠의 각속도비	$i = \dfrac{N_2}{N_1} = \dfrac{Z_1}{Z_2} = \dfrac{D_1}{D_2}$	N : 각속도 Z : 스프로킷 휠의 잇수 D : 스프로킷 휠의 피치원지름
체인의 평균속도	$v_m = \dfrac{\pi DN}{1000 \cdot 60} = \dfrac{N \cdot p \cdot Z}{60000}\ [m/s]$	
체인의 전동마력	$H_{PS} = \dfrac{T_a \cdot v}{735.5}[PS]$ $H_{kW} = \dfrac{T_a \cdot v}{1000}[kW]$	v : 체인의 평균속도 $[m/s]$ T_a : 스프로킷 휠의 피치원에 있어서 회전력 $[N]$

제16장

브레이크 · 래칫장치 설계 계산

16-1. 브레이크

■ 원주 브레이크

T : 브레이크 토크 $[N \cdot mm]$ Q : 브레이크의 회전력 $[=(2T/D)\times N]$ F : 브레이크 바퀴와 블록 사이의 마찰계수	D : 브레이크 바퀴의 지름 $[mm]$ P : 브레이크 바퀴와 블록 사이의 압력 $[N]$ a, b, c : 브레이크 막대의 치수 $[mm]$

항 목	공 식	비 고
브레이크 토크	$T=\dfrac{QD}{2}=\dfrac{\mu PD}{2}$	단식블록 브레이크
브레이크 제동력	$Q=\mu' P$	
브레이크 제동력	$Q=2\mu P=2\mu Y\dfrac{ae}{bd}$	복식블록 브레이크

■ 브레이크 블록

P : 블록을 브레이크 바퀴에 밀어붙이는 힘[N] e : 브레이크 블록의 길이 $[mm]$ A : 브레이크 블록의 마찰면적 $[mm^2]$	b : 브레이크 블록의 나비 $[mm]$ d : 브레이크 바퀴의 지름 $[mm]=2r$

항 목	공 식	비 고
블록과 브레이크 바퀴 사이의 제동압력	$q=\dfrac{P}{A}=\dfrac{P}{be}$	$[N/mm^2=Pa]$
브레이크 용량	$735.5H_{PS}=Qv=\mu qAv=\mu Pv$ $H_{PS}=\dfrac{Qv}{735.5}=\dfrac{\mu qAv}{735.5}=\dfrac{\mu Pv}{735.5}$ $H_{kW}=\dfrac{\mu Pv}{102}$	v : 브레이크 바퀴의 주속 $[m/s]$ Q : 브레이크 바퀴의 제동력 $[N]$ H_{PS} : 제동마력 $[PS]$ H_{kW} : 제동마력 $[kW]$
마찰면의 단위면적당 일량	$\dfrac{\mu Pv}{A}=\mu qv\,[N/mm^2\cdot m/s]$	μqv : 마찰계수 브레이크 압력 $[N/mm^2]$ 속도 $[m/s]$
브레이크 면적	$A=\dfrac{735.5H_{PS}}{\mu qv}=\dfrac{102H_{kW}}{\mu qv}$	

■ 밴드 브레이크

T_1, T_2 : 밴드 양단의 장력 $[N]$ μ : 밴드와 브레이크바퀴 사이의 마찰계수 T : 회전 토크 $[N \cdot mm]$	θ : 밴드와 브레이크바퀴 사이의 접촉각 $[rad]$ Q : 브레이크 제동력 $[N]$ F : 조작력 $[N]$

항 목	공 식	비 고
밴드 브레이크의 제동력	$Fl = T_2 a \quad F = Q\frac{a}{l} \cdot \frac{1}{e^{\mu\theta}-1}$	단동식 우회전의 경우
	$Fl = T_1 a \quad F = Q\frac{a}{l} \cdot \frac{e^{\mu\theta}}{e^{\mu\theta}-1}$	단동식 좌회전의 경우
	$Fl = T_2 b - T_1 a \quad F = \frac{Q(b - ae^{\mu\theta})}{l(e^{\mu\theta}-1)}$	차동식 우회전의 경우
	$Fl = T_1 b - T_2 a \quad F = \frac{Q(be^{\mu\theta} - a)}{l(e^{\mu\theta}-1)}$	차동식 좌회전의 경우
	$Fl = T_1 a + T_2 b \quad F = \frac{Qa(e^{\mu\theta}+1)}{l(e^{\mu\theta}-1)}$	합동식 우회전의 경우
	$Fl = T_1 a - T_2 a \quad F = \frac{Qa(e^{\mu\theta}-1)}{l(e^{\mu\theta}-1)}$	합동식 좌회전의 경우

16-2. 래칫과 폴

■ 래칫휠의 설계

W : 폴(pawl)에 작용하는 힘 $[N]$ Z : 래칫의 잇수 h : 이의 높이 $[mm]$ e : 이뿌리의 두께 $[mm]$ D : 래칫의 외접원의 지름 $[mm]$	T : 래칫에 작용하는 회전토크 $[N \cdot mm]$ p : 래칫의 이의 피치 $[mm]$ b : 래칫의 나비 $[mm]$ q : 이에 작용하는 압력 $[N/mm^2 = MPa]$

항 목	공 식	비 고
폴에 작용하는 힘	$W = \frac{2T}{D} = \frac{2\pi T}{Zp}$	
이의 높이	$h = 0.35p$	
이뿌리의 두께	$e = 0.5p$	
래칫의 나비	$b = 0.25p$	
이에 작용하는 압력	$p = 3.75\sqrt[3]{\frac{T}{\varnothing Z\sigma_a}}$	$b = 0.25p$ $\varnothing = 0.5$
래칫의 이의 피치	$p = 4.74\sqrt[3]{\frac{T}{Z\sigma_a}}$	
면압력	$q = \frac{W}{bh}$	q : 5~10 $[MPa]$ 주철, q : 15~30 $[MPa]$ 철강, 단강
모 듈	$m = \frac{p}{\pi}$	피치 : $p = \pi m$, 외접원의 지름 : $D = Zm$

제 16 장

제17장

압력용기와 관로

17-1. 압력용기

두께가 얇은 원통		두께가 두꺼운 원통	
원주 방향의 인장응력	$\sigma_1 = \frac{D \cdot P}{2t}$ $[kg/mm^2]$	원주 방향의 최대응력 (양쪽 개방)	$\sigma_{max} = \frac{P(0.7r_1^2 + 1.3r_2^2)}{r_2^2 - r_1^2}$ $[kg/mm^2]$
축 방향의 인장응력	$\sigma_2 = \frac{D \cdot P}{4t} = \frac{1}{2} \cdot \sigma_1$ $[kg/mm^2]$	원통의 두께	$t = \frac{D}{2}\left(\sqrt{\frac{\sigma_a + 0.7p}{\sigma_a - 1.3p}} - 1\right)[mm]$
원통의 두께	$t = \frac{D \cdot P}{2\sigma_a \cdot \eta} + C$ $[mm]$	원주 방향의 응력 (양쪽 막힘)	$\sigma_{max} = \frac{(0.4r_1^2 + 1.3r_2^2)}{r_2^2 - r_1^2}$ $[kg/mm^2]$
		원통의 두께	$t = \frac{D}{2}\left(\sqrt{\frac{\sigma_a + 0.4p}{\sigma_a - 1.3p}} - 1\right)[mm]$

17-2. 관로

두께가 두꺼운 원통	
유량	$Q = A \cdot V_m = \frac{\pi}{4}\left(\frac{D}{1000}\right)^2 \cdot V_m$ $[m^3/sec]$
관의 지름	$D = 1128\sqrt{\frac{Q}{V_m}}$

17-3. 파이프머의 평균 유속(m/s) 및 허용인장응력과 정수

파이프의 종류	평균 유속 v	파이프의 종류	평균 유속 v
일반 상수도관	1~2	원심펌프관	2.5~3.5
왕복펌프(흡입관)	0.5~1	공기파이프	15~20
왕복펌프(토출관)	1~2	증기파이프	25~50

파이프의 종류	$\sigma_t[kg/cm^2]$	[cm]
주철관	250	0.6 (1-PD/2750)
주강관	600	0.6 (1-PD/6600)
단접관	800	0.1
인발강철판	1000	0.1
동관	200	0.15

제18장

단위의 개념과 이해

18-1. 힘의 단위

· 1N : 질량 1㎏의 물체가 1m/s^2의 가속도로 움직일 수 있도록 가하는 힘

· 질량이 중력을 받을 때의 식 $W = mg$

1 kg *f*=1 kg×9.80665m/s^2=9.80665*N*(상용 9.81*N*)

18-2. 압력 또는 응력의 단위

· 압력 및 응력은 단위면적당 작용하는 힘을 말하며 단위가 동일하다.

· 압력 : 힘을 받는 면이 유체인 경우

· 응력 : 힘을 받는 면이 고체인 경우

$\rho = F/A$ 1*Pa*=1*N*/*m*^{2}(Pa:Pascal, 파스칼)

18-3. 일 또는 모멘트(moment)

· 일 : 외력이 작용하여 움직인 거리, 힘과 거리의 곱으로 모멘트의 단위와 동일하다.

$U = F \times s$ 1*J*=1*Nm*(J:Joule, 줄)

18-4. 각속도 및 원주속도

· 각속도 : $\omega[rad/s] = \dfrac{2\pi}{60}N[rpm]$

· 원주속도 : $v[m/s] = r[m]\omega[rad/s] = \dfrac{D[mm]}{2000}\left(\dfrac{2\pi N[rpm]}{60}\right)$

18-5. 일 또는 동력

· 일률 : 단위시간 당 한 일의 양

· 와트(watt)

$$1W = 1J/s = 1N \cdot m/s = 1Amp \cdot Volt$$
$$1W = 1J/S = 1/9.80665kgf \cdot m/s = 0.102kgf \cdot m/s$$

제
18
장

· 동력을 *kW*단위로 나타내면

$$1kW = 102kgf \cdot m/s$$

· 동력을 *PS*단위로 나타내면

$$1PS = 75kgf \cdot m/s$$

· 동력단위 *PS*를 *kW*단위로 환산하면

$$1PS = 75 \times 9.80665N \cdot m/s = 735.5W = 0.7355kW$$

■ 회전력(접선력)과 접선속도로부터 동력을 구하는 공식

단위	$P[kgf],\ v[m/s]$	$P'[N],\ v[m/s]$
$H'[kW]$	$\frac{P[kgf] \cdot v[m/s]}{102}$	$\frac{P'[N] \cdot v[m/s]}{1000}$
$H[PS]$	$\frac{P[kgf] \cdot v[m/s]}{75}$	$\frac{P'[N] \cdot v[m/s]}{735.5}$

■ 동력과 회전수로부터 토크(비틀림모멘트)를 구하는 공식

단위	$T[kgf \cdot mm],\ N[rpm]$	$T[N \cdot m],\ N[rpm]$
$H'[kW]$	$97400\frac{H'[kW]}{N[rpm]}$	$9549\frac{H'[kW]}{N[rpm]}$
$H[PS]$	$716200\frac{H[PS]}{N[rpm]}$	$7023.5\frac{H[PS]}{N[rpm]}$

■ 하중과 응력

힘 또는 모멘트	발생 응력	관련 공식	비 고
축방향 하중 (인장, 압축)	인장, 압축 응력	$\sigma = \frac{F}{A}$	A : 인장 또는 압축단면의 면적 F : 인장하중(또는 압축하중)
전단 하중	직접 전단 응력	$\tau = \frac{F}{A_S}$	A_s : 전단단면의 면적 F : 전단력
비틀림 모멘트	비틀림 전단 응력	$\tau = \frac{T \cdot \gamma}{I_p} = \frac{T}{Z_p}$	원형단면 : $I_p = \frac{\pi(d_0 - d_i)}{32}$
굽힘 모멘트	굽힘 응력 (인장, 압축)	$\sigma_b = \frac{M_b y}{I_{yy}} = \frac{M_b}{Z}$	원형단면 : $I_p = \frac{\pi(d_0 - d_i)}{64}$ 사각단면 : $I_{yy} = \frac{bh^3}{12}$

제19장

관이음 설계 계산

19-1. 강관의 종류와 사용조건

■ 관의 종류

금속관의 종류	KS 기호	JIS 기호	사용 온도[℃]	사용 압력[MPa]
배관용 탄소 강관(gas관) KS D 3507	SPP	SGP	350 이하	0~1.5
압력 배관용 탄소 강관 KS D 3562	SPPS	STPG	-10~350	1.5~10
고압 배관용 탄소 강관 KS D 3564	SPPH	STS	-30~350	10~20
고온 배관용 탄소강 강관 KS D 3570	SPHT	STPT	350~450	0~20
배관용 합금강 강관 KS D 3573	SPA	STPA	-100~15	0~20
배관용 스테인레스 강관 KS D 3576	STS	SUS	-196~600	0~10
저온 배관용 탄소 강관 KS D 3569	SPLT	STPL	-100~200	0~20

19-2. 관의 선정법

관의 종류의 선정 : 관의 사용압력, 온도

■ 관의 내경

· Q : 관의 내측을 흐르는 유체의 단위시간당의 유량

· v : 관내평균유속

· d : 관의 내경

$$Q = \frac{\pi d^2 v}{4}, \quad d = \sqrt{\frac{4Q}{\pi v}}$$

제 19 장

■ 관내평균유속 v_m

유체의 종류	용 도	유 속[m/s]
물	공장일반급수	1.0~3.0
	바닷물(해수)	1.2~2.0
	펌프 흡입 펌프 토출	0.5~2.0 1.0~3.0
기름	유압펌프 토출측	3.0~3.7
공기	송풍압축기 흡입, 토출	10~20
증기	포화수증기 과열수증기	25~30 30~40

■ 관의 두께(Schedule number 계산)

$$Sch\,No. = 1000 \times \left(\frac{p}{\sigma_{al}}\right)$$

여기서, p : 사용압력[MPa], σ_{al}: 허용응력[N/mm^2]

■ 강관의 허용인장응력 σ_{al}의 예

<table>
<tr><th rowspan="2">종 류</th><th rowspan="2">제법</th><th colspan="10">각 온도 [℃]에 의한 허용인장응력[N/㎟]</th></tr>
<tr><th>-10</th><th>0</th><th>40</th><th>100</th><th>200</th><th>300</th><th>325</th><th>350</th><th>375</th><th>400</th></tr>
<tr><td rowspan="2">SPP</td><td>E</td><td></td><td colspan="7">62</td><td></td><td></td></tr>
<tr><td>B</td><td></td><td colspan="7">47</td><td></td><td></td></tr>
<tr><td rowspan="2">SPPS370</td><td>S</td><td colspan="8">92</td><td></td><td></td></tr>
<tr><td>E</td><td colspan="8">78</td><td></td><td></td></tr>
<tr><td>SPPH370</td><td>S</td><td colspan="8">92</td><td></td><td></td></tr>
</table>

[비고] 제법 E : 전기저항용접관, B : 단접관, S : 세목무관(단목무관)

■ SPPS 압력 배관용 탄소 강관(JIS STPG)의 치수 예 [KS D 3562]

호칭경		외경[mm]	Sch No. 관의 두께[mm]		
A	B		Sch 40	Sch 60	Sch 80
6	⅛	10.5	1.7	2.2	2.4
8	¼	13.8	2.2	2.4	3.0
10	⅜	17.3	2.3	2.8	3.2
15	½	21.7	2.8	3.2	3.7
20	¾	27.2	2.9	3.4	3.9
25	1	34.0	3.4	3.9	4.5
32	1¼	42.7	3.6	4.5	4.9
40	1½	48.6	3.7	4.5	5.1
50	3	60.5	3.9	4.9	5.5
65	2½	76.3	5.2	6.0	7.0
80	3	89.1	5.5	6.6	7.6
90	3½	101.6	5.7	7.0	8.1
100	4	114.3	6.0	7.1	8.6
125	5	139.8	6.6	8.1	9.5
150	6	165.2	7.1	9.3	11.0

[예제]

●STPG370-S를 사용하여, 사용압력 $p=3MP_a$로 사용하는 경우의 Sch No를 구하시오.

[풀이]

$$Sch\,No. = \frac{3}{92} \times 1000 = 32.6$$

위 표에서 가장 가까운 Sch No를 찾으면 Sch No.40을 선택할 수 있다. 예를 들면 호칭경 25A라면 외경 34mm, 관두께 3.4mm가 된다.

기술부록

1. 각종 단위 환산표

길이의 환산표

단위	mm	cm	m	km	in	ft	yd	mile
1 mm	1	0.1	0.001	0.000001	0.03937	0.0032808	0.0010936	0.(6)6214
1 cm	10	1	0.01	0.00001	0.3937	0.032808	0.010936	0.(5)6214
1 m	1000	100	1	0.001	39.37	3.28084	1.0936	0.(3)6214
1 km	1000000	100000	1000	1	39370	3280.84	1093.61	0.62137
1 in	25.40	2.540	0.0254	0.(4)254	1	0.0833	0.02778	0.(4)1578
1 ft	304.8	30.48	0.3048	0.(3)3048	12	1	0.3333	0.(3)1894
1 yd	914.4	91.44	0.9144	0.(3)9144	36	3	1	0.(3)5682
1 mile	1609344.0	160934.40	1609.34	1.60934	63360	5280	1760	1

[비고] 표 중 ( )안의 숫자는 소수점 이하 0의 수를 나타낸다. [예] 0.(2)1=0.001

질량의 환산표

단위	kg	g	ton	grain	short ton	long ton	lb
1kg=1N/㎡	1	10^{3}	10^{-3}	15.432×10^{3}	1.10231×10^{-3}	0.98421×10^{-3}	2.205
1g	10^{-3}	1	10^{-6}	15.432	1.10231×10^{-6}	0.98421×10^{-6}	2.205×10^{-3}
1 ton	10^{3}	10^{-6}	1	15.432×10^{6}	1.10231	0.98421	2.205×10^{3}
1 grain	0.06480×10^{-3}	0.06480	0.06480×10^{-6}	1	0.07143×10^{-6}	0.06378×10^{-6}	0.01429×10^{3}
1 short ton	0.90719×10^{3}	0.90719×10^{6}	0.90719	14.00×10^{-6}	1	0.89286	2000
1 long ton	1.01605×10^{3}	1.01605×10^{6}	1.01605	15.680×10^{-6}	1.1200	1	2240
1 lb	0.4536	0.4536×10^{3}	0.4536×10^{-3}	7000	0.5000×10^{-3}	0.44643×10^{-3}	1

압력의 환산표

단위	Pa=N/㎡	kgf/㎠	atm	bar	mmHg(0℃)	mmAq(4℃)	lbf/in^2[psi]
1 Pa=1N/㎡	1	1.01972×10^{-5}	0.986923×10^{-5}	10^{-5}	0.75006×10^{-2}	1.0197×10^{-1}	1.450377×10^{-4}
1 kgf/㎠	0.980665×10^{5}	1	0.967841	0.980665	735.56	10^{4}	14.22334
1 atm= 760mmHg	1.01325×10^{5}	1.03323	1	1.01325	760	1.0332×10^{4}	14.69595
1 bar	10^{5}	1.01972	0.986923	1	0.75006×10^{3}	1.0197×10^{4}	14.50377
1 lbf/in^2	6894.757	7.030695×10^{-2}	6.804596×10^{-2}	6.894757×10^{-2}	703.0695	703.0695	1

에너지의 환산표

단위	J=Nm	kW·h	kgf·m	PS·h	kcal$_1$ *	kcalIT*	Btu
1 J=10 erg	1	2.77778×10^{-7}	0.1019716	3.77673×10^{-7}	2.38920×10^{-4}	2.38846×10^{-4}	0.9480×10^{-3}
1 kW·h	3600000	1	367097.8	1.35962	860.11	859.845	3413
1 kgf·m	9.80665	2.72407×10^{-6}	1	3.703070×10^{-6}	2.34301×10^{-3}	2.34228×10^{-3}	9.297×10^{-3}
1PS·h	2647796	0.735499	270000	1	632.611	632.415	2510
1 kcal$_1$	4185.5	1.16264×10^{-3}	426.80	1.58075×10^{-3}	1	0.99969	3.977
1 kcalIT	4186.8	1.16300×10^{-3}	426.935	1.58124×10^{-3}	1.00031	1	3.968
1 Btu	1055.056	2.930711×10^{-4}	107.5	3984×10^{-3}	0.25207	0.25200	1

[주] *표시는 1kWh=860kcal로서 정해진 단위이고, cal$_{15}$는 순수(純水) 1kg을 14.5℃부터 15.5℃까지 온도 1℃ 올리는데 필요한 열량으로 정해진 것이다.

일률(동력)의 환산표

단위	kW	kgf·m/s	PS	kcalIT/h	kcal$_1$ /h	ft·lbf/s	Btu/h
1 kW=1kJ/s	1	101.9716	1.3596	859.845	860.11	0.737562×10^{3}	3412
1 kgf·m/s	9.80665×10^{-3}	1	0.013333	8.4324	8.4345	7.233013	33.460
1 PS	0.735499	75	1	632.415	632.611	542.4762	2509.52
1 kcalIT/h	1.163×10^{-3}	0.11859	1.58124×10^{-3}	1	1.00031	8.577847×10^{-1}	3.9682
1 kcal$_1$ /h	1.16264×10^{-3}	0.11856	1.58075×10^{-3}	0.99969	1	8.575192×10^{-1}	3.9669
1 Btu/h	0.2931×10^{-3}	29.8878×10^{-3}	3.9850×10^{-4}	0.2520	0.2521	2.1618×10^{-1}	1

2. 기어의 재료와 열처리 및 용도 예

재료명칭	KS 재료기호	JIS 재료기호	인장강도 N/㎟	신장 % 이상	압축 % 이상	경도 HB	특징과 열처리 및 용도 예
기계구조용 탄소강	SM 15CK	S15CK	490 이상	20	50	143~235	저탄소강, 침탄 열처리로 고강도
	SM 45C	S45C	690 이상	17	45	201~269	가장 일반적인 중탄소강 조질 및 고주파 열처리
기계구조용 합금강	SCM 435	SCM 435	930 이상	15	50	269~331	중탄소 합금강(C 함유량 0.3~0.7%) 조질 및 고주파 열처리 고강도(굽힘강도/치면강도)
	SCM 440	SCM 440	980 이상	12	45	285~352	
	SNCM 439	SNCM 439	980 이상	16	45	293~352	
	SCr 415	SCr 415	780 이상	15	40	217~302	저탄소 합금강(C 함유량 0.3% 이하) 표면경화처리(침탄, 질화, 침탄질화 등) 고강도(굽힘강도/치면강도가 큼) 웜휠 이외의 각종 기어에 사용
	SCM 415	SCM 415	830 이상	16	40	235~321	
	SNC 815	SNC 815	980 이상	12	45	285~388	
	SNCM 220	SNCM 220	830 이상	17	40	248~341	
	SNCM 420	SNCM 420	980 이상	15	40	293~375	
일반구조용 압연강재	SS400	SS400	400 이상	-	-	-	저강도/저가
회주철	GC200	FC200	200 이상	-	-	223 이하	강에 비해 저강도이며 대량 생산용 기어
구상흑연주철	GCD500-7	FCD500-7	500 이상	7	-	150~230	고정밀도인 덕타일 주철, 대형 주조 기어
스테인리스강	STS303	SUS303	520 이상	40	50	187 이하	STS304보다 피삭성(쾌삭)양호 늘어붙지 않는 성질 향상
	STS304	SUS304	520 이상	40	60	187 이하	가장 넓게 사용되는 스테인리스강, 식품기구 등
	STS316	SUS316	520 이상	40	60	187 이하	해수 등에 대하여 STS304보다 우수한 내식성
	STS420J2	SUS420J2	540 이상	12	40	217 이상	열처리 가능한 마르텐사이트계
	STS440C	SUS440C	-	-	-	HRC58 이상	열처리하여 최고 경도를 실현, 치면강도가 큼
비철금속	C3604	C3604	335	-	-	HV80 이상	쾌삭 황동, 각종 소형 기어
	CAC502 (PBC2)	CAC502	295	10	-	80 이상	인청동 주물, 웜휠에 최적
	CAC702 (AlBC2)	CAC702	540	15	-	120 이상	알루미늄 청동주물, 웜휠 등
엔지니어링 플라스틱		MC901	96	-	-	HRR 120	기계 가공 기어 경량화 및 녹슬지 않음
		MC602ST	96	-	-	HRR 120	
		M90	62	-	-	HRR 80	사출성형기어, 저가로 대량 생산 적합 가벼운 부하가 걸리는 곳에 적용

3. 상용하는 끼워맞춤 축의 치수허용차 [KS B 0401:1988(2013 확인)]

단위: ㎛ = 0.001mm

치수구분 (mm)		b	c	d		e			f			g			h					
		b9	c9	d8	d9	e7	e8	e9	f6	f7	f8	g4	g5	g6	h4	h5	h6	h7	h8	h9
초과	이하																			
-	3	-140 -165	-60 -85	-20 -34	-20 -45	-14 -24	-14 -28	-14 -29	-6 -12	-6 -16	-6 -20	-2 -5	-2 -6	-2 -8	0 -3	0 -4	0 -6	0 -10	0 -14	0 -25
3	6	-140 -170	-70 -100	-30 -48	-30 -60	-20 -32	-20 -38	-20 -50	-10 -18	-10 -22	-10 -28	-4 -8	-4 -9	-4 -12	0 -4	0 -5	0 -8	0 -12	0 -18	0 -30
6	10	-150 -186	-80 -116	-40 -62	-40 -76	-25 -40	-25 -47	-25 -61	-13 -22	-13 -28	-13 -35	-5 -9	-5 -11	-5 -14	0 -4	0 -6	0 -9	0 -15	0 -22	0 -36
10	14	-150 -193	-95 -138	-50 -77	-50 -93	-32 -50	-32 -59	-32 -75	-16 -27	-16 -34	-16 -43	-6 -11	-6 -14	-6 -17	0 -5	0 -8	0 -11	0 -18	0 -27	0 -43
14	18																			
18	24	-160 -212	-110 -162	-65 -98	-65 -117	-40 -61	-40 -73	-40 -92	-20 -33	-20 -41	-20 -53	-7 -13	-7 -16	-7 -20	0 -6	0 -9	0 -13	0 -21	0 -33	0 -52
24	30																			
30	40	-170 -232	-120 -182	-80 -119	-80 -142	-50 -75	-50 -89	-50 -112	-25 -41	-25 -50	-25 -64	-9 -16	-9 -20	-9 -25	0 -7	0 -11	0 -16	0 -25	0 -39	0 -62
40	50	-180 -242	-130 -192																	
50	65	-190 -264	-140 -214	-100 -146	-100 -174	-60 -90	-60 -106	-60 -134	-30 -49	-30 -60	-30 -76	-10 -18	-10 -23	-10 -29	0 -8	0 -13	0 -19	0 -30	0 -46	0 -74
65	80	-200 -274	-150 -224																	
80	100	-220 -307	-170 -257	-120 -174	-120 -207	-72 -107	-72 -126	-72 -159	-36 -58	-36 -71	-36 -90	-12 -22	-12 -27	-12 -34	0 -10	0 -15	0 -22	0 -35	0 -54	0 -87
100	120	-240 -327	-180 -267																	
120	140	-260 -360	-200 -300	-145 -208	-145 -245	-85 -125	-85 -148	-85 -185	-43 -68	-43 -83	-43 -106	-14 -26	-14 -32	-14 -39	0 -12	0 -18	0 -25	0 -40	0 -63	0 -100
140	160	-280 -380	-210 -310																	
160	180	-310 -410	-230 -330																	
180	200	-340 -455	-240 -355	-170 -242	-170 -285	-100 -146	-100 -172	-100 -215	-50 -79	-50 -96	-50 -122	-15 -29	-15 -35	-15 -44	0 -14	0 -20	0 -29	0 -46	0 -72	0 -115
200	225	-380 -495	-260 -375																	
225	250	-420 -535	-280 -395																	
250	280	-480 -610	-300 -430	-190 -271	-190 -320	-110 -162	-110 -191	-110 -240	-56 -88	-56 -108	-56 -137	-17 -33	-17 -40	-17 -49	0 -16	0 -23	0 -32	0 -52	0 -81	0 -130
280	315	-540 -670	-330 -460																	
315	355	-600 -740	-360 -500	-210 -299	-210 -350	-125 -182	-125 -214	-125 -265	-62 -98	-62 -119	-62 -151	-18 -36	-18 -43	-18 -54	0 -18	0 -25	0 -36	0 -57	0 -89	0 -140
355	400	-680 -820	-400 -540																	
400	450	-760 -915	-440 -595	-230 -327	-230 -385	-135 -198	-135 -232	-135 -290	-68 -108	-68 -131	-68 -165	-20 -40	-20 -47	-20 -60	0 -20	0 -27	0 -40	0 -63	0 -97	0 -155
450	500	-840 -995	-480 -635																	

[비고] 표의 각 단에서 상한수치는 윗치수 허용공차, 하한쪽 수치는 아래치수 허용공차이다.

단위 : ㎛ = 0.001mm

js				k			m			n	p	r	s	t	u	x	치수구분 (mm)	
js4	js5	js6	js7	k4	k5	k6	m4	m5	m6	n6	p6	r6	s6	t6	u6	x6	초과	이하
±1.5	±2	±3	±5	+3 0	+4 0	+6 +0	+5 +2	+6 +2	+8 +2	+10 +4	+12 +6	+16 +10	+20 +14	-	+24 +18	+26 +20	-	3
±2	±2.5	±4	±6	+5 +1	+6 +1	+9 +1	+8 +4	+9 +4	+12 +4	+16 +8	+20 +12	+23 +15	+27 +19	-	+31 +23	+36 +28	3	6
±2	±3	±4.5	±7.5	+6 +1	+7 +1	+10 +1	+10 +6	+12 +6	+15 +6	+19 +10	+24 +15	+28 +19	+32 +23	-	+37 +28	+43 +34	6	10
±2.5	±4	±5.5	±9	+6 +1	+9 +1	+12 +1	+12 +7	+15 +7	+18 +7	+23 +12	+29 +18	+34 +23	+39 +28	-	+44 +33	+51 +40	10	14
																+56 +45	14	18
±3	±4.5	±6.5	±10.5	+8 +2	+11 +2	+15 +2	+14 +8	+17 +8	+21 +8	+28 +15	+35 +22	+41 +28	+48 +35	-	+54 +41	+67 +54	18	24
														+54 +41	+61 +48	+77 +64	24	30
±3.5	±5.5	±8	±12.5	+9 +2	+13 +2	+18 +2	+16 +9	+20 +9	+25 +9	+33 +17	+42 +26	+50 +34	+59 +43	+64 +48	+76 +60	-	30	40
														+70 +54	+86 +70		40	50
±4	±6.5	±9.5	±15	+10 +2	+15 +2	+21 +2	+19 +11	+24 +11	+30 +11	+39 +20	+51 +32	+60 +41	+72 +53	+85 +66	+106 +87	-	50	65
												+62 +43	+78 +59	+94 +75	+121 +102		65	80
±5	±7.5	±11	±17.5	+13 +3	+18 +3	+25 +3	+23 +13	+28 +13	+35 +13	+45 +23	+59 +37	+73 +51	+93 +71	+113 +91	+146 +124	-	80	100
												+76 +54	+101 +79	+126 +104	+166 +144		100	120
±6	±9	±12.5	±20	+15 +3	+21 +3	+28 +3	+27 +15	+33 +15	+40 +15	+52 +27	+68 +43	+88 +63	+117 +92	+147 +122	-	-	120	140
												+90 +65	+125 +100	+159 +134			140	160
												+93 +68	+133 +108	+171 +146			160	180
±7	±10	±14.5	±23	+18 +4	+24 +4	+33 +4	+31 +17	+37 +17	+46 +17	+60 +31	+79 +50	+106 +77	+151 +122	-	-	-	180	200
												+109 +80	+159 +130				200	225
												+113 +84	+169 +140				225	250
±8	±11.5	±16	±26	+20 +4	+27 +4	+36 +4	+36 +20	+43 +20	+52 +20	+66 +34	+88 +56	+126 +94	-	-	-	-	250	280
												+130 +98					280	315
±9	±12.5	±18	±28.5	+22 +4	+29 +4	+40 +4	+39 +21	+46 +21	+57 +21	+73 +37	+98 +62	+144 +108	-	-	-	-	315	355
												+150 +114					355	400
±10	±13.5	±20	±31.5	+25 +5	+32 +5	+45 +5	+43 +23	+50 +23	+63 +23	+80 +40	+108 +68	+166 +126	-	-	-	-	400	450
												+172 +132					450	500

4. 상용하는 끼워맞춤 구멍의 치수허용차 [KS B 0401:1988(2013 확인)]

단위:μm = 0.001mm

치수구분 (mm)		B	C		D			E			F			G		H					
		B10	C9	C10	D8	D9	D10	E7	E8	E9	F6	F7	F8	G6	G7	H5	H6	H7	H8	H9	H10
초과	이하																				
-	3	+180 +140	+85 +60	+100 +60	+34 +20	+45 +20	+60 +20	+24 +14	+28 +14	+39 +14	+12 +6	+16 +6	+20 +6	+8 +2	+12 +2	+4 0	+6 0	+10 0	+14 0	+25 0	+40 0
3	6	+188 +140	+100 +70	+118 +70	+48 +30	+60 +30	+78 +30	+32 +20	+38 +20	+50 +20	+18 +10	+22 +10	+28 +10	+12 +4	+16 +4	+5 0	+8 0	+12 0	+18 0	+30 0	+48 0
6	10	+208 +150	+116 +80	+138 +80	+62 +40	+76 +40	+98 +40	+40 +25	+47 +25	+61 +25	+22 +13	+28 +13	+35 +13	+14 +5	+20 +5	+6 0	+9 0	+15 0	+22 0	+36 0	+58 0
10	14	+220 +150	+138 +95	+165 +95	+77 +50	+93 +50	+120 +50	+50 +32	+59 +32	+75 +32	+27 +16	+34 +16	+43 +16	+17 +6	+24 +6	+8 0	+11 0	+18 0	+27 0	+43 0	+70 0
14	18																				
18	24	+244 +160	+162 +110	+194 +110	+98 +65	+117 +65	+149 +65	+61 +40	+73 +40	+92 +40	+33 +20	+41 +20	+53 +20	+20 +7	+28 +7	+9 0	+13 0	+21 0	+33 0	+52 0	+84 0
24	30																				
30	40	+270 +170	+182 +120	+220 +120	+119 +80	+142 +80	+180 +80	+75 +50	+89 +50	+112 +50	+41 +25	+50 +25	+64 +25	+25 +9	+34 +9	+11 0	+16 0	+25 0	+39 0	+62 0	+100 0
40	50	+280 +180	+192 +130	+230 +130																	
50	65	+310 +190	+214 +140	+260 +140	+146 +100	+174 +100	+220 +100	+90 +60	+106 +60	+134 +60	+49 +30	+60 +30	+76 +30	+29 +10	+40 +10	+13 0	+19 0	+30 0	+46 0	+74 0	+120 0
65	80	+320 +200	+224 +150	+270 +150																	
80	100	+360 +220	+257 +170	+310 +170	+174 +120	+207 +120	+260 +120	+107 +72	+126 +72	+156 +72	+58 +36	+71 +36	+90 +36	+34 +12	+47 +12	+15 0	+22 0	+35 0	+54 0	+87 0	+140 0
100	120	+380 +240	+267 +180	+320 +180																	
120	140	+420 +260	+300 +200	+360 +200	+208 +145	+245 +145	+305 +145	+125 +85	+148 +85	+185 +85	+68 +43	+83 +43	+106 +43	+39 +14	+54 +14	+18 0	+25 0	+40 0	+63 0	+100 0	+160 0
140	160	+440 +280	+310 +210	+370 +210																	
160	180	+470 +310	+330 +230	+390 +230																	
180	200	+525 +340	+355 +240	+425 +240	+242 +170	+285 +170	+355 +170	+146 +100	+172 +100	+215 +100	+79 +50	+96 +50	+122 +50	+44 +15	+61 +15	+20 0	+29 0	+46 0	+72 0	+115 0	+185 0
200	225	+565 +380	+375 +260	+445 +260																	
225	250	+605 +420	+395 +280	+465 +280																	
250	280	+690 +480	+430 +300	+510 +300	+271 +190	+320 +190	+400 +190	+162 +110	+191 +110	+240 +110	+88 +56	+108 +56	+137 +56	+49 +17	+69 +17	+23 0	+32 0	+52 0	+81 0	+130 0	+210 0
280	315	+750 +540	+460 +330	+540 +330																	
315	355	+830 +600	+500 +360	+590 +360	+299 +210	+350 +210	+440 +210	+182 +125	+214 +125	+265 +125	+98 +62	+119 +62	+151 +62	+54 +18	+75 +18	+25 0	+36 0	+57 0	+89 0	+140 0	+230 0
355	400	+910 +680	+540 +400	+630 +400																	
400	450	+1010 +760	+595 +440	+690 +440	+327 +230	+385 +230	+480 +230	+198 +135	+232 +135	+290 +135	+108 +68	+131 +68	+165 +68	+60 +20	+83 +20	+27 0	+40 0	+63 0	+97 0	+155 0	+250 0
450	500	+1090 +840	+630 +480	+730 +480																	

[비고] 표의 각 단에서 상한수치는 윗치수 허용공차, 하한쪽 수치는 아래치수 허용공차이다.

단위:㎛ = 0.001mm

Js			K			M			N		P		R	S	T	U	X	치수구분 (mm)	
Js5	Js6	Js7	K5	K6	K7	M5	M6	M7	N6	N7	P6	P7	R7	S7	T7	U7	X10	초과	이하
±2	±3	±5	0 -4	0 -6	0 -10	-2 -6	-2 -8	-2 -12	-4 -10	-4 -14	-6 -12	-6 -16	-10 -20	-14 -24	-	-18 -28	-20 -30	-	3
±2.5	±4	±6	0 -5	+2 -6	+3 -9	-3 -8	-1 -9	0 -12	-5 -13	-4 -16	-9 -17	-8 -20	-11 -23	-15 -27	-	-19 -31	-24 -36	3	6
±3	±4.5	±7.5	+1 -5	+2 -7	+5 -10	-4 -10	-3 -12	0 -15	-7 -16	-4 -19	-12 -21	-9 -24	-13 -28	-17 -32	-	-22 -37	-28 -43	6	10
±4	±5.5	±9	+2 -6	+2 -9	+6 -12	-4 -12	-4 -15	0 -18	-9 -20	-5 -23	-15 -26	-11 -29	-16 -34	-21 -39	-	-26 -44	-33 -51	10	14
																	-38 -56	14	18
±4.5	±6.5	±10.5	+1 -8	+2 -11	+6 -15	-5 -14	-4 -17	0 -21	-11 -24	-7 -28	-18 -31	-14 -35	-20 -41	-27 -48	-	-33 -54	-46 -67	18	24
															-33 -54	-40 -61	-56 -77	24	30
±5.5	±8	±12.5	+2 -9	+3 -13	+7 -18	-5 -16	-4 -20	0 -25	-12 -28	-8 -33	-21 -37	-17 -42	-25 -50	-34 -59	-39 -64	-51 -76	-	30	40
															-45 -70	-61 -86		40	50
±6.5	±9.5	±15	+3 -10	+4 -15	+9 -21	-6 -19	-5 -24	0 -30	-14 -33	-9 -39	-26 -45	-21 -51	-30 -60	-42 -72	-55 -85	-76 -106	-	50	65
													-32 -62	-48 -78	-64 -94	-91 -121		65	80
±7.5	±11	±17.5	+2 -13	+4 -18	+10 -25	-8 -23	-6 -28	0 -35	-16 -38	-10 -45	-30 -52	-24 -59	-38 -73	-58 -93	-78 -113	-111 -146	-	80	100
													-41 -76	-66 -101	-91 -126	-131 -166		100	120
±9	±12.5	±20	+13 -15	+4 -21	+12 -28	-9 -27	-8 -33	0 -40	-20 -45	-12 -52	-36 -61	-28 -68	-48 -88	-77 -117	-107 -147	-	-	120	140
													-50 -90	-85 -125	-119 -159			140	160
													-53 -93	-93 -133	-131 -171			160	180
±10	±14.5	±23	+2 -18	+5 -24	+13 -33	-11 -31	-8 -37	0 -46	-22 -51	-14 -60	-41 -70	-33 -79	-60 -106	-105 -151	-	-	-	180	200
													-63 -109	-113 -159				200	225
													-67 -113	-123 -169				225	250
±11.5	±16	±26	+3 -20	+5 -27	+16 -36	-13 -36	-9 -41	0 -52	-25 -57	-14 -66	-47 -79	-36 -88	-74 -126	-	-	-	-	250	280
													-78 -130					280	315
±12.5	±18	±28.5	+3 -22	+7 -29	+17 -40	-14 -39	-10 -46	0 -57	-26 -62	-16 -73	-51 -81	-41 -98	-87 -144	-	-	-	-	315	355
													-93 -150					355	400
±13.5	±20	±31.5	+2 -25	+8 -32	+18 -45	-16 -43	-10 -50	0 -63	-27 -67	-17 -80	-55 -95	-45 -108	-103 -166	-	-	-	-	400	450
													-109 -172					450	500

5. 평행키 [KS B 1311-2009]

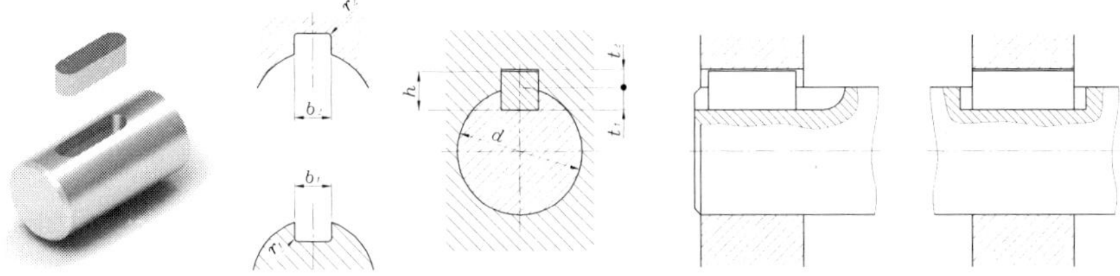

■ 평행키용의 키홈의 모양 및 치수

단위 : mm

참고		키홈의 치수와 허용차									
적용하는 축지름 d (초과~이하)	키의 호칭치수 b×h	b_1, b_2 기준치수	활동형 b_1 축 허용차 (H9)	활동형 b_2 구멍 허용차 (D10)	보통형 b_1 축 허용차 (N9)	보통형 b_2 구멍 허용차 (Js9)	조립형 b_1, b_2 허용차 (P9)	r_1, r_2	축 t_1 기준치수	구멍 t_2 기준치수	t_1, t_2 허용차
6~8	2×2	2	+0.025 0	+0.060 +0.020	-0.004 -0.029	± 0.0125	-0.006 -0.031	0.08~0.16	1.2	1.0	+0.1 0
8~10	3×3	3							1.8	1.4	
10~12	4×4	4	+0.030 0	+0.078 +0.030	0 -0.030	± 0.0150	-0.012 -0.042		2.5	1.8	
12~17	5×5	5						0.16~0.25	3.0	2.3	
17~22	6×6	6							3.5	2.8	
20~25	(7×7)	7	+0.036 0	+0.098 +0.040	0 -0.036	± 0.0180	-0.015 -0.051		4.0	3.3	+0.2 0
22~30	8×7	8							4.0	3.3	
30~38	10×8	10						0.25~0.40	5.0	3.3	
38~44	12×8	12	+0.043 0	+0.120 +0.050	0 -0.043	± 0.0215	-0.018 -0.061		5.0	3.3	
44~50	14×9	14							5.5	3.8	
50~55	(15×10)	15							5.0	5.3	
50~58	16×10	16							6.0	4.3	
58~65	18×11	18							7.0	4.4	
65~75	20×12	20	+0.052 0	+0.149 +0.065	0 -0.052	± 0.0260	-0.022 -0.074	0.40~0.60	7.5	4.9	
75~85	22×14	22							9.0	5.4	
80~90	(24×16)	24							8.0	8.4	
85~95	25×14	25							9.0	5.4	
95~110	28×16	28							10.0	6.4	
110~130	32×18	32							11.0	7.4	
125~140	(35×22)	35	+0.062 0	+0.180 +0.080	0 -0.062	± 0.0310	-0.026 -0.088	0.70~1.00	11.0	11.4	+0.3 0
130~150	36×20	36							12.0	8.4	
140~160	(38×24)	38							12.0	12.4	
150~170	40×22	40							13.0	9.4	
160~180	(42×26)	42							13.0	13.4	
170~200	45×25	45							15.0	10.4	
200~230	50×28	50							17.0	11.4	
230~260	56×32	56	+0.074 0	+0.220 +0.100	0 -0.074	± 0.0370	-0.032 -0.106	1.20~1.60	20.0	12.4	
260~290	63×32	63							20.0	12.4	
290~330	70×36	70							22.0	14.4	
330~380	80×40	80						2.00~2.50	25.0	15.4	
380~440	90×45	90	+0.087 0	+0.260 +0.120	0 -0.087	± 0.0435	-0.037 -0.124		28.0	17.4	
440~500	100×50	100							31.0	19.5	

[비고] 괄호를 붙인 호칭 치수의 것은 대응국제표준에는 규정되어 있지 않으므로 새로운 설계에는 사용하지 않는다.
[주] 1. 적용하는 축지름은 키의 강도에 대응하는 토크에서 구할 수 있는 것으로 일반적인 용도의 기준으로 나타낸다. 키의 크기가 전달하는 토크에 대하여 적절한 경우에는 적용하는 축지름보다 굵은 축을 사용하여도 좋다. 그 경우에는 키의 옆면이 축 및 허브에 균등하게 닿도록 t_1및 t_2를 수정하는 것이 좋다. 적용하는 축지름보다 가는 축에는 사용하지 않는 편이 좋다.

[평행키의 호칭 방법 예]

[보기] KS B 1311 나사용 구멍없는 평행키 양쪽 둥근형

25× 14× 90 또는 KS B 1311 P-A 25× 14× 90

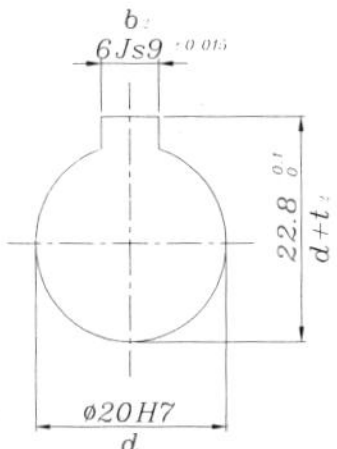

■ 평행키의 공차 적용 예

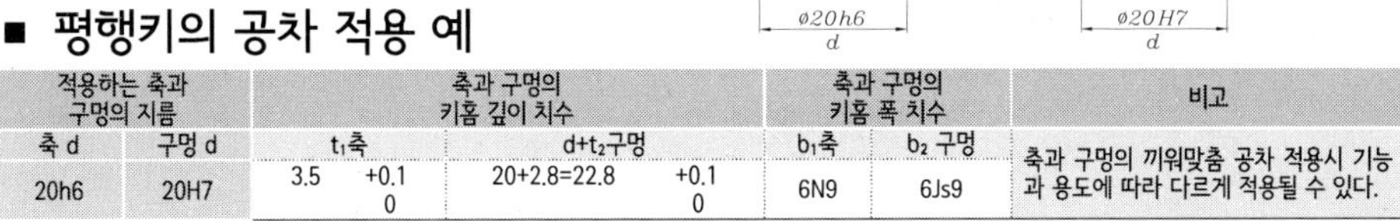

적용하는 축과 구멍의 지름		축과 구멍의 키홈 깊이 치수		축과 구멍의 키홈 폭 치수		비고
축 d	구멍 d	t_1축	$d+t_2$구멍	b_1축	b_2 구멍	
20h6	20H7	3.5 +0.1 0	20+2.8=22.8 +0.1 0	6N9	6Js9	축과 구멍의 끼워맞춤 공차 적용시 기능과 용도에 따라 다르게 적용될 수 있다.

6. 경사키 [KS B 1311-2009]

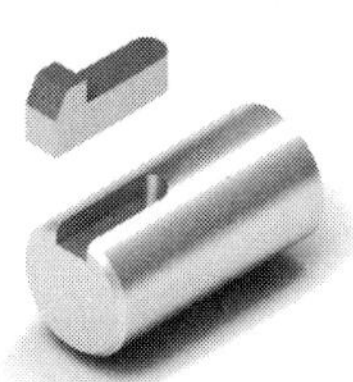

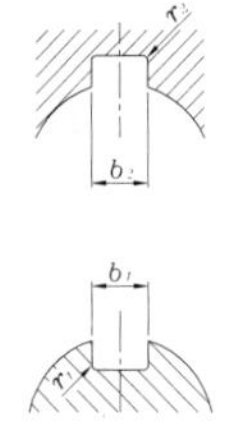

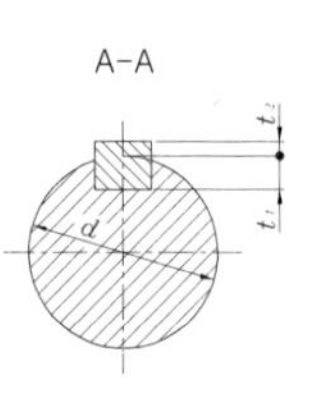

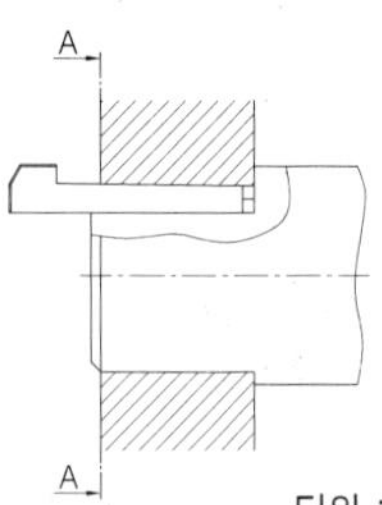

■ 경사키의 키홈의 모양 및 치수

단위 : mm

키의 호칭치수 b×h	키홈의치수						참고
	b_1(축) 및 b_2(구멍)		r_1 및 r_2	t_1의 기준치수	t_2의 기준치수	t_1, t_2 허용오차	적용하는 축 지름 d (초과~이하)
	기준치수	허용차 (D10)		축	구멍		
2×2	2	+0.060 +0.020	0.08 ~ 0.16	1.2	0.5	+0.05 0	6~8
3×3	3			1.8	0.9		8~10
4×4	4	+0.078 +0.030		2.5	1.2	+0.1 0	10~12
5×5	5		+0.16 ~ 0.25	3.0	1.7		12~17
6×6	6			3.5	2.2		17~22
(7×7)	7	+0.098 +0.040		4.0	3.0		20~25
8×7	8			4.0	2.4	+0.2 0	22~30
10×8	10		0.25 ~ 0.40	5.0	2.4		30~38
12×8	12	+0.120 +0.050		5.0	2.4		38~44
14×9	14			5.5	2.9		44~50
(15×10)	15			5.0	5.0	+0.1 0	50~55
16×10	16			6.0	3.4	+0.2 0	50~58
18×11	18			7.0	3.4		58~65
20×12	20	+0.149 +0.065	0.40 ~ 0.60	7.5	3.9		65~75
22×14	22			9.0	4.4		75~85
(24×16)	24			8.0	8.0	+0.1 0	80~90
25×14	25			9.0	4.4	+0.2 0	85~95
28×16	28			10.0	5.4		95~110
32×18	32	+0.180 +0.080		11.0	6.4		110~130
(35×22)	35		0.70 ~ 1.00	11.0	11.0	+0.15 0	125~140
36×20	36			12.0	7.1	+0.3 0	130~150
(38×24)	38			12.0	12.0	+0.15 0	140~160
40×22	40			13.0	8.1	+0.3 0	150~170
(42×26)	42			13.0	13.0	+0.15 0	160~180
45×25	45			15.0	9.1	+0.3 0	170~200
50×28	50			17.0	10.1		200~230
56×32	56	+0.220 +0.100	1.20 ~ 1.60	20.0	11.1		230~260
63×32	63			20.0	11.1		260~290
70×36	70			22.0	13.1		290~330
80×40	80		2.00 ~ 2.50	25.0	14.1		330~380
90×45	90	+0.260 +0.120		28.0	16.1		380~440
100×50	100			31.0	18.1		440~500

[비고] 괄호를 붙인 호칭 치수의 것은 대응국제표준에는 규정되어 있지 않으므로 새로운 설계에는 사용하지 않는다.
[주] 1. 적용하는 축지름은 키의 강도에 대응하는 토크에서 구할 수 있는 것으로 일반 용도의 기준으로 나타낸다. 키의 크기가 전달하는 토크에 대하여 적절한 경우에는 적용하는 축지름보다 굵은 축을 사용하여도 좋다. 그 경우에는 키의 옆면이 축 및 허브에 균등하게 닿도록 t_1 및 t_2를 수정하는 것이 좋다. 적용하는 축지름보다 가는 축에는 사용하지 않는 편이 좋다.

[경사키의 호칭 방법 예]
[보기] KS B 1311 머리붙이 경사키 20× 12× 70 또는 KS B 1311 TG 20× 12× 70

■ 경사키의 공차 적용 예

적용하는 축과 구멍의 지름		축과 구멍의 키홈 깊이 치수		축과 구멍의 키홈 폭 치수		비고
축 d	구멍 d	t_1축	$d+t_2$구멍	b_1축	b_2 구멍	
20h6	20H7	3.5 +0.1 0	20+2.2=22.2 +0.1 0	6D10	6D10	구멍 측 키홈의 기울기는 1/100으로 한다.

7. 반달키 [KS B 1311-2009]

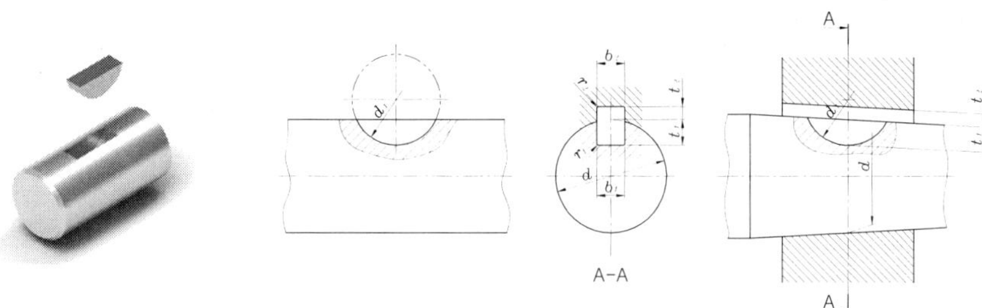

■ 반달키용 키홈의 모양 및 치수

단위 : mm

키의 호칭치수 b×d_0	키 홈 의 치 수											참고 (계열 3)
	b_1, b_2의 기준 치수	보통형 축 b_1허용차 (N9)	보통형 구멍 b_2허용차 (Js9)	조임형 b_1, b_2의 허용차 (P9)	t_1 (축) 기준 치수	t_1 (축) 허용차	t_2 (구멍) 기준 치수	t_2 (구멍) 허용차	r_1 및 r_2 키 홈 모서리	d_1 기준 치수	d_1 허용차 (h9)	적용하는 축 지름 d (초과~이하)
1×4	1	-0.004 -0.029	±0.012	-0.006 -0.031	1.0	+0.1 0	0.6	+0.1 0	0.08~0.16	4	+0.1 0	-
2.5×10	1.5				2.0		0.8			7		-
2.5×10	2				1.8		1.0			7		-
2.5×10	2				2.9		1.0			10	+0.2 0	-
2.5×10	2.5				2.7		1.2			10		7~12
(3×10)	3				2.5		1.4			10		8~14
3×13	3				3.8	+0.2 0				13		9~16
3×16	3				5.3					16		11~18
(4×13)	4	0 -0.030	±0.015	-0.012 -0.042	3.5	+0.1 0	1.7			13		11~18
4×16	4				5.0	+0.2 0	1.8		0.16~0.25	16		12~20
4×19	4				6.0					19	+0.3 0	14~22
5×16	5				4.5		2.3			16	+0.2 0	14~22
5×19	5				5.5					19	+0.3 0	15~24
5×22	5				7.0	+0.3 0				22		17~26
6×22	6				6.5		2.8			22		19~28
6×25	6				7.5			+0.2 0		25		20~30
(6×28)	6				8.6	+0.1 0	2.6	+0.1 0		28		22~32
(6×32)	6				10.6					32		24~34
(7×22)	7	0 -0.036	±0.018	-0.015 -0.051	6.4		2.8			22		20~29
(7×25)	7				7.4					25		22~32
(7×28)	7				8.4					28		24~34
(7×32)	7				10.4					32		26~37
(7×38)	7				12.4					38		29~41
(7×45)	7				13.4					45		31~45
(8×25)	8				7.2		3.0			25		24~34
8×28	8				8.0	+0.3 0	3.3	+0.2 0	0.25~0.40	28		26~37
(8×32)	8				10.2	+0.1 0	3.0	+0.1 0	0.16~0.25	32		28~40
(8×38)	8				12.2					38		30~44
10×32	10				10.0	+0.3 0	3.3	+0.2 0	0.25~0.40	32		31~46
(10×45)	10				12.8	+0.1 0	3.4	+0.1 0		45		38~54
(10×55)	10				13.8					55		42~60
(10×65)	10				15.8					65	+0.5 0	46~65
(12×65)	12	0 -0.043	±0.022	-0.018 -0.061	15.2		4.0			65		50~73
(12×80)	12				20.2					80		58~82

[비고] 키의 호칭치수에서 괄호를 붙인 것은 대응 국제규격에는 규정되어 있지 않은 것으로 새로운 설계에는 적용하지 않는다.

기술부록

8. 축용 C형 멈춤링 [KS B 1336:1980 (2010확인)]

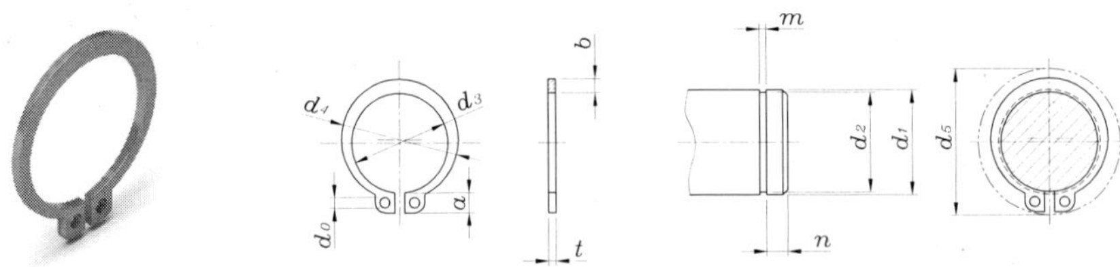

지름 d_0의 구멍위치는 멈춤링을 적용하는 축에 끼워졌을 때 홈에 가려지지 않도록 한다.
d_5는 축에 끼울 때의 바깥 둘레의 최대 지름

단위:mm

호칭			멈춤링							적용하는 축(참고)						
			d_3		t		b	a	d_0	d_5	d_1	d_2		m		n
1	2	3	기준치수	허용차	기준치수	허용차	약	약	최소			기준치수	허용차	기준치수	허용차	최소
10			9.3	±0.15	1	±0.05	1.6	3	1.2	17	10	9.6	0 -0.09	1.15	+0.14 0	1.5
	11		10.2				1.8	3.1		18	11	10.5	0 -0.11			
12			11.1	±0.18			1.8	3.2	1.5	19	12	11.5				
		13	12				1.8	3.3		20	13	12.4				
14			12.9				2	3.4	1.7	22	14	13.4				
15			13.8				2.1	3.5		23	15	14.3				
16			14.7				2.2	3.6		24	16	15.2				
17			15.7				2.2	3.7		25	17	16.2				
18			16.5		1.2	±0.06	2.6	3.8		26	18	17		1.35		
	19		17.5				2.7	3.8		27	19	18				
20			18.5	±0.2			2.7	3.9	2	28	20	19	0 -0.21			
		21	19.5				2.7	4		30	21	20				
22			20.5				2.7	4.1		31	22	21				
	24		22.2				3.1	4.2		33	24	22.9				
25			23.2				3.1	4.3		34	25	23.9				
	26		24.2				3.1	4.4		35	26	24.9				
28			25.9		1.6		3.1	4.6		38	28	26.6		1.75		
		29	26.9				3.5	4.7		39	29	27.6				
30			27.9				3.5	4.8		40	30	28.6				
32			29.6				3.5	5	2.5	43	32	30.3	0 -0.25			
		34	31.5	±0.25			4	5.3		45	34	32.3				
35			32.2				4	5.4		46	35	33				
	36		33.2		1.8	±0.07	4	5.4		47	36	34		1.95		
	38		35.2				4.5	5.6		50	38	36				2
40			37	±0.4			4.5	5.8		53	40	38				
	42		38.5				4.5	6.2		55	42	39.5				
45			41.5				4.8	6.3		58	45	42.5				
	48		44.5		2		4.8	6.5		62	48	45.5				
50			45.8				5	6.7		64	50	47		2.2		
		52	47.8				5	6.8		66	52	49				
55			50.8	±0.45			5	7		70	55	52	0 -0.3			
	56		51.8				5	7		71	56	53				
		58	53.8				5.5	7.1		73	58	55				
60			55.8				5.5	7.2		75	60	57				
		62	57.8				5.5	7.2		77	62	59				
		63	58.8				5.5	7.3		78	63	60				
65			60.8		2.5	±0.08	6.4	7.4		81	65	62		2.7		2.5
		68	63.5				6.4	7.8		84	68	65				
70			65.5				6.4	7.8		86	70	67				
		72	67.5				7	7.9		88	72	69				
75			70.5				7	7.9		92	75	72				
		78	73.5				7.4	8.1		95	78	75				
80			74.5				7.4	8.2		97	80	76.5				
		82	76.5				7.4	8.3		99	82	78.5				
85			79.5	±0.55	3	±0.09	8	8.4	3	103	85	81.5	0 -0.35	3.2	+0.18 0	3
		88	82.5				8	8.6		106	88	84.5				
90			84.5				8	8.7		108	90	86.5				
95			89.5				8.6	9.1		114	95	91.5				
100			94.5				9	9.5		119	100	96.5				
	105		98		4		9.5	9.8		125	105	101	0 -0.54	4.2		4
110			103				9.5	10		131	110	106				
		115	108				9.5	10.5		137	115	111				
120			113				10.3	10.9		143	120	116				
		125	118				10.3	11.3	3.5	148	125	121	0 -0.63			

[주] 1. 호칭은 1란의 것을 우선하며, 필요에 따라서 2란, 3란의 순으로 한다. 또한, 3란은 앞으로 폐지할 예정이다.
2. 두께 t=1.6mm는 당분간 1.5mm로 할 수 있다. 이 때 m=1.65mm로 한다.

[비고] 1. 멈춤 링 원환 부의 최소 나비는 판 두께 t보다 작지 않아야 한다. 2. 적용하는 축의 치수는 권장하는 치수를 참고로 표시한 것이다.
3. d_4 치수(mm)는 $d_4=d_3+(1.4\sim1.5)b$로 하는 것이 바람직하다.

9. 구멍용 C형 멈춤링 [KS B 1336]

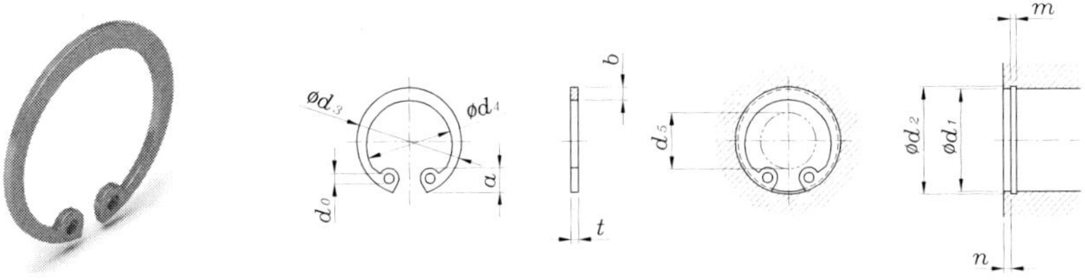

지름 d_0의 구멍위치는 멈춤링을 적용하는 축에 끼워졌을 때 홈에 가려지지 않도록 한다.
d_5는 구멍에 끼울 때의 안둘레의 최대 지름

단위:mm

호칭			멈춤링							적용하는 구멍 (참고)						
			d_3		t		b	a	d_0	d_5	d_1	d_2		m		n
1	2	3	기준치수	허용차	기준치수	허용차	약	약	최소			기준치수	허용차	기준치수	허용차	최소
10			10.7				1.8	3.1	1.2	3	10	10.4				
11			11.8				1.8	3.2		4	11	11.4				
12			13				1.8	3.3	1.5	5	12	12.5				
	13		14.1	±0.18			1.8	3.5		6	13	13.6	+0.11 0			
14			15.1				2	3.6		7	14	14.6				
	15		16.2				2	3.6		8	15	15.7				
16			17.3		1	±0.05	2	3.7	1.7	8	16	16.8		1.15		
	17		18.3				2	3.8		9	17	17.8				
18			19.5				2.5	4		10	18	19				
19			20.5				2.5	4		11	19	20				1.5
20			21.5				2.5	4		12	20	21				
		21	22.5	±0.2			2.5	4.1		12	21	22				
22			23.5				2.5	4.1		13	22	23	+0.21 0			
	24		25.9				2.5	4.3	2	15	24	25.2				
25			26.9				3	4.4		16	25	26.2				
	26		27.9				3	4.6		16	26	27.2				
28			30.1		1.2		3	4.6		18	28	29.4		1.35		
30			32.1				3	4.7		20	30	31.4				
32			34.4			±0.06	3.5	5.2		21	32	33.7				
		34	36.5	±0.25			3.5	5.2		23	34	35.7				
35			37.8				3.5	5.2		24	35	37				
	36		38.8		1.6		3.5	5.2		25	36	38		1.75		
37			39.8				3.5	5.2		26	37	39	+0.25 0		+0.14 0	
	38		40.8				4	5.3		27	38	40				
40			43.5				4	5.7		28	40	42.5				
42			45.5	±0.4			4	5.8		30	42	44.5		1.95		
45			48.5		1.8		4.5	5.9		33	45	47.5				
47			50.5				4.5	6.1		34	47	49.5		1.9		
	48		51.5				4.5	6.2		35	48	50.5				2
50			54.2				4.5	6.5		37	50	53				
52			56.2			±0.07	5.1	6.5	2.5	39	52	55				
55			59.2				5.1	6.5		41	55	58				
	56		60.2		2		5.1	6.6		42	56	59		2.2		
		58	62.2				5.1	6.8		44	58	61				
60			64.2	±0.45			5.5	6.8		46	60	63	+0.3 0			
62			66.2				5.5	6.9		48	62	65				
	63		67.2				5.5	6.9		49	63	66				
	65		69.2				5.5	7		50	65	68				
68			72.5				6	7.4		53	68	71				
	70		74.5				6	7.4		55	70	73				
72			76.5		2.5	±0.08	6.6	7.4		57	72	75		2.7		2.5
75			79.5				6.6	7.8		60	75	78				
		78	82.5				6.6	8		62	78	81				
80			85.5				7	8		64	80	83.5				
		82	87.5				7	8		66	82	85.5				
85			90.5				7	8		69	85	88.5				
		88	93.5				7.6	8.2		71	88	91.5	+0.35 0			
90			95.5				7.6	8.3		73	90	93.5				
		92	97.5		3		8	8.3		74	92	95.5		3.2		3
95			100.5	±0.55			8	8.5		77	95	98.5				
		98	103.5				8.3	8.7		80	98	101.5				
100			105.5				8.3	8.8	3	82	100	103.5				
		102	108			±0.09	8.9	9		83	102	106			+0.18 0	
	105		112				8.9	9.1		86	105	109				
		108	115				8.9	9.5		87	108	112	+0.54 0			
110			117		4		8.9	10.2		89	110	114		4.2		4
	112		119				8.9	10.2		90	112	116				
	115		122				9.5	10.2		94	115	119				
120			127	±0.65			9.5	10.7		98	120	124	+0.63 0			
125			132				10	10.7	3.5	103	125	129				

기술부록

10. E형 멈춤링 [KS B 1337:1985 (2010확인)]

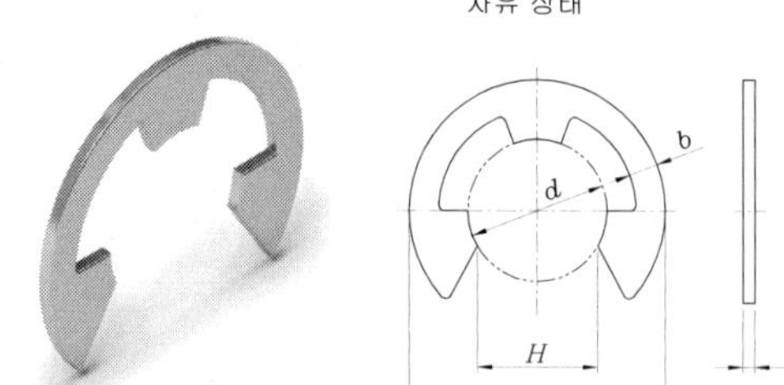

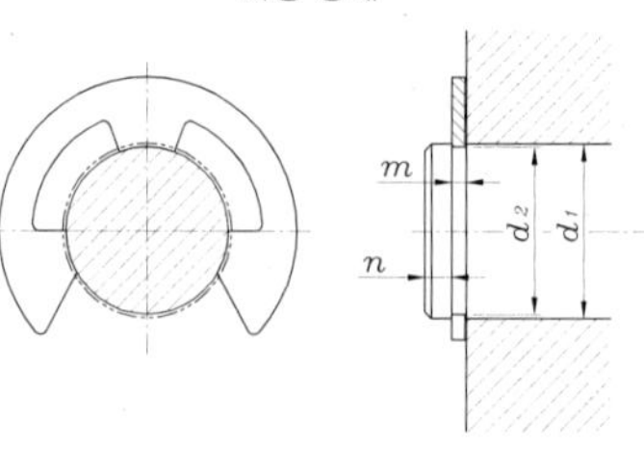

[비고] 모양은 하나의 보기로서 표시한다.

단위:mm

호칭지름	멈춤링 d 기본치수	d 허용차	D 기본치수	D 허용차	H 기본치수	H 허용차	t 기본치수	t 허용차	b 약	적용하는 축 (참고) d1의 구분 초과	d1의 구분 이하	d2 기본치수	d2 허용차	m 기본치수	m 허용차	n 최소
0.8	0.8	0 -0.08	2	±0.1	0.7	0 -0.25	0.2	±0.02	0.3	1	1.4	0.8	+0.05 0	0.3	+0.05 0	0.4
1.2	1.2	0 -0.09	3		1		0.3	±0.025	0.4	1.4	2	1.2	+0.06 0	0.4		0.6
1.5	1.5		4	±0.2	1.3		0.4	±0.03	0.6	2	2.5	1.5		0.5		0.8
2	2		5		1.7		0.4		0.7	2.5	3.2	2				1
2.5	2.5		6		2.1		0.4		0.8	3.2	4	2.5				
3	3		7		2.6		0.6	±0.04	0.9	4	5	3		0.7	+0.1 0	
4	4	0 -0.12	9		3.5	0 -0.30	0.6		1.1	5	7	4	+0.075 0			1.2
5	5		11		4.3		0.6		1.2	6	8	5				
6	6		12		5.2		0.8		1.4	7	9	6				
7	7	0 -0.15	14		6.1	0 -0.35	0.8		1.6	8	11	7	+0.09 0	0.9		1.5
8	8		16		6.9		0.8		1.8	9	12	8				1.8
9	9		18		7.8		0.8		2.0	10	14	9				2
10	10		20	±0.3	8.7		1.0	±0.05	2.2	11	15	10		1.15	+0.14 0	
12	12	0 -0.18	23		10.4	0 -0.45	1.0		2.4	13	18	12	+0.11 0			2.5
15	15		29		13.0		1.6	±0.06	2.8	16	24	15		1.75		3
19	19	0 -0.21	37		16.5		1.6		4.0	20	31	19	+0.13 0			3.5
24	24		44		20.8	0 -0.50	2.0	±0.07	5.0	25	38	24		2.2		4

[주] 1. d의 측정에는 한계 플러그 게이지를 사용한다.
2. D의 측정에는 KS B 5203의 버어니어 캘리퍼스를 사용한다.
3. H의 측정에는 한계 플러그 게이지, 한계 납작 플러그 게이지 또는 KS B 5203의 버어니어 캘리퍼스를 사용한다.
4. t의 측정에는 KS B 5203의 마이크로미터 또는 한계 스냅 게이지를 사용한다.
5. 두께 t=1.6mm는 당분간 1.5mm로 할 수 있다. 이 때 m=1.65mm로 한다.

[비고] 적용하는 축의 치수는 권장하는 치수를 참고로 표시한 것이다.

■ E형 멈춤링의 치수 적용 예

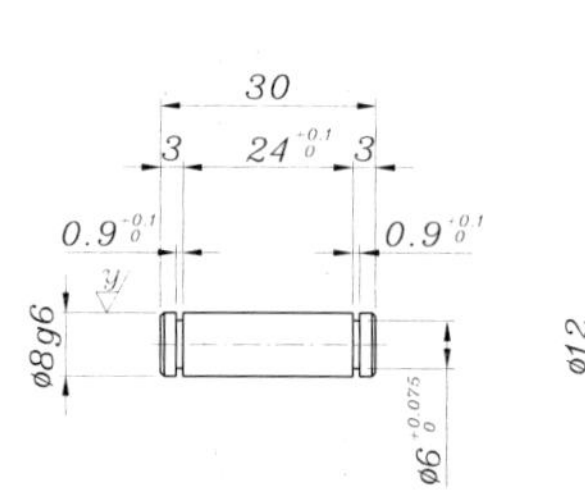

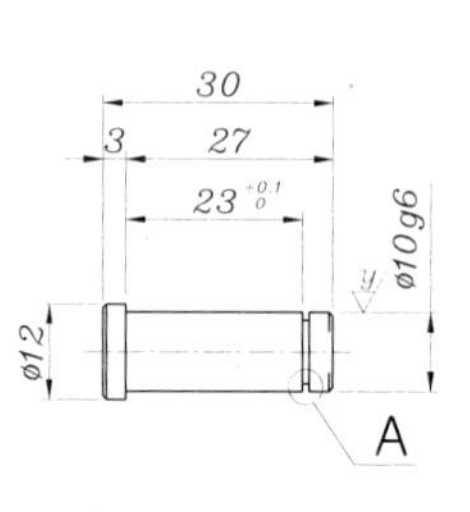

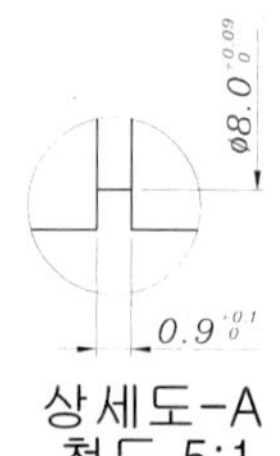

상세도-A
척도 5:1

11. 탭 깊이 및 드릴 깊이

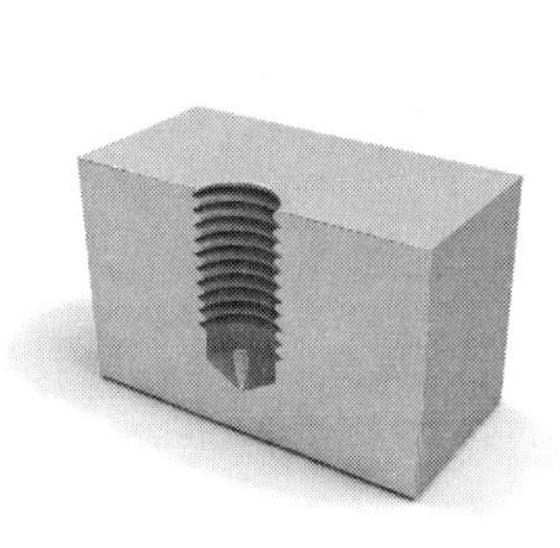

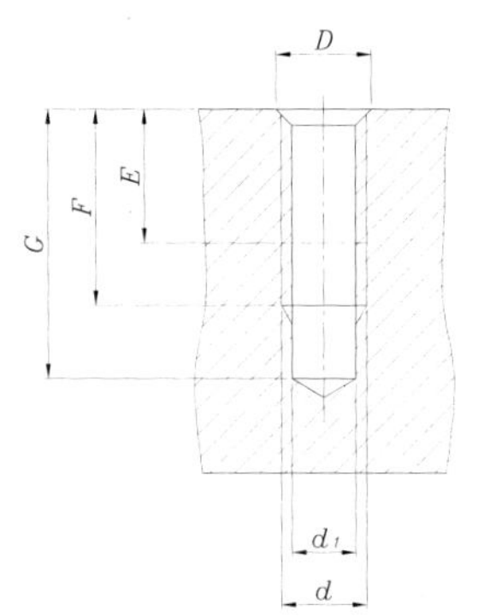

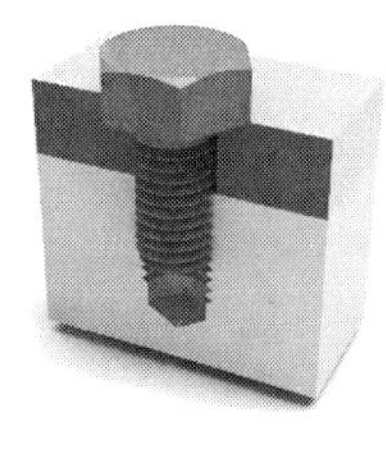

단위 : mm

적용 재질			강, 주강, 단강, 청동, 황동			주철, 동합금, 주물		
나사 호칭	드릴 지름	모떼기 지름	체결 깊이	탭 깊이	드릴 깊이	체결 깊이	탭 깊이	드릴 깊이
d	d_1	D	E	F	G	E	F	G
M5×0.8	4.2	5.5	5	10	14	6	11	14
M6×1.0	5.0	6.5	6	11	15	8	13	16
M8×1.25	6.8	9.0	8	13	18	10	15	20
M10×1.5	8.5	11.0	13	18	24	15	20	25
M12×1.75	10.2	14.0	15	20	25	18	23	28
M16×2.0	14.0	18.0	20	25	32	24	29	35
M20×2.5	17.5	22.0	25	30	38	30	35	44
M24×3.0	21.0	26.0	28	30	40	32	38	46
M30×3.5	26.5	33.0	30	35	45	40	45	55
M36×4.0	32	39.0	36	42	55	48	52	65

12. 볼트 구멍 및 자리파기 규격

■ 볼트 드릴 구멍 및 카운터보어 지름 및 깊이 치수

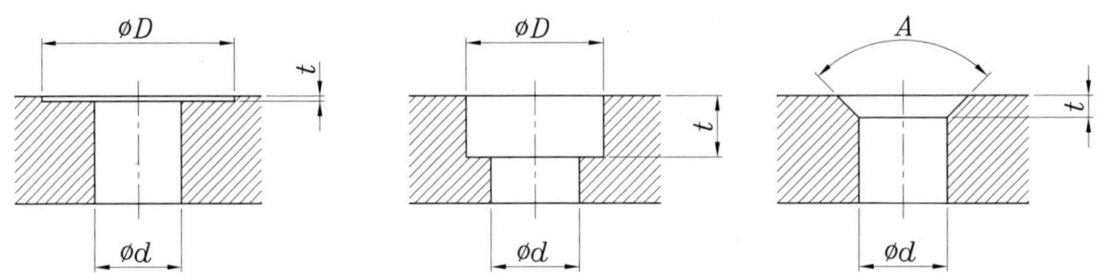

단위 : mm

호칭		자리파기 (Spot Facing)		깊은 자리파기 (Counter Bore)		카운터싱크 (Counter sink)	
나사	Drill(d)	Endmill(D)	깊이(t)	Endmill(D)	깊이(t)	깊이(t)	각도(A)
M3	3.4	9	0.2	6.5	3.3	1.75	$90°^{+2''}_{0}$
M4	4.5	11	0.3	8	4.4	2.3	
M5	5.5	13	0.3	9.5	5.4	2.8	
M6	6.6	15	0.5	11	6.5	3.4	
M8	9	20	0.5	14	8.6	4.4	
M10	11	24	0.8	17.5	10.8	5.5	$90°^{+2''}_{0}$
M12	14	28	0.8	22	13	6.5	
M14	16	32	0.8	23	15.2	7	
M16	18	35	1.2	26	17.5	7.5	
M18	20	39	1.2	29	19.5	8	
M20	22	43	1.2	32	21.5	8.5	
M22	24	46	1.2	35	23.5	13.2	$60°^{+2''}_{0}$
M24	26	50	1.6	39	25.5	14	
M27	30	55	1.6	43	29	-	
M30	33	62	1.6	48	32	16.6	
M33	36	66	2.0	54	35	-	

[비고]
1. 볼트 구멍지름(Φd) 및 카운터 보어(깊은 자리파기, DCB : ΦD)는 KS B 1007:2010의 2급과 해당 규격의 수치에 따른다.
2. 위 표의 깊은 자리파기의 치수는 KS규격 미제정이며 KS B 1003의 6각구멍붙이 볼트의 규격을 적용하는 제조사나 산업현장 실무에서 상용하는 수치이다.

13. 상당 평기어 환산계수

■ 헬리컬 기어의 상당 평기어 잇수

이 방향에 직각인 단면의 피치원은 타원이 되고, 이 타원의 곡률반지름을 피치원 반지름으로 하는 평기어. 타원의 곡률 반지름 R은 아래의 계산식에서 구할 수 있다.

$$R=\frac{a^2}{b}=\frac{D}{2\cos^2\beta}=\frac{z}{\cos^3\beta}\cdot\frac{m_n}{2}$$

여기서, z : 헬리컬 기어의 잇수 m_n : 모듈 β : 비틀림각 z_v를 상당 평기어 잇수라고 한다면,

상당 평기어 잇수 : $z_v=\frac{z}{\cos^2\beta_0}$

■ 베벨 기어의 상당 평기어 잇수

배원추의 원추 거리를 피치원을 반지름으로 하는 평기어 z를 베벨기어의 잇수,

z_v를 상당 평기어 잇수로 하면 아래와 같다.

$$z_v=\frac{z}{\cos\delta_0}$$

β	1/cosβ	1/cos ² β	1/cos ³ β	β	1/cosβ	1/cos ² β	1/cos ³ β
5°	1.00382	1.00765	1.01150	25°	1.10338	1.21744	1.34330
6°	1.00551	1.01105	1.01662	26°	1.11260	1.23788	1.37737
7°	1.00751	1.01508	1.02270	27°	1.12233	1.25962	1.41370
8°	1.00983	1.01975	1.02977	28°	1.13257	1.28272	1.45276
9°	1.01247	1.02509	1.03786	29°	1.14335	1.30726	1.49466
10°	1.01543	1.03109	1.04700	30°	1.15470	1.33333	1.53960
11°	1.01871	1.03778	1.05721	31°	1.16663	1.36103	1.58783
12°	1.02234	1.04518	1.06853	32°	1.17918	1.39046	1.63960
13°	1.02630	1.05330	1.08101	33°	1.19236	1.42173	1.69522
14°	1.03061	1.06216	1.09468	34°	1.20622	1.45496	1.75500
15°	1.03528	1.07180	1.10961	35°	1.22077	1.49029	1.81931
16°	1.04030	1.08222	1.12584	36°	1.23607	1.52786	1.88854
17°	1.04569	1.09347	1.14343	37°	1.25214	1.56784	1.96315
18°	1.05146	1.10557	1.16247	38°	1.26902	1.61041	2.04364
19°	1.05762	1.11856	1.18301	39°	1.28676	1.65575	2.13055
20°	1.06418	1.13247	1.20515	40°	1.30541	1.70409	2.22453
21°	1.07115	1.14735	1.22898	41°	1.32501	1.75566	2.32627
22°	1.07853	1.16324	1.25459	42°	1.34563	1.81073	2.43657
221/2°	1.08239	1.17157	1.26810	43°	1.36733	1.86958	2.55633
23°	1.08636	1.18018	1.28210	44°	1.39016	1.93255	2.68657
24°	1.09464	1.19823	1.31162	45°	1.41421	2.00000	2.82843

상당 평기어(equivalent spur gear) : 헬리컬 기어나 베벨 기어에 있어 기어절삭이나 이의 강도를 생각하기 쉬운 기준으로 한 가상의 평기어를 말한다.

14. 도·분·초의 라디안 환산표

초		44	0.000 213	27	0.007 854	10	0.174 533	54	0.942 478
01	0.000 005	45	0.000 218	28	0.008 145	11	0.191 986	55	0.959 931
02	0.000 010	46	0.000 223	29	0.008 436	12	0.209 440	56	0.977 384
03	0.000 015	47	0.000 228	30	0.008 727	13	0.226 893	57	0.994 838
04	0.000 019	48	0.000 233	31	0.009 018	14	0.244 346	58	1.012 291
05	0.000 024	49	0.000 238	32	0.009 308	15	0.261 799	59	1.029 744
06	0.000 029	50	0.000 242	33	0.009 599	16	0.279 253	60	1.047 198
07	0.000 034	51	0.000 247	34	0.009 890	17	0.296 706	61	1.064 651
08	0.000 039	52	0.000 252	35	0.010 181	18	0.314 159	62	1.082 104
09	0.000 044	53	0.000 257	36	0.010 472	19	0.331 613	63	1.099 557
10	0.000 048	54	0.000 262	37	0.010 763	20	0.349 066	64	1.117 011
11	0.000 053	55	0.000 267	38	0.011 054	21	0.366 519	65	1.134 464
12	0.000 058	56	0.000 272	39	0.011 345	22	0.383 972	66	1.151 917
13	0.000 063	57	0.000 276	40	0.011 636	23	0.401 426	67	1.169 371
14	0.000 068	58	0.000 281	41	0.011 926	24	0.418 879	68	1.186 824
15	0.000 073	59	0.000 286	42	0.012 217	25	0.436 332	69	1.204 277
16	0.000 078	60	0.000 291	43	0.012 508	26	0.453 786	70	1.221 730
17	0.000 082	분		44	0.012 799	27	0.471 239	71	1.239 184
18	0.000 087	01	0.000 291	45	0.013 090	28	0.488 692	72	1.256 637
19	0.000 092	02	0.000 582	46	0.013 381	29	0.506 145	73	1.274 090
20	0.000 097	03	0.000 873	47	0.013 672	30	0.523 599	74	1.291 544
21	0.000 102	04	0.001 164	48	0.013 963	31	0.541 052	75	1.308 997
22	0.000 107	05	0.001 454	49	0.014 254	32	0.558 505	76	1.326 450
23	0.000 112	06	0.001 745	50	0.014 544	33	0.575 959	77	1.343 904
24	0.000 116	07	0.002 036	51	0.014 835	34	0.593 412	78	1.361 357
25	0.000 121	08	0.002 327	52	0.015 126	35	0.610 865	79	1.378 810
26	0.000 126	09	0.002 618	53	0.015 417	36	0.628 319	80	1.396 263
27	0.000 131	10	0.003 909	54	0.015 708	37	0.645 772	81	1.413 716
28	0.000 136	11	0.003 200	55	0.015 999	38	0.663 225	82	1.431 170
29	0.000 141	12	0.003 491	56	0.016 290	39	0.680 678	83	1.448 623
30	0.000 145	13	0.004 782	57	0.016 581	40	0.698 132	84	1.466 076
31	0.000 150	14	0.004 072	58	0.016 872	41	0.715 585	85	1.483 530
32	0.000 155	15	0.004 363	59	0.017 162	42	0.733 038	86	1.500 983
33	0.000 160	16	0.004 654	60	0.017 453	43	0.750 492	87	1.518 436
34	0.000 165	17	0.005 945	도		44	0.767 945	88	1.535 890
35	0.000 170	18	0.005 236	1	0.017 453	45	0.785 398	89	1.553 343
36	0.000 174	19	0.005 527	2	0.034 907	46	0.802 851	90	1.570 796
37	0.000 179	20	0.006 818	3	0.052 360	47	0.820 305	-	-
38	0.000 184	21	0.006 109	4	0.069 813	48	0.837 758	-	-
39	0.000 189	22	0.006 400	5	0.087 266	49	0.855 211	-	-
40	0.000 194	23	0.006 690	6	0.104 720	50	0.872 665	-	-
41	0.000 199	24	0.006 981	7	0.122 173	51	0.890 118	-	-
42	0.000 204	25	0.007 272	8	0.139 626	52	0.907 571	-	-
43	0.000 208	26	0.007 563	9	0.157 080	53	0.925 025	-	-

15. 기어의 피치 비교표

지름피치	피치		모듈	지름피치	피치		모듈	지름피치	피치		모듈
	in	mm	m		in	mm	m		in	mm	m
1	3.1416	79.796	25.4000	2.9568	1 1/16	26.988	8.5904	10.0531	5/16	7.938	2.5266
1.0053	3 1/8	79.375	25.2658	3	1.0472	26.599	8.4667	10.16	.3092	7.854	2.5
1.0160	3.0921	78.540	25	3.0691	1.0236	26	8.2761	10.6395	.2953	7.5	2.3873
1.0472	3	76.200	24.2550	3.1416	1	25.4	8.0851	11	.2856	7.254	2.3091
1.0583	2.9684	75.398	24	3.175	.9895	25.133	8	11.2889	.2783	7.069	2.25
1.0640	2.9528	75	23.8732	3.1919	.9843	25	7.9577	11.3995	.2756	7	2.2282
1.0927	2 7/8	73.025	23.2446	3.25	.9666	24.553	7.8154	12	.2618	6.650	2.1167
1.1399	2.7559	70	22.2817	3.3249	.9449	24	7.6394	12.2764	.2559	6.5	2.0690
1.1424	2 3/4	69.850	22.2339	3.3510	15/16	23.813	7.5798	12.5664	1/4	6.35	2.0213
1.1545	2.7211	69.115	22	3.5	.8976	22.799	7.2571	12.7	.2474	6.283	2
1.1968	2 5/8	66.675	21.2233	3.5904	7/8	22.225	7.0744	13	.2417	6.138	1.9538
1.2276	2.5591	65	20.6901	3.6271	.8661	22	7.0028	13.2994	.2362	6	1.9099
1.25	2.5133	63.837	20.3200	3.6286	.8658	21.991	7	14	.2244	5.700	1.8143
1.2566	2 1/2	63.500	20.2127	3.75	.8378	21.279	6.7733	14.5084	.2165	5.5	1.7507
1.27	2.4737	62.832	20	3.8666	13/16	20.638	6.5691	14.5143	.2164	5.498	1.75
1.3228	2 3/8	60.325	19.2020	3.9898	.7874	20	6.3662	15	.2094	5.320	1.6933
1.3299	2.3622	60	19.0986	4	.7854	19.949	6.3500	15.9593	.1969	5	1.5915
1.3963	2 1/4	57.150	18.1914	4.1888	3/4	19.05	6.0638	16	.1963	4.987	1.5875
1.4111	2.2263	56.549	18	4.1998	.7480	19	6.0479	16.7552	3/16	4.763	1.5160
1.4508	2.1654	55	17.5070	4.2333	.7421	18.850	6	16.9333	.1855	4.712	1.5
1.4784	2 1/8	53.975	17.1808	4.4331	.7087	18	5.7296	17.7325	.1772	4.5	1.4324
1.5	2.0944	53.198	16.9333	4.5	.6981	17.733	5.6444	18	.1745	4.433	1.4111
1.5708	2	50.8	16.1701	4.5696	11/16	17.463	5.5585	19.9491	.1575	4	1.2732
1.5875	1.9790	50.265	16	4.6182	.6803	17.279	5.5	20	.1571	3.990	1.27
1.5959	1.9685	50	15.9155	4.6939	.6693	17	5.4113	20.32	.1546	3.927	1.25
1.6755	1 7/8	47.625	15.1595	4.9873	.6299	16	5.0930	22	.1428	3.627	1.1545
1.6933	1.8553	47.124	15	5	.6283	15.959	5.0800	22.7990	.1378	3.5	1.1141
1.75	1.7952	45.598	14.5143	5.0265	5/8	15.875	5.0532	23	.1366	3.469	1.1043
1.7733	1.7717	45	14.3239	5.08	.6184	15.708	5	24	.1309	3.325	1.0583
1.7952	1 3/4	44.45	14.1489	5.3198	.5906	15	4.7746	25	.1257	3.192	1.016
1.8143	1.7316	43.982	14	5.5	.5712	14.508	4.6182	25.1327	1/8	3.175	1.0106
1.9333	1 5/8	41.275	13.1382	5.5851	9/16	14.288	4.5479	25.4	.1237	3.142	1
1.9538	1.6079	40.841	13	5.6444	.5566	14.137	4.5	26	.1208	3.069	.9769
1.9949	1.5748	40	12.7324	5.6997	.5512	14	4.4563	26.5988	.1181	3	.9549
2	1.5708	39.898	12.7000	6	.5236	13.299	4.2333	28	.1122	2.850	.9071
2.0944	1 1/2	38.1	12.1276	6.1382	.5118	13	4.1380	29	.1083	2.752	.8759
2.0999	1.4961	38	12.0958	6.2832	1/2	12.7	4.0425	30	.1047	2.660	.8467
2.1167	1.4842	37.699	12	6.35	.4947	12.566	4	31.75	.0989	2.513	.8
2.1855	1 7/16	36.513	11.6223	6.5	.4833	12.276	6.9077	31.9186	.0984	2.5	.7958
2.2166	1.4173	36	11.4592	6.6497	.4724	12	3.8197	32	.0982	2.494	.7938
2.25	1.3963	35.465	11.2889	7	.4488	11.399	3.6286	33.8667	.0928	2.356	.75
2.2848	1 3/8	34.925	11.1170	7.1808	7/16	11.113	3.5372	34	.0924	2.347	.7471
2.3091	1.3606	34.559	11	7.2542	.4331	11	3.5014	36	.0873	2.217	.7056
2.3470	1.3386	34	10.8225	7.2571	.4329	10.996	3.5	38	.0827	2.100	.6684
2.3936	1 5/16	33.338	10.6117	7.9796	.3937	10	3.1831	39.8982	.0787	2	.6366
2.4936	1.2598	32	10.1895	8	.3927	9.975	3.175	40	.0785	1.995	.635
2.5	1.2566	31.919	10.1600	8.3776	3/8	9.525	3.0319	45	.0698	1.773	.5644
2.5133	1 1/4	31.750	10.1063	8.3996	.3740	9.5	3.0239	50	.0628	1.596	.5080
2.54	1.2369	31.416	10	8.4667	.3711	9.425	3	50.2655	1/16	1.588	.5053
2.6456	1 3/16	30.163	9.6010	8.8663	.3543	9	2.8648	50.8	.0618	1.571	.5
2.6599	1.1811	30	9.5493	9	.3491	8.866	2.8222	53.1976	.0591	1.5	.4775
2.75	1.1424	29.017	9.2364	9.2364	.3401	8.639	2.75	63.5	.0495	1.256	.4
2.7925	1 1/8	28.575	9.0957	9.3878	.3346	8.5	2.7056	79.7965	.0394	1	.3183
2.8222	1.1132	28.274	9	9.9746	.3150	8	2.5465	84.6667	.0371	.942	.3
2.8499	1.1024	28	8.9127	10	.3142	7.980	2.54	127	.0247	.628	.2

16. 강의 열처리 경도 및 용도 범례

구 분	탄소 함유량	담금질	용 도	경 도
기계 구조용 탄소강				
SM 20CK	0.18 ~ 0.23	화염고주파	강도와 경도가 크게 요구되지 않는 기계부품	HRC 40
SM 35C	0.32 ~ 0.38	화염고주파	크랭크축, 스플라인축, 커넥팅 로드	HRC 30
SM 45C	0.42 ~ 0.48	화염고주파	톱, 스프링, 레버, 로드	HRC 40
SM 55C	0.52 ~ 0.58	화염고주파	강도와 경도가 크게 요구되지 않는 기계부품	HRC 50
SM 9CK	0.07 ~ 0.12	침 탄	강도와 경도가 크게 요구되지 않는 기계부품	HRC 30
SM 15CK	0.13 ~ 0.18	침 탄	강도와 경도가 크게 요구되지 않는 기계부품	HRC 35
크 롬 강				
SCr 430	0.28 ~ 0.33	화염고주파	롤러, 줄, 볼트, 캠축, 액슬축, 스터드	HRC 36
SCr 440	0.38 ~ 0.43	화염고주파	강력볼트, 너트, 암, 축류, 키, 노크 핀	HRC 50
SCr 420	0.18 ~ 0.23	침 탄	강력볼트, 너트, 암, 축류, 키, 노크 핀	HRC 45
크롬 몰리브덴강				
SCM 430	0.28 ~ 0.33	화염고주파	롤러, 줄, 볼트, 너트, 자동차 공업에서 연결봉	HRC 50
SCM 440	0.38 ~ 0.43	화염고주파	암, 축류, 기어, 볼트, 너트, 자동차 공업에서 연결봉	HRC 55
니켈크롬강				
SNC 236	0.32 ~ 0.40	화염고주파	강력볼트, 너트, 크랭크축, 축류, 기어, 스플라인축, 건설기계부품	HRC 55
SNC 631	0.27 ~ 0.35	화염고주파	강력볼트, 너트, 크랭크축, 축류, 기어, 스플라인축, 건설기계부품	HRC 50
SNC 236	0.32 ~ 0.40	화염고주파	강력볼트, 너트, 크랭크축, 축류, 기어, 스플라인축, 건설기계부품	HRC 55
SNC 415	0.12 ~ 0.18	침 탄	기어, 피스톤 핀, 캠축	HRC 55
니켈 크롬 몰리브덴강				
SNCM 240	0.38 ~ 0.43	화염고주파	크랭크축, 축류, 연결봉, 기어, 강력볼트, 너트	HRC 56
SNCM 439	0.36 ~ 0.43	화염고주파	크랭크축, 축류, 연결봉, 기어, 강력볼트, 너트	HRC 55
SNCM 420	0.17 ~ 0.23	침 탄	기어, 축류, 롤러, 베어링	HRC 45
탄 소 공 구 강				
STC 105	1.00 ~ 1.10	화염고주파	드릴, 끌, 해머, 펀치, 칼, 탭, 블랭킹다이	HRC 62
합 금 공 구 강				
STS 3	0.9 ~ 1.00	화염고주파	냉간성형 다이스, 브로치, 블랭킹 다이	HRC 65

17. 열처리 범례 및 각종 부품의 침탄 깊이 예

열처리 명칭	비커스경도 (HV)	담금질깊이 (mm)	열처리 변형	열처리 가능한 재질	대표적인 재질	비고
전체 열처리	750 이하	전체	재료에 따라 다르다	고탄소강 C>0.45%	STS3 STS21 STB2 SKH51 STS93 STC95 SM45C	강재를 경화하거나 강도 증가를 위해 변태점 이상 적당한 온도로 가열 후 급속 냉각하는 열처리 조작. 스핀들이나 정밀기계 부품은 가급적 사용하지 않는 것이 좋다.
침탄 열처리	750 이하	표준 0.5 최대 2	중간	저탄소강 C<0.3%	SCM415 SNCM220	부분 열처리 가능 열처리 깊이를 도면에 지시할 것 정밀 부품에 적합
고주파 열처리	500 이하	1~2	크다.	중탄소강 C0.3~0.5%	SM45C	고주파 유도 전류로 강재 표면을 급열시킨 후 급냉하여 경화시키는 방법 부분 열처리 가능 소량의 경우 비용 증가 내피로성이 우수
질화 열처리	900~1000	0.1~0.2	적다.	질화강	SACM645	강재 표면에 단단한 질화 화합물 경화층을 형성시키는 표면 경화법 열처리 강도가 가장 높다. 정밀 기계 부품에 적합 미끄럼 베어링용 스핀들에 적합
연질화처리 (터프트라이드)	탄소강 500 스테인리스 1000	0.01~0.02	적다.	철강재료	SM45C SCM415 SK3 스테인리스	터프트라이드는 연질화라는 질화 처리법의 일종이다. 내피로성, 내마모성 우수 내식성은 아연 도금과 같은 정도 열처리 후 연마가 불가능하므로 정밀 부품에는 부적합 무급유 윤활에 적합
블루잉	-	-	-	선재	SWP-B	저온 어닐링이다. 성형 시의 내부 응력을 제거하여 탄성을 높인다.

침탄깊이(mm)	필요 성능	대표적인 부품 예
0.5 이하	내마모성만을 필요로 하고 강도는 별로 중요시되지 않는 부품	로드볼, 쉬프트 포크, 속도계 기어, 펌프 축 등
0.5~1.0	내마모성과 동시에 높은 하중에 대한 강도를 필요로 하는 부품	변속기기어, 스티어링 암, 볼 스터드, 밸브 로커암 축
1.0~1.5	슬라이딩 및 회전 등의 마모에 대한 고압하중, 반복굴곡 하중에 견딜 수 있는 강도를 요하는 부품	링기어, 드라이브 피니언, 슬라이드 피니언, 피스톤 핀, 캠 샤프트, 롤러베어링, 기어축, 너클핀 등
1.5 이상	고도의 충격적 마모, 비교적 고도의 반복하중에 충분히 견딜 수 있는 부품	연결축, 캠 등

18. 국제 규격 및 각국의 공업규격

국제 규격은 ISO(국제표준화기구)나 IEC(국제전기표준협회) 규격으로 대표되며, 국제적 조직 및 기구에 의해 제정된 규격을 말한다. 한편 국내규격, 국가규격은 국가 또는 국내표준기관으로서 인증된 단체에 의해 제정된 규격으로 한국에서는 KS(한국공업규격) 등이 있다.

■ 대표적인 세계의 공업규격

규격의 분류	발행기관 약칭 또는 발행기관명	
국제규격	IEC	국제전기표준회의 International Electrotechnical Commission
	ISO	국제표준화기구 International Organization for Standardization
	ITU	국제전기통신연합 International Telecommunication Union
지역규격	CEN	유럽표준화위원회 European Committee for Standardization (Committee European de Normalisation)
	CENELEC	유럽전기표준화위원회 European Committee for Electrotechnical Standardization (Committee European de Normalisation Electrotechnique)
국가규격	ANSI	미국규격협회 American National Standards Institue
	DIN	독일규격협회 Deutsches Institue fur Normung(Deutsche Normen)
	JIS	일본공업규격 Japan Industrial Standards
	KS	한국공업규격 Korea Industrial Standards
	BA	영국규격협회 British Standards
	CSA	캐나다규격협회 Canadian Standards Association
단체규격	AGMA	미국기어공업회 American Gear Manufacturers Association
	AISI	미국철강협회 American Iron and Steel Institue
	ASME	미국기계학회 American Society of Mechanical Engineers
	ASTM	미국재료시험협회 American Society of Testing and Materials
	IEEE	미국전기 · 전자기술자협회 Institue of Electrical and Electronics Engineers
	SAE	미국자동차기술회 Society of Automotive Engineers
	UL	미국보험업자안전시험소 Underwriters Laboratories, Inc.
	VDE	독일전기기술자협회 Verein Deutscher Elektrotechnicker
	VDI	독일기술자연합 Verein Deutscher Ingenieure
기타	MIL	미군사양서 Military Specifications and Standards
	FCC	미국연방통신위원회 Federal Communications Commission

19. 작용 하중에 따른 기어재료와 열처리 및 경도 예

하중의 종류		재료의 기호	열처리 방법
경하중(輕荷重)	충격하중이 작고 마모 또한 적은 경우	SM35C~SM45C	조질처리(담금질 및 뜨임)
	단지 내마모성을 필요로 하는 경우	SM15CK	침탄, 담금질, 뜨임 (질화층 0.2~0.4mm 정도)
중하중(中荷重)	중간 정도의 강도와 내마모성을 필요로 하는 경우	SM35C~SM45C	조질 후 고주파열처리 이끝의 표면 경도 HRC47~56 정도
		SCM415 SCr415	침탄, 담금질, 뜨임 (경화층 0.6~1.0mm 정도) 표면 경도 HRC55~60 정도
	피로강도를 필요로 하는 경우	SM40C~SM45C	조질 후 고주파열처리 이끝의 표면 경도 HRC47~56 정도
		SCM435 SCM440	조질 후 질화처리 GAS 연질화, 타프트라이드 처리
고하중(高荷重)	내충격성을 특히 필요로 하는 경우	SNC815 SNCM420 SNCM815	침탄, 담금질, 뜨임 표면 경도 HRC58~64 정도
	내마모성을 필요로 하는 경우	SNCM420 SCM421 SCM822	침탄, 담금질, 뜨임 표면 경도 HRC62 이상
	내마모성 및 피로강도를 필요로 하는 경우	SM45C SM48C	조질 후 고주파열처리, 이뿌리부까지 담금질 실시. 이끝의 표면 경도 HRC56~60 정도
특수한 경우	내마모성을 필요로 하는 경우	질화강	조질 후 질화처리 실시
		합금강 SCM435	조질 후 질화처리 실시
	내식성을 필요로 하는 경우	오스테나이트 페라이트 마르텐자이트계 스테인리스강	내식성 이외에 필요한 성질을 포함시킬 것을 고려해서 최적의 열처리 선정
	내열성을 필요로 하는 경우	Fe-Cr-Ni 합금	최적의 열처리 실시

■ 기어의 열처리 경도 예

강의 종류	재료의 기호	조질경도 HS	전면담금질 경도 HS	고주파열처리 경도 HRC	침탄열처리 표면경도 HRC	고주파열처리 중심부 경도 HB
니켈크롬강	SNC 631	37~40	50~55	50~55	-	-
	SNC 836	38~42	50~55	50~55	-	-
	SNC 415	-	-	-	55~60	217~321
	SNC 815	-	-	-	58~64	285~388
니켈크롬 몰리브덴강	SNCM 439	43~51	65~70	-	-	-
	SNCM 447	45~53	65~70	-	-	-
	SNCM 220	-	-	-	58~64	248~341
	SNCM 415	-	-	-	58~64	255~341
	SNCM 420	-	-	-	58~64	293~375
	SNCM 815	-	-	-	58~64	311~375
크롬강	SCr 415	-	-	-	58~64	217~300
	SCr 420	-	-	-	58~64	235~320
크롬 몰리브덴강	SCM 435	37~40	45~50	45~50	-	-
	SCM 440	38~42	50~55	(50~53)[1]	-	-
	SCM 415	-	-	-	58~64	235~321
	SCM 420	-	-	-	58~64	262~341
	SCM 421	-	-	-	58~64	285~263
탄소강	SM15CK	-	-	-	55~62[2]	131[3]
	SM35C	25~35	35~45	35~40	-	-
	SM45C	31~40	45~55	40~45	-	-
	SM55C	33~42	55~65	45~50	-	-

[주] 1. 고주파 열처리를 하지 않는 편이 좋다.
2. 수냉의 경우이다. 유냉의 경우 50~55 정도
3. 최대값을 나타낸다.

[참고] 이의 크기와 침탄 깊이

모듈 mm	1초과 1.5이하	1.5초과 2이하	2초과 2.75이하	2.75초과 4이하	4초과 6이하	6초과 9이하	2초과 2,75이하
침탄깊이 mm	0.2~0.5	0.4~0.7	0.6~1.0	0.8~1.2	1.0~1.4	1.2~1.7	1.3~2.0

[주] 침탄 깊이는 가스침탄인 경우 대략적인 표준값이며, 고체 및 액체침탄인 경우에는 위 표의 값보다 작게 한다.

20. 대표적인 열처리의 특징

열처리 항목	고주파열처리	화염열처리	침탄열처리	연질화	질화
적용 재료	0.4~0.6%C 탄소강 SCM435, SCM440 SMn443, SNC836 SNCM 439 등	0.4~0.6%C 탄소강 SK5~7, 덕타일주철 SCr435, SCr440 SCM435, SCM440등	0.23%C 이하 탄소강 SNC415, SNC815 SCM415, SCM420 SNCM420 등	①저탄소강, 중탄소강 ②탄소강 합금강 스테인리스 주강	SACM645 등 질화처리를 위해 알루미늄과 크롬을 함유하고 있을 것이 조건
열처리 방법	열처리를 할 기어를 코일 속에 넣고 코일에 고주파의 전류를 흐르게 하면, 과전류가 발생하며 기어의 표면이 가열되어 적열한다. 바로 냉각수로 급냉처리 한다. 가열코일과 급냉장치를 별도로 하고 연속적으로 길이방향으로 이송하여 길이가 긴 공작물도 열처리를 할 수 있다.	고주파열처리에서 비용이 높아지게(소량 생산, 대형 공작물) 되는 경우, 다른 열처리법과 비교해서 저가이다. 경화시키고 싶은 부분만을 버너 등으로 가열해서 표면이 오스테나이트 조직으로 되었을 때 급냉시키면 그 부분만 경화된다.	기어를 목탄, 탄소베릴륨 등과 함께 주철 루츠보 속에 넣어 밀봉한 후 노 속에 넣어 900~950° 의 온도로 4~8시간 가열하면 표면에 . 다품종 소량생산에 적합하다. 가스침탄은 침탄탄소량, 침탄깊이의 조절이 간단하고 표면에 부착하는 스케일도 적다. 품질도 양호하며 대량생산에 적합하다.	① NaCN을 주성분으로 한 염욕으로 저, 중탄소강을 0.2mm 이하의 얇은 층을 만든다. 열처리 온도 750~900 ° C로 소량생산에 적합하고 경제적이지만 염욕은 유해하여 환경에 좋지 않다. ② 터프트라이드 염역질화법 NaCNO, 열처리온도는 500~600° C, 열처리시간은 2시간, 0.015~0.02의 경화층	재료는 담금질 뜨임하여 소르바이트 조직으로 하고 다듬질 후 질화로에 넣는다. 500~600C에서 암모니아가스를 주입하면 분해된 질소가 기어의 표면에 흡수되어 경화층이 생긴다. 처리시간은 경화층의 깊이에 따라 수십시간에서 100시간의 장시간을 요한다.
경화층	구멍의 내면, 단면내부까지 경화시키기는 곤란하다. 경화능이 있는 재료를 사용하여 급속히 표면만을 가열함에 따라 내부는 거의 원상태의 조직으로 보존이 가능하다. 경화표면의 산화도 적고 급속한 가열과 급냉처리를 한다. 조질을 실시한 담금질 온도도 30~50° 높은 온도에서 수냉한다. 직접가열로 열효율이 좋지만 기어의 경우 이끝경도가 높아지고 이뿌리부는 기어끝부 보다도 경도가 낮게 된다.		고체침탄에서는 침탄깊이의 허용차를 0.2mm 이하로 하는 것은 곤란하다. 0.7mm 이하의 침탄에는 적합하지 않다. 제품의 형상에 관계없이 균일한 깊이의 경화층을 얻을 수 있다. 경화가 필요없는 부분은 피복하여 침탄을 방지한다.	경제적이며 열처리 시간도 짧다. 터프트라이드는 자기윤활성이 있어 마찰계수를 저감할 수 있다.	열처리온도가 낮으므로 열의 영향에 의한 변형이 적다. 경화층은 내마모, 내열, 내식성에 우수하다. 경화층은 질소에 의해 0.02~0.03mm 정도 팽창한다.
경도	H_S55~75 H_{RC}41~56	H_S55~75 H_{RC}41~56	H_S70~85 H_{RC}52~62	H_S88~92 H_{RC}64~66	H_S100 이상 H_{RC}68 이상
생산성	부분 경화 가능 열처리시간이 짧음 자동화 가능 대량생산에 적합	부분 경화 가능 열처리시간이 짧음 장치가 간단 온도제어 곤란	전체 열처리가 됨 가열시간이 길다.	경제적 열처리시간 짧음	전체 열처리가 됨 열처리시간이 오래 걸림
경화층 깊이	0.8~7mm (단, 4mm 이상은 합금강)	1~12mm (단, 4mm 이상은 합금강)	고체침탄 : 0.7~5mm 가스침탄 : 0.2~5mm	0.015~0.02mm (전용기는 0.1~0.2mm)	0.1~0.6mm (0.4 이상은 비경제적)
특징	간단한 모양으로 대량생산가능 전기조작의 자동화 가능 비교적 안정된 열처리 부분 열처리 가능 담금질 장치가 고가	부품의 크기나 모양에 제한이 없다. 부분 열처리 가능 열처리장치 저가 가열온도 제어곤란	탄소농도 조정 용이(가스) 침탄깊이가 균일 침탄깊이 제어 용이	충격하중에 약함	내마모, 내열 및 내식성 우수 질화 후 열처리 불필요 변형이 극히 적음
기어 이외 적용 부품	체인휠, 핀	크랭크 샤프트 캠 샤프트	축, 핀, 캠, 롤러 체인 부시	캠 샤프트	디젤 분사 노즐 게이지 류

21. 열처리 종류에 따른 경도 표시법과 철강재료의 허용응력

■ 일반 부품의 열처리 종류 및 경도 표시법

<table>
<tr><th rowspan="3">종류</th><th colspan="3">재료</th><th rowspan="3">표면 경도</th></tr>
<tr><th colspan="2">KS</th><th rowspan="2">JIS</th></tr>
<tr><th>신기호</th><th>구기호</th></tr>
<tr><td rowspan="3">황삭 후 조질처리
(추가 가공 가능)</td><td>SM45C</td><td>SM45C</td><td>S45C</td><td>HRC 20~25</td></tr>
<tr><td>SCM415</td><td>SCM21</td><td>SCM415</td><td>HRC 20~25</td></tr>
<tr><td>SCM430
SCM435</td><td>SCM2
SCM3</td><td>SCM430
SCM435</td><td>HRC 20~25</td></tr>
<tr><td rowspan="5">고주파
(또는 화염경화)
담금질, 뜨임</td><td>SM45C</td><td>SM45C</td><td>S45C</td><td>HRC 40~45</td></tr>
<tr><td>SCM430</td><td>SCM2</td><td>SCM430</td><td>HRC 50~55</td></tr>
<tr><td>SCM435</td><td>SCM3</td><td>SCM435</td><td>HRC 52~59</td></tr>
<tr><td>GC300</td><td>GC300</td><td>FC300</td><td>HRC 45~55
(슬라이드 베드 Hs70~)</td></tr>
<tr><td>STD11</td><td>STD11</td><td>SKD11</td><td>HRC 60~65</td></tr>
<tr><td>침탄열처리, 뜨임</td><td>SCM415</td><td>SCM21</td><td>SCM415</td><td>HRC 60~65
열처리 깊이 0.88m</td></tr>
<tr><td rowspan="5">담금질
뜨임</td><td>STB2</td><td>STB2</td><td>SUJ2</td><td>HRC 60~65</td></tr>
<tr><td>STC85</td><td>STC5</td><td>SK5</td><td>HRC 59~</td></tr>
<tr><td>STC95</td><td>STC4</td><td>SK4</td><td>HRC 61~</td></tr>
<tr><td>STC105</td><td>STC3</td><td>SK3</td><td>HRC 63~</td></tr>
<tr><td>STS3</td><td>STS3</td><td>SKS3</td><td>HRC 62~65</td></tr>
</table>

■ 철강재료의 허용응력

[단위 : MPa]

<table>
<tr><th>응력</th><th>부하</th><th>연강</th><th>경강</th><th>주철</th><th>주강</th><th>니켈강</th></tr>
<tr><td rowspan="3">인장</td><td>정하중</td><td>90~120</td><td>120~180</td><td>30</td><td>60~120</td><td>120~180</td></tr>
<tr><td>중하중</td><td>54~70</td><td>70~108</td><td>18</td><td>30~72</td><td>80~120</td></tr>
<tr><td>충격, 변동하중</td><td>48~60</td><td>60~90</td><td>15</td><td>30~60</td><td>40~60</td></tr>
<tr><td rowspan="2">압축</td><td>정하중</td><td>90~120</td><td>120~180</td><td>90</td><td>90~150</td><td>120~180</td></tr>
<tr><td>중하중</td><td>54~70</td><td>70~108</td><td>50</td><td>54~90</td><td>80~120</td></tr>
<tr><td rowspan="3">굽힘</td><td>정하중</td><td>90~120</td><td>120~180</td><td>45</td><td>72~120</td><td>120~180</td></tr>
<tr><td>중하중</td><td>54~70</td><td>70~108</td><td>27</td><td>45~72</td><td>80~120</td></tr>
<tr><td>충격, 변동하중</td><td>45~60</td><td>60~90</td><td>19</td><td>37~60</td><td>40~60</td></tr>
<tr><td rowspan="3">전단</td><td>정하중</td><td>72~100</td><td>100~144</td><td>30</td><td>48~96</td><td>96~144</td></tr>
<tr><td>중하중</td><td>43~56</td><td>60~86</td><td>18</td><td>29~58</td><td>64~96</td></tr>
<tr><td>충격, 변동하중</td><td>36~48</td><td>48~72</td><td>18</td><td>24~48</td><td>32~48</td></tr>
<tr><td rowspan="3">비틀림</td><td>정하중</td><td>60~100</td><td>100~144</td><td>30</td><td>48~96</td><td>90~144</td></tr>
<tr><td>중하중</td><td>36~56</td><td>60~86</td><td>18</td><td>29~58</td><td>60~96</td></tr>
<tr><td>충격, 변동하중</td><td>30~48</td><td>48~72</td><td>15</td><td>24~48</td><td>30~48</td></tr>
</table>

22. 기어의 사용계수, 동하중계수, 치폭계수

■ 기어의 사용계수 K_A

구동기계의 운전상의 특징	피동기계의 운전상의 특징		
	동일한 하중	중간 정도의 충격	극심한 충격
동일한 하중 (모터, 터빈, 유압모터 등)	1.0	1.25	1.75
가벼운 정도의 충격 (다기통 내연기관 등)	1.25	1.5	2.0
중간 정도의 충격 (단기통 내연기관 등)	1.5	1.75	2.25

■ 기어의 동하중계수 K_v

치형		기준원상의 주속도 v[m/s]						
비수정	수정	1 이하	1을 초과 3 이하	3을 초과 5이하	5를 초과 8 이하	8을 초과 12 이하	12를 초과 18 이하	18을 초과 25 이하
	1	-	-	1.0	1.0	1.1	1.2	1.3
1	2	-	1.0	1.05	1.1	1.2	1.3	1.5
2	3	1.0	1.1	1.15	1.2	1.3	1.5	-
3	4	1.0	1.2	1.3	1.4	1.5	-	-
4	-	1.0	1.3	1.4	1.5	-	-	-

■ 치폭계수 K의 값

치폭의 종류	보통 이(경하중용) ~ 넓은 이(중하중용)
$K=\frac{b}{m}$	6~10

잇수가 30 이하인 기어의 치폭은 위 표에 의해 구한 값에 2~5mm 키우는 경우가 많다.

23. 기어의 속도 전달비

기어의 원동축측을 구동기어, 종동축측을 피동기어라 하고 회전속도를 각각 n_1, n_2[min^{-1}], 잇수 z_1, z_2, 기준원직경을 d_1, d_2[mm]로 한다.

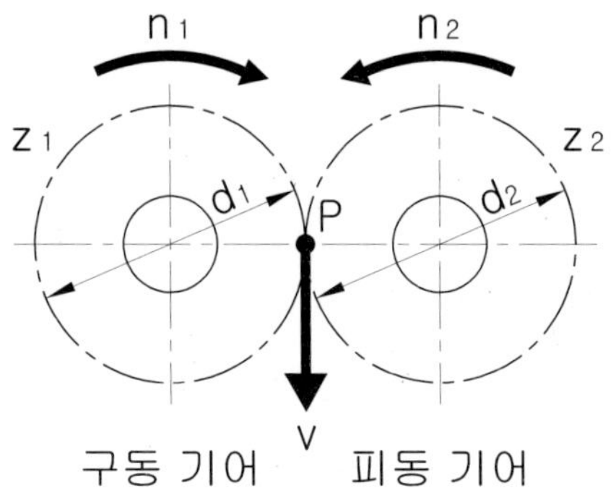

기어의 속도 전달비

$$\text{속도전달비}\, i = \frac{\text{구동기어의 각속도}}{\text{피동기어의 각속도}} = \frac{\omega_1}{\omega_2} = \frac{d_2}{d_1} = \frac{n_1}{n_2} = \frac{z_2}{z_1}$$

잇수비 : 큰 기어의 잇수를 작은 기어의 잇수로 나눈 값

$$\text{원주속도}\ v = \frac{\pi d_1 n_1}{1000 \times 60} = \frac{\pi d_2 n_2}{1000 \times 60}$$

한 쌍의 평기어의 중심거리 a[mm]

$$a = \frac{d_1 + d_2}{2} = \frac{m(z_1 + z_2)}{2}$$

[예제]

모듈 3mm인 구동측의 잇수 50개와 피동측의 잇수 75개의 기어가 맞물려 있는 경우 속도전달비와 중심거리를 구하시오.

$$\text{속도전달비}\, i = \frac{\text{구동기어의 잇수}}{\text{피동기어의 잇수}} = \frac{z_2}{z_1} = \frac{75}{50} = 1.5$$

$$\text{중심거리}\, a = \frac{m(z_1 + z_2)}{2} = \frac{3(50 + 75)}{2} = 187.5$$

24. 치면강도

■ 재료정수계수 Z_M

기어			상대 기어			재료정수계수 [$\sqrt{MPa}$]
재료	기호	종탄성계수 E [MPa]	재료	기호	종탄성계수 E [MPa]	
구조용강	*	2.06×10^5	구조용강	*	2.06×10^5	189.8
			주강	SC	2.02×10^5	188.9
			구상흑연주철	FCD	1.73×10^5	181.4
			회주철	GC(FC)	1.18×10^5	162.0
주강	SC	2.02×10^5	주강	SC	2.02×10^5	188.0
			구상흑연주철	FCD	1.73×10^5	180.5
			회주철	GC(FC)	1.18×10^5	161.5
구상흑연주철	FCD	1.73×10^5	구상흑연주철	FCD	1.73×10^5	173.9
			회주철	GC(FC)	1.18×10^5	156.6
회주철	GC(FC)	1.18×10^5	회주철	GC(FC)	1.18×10^5	143.7

[주] 1. 푸아송의 비는 어느 것이나 0.3으로 한다.
2. *강은 탄소강(SM~C), 합금강(SMn, SNCM, SCM), 질화강(SACM) 및 스테인리스강(SUS)로 한다.

■ 표면경화처리를 하지 않은 재료

재료						경도 HBW	경도 HV	인장강도 하한 [MPa]	$\sigma_F$lim [MPa]	$\sigma_H$lim [MPa]
주강기어	SC360							363	102	333
	SC410							412	118	343
	SC450							451	129	353
	SC480							480	139	363
	SCC3A							539	155	382
	SCC3B							588	169	392
탄소강 노멀라이징 기어						120	126	382	135	407
						130	136	412	145	417
						140	147	441	155	431
	S25C					150	157	470	165	441
						160	167	500	172	456
						170	178	539	180	466
		S35C				180	189	568	186	481
						190	200	598	191	490
			S43C			200	210	627	196	505
				S48C		210	221	666	201	515
					S53C S58C	220	231	696	206	530
						230	242	725	211	539
						240	252	755	216	554
						250	263	794	221	564

25. 평기어의 강도

■ 기어의 이에 작용하는 힘

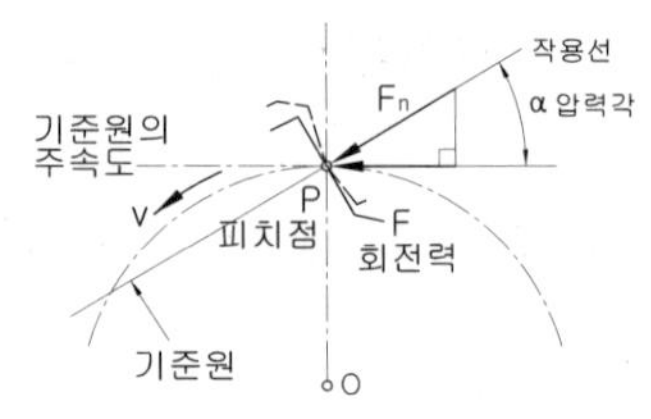

전달동력을 P[kW], 기준원상의 주속도를 v[m/s], 기준원의 접선방향으로 작용하는 하중을 F[N]으로 하면 다음 식이 성립된다.

$$P = \frac{F_v}{1000} \qquad F = \frac{1000P}{v}$$

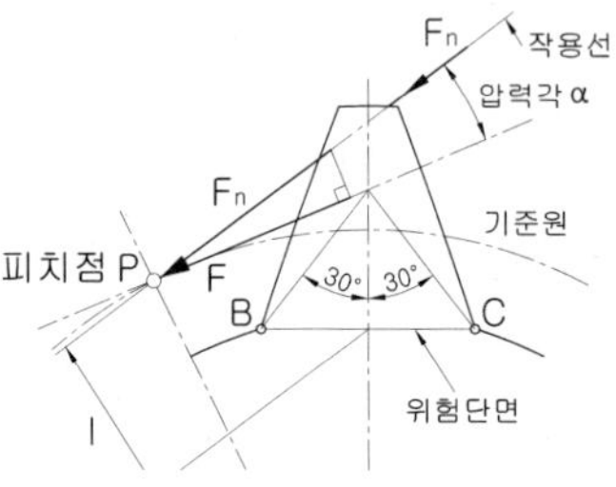

이의 끝단에 작용하는 하중 F_n[N]은 치면에 수직이고 게다가 작용선 위에 있다. 압력각을 α[°]로 하면 하중 F는 다음 식으로 나타낼 수 있다.

$$F = F_n \cos\alpha$$

- 디덴덤의 위험단면에 발생하는 최대굽힘모멘트 M_{max}[N • mm]

$$M_{\max} = F_n l = \frac{Fl}{\cos\alpha} = \sigma_{bmax} Z$$

ℓ : 위험단면 BC의 가운데 점에서 어덴덤의 하중작용선까지의 거리 [mm]

$$\sigma_{bmax} = \frac{F}{bm} Y K_A K_v \leqq \sigma_{F\lim}$$

Y : 치형계수, K_A : 사용계수, K_v : 동하중계수

$\sigma_{F\lim}$: 기어재료의 허용굽힘응력 [MPa]

기준원상에서 접선방향으로 작용하는 힘 F[N]

$$F = \frac{\sigma_{F\lim} bm}{Y K_A K_v}$$

- 사용계수 K_A

구동기계의 운전상의 특징	피동기계의 운전상의 특징		
	보통 하중	중간 정도의 충격	심한 충격
보통 하중(모터, 터빈, 유압모터 등)	1.0	1.25	1.75
가벼운 충격(다기통내연기관 등)	1.25	1.5	2.0
중간 정도의 충격(단기통내연기관 등)	1.5	1.75	2.25

- K의 값

일반적으로 치폭 b는 모듈 m과의 비, 치폭계수 $K = \frac{b}{m}$을 참고하여 결정한다.

치폭의 종류	보통이(경하중용)~넓은이(중하중용)
$K = \frac{b}{m}$	6~10

26. 원소기호표

원자번호	원소기호	원 소	원 자 량	녹는점(m.p.)	끓는점(b.p.)	비 중(d)
1	H	수 소	1.0079	-259.14℃	-252.9℃	0.08987gr/ℓ
2	He	헬 륨	4.0026	-272.2℃(26atm)	-268.9℃	0.1785gr/ℓ
3	Li	리 튬	6.94	180.54℃	1347℃	0.534
4	Be	베릴륨	9.01218	1280℃	2970℃	1.85
5	B	붕 소	10.81	2300℃	2550℃	1.73(비결정성)
6	C	탄 소	12.011	3550℃(비결정성)	4827℃(비결정성)	1.8~2.1(비결정성)
7	N	질 소	14.0067	-209.86℃	-195.8℃	1.2507gr/ℓ
8	O	산 소	15.9994	-218.4℃	-182.96℃	1.4289gr/ℓ(0℃)
9	F	불 소	18.998	-219.62℃	-188℃	1.696gr/ℓ(0℃)
10	Ne	네 온	20.17	-248.67℃	-246.0℃	0.90gr/ℓ
11	Na	나트륨	22.9898	97.90℃	877.50℃	0.971(20℃)
12	Mg	마그네슘	24.305	650℃	1100℃	1.741
13	Al	알루미늄	26.98154	660.4℃	2467℃	2.70(20℃)
14	Si	규 소	28.085	1414℃	2335℃	2.33(18℃)
15	P	인	30.973	44.1℃(황린)	280.5℃(황린)	1.82(황린, α)
16	S	황	32.06	112.8℃(α)	444.7℃	2.07(α)
17	Cl	염 소	35.45	-100.98℃	-34.6℃	3.214gr/ℓ(0℃)
18	Ar	아르곤	39.94	-189.2℃	-185.7℃	1.7834gr/ℓ
19	K	칼 륨	39.0983	63.5℃	774℃	0.86(20℃)
20	Ca	칼 슘	40.08	850℃	1440℃	1.55
21	Sc	스카듐	44.9559	1539℃	2727℃	2.992
22	Ti	티 탄	47.9	1675℃	3260℃	4.50(20℃)
23	V	바나듐	50.9415	1890℃	3380℃	5.98(18℃)
24	Cr	크 롬	51.996	1890℃	2482℃	7.188(20℃)
25	Mg	마그네슘	24.305	650℃	1100℃	1.741
26	Fe	철	55.84	1535℃	2750℃	7.86(20℃)
27	Co	코발트	58.9332	1494℃	3100℃	8.9(20℃)
28	Ni	니 켈	58.7	1455℃	2732℃	8.845(25℃)
29	Cu	구 리	63.549	1083℃	2595℃	8.92(20℃)
30	Zn	아 연	65.38	419.6℃	907℃	7.14(20℃)
31	Ga	갈 륨	69.72	29.78℃	2403℃	5.913(20℃)
32	Ge	게르마늄	72.59	958.5℃	2700℃	5.325(25℃)
33	As	비 소	74.9216	817℃(28atm)	613℃(승화)	5.73(회색)
34	Se	셀 렌	78.96	144℃(결정)	684.8℃	4.4(결정)
35	Br	브 롬	79.904	-7.2℃	58.8℃	3.10(25℃)

원자번호	원소기호	원 소	원 자 량	녹는점(m.p.)	끓는점(b.p.)	비 중(d)
36	Kr	크립톤	83.3	-156.6℃	-152.3℃	3.74gr/ℓ(0℃)
37	Rb	루비듐	85.4678	38.89℃	688℃	1.53(20℃)
38	Sr	스트론튬	87.62	769℃	1384℃	2.6(20℃)
39	Y	이트륨	88.9059	1495℃	2927℃	4.45
40	Zr	지르코늄	91.22	1852℃	3578℃	6.52(25℃)
41	Nb	니오브	92.9064	2468℃	3300℃	8.56(25℃)
42	Mo	몰리브덴	95.94	2610℃	5560℃	10.23
43	Tc	테크네튬	97	2200℃	5030℃	11.5
44	Ru	루테늄	101.17	2250℃	3900℃	12.41(20℃)
45	Rh	로 듐	102.9055	1963℃	3727℃	12.41(20℃)
46	Pd	팔라듐	106.4	1555℃	3167℃	12.03
47	Ag	은	107.868	961.9℃	2212℃	10.49(20℃)
48	Cd	카드뮴	112.41	321.1℃	765℃	8.642
49	In	이 듐	114.82	156.63℃	2000℃	7.31(20℃)
50	Sn	주 석	118.69	231.97℃	2270℃	5.80(α20℃)
51	Sb	안티몬	121.75	630.7℃	1635℃	6.69(20℃)
52	Te	텔루르	127.6	449.8℃	1390℃	6.24(비결정성. α)
53	I	요오드	126.904	113.6℃	184.4℃	4.93(25℃)
54	Xe	제논(크세논)	131.3	-111.9℃	-107.1℃	5.85gr/ℓ(0℃)
55	Cs	세 슘	132.9054	28.5℃	690℃	1.873(20℃)
56	Ba	바 륨	137.33	725℃	1140℃	3.5
57	La	란 탄	138.9055	920℃	3469℃	6.19(α)
58	Ce	세 륨	140.12	795℃	3468℃	6.7(α)
59	Pr	프라세오디뮴	140.9077	935℃	3127℃	6.78
60	Nd	네오디뮴	144.24	1024℃	3027℃	6.78
61	Pm	프로메튬	147	1080℃	2730℃	7.2
62	Sm	사마륨	150.4	1072℃	1900℃	7.586
63	Eu	유로퓸	151.96	826℃	1439℃	5.259
64	Gd	가돌리늄	157.2	1312℃	3000℃	7.948(α)
65	Tb	테르븀	158.9254	1356℃	2800℃	8.272
66	Dy	디스프로슘	162.5	1407℃	2600℃	8.56
67	Ho	홀 뮴	164.93	1461℃	2600℃	8.803
68	Er	에르븀	167.26	1522℃	2510℃	9.051
69	Tm	툴 륨	168.9342	1545℃	1727℃	9.332
70	Yb	이테르븀	173.04	824℃	1427℃	6.977(α)
71	Lu	루테튬	174.97	1652℃	3327℃	9.872
72	Hf	하프늄	178.49	2150℃	5400℃	13.31(20℃)
73	Ta	탄 탈	180.947	2996℃	5425℃	16.64(20℃)

원자번호	원소기호	원 소	원 자 량	녹 는 점(m.p.)	끓 는 점(b.p.)	비 중(d)
74	W	텅스텐	183.8	3387℃	5927℃	19.3(0℃)
75	Re	레 늄	186.207	3180℃	5627℃	21.02(20℃)
76	Os	오스뮴	1902	2700℃	5500℃	22.57
77	Ir	이리듐	192.2	2447℃	4527℃	22.42(17℃)
78	Pt	백 금	195.09	1772℃	3827℃	21.45
79	Au	금	196.9665	1064℃	2966℃	19.3(20℃)
80	Hg	수 은	200.59	-38.86℃	356.66℃	13.558(15℃)
81	Tl	탈 륨	204.3	302.6℃	1457℃	11.85(0℃)
82	Pb	납	207.2	327.5℃	1744℃	11.3437(16℃)
83	Bi	비스무트	208.9804	271.44℃	1560℃	9.80(20℃)
84	Po	폴로늄	209	254℃	962℃	9.32(α)
85	At	아스타틴	210			
86	Rn	라 돈	222	-71℃	-61.8℃	9.73gr/ℓ(0℃)
87	Fr	프랑슘	223			
88	Ra	라 듐	226.03	700℃	1140℃	5
89	Ac	악티늄	227.03	1050℃	3200℃	10.07
90	Th	토 륨	232.0381	약1800℃	3000℃	11.5
91	Pa	프로악티늄	231.0359	1230℃	1600℃	15.37(계산치)
92	U	우라늄	238.029	1133℃	3818℃	19.050(α)
93	Np	넵투늄	237.0482	640℃		20.45(α20℃)
94	Pu	플루토늄	244	639.5℃	3235℃	19.816
95	Am	아메리슘	243	850℃	2600℃	13.7
96	Cm	퀴 륨	247	1350℃		13.51
97	Bk	버클륨	247			
98	Cf	칼리포르늄	251			
99	Es	아인시타이늄	254			
100	Fm	페르뮴	257			
101	Md	멘델레븀	258			
102	No	노벨륨	259			
103	Lr	로렌슘	260			
104	Rf	러더포듐	104			
105	Db	더브늄	105			
106	Sg	시보귬				
107	Bh	보 륨				
108	Hs	하 슘	265			
109	Mt	마이트러늄	268			

27. 대표적인 금속재료와 그 성질

분류	합금강	대표적인 재질의 JIS 기호	특징	인장강도 및 압축강도 kgf/mm²	항복점 또는 내력 kgf/mm²
압연재	일반구조용 압연강재	SS400 (구SS41)	가장 일반적 가격이 저렴하다	(t≒10의 값) → 41~52	>25
	기계구조용 탄소강 강재	S45C	담금질 뜨임이 가능하고, 강하다	(담금질 뜨임을 한 것)→>70	>50
	탄소공구강 강재	SK5	단단하다	---	---
	크롬몰리브덴강 강재	SCM435	강하다	(담금질 뜨임을 한 것)→>95	>80
	니켈크롬강 강재	SNC631	강하고 열처리성이 좋다	(담금질 뜨임을 한 것)→>85	>70
	니켈크롬몰리브덴강 강재	SNCM625	강하고 열처리성이 좋다	(담금질 뜨임을 한 것)→>95	>85
	스테인리스강 강재	SUS304	내식성이 크다	가( )→>53	>21
	알루미늄 판	A1050P-H24	가볍다	(t≒10의 값) →9.5~13	>7.5
	알루미늄 합금	A2017-T4	가볍고 강하다	>35	>22
	타프피치동	C1100P	열 전기의 양도체 내식성이 크다	(t≒10의 값) →>20	---
	황동판 3재(材)	C2801P-1/2H	내식성 내마모성이 좋다	42~50	---
주조재	회주철	FC250	주조성이 좋다 가격이 저렴하다	>25 (압축은 이것의 3배)	---
	구상흑연주철	FCD450	강하다 인성이 있다	>45	>30
	흑심가단주철	FCMB310	강하다 인성이 있다	>32	---
	주강	SC450	강하다 용접이 가능하다	>46	>23
	저합금강 주강	SCCrM3A	강하다 내마모성이 좋다	>70	>45
	스테인리스강 주강	SCS13	내식성이 좋다	45~62	30~35
	내열강 주강	SCH13	내열성이 좋다	50~70	25~40
	알루미늄 주물	AC2A-T6	주강성이 좋고 용접이 가능하다	금형>28 사형>22	(28) (27~30)
		AC4C-F	내식성이 좋고 용접이 가능하다	금형>16 사형>12	(8~11) (8)
		AC7A-F	내식성이 좋다	금형>22 사형>15	(10~11) (10~11)
	다이캐스팅용 알루미늄합금	ADC12	내식성이 좋다	약 33	(16)
	순동	---	열전도성 전기전도성이 좋다	(99.87~99.95Cu) →16.7~21.2	---
	청동주물	BC6	내식성 내압성 내마모성이 좋다	>20	(약 13)
	황동주물	YBsC3	내식성 내마모성이 좋다	>25	(5~8)

28. 재료의 강도 및 탄성계수

재료	종탄성계수(E) [kg/mm²]	횡탄성계수(G) [kg/mm²]	인장강도 [kg/mm²]	압축강도 [kg/mm²]	전단강도 [kg/mm²]	굽힘강도 [kg/mm²]
연강	20,500~21,000	8,260~8,400	34~50	45	38	인장 · 압축 강도의 작은 쪽을 선택한다.
경강	21,000	8,470	40~135	-	-	
주강	17,500~21,600	7,030~8,400	35~75	-	28	
주철	7,500~11,900	2,800~4,200	12~24	60~85	14~19	
니켈강	20,900	8,400	74	-	-	
동주물	8,400~9,000	3,500	14~21	39	17	
동봉 및 동선	10,500~12,100	3,900~4,900	20~50	-	-	
인청동	9,450~10,500	3,640~3,920	15~38	-	20	
포금	8,050~8,400	2,870	16~29	-	24	
황동	7,000~10,000	2,700~3,700	15~50	20~30	12~15	
모넬메탈	17,500~18,300	6,600~7,000	45~98	42~49	-	
듀랄루민	7,350	-	21~52	-	-	
알루미늄	6,300~7,500	2,300~2,700	10~40	-	-	
니켈	20,000~22,000	7,800	50	-	-	
아연	8,000~13,000	4,000	13~20	-	-	
납	1,500~1,700	550	2.1	0.5	-	
주석	4,000~5,500	1,700	1.7~2.5	-	-	
금	7,000~9,500	2,600~3,900	27	-	-	
은	6,000~8,000	2,600~2,900	16~29	-	-	
화강암	5,000	-	0.45	12	1.1	1.4
대리석	3,100	-	0.6	12.5	-	1.1
사암	1,700	-	0.27	4.6	-	0.7
안산암	1,150	-	0.45	10.5	-	0.85
콘크리트	2,400	-	0.2	2.5	-	-

29. 비금속재료(플라스틱)의 강도 및 탄성계수

종류		기호	비중	인장강도 $[kg/mm^2]$	종탄성계수 $[kg/mm^2]$	압축강도 $[kg/mm^2]$	내열성(연속) [℃]	선팽창계수 $[10^{-5}/℃]$
폴리에틸렌	저밀도(LD)	PE	0.91~0.925	0.4~1.6	9.8~26.6	—	100~118	10.0~22.0
	중밀도(MD)		0.926~0.940	0.8~2.5	17.5~38.5	—	66.7~139	14.0~16.0
	고밀도(HD)		0.941~0.965	2.1~3.9	42.0~126	1.9~2.5	139	11.0~13.0
폴리프로필렌		PP	0.90~0.91	3.0~3.9	112~158	3.9~5.6	125~144	5.8~10.2
염화비닐수지(경)		PVC	1.30~1.58	4.2~5.3	245~420	5.6~9.1	72.2~97.2	5.0~10.0
불소수지	4불화에틸렌수지	PTFE	2.14~2.20	1.4~3.5	40.6	1.2	278	10.0
	3불화에틸렌수지	PCTFE	2.1~2.2	3.2~4.2	35.0~7.0	3.2~5.2	194~217	4.5~7.0
	에틸렌4불화에틸렌	E-TFE	1.7	5.1	84	4.9	167~200	5~9
메타크릴수지	일반용(GP)	PMMA	1.17~1.20	4.9~7.7	266~315	8.4~5.6	77.8~111	5.0~9.0
	내동격용(HI)		1.11~1.18	3.5~6.3	140~280	2.8~9.8	77.8~108	5.0~8.0
폴리스틸렌	일반용(GP)	PS	1.04~1.09	3.5~8.4	400~600	8.1~11.2	83.3~94.5	6.0~8.0
	내동격용(HI)		1.04~1.10	1.1~4.9	98~350	2.8~6.3	77.8~97.2	3.4~21.0
AS수지	무충전	AS	1.08~1.10	6.3~8.4	280~392	9.8~11.9	77.8~114	3.6~3.8
	유리섬유들이		1.20~1.46	6.0~14.0	280~980	15.4	111~122	2.7~3.8
ABS수지	내동격용(HI)	ABS	1.03~1.06	4.6~5.3	210~315	1.3~8.8	71~99	9.5~13.0
	유리섬유들이		1.23~1.36	6.0~13.3	413~721	8.4~15.4	111~128	2.9~3.6
ASA수지		ASA	1.07	4.2~5.6	231~259	6.7~15.1	89~111	6.0~10.0
폴리카보네이트	무충전	PC	1.2	5.6~6.7	210~245	8.8	139	6.6
	유리섬유들이		1.24~1.52	8.4~17.5	350~1190	9.1~14.7	153	1.7~4.0
폴리아세탈	단독중합물	POM	1.42	7.0	364	12.6 (10%변형)	108	8.1
	단독중합, 유리섬유들이		1.56	5.6~7.7	700	12.6 (10%변형)	103~122	3.6~8.1
	공중합물		1.41	6.2	287	11.2 (10%변형)	122	8.5
	공중합, 유리섬유들이		1.61	13.0	875	11.9 (10%변형)	122	—
폴리아미드 (나일론수지)	나일론 6	PA	1.12~1.14	7.0dry~8.3	—	9.1	100~139	9.0
	나일론 6,유리섬유들이		1.35~1.42	17.5dry~9.1	1015dry~560	13.3	111~167	2.0~3.0
	나일론 6-6		1.13~1.15	8.4dry~7.7	—	10.5 (항복)	<139	8.0
	나일론 12		1.01~1.02	5.6~6.5	126	—	100~139	10.0
폴리술폰		—	1.24	7.1 (항복)	252	9.7 (항복)	167~192	5.2~5.6
폴리이미드	유리섬유들이	PI	1.9	18.9	1995	22.8	278in air	1.5
폴리에틸렌 테레프탈레이트 · 유리들이		PET-G	1.63~1.70	12.0~14.5	"굽힘1000"	11.2~12.6	—	—
폴리에틸렌 테레프탈레이트 · 유리들이		PBT-G	1.52	12.0	1010	12.7	—	—
셀룰로스 유도체수지	셀룰로스 아세테이트	CA	1.22~1.34	1.3~6.3	46~280	1.4~25.4	77.8~122	8~18
	셀룰로스 · 아세테이트 · 부틸레이트	CAB	1.15~1.22	1.8~4.8	140~175	—	77.8~122	11~17
	셀룰로스 · 프로피네이트		1.17~1.24	1.4~5.5	42~150	1.7~15.4	86.1~122	11~17
페놀수지	유기질들이 성형품	PF	1.34~1.45	3.5~6.3	560~1190	15.4~25.2	167~194	3.0~4.5
	무기질 성형품		1.45~2.00	3.2~5.3	700~2100	14.0~24.5	194~278	0.8~4.0
	유리섬유 성형품		1.69~1.95	3.5~13	1330~2310	11.2~49.0	194~306	0.8~2.05
우레아(요소)수지	α셀룰로스들이 성형품	UF	1.47~1.52	3.9~9.1	700~1050	17.5~31.5	94.5	2.2~3.6
에폭시수지	무충전 주형품	EP	1.11~1.40	2.8~9.1	245	10.5~17.5	139~306	4.5~6.5
	유리섬유들이 성형품		1.6~2.0	7.0~14	2128	17.5~28.0	167~278	1.1~3.5
불포화 폴리에스테르 수지	무충전 주형품	UP	1.10~1.46	4.2~9.1	210~448	9.1~21.0	139	5.5~10.0
	프리믹스 성형품(BMC)		1.65~2.30	2.1~7.0	700~1750	14.0~21.0	167~194	2.0~3.3
지아렐프타레이트 수지	유리섬유들이 성형품	PDAP	1.51~1.78	4.2~7.7	980~1540	17.5~24.5	167~222	1.0~3.6
멜라민 수지	α셀룰로스들이 성형품	MF	1.47~1.52	4.9~9.1	840~980	28.0~31.5	117	4.0
규소수지	유리섬유들이 성형품	SI	1.80~1.90	2.8~4.6	—	7.0~10.5	>333	2.0~5.0
폴리우레탄	주형품	PUR	1.10~1.50	0.1~7.0	70~700	14.0	106~125	10.0~20.0
	열가소형		1.05~1.25	3.2~5.9	70~245	14.0	106	10.0~20.0
	솔리드우레탄 플라스틱(SUP)		1.15~1.20	5.4~7.3	—	—	111	—

30. 금속재료의 허용응력 표준

재료	1)	인장 [kg/mm²]	압축 [kg/mm²]	접촉압력 [kg/mm²]	굽힘 [kg/mm²]	전단 [kg/mm²]	비틀림 [kg/mm²]
연강	I	900~1500	900~1500	800~1000	900~1500	720~1200	600~1200
	II	600~1000	600~1000	530~670	600~1000	480~800	400~800
	III	350~500	-	270~330	300~500	240~400	200~400
경강	I	1200~1800	1200~1800	1000~1500	1000~1800	960~1440	900~1440
	II	800~1200	800~1200	700~1000	800~1200	640~960	600~960
	III	400~600	-	350~500	400~600	320~480	300~480
주강	I	600~1200	900~1500	800~1000	750~1200	480~960	480~960
	II	400~800	600~1000	530~670	500~800	320~640	320~640
	III	200~400	-	270~330	250~400	160~230	160~320
주철	I	300~350	900~1000	700~800	310~600	300~350	220~550
	II	200~230	600~660	470~530	210~480	200~230	150~370
	III	100~120	-	230~270	100~240	100~120	70~180
가단주철	I	450~700	600~900	500~800	450~700	-	300~400
	II	300~470	400~600	330~530	300~470	-	200~270
	III	150~230	-	170~270	150~230	-	100~130
구상흑연주철	I	650~1150	1400~2000	1120~1600	650~1150	550~980	430~760
	II	450~770	930~1300	750~1050	450~770	380~650	300~510
	III	220~400	-	370~480	220~400	190~340	145~270
니켈강	I	1200~1800	1200~1800	1000~1500	1200~1800	960~1440	900~1440
	II	800~1200	800~1200	700~1000	800~1200	640~960	600~960
	III	400~600	-	350~500	400~600	320~480	300~480
18-8 스테인리스강[2)]	I	1800~1950	1800~1950	1500~1650	1800~1950	1400~1510	1350~1560
	II	1200~1300	1200~1300	1000~1100	1200~1300	960~1040	900~1040
	III	600~650	-	500~550	600~650	480~520	450~520
알루미늄주물	I	100~120	-	-	150~200	-	-
	II	70~80	-	-	100~130	-	-
	III	30~40	-	-	50~70	-	-
동 (압연)	I	400~540	400~540	350~500	400~540	-	-
	II	270~360	270~360	230~330	270~360	-	-
	III	130~180	-	120~170	130~180	-	-
인청동	I	600~900	600~900	500~750	600~900	450~700	450~700
	II	400~600	400~600	330~500	400~600	300~470	300~470
	III	200~300	-	170~250	200~300	150~230	150~230
청동포금	I	300~400	300~400	250~350	300~400	-	-
	II	200~270	200~270	170~230	200~270	-	-
	III	100~130	-	80~120	100~130	-	-
황동 (압연)	I	400~600	400~600	300~450	400~600	320~480	320~480
	II	270~400	270~400	270~300	270~400	310~320	210~320
	III	130~200	-	130~150	130~200	110~160	110~160

[주]
1) I는 정하중, II는 동하중, III는 반복 또는 진동하중을 의미한다.
2) SUS 302, 304, 321, 347을 대조하였다.

31. 철강의 허용응력과 안전율

일반적으로 단순한 인장이나 압축의 정하중인 경우에는 탄성파손 즉 항복과 파괴를 고려하고, 항복점 또는 내력이 안전의 한계점이 된다. 이 외에 반복하중, 크리프, 긴 기둥 등 다른 파괴기구에 대해서는 아래의 ①~⑤와 같은 값을 응력한도로 하고 있다.

① 연성재료에 상온에서 정하중이 작용하는 경우는 항복점 또는 내력(견디는 힘)
② 점성재료에 상온에서 정하중이 작용하는 경우는 극한 강도
③ 고온에서 장시간에 걸쳐 정하중이 작용하는 경우는 크리프 한도
④ 반복하중이 작용하는 경우는 피로강도
⑤ 길이가 긴 기둥(보)의 경우에는 좌굴강도

이것들도 다음의 요인에 의해 영향을 받는다.

- 재료의 기계적 성질
- 가공경화, 열처리, 표면경화, 표면상태
- 형상, 치수, 노치(notch), 구멍
- 하중 상태(인장, 압축, 굽힘, 비틀림), 이런 하중의 조합, 반복하중의 평균응력
- 사용 환경(온도, 부식)

■ 철강의 허용응력 [단위 : MPa]

응력	하중	연강	중연강	주철
인장	a	88~147	117~176	29
	b	59~98	78~117	19
	c	29~49	39~59	10
압축	a	88~147	117~176	88
	b	59~98	78~117	59
전단	a	70~117	94~141	29
	b	47~88	62~94	19
	c	23~39	31~47	10

[주] a는 정하중, b는 한 방향 반복하중, c는 양방향 반복하중

■ 인장강도 σ_B를 이용했을 때의 안전율 S

안전율 S : 기준강도 σ와 허용응력 σ_a와의 비

재료	하중의 종류			
	정하중	반복하중		충격하중
		한 방향 반복	양방향 반복	
강	3	5	8	12
주철	4	6	10	15

32. 주요 재료의 용도 및 적용

■ 일반 철강 재료

종류	재료 기호	용도	적용	KS 규격	평강	각재	육각재	환봉	강판	형강
일반 구조용 압연 강재	SS400 (SS41)	일반 기계 부품	가공성 및 용접성이 양호	KS D 3503	○	○		○	○	○
연마봉강 (냉간 인발)	SS400D	일반 기계 부품	정밀도 및 면조도가 양호하고 그대로 또는 약간의 절삭량으로 사용가능	-	○	○	○	○		
기계 구조용 탄소강 강재	SM45C	일반 기계 부품	열처리 가능 인장 강도 58kgf/mm^2	KS D 3752	○	○	○	○	○	
	SM50C		열처리 가능 인장 강도 66kgf/mm^2							
탄소 공구강 강재	STS93	축, 핀, 부시 등	드릴 로드재(환봉) STC95재를 냉간 인발 후 절삭 다듬질한 것 7급(-DG7) = h7 8급(-DG8) = h8 9급(-DG9) = h9가 있다.	KS D 3751	○	○		○		
	STC95 (STC 4)				○			○		
	STC85 (STC 5)				○			○	○	
합금 공구강 강재	STS3	열처리 부품 냉간 금형용	열처리에 의한 변형이 STC재에 비해 매우 적다.	KS D 3753	○	○		○		
기계구조용 합금강 강재 크로뮴 몰리브데넘강	SCM435 SCM415 SCM420	강도가 필요한 일반 기계 부품 나사 등	SCM 435 인장 강도 70kgf/mm^2 열처리, 뜨임(템퍼링)으로 인장 강도 95kgf/mm^2 이상 경도 HB270 이상 표면열처리로 HRC50 이상	KS D 3867	○	○	○	○	○	
황 및 황복합 쾌삭강 강재	SUM21 SUM22L SUM24L	일반 기계 부품 (쾌삭용 강재)	피삭성 향상을 위한 탄소강에 유황을 첨가한 쾌삭강 유황 이외에 납도 첨가된 쾌삭강	KS D 3567		○	○	○		
고탄소 크로뮴 베어링강 강재	STB2	베어링 등	베어링 강, 리니어 샤프트 등	KS D 3525				○		
냉간 압연 강판	SPCC (일반용)	커버, 케이스 등	상온에 가까운 온도에서 압연 제조. 크기 정밀도가 높고 표면이 좋다. 벤딩, 프레스, 절단가공성이 양호, 용접성도 양호	KS D 3512					○	
열간 압연 강판	SPHC (일반용)	일반 기계 구조용 부품	일반적인 사용 두께는 6mm 이하	KS D 3501					○	

■ 스테인리스강 재료

종류	재료 기호	용도	적용	자성	KS 규격	평강	각재	육각재	환봉	강판	형강
오스테나이트계	STS 303	녹을 방지해야 할 기계 부품	18-8계 쾌삭 스테인리스강. 자성 없음, STS304보다 절삭성이 양호	없음	KS D 3702	○			○		
	STS 304	녹을 방지해야 할 기계 부품	일반 내식강, 내열강으로 범용성이 가장 높은 재료	없음		○	○	○	○	○	○
	STS 316	녹을 방지해야 할 기계 부품	해수나 각종 매체에 304보다 뛰어난 내해수성이 있다.	없음		○			○	○	
마르텐사이트계	STS 440C	녹을 방지해야 할 기계 부품(내식성은 오스테나이트계에 비해 떨어짐)	열처리 가능	있음					○		
	STS 410	녹을 방지해야 할 기계 부품(내식성은 오스테나이트계에 비해 떨어짐)	열처리가 가능하며 가공성 양호	있음					○		

[주] 마르텐사이트계는 자기성이 있다. 오스테나이트계에 가공을 하면 자기성을 띠는 경우가 있다.

■ 동 합금 재료

종류	재료 기호	용도	적용	KS	각재	육각재	환봉	강판
구리 합금 판	C2801P (보통급)	일반 판금 가공용 배선기구 부품, 명판, 기계판 등	강도가 높고 전연성이 있다. 프레스한 상태 또는 구부려 사용하는 배선기구 부품, 명판, 계기판 등	KS D 5201				○
쾌삭 황동 (인발)	C3604BD	일반 공구용 볼트, 나사, 너트 등	절삭성이 우수하다. 볼트, 너트, 작은 나사, 스핀들, 기어, 밸브, 라이터, 시계, 카메라 부품 등	KS D 5101	○	○	○	

■ 알루미늄 합금 재료

종류	재료 기호	용도	적용	KS	평강	각재	환봉	강판	형강
Al-Cu 계 합금	A2011	일반용 강력재 나사 및 나사 부분품	절삭 가공성이 우수한 쾌삭합금으로 강도가 높다. 볼륨축, 광학부품, 나사류 등	KS D 6763			○		
Al-Cu 계 합금	A2017	일반용 강력재	내식성, 용접성은 나쁘지만 강도가 높고 절삭 가공성도 양호하다. 두랄루민, 스핀들, 항공기나 자동차용 부재		○		○	○	
Al-Mg 계 합금	A5052	일반 기계 부품 차량, 선박 등 구조재	중간 정도의 강도가 있는 대표적인 알루미늄 합금으로 내식성 및 용접성이 양호하다. 강도에 비해 피로강도가 높고 내해수성이 뛰어나다.		○			○	
Al-Mg 계 합금	A5056	일반 기계 부품	내식성, 절삭 가공성, 양극 산화처리성이 양호하다. 광학기기, 통신기기 부품, 파스너 등				○		
Al-Mg-Si 계 합금	A6061	일반 기계 부품	열처리 내식성 합금으로 내식성 합금이다. T6처리로 매우 높은 내구력을 얻을 수 있다. 리벳용재, 자동차용 부품 등		○		○		
Al-Mg-Si 계 합금	A6063	일반 기계 부품 구조용재	6061보다 강도는 낮지만 내식성, 표면처리성이 양호하다. 열교환기 부품 등		○	○			○
Al-Zn-Mg 계 합금	A7075	지그, 금형 항공기용 재료	알루미늄 합금 중 가장 강도가 높은 합금의 하나이다. 항공기 부품 등		○				

■ 비철 금속의 제품 형상을 나타내는 KS 기호

P	판, 접합판, 조 및 원판
PC	접합판
BE	보통급 압출봉
BD	보통급 인발봉
W	보통급 인발선
TE	압출 이음매가 없는 관
TD	인발 이음매가 없는 관

TW	보통급 용접관
TWA	아크 용접관
S	보통급 압출 형재
SS	특수급 압출 형재
BR	리벳재
FD	형(틀) 단조품
FH	자유 단조품

■ 주철품 및 동 합금 주물

종류	재료 기호	용도	적용	KS
회 주철품 3종	GC 200	주조 기계 부품 (노듈러 주철, 덕타일 주철)	편상 흑연을 함유한 주철품	KS D 4301
회 주철품 4종	GC 250		편상 흑연을 함유한 주철품	KS D 4301
구상 흑연 주철품	GCD 600-3		편상 흑연을 함유한 주철품	KS D 4302
청동 주물 6종	CAC 406 (BC 6)	밸브, 펌프 몸체, 임펠러, 베어링, 슬리브, 부싱 및 일반 기계 부품 등 Cu-Sn-Zn-Pb계	내압성, 내마모성, 피삭성, 주조성이 좋다.	KS D 6024

■ 강관 재료

종류	재료 기호	용도	적용	KS
배관용 탄소강 강관	SPP	배관 부품 백관 : 흑관에 아연 도금을 한 관 흑관 : 아연 도금 하지 않은 관	사용 압력 10kgf/mm^2 상온 사용(가스 관) A는 밀리미터 B는 인치	KS D 3507
압력 배관용 탄소강 강관	SPPS 380	배관 부품	사용 압력 100kgf/mm^2 사용온도 350℃ A는 밀리미터, B는 인치	KS D 3562
기계 구조용 탄소강 강관	STKM	일반 기계 부품 중공 축	11종에서 20종까지의 종류가 있다.	KS D 3517
기계 구조용 스테인리스 강관	STS	일반 기계 부품 및 구조물	오스테나이트계 페라이트계 마텐자이트계	KS D 3536
실린더 튜브용 탄소 강관	STC	공유압 실린더 튜브	내면 절삭 또는 호닝 가공	KS D 3618
구리 합금 용접관 (보통 급)	C 2600	열교환기, 커튼레일, 위생관, 안테나용, 모든 기기 부품용	압광성, 굽힘성, 수축성, 도금성이 좋다.	KS D 5545

■ 스프링용 재료

종류	재료기호	용도	사용 허용 온도℃	KS
피아노선 1, 2, 3종	PW-1 PW-2 PW-3	고강도로 균질성이 뛰어난 냉간 인발재 고품질 스프링 또는 포밍용	110	KS D 3556
경강선 A, B, C종	SW-A	일반적인 응력에 적용 적용 선지름 0.08mm 이상 10.0mm 이하 저렴한 스프링 또는 포밍용	110	KS D 3510
	SW-B SW-C	주로 정하중을 받는 스프링 적용 선지름 0.08mm 이상 10.0mm 이하 고품질 스프링 또는 포밍용	110	
스프링용 탄소강 오일 템퍼선 A, B종	SWO-A SWO-B	열처리, 템퍼링된 것 주로 정하중을 받는 일반적인 목적의 스프링용 적용 선지름 2.00mm 이상 12.0mm 이하	120	KS D 3579
밸브 스프링용 탄소강 오일 템퍼선	SWO-V	열처리, 템퍼링된 것 표면 상태가 좋고 균일한 인장 강도가 있다. 적용 선지름 2.00mm 이상 6.000mm 이하	120	KS D 3580
밸브 스프링용 크롬바나듐강 오일 템퍼선	SWOCV-V	열처리, 템퍼링된 것 충격 하중이나 약간의 고온용 적용 선지름 2.00mm 이상 10.0mm 이하	220	
밸브 스프링용 실리콘크롬강 오일 템퍼선	SWOSC-V	열처리, 템퍼링된 것 충격 하중이나 약간의 고온용 적용 선지름 0.50mm 이상 8.0mm 이하	245	
스프링용 실리콘 망간강 오일템퍼선 A종	SWOSM-A	일반 스프링용 적용 선지름 4.00mm 이상 14.0mm 이하	-	KS D 3591
스프링용 실리콘 망간강 오일템퍼선 B종	SWOSM-B	일반 스프링용 및 자동차용 현가 코일 스프링 적용 선지름 4.00mm 이상 14.0mm 이하	-	
스프링용 실리콘 망간강 오일템퍼선 C종	SWOSM-C	주로 자동차용 현가 코일 스프링 적용 선지름 4.00mm 이상 12.0mm 이하	-	
스프링용 스테인리스 강선	STS 302-WPA STS 302-WPB	오스테나이트계 일반적인 내식, 내열용 스프링용에는 자기성이 있다.	290	KS D 3703
	STS316-WPA	오스테나이트계 내열성 양호. 302 타입보다 내식성이 좋다. 스프링용에는 자기성이 있다.	290	
	STS 631 J1-WPA	석출 경화계 스프링 가공 후 석출 경화시킨다. 고강도로 일반적인 내식용 스프링용에는 자기성이 있다.	340	

기술부록

33. 순금속 및 합금의 비중

■ 순금속의 비중

순금속재료		비중
기호	명칭	
Mg	마그네슘	1.74
Al	알루미늄	2.7
V	바나듐	5.6
Sb	안티몬	6.67
Cr	크롬	7.19
Zn	아연	7.13
Sn	주석	7.28
Mn	망간	7.3
Fe	철	7.86
Cd	카드뮴	8.64
Ni	니켈	8.8
Co	코발트	8.8
Cu	구리	8.9
Bi	비스무트	9.8
Mo	몰리브덴	10.2
Ag	은	10.5
Pb	납	11.34
Hg	수은	13.5
W	텅스텐	19.1
Au	금	19.3
Pt	백금	21.4

■ 합금의 비중

합금재료		비중 비중
기호	명칭	
Mg합금	엘렉트론	1.79~1.83
Al합금	두랄루민	2.6~2.8
-	선철회선	6.7~7.9
-	백선	7.0~7.8
-	보통주철	7.1~7.3
Zn	가단주철	7.2~7.6
Sn	알루미늄청동	7.6~7.7
Mn	탄소강	7.7~7.87
Fe	양백	8.4~8.7
Cd	황동	8.35~8.8
Ni	고속도공구강	8.7
Co	청동(Sn 6~20%)	8.7~8.9
Cu	인청동	8.7~8.9

34. 경도환산표

비커스 경도	브리넬 경도 (10mm구, 300kg)			로크웰 경도				표면-로크웰 경도			쇼-어 경도	인장 강도 [kg/mm²]
	표준구	Hultgren 구	텅스텐 카바이드 구	A 60kg, 다이아몬드 각추	B 100kg, 1/16 in 강구	C 150kg, 다이아몬드 각추	D 100kg, 다이아몬드 각추	15-N 15kg	30-N 30kg	45-N 45kg		
940	-	-	-	85.6	-	68.0	76.9	93.2	84.4	75.4	97	-
920	-	-	-	85.3	-	67.5	76.5	93.0	84.0	74.8	96	-
900	-	-	-	85.0	-	67.0	76.1	92.9	83.6	74.2	95	-
880	-	-	767	84.7	-	66.4	75.7	92.7	83.1	73.6	93	-
860	-	-	757	84.4	-	65.9	75.3	92.5	82.7	73.1	92	-
840	-	-	745	84.1	-	65.3	74.8	92.3	82.2	72.2	91	-
820	-	-	733	83.8	-	64.7	74.3	92.1	81.7	71.8	90	-
800	-	-	722	83.4	-	64.0	73.8	91.8	81.1	71.0	88	-
780	-	-	710	83.0	-	63.3	73.3	91.5	80.4	70.2	87	-
760	-	-	698	82.6	-	62.5	72.6	91.2	79.7	69.4	86	-
740	-	-	684	82.2	-	61.8	72.1	91.0	79.1	68.6	84	-
720	-	-	670	81.8	-	61.0	71.5	90.7	78.4	67.7	83	-
700	-	615	656	81.3	-	60.1	70.8	90.3	77.6	66.7	81	-
690	-	610	647	81.1	-	59.7	70.5	90.1	77.2	66.2	-	-
680	-	603	638	80.8	-	59.2	70.1	89.8	76.8	65.7	80	231
670	-	597	630	80.6	-	58.8	69.8	89.7	76.4	65.3	-	228
660	-	590	620	80.3	-	58.3	69.4	89.5	75.9	64.7	79	224
650	-	585	611	80.0	-	57.8	69.0	89.2	75.5	64.1	-	221
640	-	578	601	79.8	-	57.3	68.7	89.0	75.1	63.5	77	217
630	-	571	591	79.5	-	56.8	68.3	88.8	74.6	63.0	-	214
620	-	564	582	79.2	-	56.3	67.9	88.5	74.2	62.4	75	210
610	-	557	573	78.9	-	55.7	67.5	88.2	73.6	61.7	-	207
600	-	550	564	78.6	-	55.2	67.0	88.0	73.2	61.2	74	203
590	-	542	554	78.4	-	54.7	66.7	87.8	72.7	60.5	-	200
580	-	535	545	78.0	-	54.1	66.2	87.5	72.1	59.9	72	196
570	-	527	535	77.8	-	53.6	65.8	87.2	71.7	59.3	-	193
560	-	519	525	77.4	-	53.0	65.4	86.9	71.2	58.6	71	189
550	505	512	517	77.0	-	52.3	64.8	86.6	70.5	57.8	-	186
540	496	503	507	76.7	-	51.7	64.4	86.3	70.0	57.0	69	183
530	488	495	497	76.4	-	51.1	63.9	86.0	69.5	56.2	-	179
520	480	487	488	76.1	-	50.5	63.5	85.7	69.0	55.6	67	176
510	473	479	479	75.7	-	49.8	62.9	85.4	68.3	54.7	-	172
500	465	471	471	75.3	-	49.1	62.2	85.0	67.7	53.9	66	169
490	456	460	460	74.9	-	48.4	61.6	84.7	67.1	53.1	-	165
480	148	452	452	74.5	-	47.7	61.3	84.3	66.4	52.2	64	162
470	441	442	442	74.1	-	46.9	60.7	83.9	65.7	51.3	-	157
460	433	433	433	73.6	-	46.1	60.1	83.6	64.9	50.4	62	155
450	425	425	425	73.3	-	45.3	59.4	83.2	64.3	49.4	-	150
440	415	415	415	72.8	-	44.5	58.8	82.8	63.5	48.4	59	148
430	505	405	405	72.3	-	43.6	58.2	82.3	62.7	47.4	-	143
420	397	397	397	71.8	-	42.7	57.5	81.3	61.9	46.4	57	141

비커스 경도	브리넬 경도 (10mm구, 300kg)			로크웰 경도				표면-로크웰 경도			쇼-어 경도	인장 강도 [kg/mm^2]
	표준구	Hultgren 구	텅스텐 카바이드 구	A 60kg, 다이아몬드 각추	B 100kg, 1/16 in 강구	C 150kg, 다이아몬드 각추	D 100kg, 다이아몬드 각추	15-N 15kg	30- 30kg	45-N 45kg		
410	388	388	388	71.4	-	41.8	56.8	81.4	61.1	45.3	-	137
400	379	379	379	70.8	-	40.8	56.0	81.0	60.2	44.1	55	134
390	369	369	369	70.3	-	39.8	55.2	80.3	59.3	42.9	-	130
380	360	360	360	69.8	(110.0)	38.8	54.4	79.8	58.4	41.7	52	127
370	350	350	350	69.2	-	37.7	53.6	79.2	57.4	40.4	-	123
360	341	341	341	68.7	(109.0)	36.6	52.8	78.6	56.4	39.1	50	120
350	331	331	331	68.1	-	35.5	51.9	78.0	55.4	37.8	-	117
340	322	322	322	67.6	(108.0)	34.4	51.1	77.4	54.4	36.5	47	113
330	313	313	313	67.0	-	33.3	50.2	76.8	53.6	35.2	-	110
320	303	303	303	66.4	(107.0)	32.2	49.4	76.2	52.3	33.9	45	106
310	294	294	294	65.8	-	31.0	48.4	75.6	51.3	32.5	-	103
300	284	284	284	65.2	(105.5)	29.8	47.5	74.9	50.2	31.1	42	99
295	280	280	280	64.8	-	29.2	47.1	74.6	49.7	30.4	-	98
290	275	275	275	64.5	(104.5)	28.5	46.5	74.2	49.0	29.5	41	96
285	270	270	270	64.2	-	27.8	46.0	73.8	48.4	28.7	-	94
280	265	265	265	63.5	(103.5)	27.1	45.3	73.4	47.8	27.9	40	92
275	261	261	261	63.3	-	26.4	44.9	73.0	47.2	27.1	-	91
270	256	256	256	63.1	(102.0)	25.6	44.3	72.6	46.4	26.2	38	89
265	252	252	252	62.7	-	24.8	43.7	72.1	45.7	25.2	-	87
260	247	247	247	62.4	(101.0)	24.0	43.1	71.6	45.0	24.3	37	85
255	243	243	243	62.0	-	23.1	42.2	71.1	44.2	23.2	-	84
250	238	238	238	61.6	99.5	22.2	41.7	70.6	43.4	22.2	36	82
245	233	233	233	61.2	-	21.3	41.1	70.1	42.5	21.1	-	80
240	228	228	228	60.7	98.1	20.3	40.3	69.6	41.7	19.9	34	78
230	219	219	219	-	96.7	(18.0)	-	-	-	-	33	75
220	209	209	209	-	95.0	(15.7)	-	-	-	-	32	71
210	200	200	200	-	93.4	(13.4)	-	-	-	-	30	68
200	190	190	190	-	91.5	(11.0)	-	-	-	-	29	65
190	181	181	181	-	89.5	(8.5)	-	-	-	-	28	62
180	171	171	171	-	87.1	(6.0)	-	-	-	-	26	59
170	162	162	162	-	85.0	(3.0)	-	-	-	-	25	56
160	152	152	152	-	81.7	(0.0)	-	-	-	-	24	53
150	143	143	143	-	78.7	-	-	-	-	-	22	50
140	133	133	133	-	75.0	-	-	-	-	-	21	46
130	124	124	124	-	71.2	-	-	-	-	-	20	44
120	114	114	114	-	66.7	-	-	-	-	-	-	40
110	105	105	105	-	62.3	-	-	-	-	-	-	-
100	95	95	95	-	56.2	-	-	-	-	-	-	-
950	90	90	90	-	52.0	-	-	-	-	-	-	-
90	86	86	86	-	48.0	-	-	-	-	-	-	-
85	81	81	81	-	41.0	-	-	-	-	-	-	-

35. 주요 원소의 밀도표

원소명	원소기호	밀 도(20℃)	
		g/cm^3	kg/cm^3
아연	Zn	7.133(25℃)	0.007133
알루미늄	Al	2.699	0.002699
안티몬	Sb	6.62	0.00662
유황	S	2.07	0.00207
이테르븀	Yb	6.96	0.00696
이트륨	Y	4.47	0.00447
이리듐	Ir	22.5	0.0225
인듐	In	7.31	0.00731
우라늄	U	19.07	0.01907
염소	Cl	3.214×10^{-3}	0.000003214
카드뮴	Cd	8.65	0.00865
칼륨	K	0.86	0.00086
칼슘	Ca	1.55	0.00155
금	Au	19.32	0.01932
은	Ag	1049	1.049
크롬	Cr	7.19	0.00719
규소	Si	2.33(25℃)	0.00000233
게르마늄	Ge	5.323(25℃)	0.000005323
코발트	Co	8.85	0.00885
산소	O	1.429×10^{-3}	0.000001429
브로민	Br	3.12	0.00312
지르코늄	Zr	6.489	0.006489
수은	Hg	13.546	0.013546
수소	H	0.0899×10^{-3}	0.000000089
주석	Sn	7.2984	0.0072984
스트론튬	Sr	2.6	0.0026
세슘	Cs	1.903(0℃)	0.000001903
세륨	Ce	6.77	0.00677
셀레늄	Se	4.79	0.00479
비스무트	Bi	9.8	0.0098
텅스텐	W	19.3	0.0193
탄소	C	2.25	0.00225
탄탈	Ta	16.6	0.0166
티탄	Ti	4.507	0.004507
질소	N	1.250×10^{-3}	0.00000125
철	Fe	7.87	0.00787
텔루륨	Te	6.24	0.00624
구리	Cu	8.96	0.00896
토륨	Th	11.66	0.01166
나트륨	Na	0.9712	0.0009712
납	Pb	11.36	0.01136
니오븀	Nb	8.57	0.00857
니켈	Ni	8.902(25℃)	0.000008902
백금	Pt	21.45	0.02145
바나듐	V	6.1	0.0061
팔라듐	Pd	12.02	0.01202
바륨	Ba	3.5	0.0035
비소	As	5.72	0.00572
불소	F	1.696×10^{-3}	0.00000169
플루토늄	Pu	19.00～19.72	0.019～0.01972
헬륨	Be	1.848	0.001848
붕소	B	2.34	0.00234
마그네슘	Mg	1.74	0.00174
망간	Mn	7.43	0.00743
몰리브덴	Mo	10.22	0.01022
요드	I	4.94	0.00494
라듐	Ra	5	0.005
리튬	Li	0.534	0.000534
인	P	1.83	0.00183
탈륨	Tl	11.85	0.01185

36. 탄소강의 불꽃 특성표

C %	유 선					파 열				손의 느낌
	색깔	밝기	길이	굵기	숫자	모양	크기	숫자	꽃가루	
0.05 미만						파열없다				부드럽다
0.05						2줄파열	적다	적다	없다	
0.1	오렌지색	어둡다	길다	굵다	적다	3줄파열			없다	
0.15						여러줄 파열			없다	
0.2						3줄파열 2단꽃핌			없다	
0.3						여러줄파열 2단꽃핌			나타나기 시작한다	
0.4						여러줄파열 3단꽃핌			있다	
0.5										
0.6										
0.7	빨간색	밝다	짧다	가늘다	많다					
0.8										
0.8 초과						복잡	적다	적다	많다	단단하다

[주] 파열은 없으나 가시 모양은 인정된다.

■ 불꽃 특성에 미치는 영향

영향의 종류	합금 원소	유 선				파 열				손의 느낌	특징	
		색깔	밝기	길이	굵기	색깔	모양	숫자	꽃가루		모양	위치
탄소 파열 조장	Mn	황백색	밝다	짧다	굵다	흰색	가는 모양 가지 모양	많다	있다	연하다	꽃가루	중앙
	Cr	오렌지색	어둡다	짧다	가늘다	오렌지색	국화꽃모양	불변	있다	단단하다	꽃	앞끝
	V	변화 적다				변화 적다	가늘다	많다	-	-	-	-
탄소 파열 저지	W	암적색	어둡다	짧다	가는파 상단속	빨간색	작은 방울 여우 꼬리	적다	없다	단단하다	여우 꼬리	앞끝
	Si	노란색	어둡다	짧다	굵다	흰색	흰구슬	적다	없다	-	흰구슬	중앙
	Ni	붉은 황색	어둡다	짧다	가늘다	붉은 황색	팽창섬광	적다	없다	단단하다	팽창섬광	중앙
	Mo	붉은 오렌지색	어둡다	짧다	가늘다	붉은 오렌지색	창끝	적다	없다	단단하다	창끝	앞끝

37. 비교강의 호칭 방법

각 표준에 따른 강의 호칭		
ISO 4957 : 1999	EN 10027-2 : 1992	JIS
비합금 냉간 공구강		
C45U	1.1730	-
C70U	1.1520	SK7
C80U	1.1525	SK6
C90U	1.1535	SK5, SK4
C105U	1.1545	SK3
C120U	1.1555	SK2
합금 냉간 공구강		
105V	1.2834	SKS43
50WCrV8	1.2549	-
60WCrV8	1.2550	-
102Cr6	1.2067	-
21MnCr5	1.2162	-
70MnMoCr8	1.2824	-
90MnCrV8	1.2842	-
95MnWCr5	1.2825	-
X100CrMoV5	1.2363	SKD12
X153CrMoV12	1.2379	-
X210Cr12	1.2080	-
X210CrW12	1.2436	-
35CrMo7	1.2302	-
40CrMnNiMo8-6-4	1.2738	-
45NiCrMo16	1.2767	-
X40Cr14	1.2083	-
X38CrMo16	1.2316	-
열간 공구강		
55NiCrMoV7	1.2714	SKT4
32CrMoV12-28	1.2365	SKD7
X37CrMoV5-1	1.2343	SKD6
X38CrMoV5-3	1.2367	-
X40CrMoV5-1	1.2344	SKD61
50CrMoV13-15	1.2355	-
X30WCrV9-3	1.2581	SKD5
X35CrWMoV5	1.2605	SKD62
38CrCoWV18-17-17	1.2661	SKD8
고속도 공구강		
HS0-4-1	1.3325	-
HS1-4-2	1.3326	-
HS18-0-1	1.3355	SKH2
HS2-9-2	1.3348	SKH58
HS1-8-1	1.3327	-
HS3-3-2	1.3333	-
HS6-5-2	1.3339	SKH51
HS6-5-2C	1.3343	-
HS6-5-3	1.3344	SKH53
HS6-5-3C	1.3345	-
HS6-6-2	1.3350	SKH52
HS6-5-4	1.3351	SKH54
HS6-6-2-5	1.3243	SKH55
HS6-5-3-8	1.3244	-
HS10-4-3-10	1.3207	SKH57
HS2-9-1-8	1.3247	SKH59

38. JIS 스테인리스강, 내열강의 성질 및 용도

■ JIS 스테인리스강의 성질과 용도

분류	종류의 기호	개략 조직 성분	성질과 용도
오스테나이트계	SUS 201	17Cr-4.5Ni-6Mn-N	Ni 절약 종류, 301의 대체강, 냉간가공에 의해 자성을 갖는다.
	SUS 202	18Cr-5Ni-8Mn-N	Ni 절약 종류, 302의 대체강, 요리기구
	SUS 301	17Cr-7Ni	냉간가공에 의해 고강도를 얻을 수 있다. 철도 차량, 벨트 컨베이어, 볼트, 너트, 스프링
	SUS 301L	17Cr-7Ni-低C-N	SUS 301의 저탄소강으로 내립계(耐粒界)내식성, 용접성이 우수하다. 철도 차량 등
	SUS 301J1	17Cr-7.5Ni-0.1C	304보다 스트레치 가공 및 굽힘 가공성이 좋고 가공경화는 304와 301의 중간이며 스프링, 주방용품, 기물, 건축, 차량 등
	SUS 302	18Cr-8Ni-0.1C	냉간가공에 의해 고강도를 얻을 수 있지만 연신율은 301 보다 다소 떨어진다. 건축물 외장재
	SUS 302B	18Cr-8Ni-2.5Si-0.1C	302 보다 내산화성이 뛰어나고 900° C 이하에서는 310S와 동등의 내산화성 및 강도를 갖는다. 자동차 배기가스 정화장치, 공업로 등 고온 장치 재료
	SUS 303	18Cr-8Ni-高S	피삭성(절삭성),내소부성(耐燒付性) 향상. 자동머신 용으로 최적. 볼트, 너트
	SUS 303Se	18Cr-8Ni-Se	피삭성, 내소부성(耐燒付性) 향상. 자동머신 용으로 최적. 리벳, 나사
	SUS 303Cu	18Cr-8Ni-2.5Cu	피삭성, 냉간가공성 향상. shaft 류
	SUS 304	18Cr-8Ni	스테인리스강, 내열강으로 가장 폭 넓게 사용. 식품설비, 일반 화학설비, 원자력용. 870° C까지 반복가열에 견딘다.
	SUS 304A	18Cr-8Ni	건축 구조용 스테인리스 강재로서 제정된 강종으로 SUS 304와 동일한 조직 성분이지만 0.1% 내력(耐力) 및 항복비(降伏比)가 규정되어 있다.
	SUS 304Cu	18Cr-8Ni-1Cu	304에 약 1%의 Cu를 첨가하여 가공경화를 방지하고 양호한 프레스 성형성을 부여했다. 딥드로잉, 헤라드로잉 용도, Flat Bar, 건축자재 용도 등에 적합하고 304와 동등한 내식성을 갖는다.
	SUS 304L	18Cr-9Ni-低C	304의 극저 탄소강, 내립계(耐粒界) 내식성이 우수하고 용접 후 열처리할 수 없는 부품류
	SUS 304N1	18Cr-8Ni-N	304에 N을 첨가하여 연성의 저하를 억제하면서 강도를 높여 재료의 두께 감소 효과가 있다. 구조용 강도 부재
	SUS 304N2	18Cr-8Ni-N-Nb	304에 N 및 Nb를 첨가하여 위의 특성을 갖게 했다. 용도는 304N1과 동일
	SUS 304N2A	18Cr-8Ni-N-Nb	건축 구조용 스테인리스 강재로서 제정된 강종으로 SUS 304N2와 동일한 조직 성분이지만 0.1% 내력(耐力) 및 항복비(降伏比)가 규정되어 있다.
	SUS 304LN	18Cr-8Ni-N-低C	304L에 N을 첨가하여 위의 특성을 갖게 했다. 용도는 304N1에 준하지만 내립계(耐粒界) 내식성에 뛰어나다.
	SUS 304J1	17Cr-7Ni-2Cu	SUS 304의 Ni를 저하시키고 Cu를 첨가. 냉간 성형성 특히 딥드로잉성이 우수하다. 싱크대, 온수 탱크 등
	SUS 304J2	17Cr-7Ni-4Mn-2Cu	SUS 304 보다 딥드로잉성이 우수하다. 목욕물 보일러 , 도어 노브 등
	SUS 304J3	18Cr-8Ni-2Cu	304에 Cu를 첨가하여 냉간 가공성과 비자성을 개선. SUS 304와 SUSXM7의 중간 성분으로 냉간 가공용 볼트, 너트 등
	SUS 305	18Cr-12Ni-0.1C	304에 비해 가공 경화성이 낮다. 헤라드로잉, 특수 인발, 냉간 압조용
	SUS 305J1	18Cr-13Ni-0.1C	305의 저탄소강으로 가공 경하성이 낮다. 305와 용도는 동일하다.
	SUS 309S	22Cr-12Ni	내식성이 304보다 우수하다. 내열강으로서 사용되는 것이 많다. 980° C 까지 반복 가열에 견딘다. 노재(材)
	SUS 310S	25Cr-20Ni	내산화성이 309S 보다 뛰어나고 내열강으로서 사용되는 것이 많다. 1035° C 까지 견딘다. 노재(材), 자동차 배기가스 정화 장치용 재료
	SUS 312L	20Cr-18Ni-6Mo-0.7Cu-0.2N-低C	바닷물 및 각종 산류에 대한 내식저항이 극히 우수하고 바닷물 사용 각종 기기, 염해지구 외장건재 황산(硫酸) Flat, 배연탈류(排煙脫硫)설비 및 식품설비기기 등에 사용
	SUS 315J1	18Cr-9Ni-1.5Si-2Cu-1Mo	304에 대해서 高Si 로서 Cu, Mo를 첨가, 내응력부식분열성(耐 力腐食割れ性), 내공식성(耐孔食性)을 향상, 온수기기용
	SUS 315J2	18Cr-12Ni-3Si-2Cu-1Mo	304에 대해서 高Ni, 高Si 로서 Cu, Mo를 첨가, 내응력부식분열성(耐 力腐食割れ性), 내공식성(耐孔食性)을 향상, 온수기기용
	SUS 316	18Cr-12Ni-2.5Mo	바닷물을 비롯한 각종 매질(媒質)에 304보다 우수한 내식성이 있다. 내공식성(耐孔食性) 재료
	SUS 316A	18Cr-12Ni-2.5Mo	건축 구조용 스테인리스 강재로서 제정된 강종으로 SUS 316과 동일한 조직성분이지만 0.1% 내력(耐力) 및 항복비(降伏比)가 규정되어 있다.
	SUS 316L	18Cr-12Ni-2.5Mo-低C	316의 극저(極低)탄소강, 316의 성질에 내립계(耐粒界)부식성을 갖게 한 것
	SUS 316N	18Cr-12Ni-2.5Mo-N	316에 N을 첨가하여 연성 저하를 억제하면서 강도를 높여 재료 두께의 감소 효과가 있다. 내식성이 뛰어난 강도부재

분류	종류의 기호	개략 조직 성분	성질과 용도
오스테나이트계	SUS 316LN	18Cr-12Ni-2.5Mo-N-低C	316L에 N을 첨가하여 위의 특성을 갖게 했다. 용도는 316N에 준하지만 내립계(耐粒界)내식성이 우수하다.
	SUS 316Ti	18Cr-12Ni-2.5Mo-Ti	SUS316에 Ti를 첨가하여 내립계(耐粒界)부식성을 개선. 열교부품(熱交部品)
	SUS 316J1	18Cr-12Ni-2Mo-2Cu	내식성, 내공식성(耐孔食性)이 316보다 뛰어나다. 내황산(耐硫酸)용 재료
	SUS 316J1L	18Cr-12Ni-2Mo-2Cu-低C	316J1의 저탄소강, 316J1에 내립계부식성(耐粒界腐食性)을 갖게 한 것
	SUS 316F	18Cr-12Ni-2.5Mo-S	내식성, 피삭성. 시계용 밴드 등
	SUS 317	18Cr-12Ni-3.5Mo	내공식성이 316 보다 우수하다. 염색설비 재료 등. 고온에 뛰어난 크립 강도를 갖는다. 열교환기 부품.
	SUS 317L	18Cr-12Ni-3.5Mo-N-低C	317의 극저탄소강(極低炭素鋼), 317에 내립계부식성(耐粒界腐食性)을 갖게 한 것
	SUS 317LN	18Cr-13Ni-3.5Mo-N-低C	SUS317L에 N을 첨가, 고강도, 고내식성을 갖는다. 각종 탱크, 용기 등
	SUS 317J1	18Cr-16Ni-5Mo	염소 이온을 포함한 액을 열교환기기, Flat, 인산 Flat, 표백장치 등, 316L, 317이 환경용
	SUS 317J2	25Cr-14Ni-1Mo-0.3N	SUS317에 대해서 高Cr, 底Mo 로서 N을 첨가. 고강도, 내식성이 뛰어나다.
	SUS 836L	22Cr-25Ni-6Mo-0.2N-低C	SUS317보다 내공식성이 우수하고 펄프 제지공업, 해수(耐海)열교환기기 등
	SUS 890L	21Cr-24.5Ni-4.5Mo-1.5Cu-極低C	내해수성(耐海水性)이 뛰어나고 각종 해수(耐海) 사용기기 등에 사용
	SUS 321	18Cr-9Ni-Ti	Ti를 첨가하여 내립계부식성(耐粒界腐食性)을 높인 것. 장식부품에는 추천하지 않는다. 400~900° C의 부식 조건에서 사용되는 부품. 고온용 용접 구조품
	SUS 347	18Cr-9Ni-Nb	Nb를 함유, 내립계부식성(耐粒界腐食性)을 높인 것. 400~900° C의 부식 조건에서 사용되는 부품. 고온용 용접 구조품
	SUS 384	16Cr-18Ni	305 보다 가공 경화도가 낮고 심한 냉간 압조, 냉간 성형품 용재
	SUS XM7	18Cr-9Ni-3.5Cu	304에 Cu를 첨가해서 냉간 가공성의 향상을 꾀한 강종으로 냉간 압조용
	SUS XM15J1	18Cr-13Ni-4Si	304의 Ni를 더하고 Si를 첨가해서 내응력부식분열성(耐 力腐食割れ性)을 향상. 염소이온을 포함한 환경용. SUS310S에 필적하는 내산화성을 갖는다. 자동차 배기 가스 정화장치용 재료
오스테나이트 · 페라이트계	SUS 329J1	25Cr-4.5Ni-2Mo	이상조직(二相組織)을 갖으며 내산성, 내공식성에 뛰어나다. 고강도이며 배연탈류(排煙脫硫)장치 등
	SUS 329J3L	22Cr-5Ni-3Mo-N-低C	황화수소, 탄산가스, 염화물 등을 포함하는 환경에 저항성이 있다. 유정관(油井管), 케미컬 · 유조선 용재, 각종 화학장치용 등
	SUS 329J4L	25Cr-6Ni-3Mo-N-低C	해수 등 고농도 염화물 환경에 있어서 뛰어난 내공식성, 내SCC성이 있다. 해수 열교환기, 제염 플랜트 등
페라이트계	SUS 405	13Cr-Al	고온에서 냉각하여 현저히 경화를 일으키지 않는다. 터빈재, 경화용 부품, 글러트재
	SUS 410L	13Cr-低C	410S보다 C를 적게 하고 용접부 굽힘성, 가공성, 내고온산화성에 뛰어나다. 자동차 배기가스 처리 장치, 보일러 연소실, 버너 등
	SUS 429	16Cr	430의 용접성 개량 종류
	SUS 430	18Cr	내식성이 뛰어난 범용 종류. 건축내장용, 오일 버너 부품, 가정용 기구, 가전부품. 850° C 이하의 내산화용 부품, 방열기, 노( ) 부품, 오일 버너
	SUS 430F	18Cr-高S	430에 피삭성을 부여한 것. 자동머신용, 볼트, 너트 류
	SUS 430LX	18Cr-Ti 또는 Nb-低C	430에 Ti 또는 Nb를 첨가, C를 저하하여 가공성, 용접성 개량. 온수 탱크, 급탕용, 위생기구, 가정용 내구기기, 자동차 림 등
	SUS 430J1L	18Cr-0.5Cu-Nb-極低(C, N)	430에 Cu, Nb를 첨가하고 극저 C, N으로 한 것. 내식성, 성형성, 용접성을 개선하여 자동차의 외장재, 배기가스재, 방열기, 노( ) 부품 등에 사용된다.
	SUS 434	18Cr-1Mo	430의 개량강의 일종으로 430보다 염분에 대해서 강하고 자동차 외장용으로 사용
	SUS 436L	18Cr-1Mo-Ti, Nb, Zr-極低(C, N)	434의 C와 N을 저하하고 Ti, Nb 또는 Zr을 단독 또는 복합 첨가하여 가공성, 용접성을 개량했다. 건축 내외장재, 차량 부품, 주방기기, 급탕기기, 급수기기
	SUS 436J1L	19Cr-0.5Mo-Nb-極低(C, N)	430에 Mo, Cu, Nb를 첨가하여 극저C, N으로 한 것. 내식성, 성형성, 용접성을 개선하고 주방기기, 건축 내외장재, 자동차 외장재, 가전제품, 방열기, 버너 등
	SUS 443J1	21Cr-0.5Cu-Ti, Nb-極低(C, N)	430J1L 보다 Cr을 많게 하고 내식성을 더 높인 것. 주방기기, 전기제품, 운송용 차량, 건축용 재료 등에 사용된다.
	SUS 444	19Cr-2Mo-Ti, Nb, Zr-極低(C, N)	436L보다 Mo을 많게 하고 더욱 내식성을 높였다. 저탕조(貯湯槽), 저수조(貯水槽), 태양열 온수기, 열교환기, 식품기기, 염색기계 등, 내응력부식분열성(耐 力腐食割れ性)용
	SUS 445J1	22Cr-1Mo-極低(C, N)	436보다 Cr을 늘리고 더욱 내식성을 높였다. 자동차 띠, 전자 전기 밥솥 포트, 지붕재
	SUS 445J2	22Cr-2Mo-極低(C, N)	444보다 Cr을 늘리고 더욱 내식성, 내후성을 높였다. 온수기기, 지붕재
	SUS 447J1	30Cr-2Mo-極低(C, N)	高Cr-Mo이고 C, N을 극도로 저하하여 내식성이 우수하다. 초산, 초유 등의 유기산 관계 플랜트, 가성소다 제조 플랜트, 할로겐 이온에 의한 내응력부식분열성(耐 力腐食割れ性), 내공식성 용도, 공해방지기기
	SUS XM27	26Cr-1Mo-極低(C, N)	447J1에 비슷한 성질, 용도, 내식성과 연자성(軟磁性)의 양쪽이 필요되는 용도

■ JIS 스테인리스강의 성질과 용도

분류	종류의 기호	개략 조직 성분	성질과 용도
마르텐사이트계	SUS 403	13Cr-低Si	터빈 블레이드 등 고온고응력 부품으로 양호한 스테인리스강 · 내열강
	SUS 410	13Cr	양호한 내식성, 기계가공성을 갖는다. 일반 용도용, 공구류
	SUS 410S	13Cr-0.08C	410의 내식성, 성형성을 향상시킨 종류
	SUS 410F2	13Cr-0.1C-Pb	410의 내식성을 악화시키지 않는 Pb 쾌삭강
	SUS 410J1	13Cr-Mo	410의 내식성을 보다 향상시킨 고력(高力) 종류. 터빈 블레이드, 고온용 부품
	SUS 416	13Cr-0.1C-高S	피삭성이 스테인리스강 중 가장 양호한 종류. 자동머신용
	SUS 420J1	13Cr-0.2C	담금질된 상태에서의 경도가 높고 13Cr보다 내식성이 양호. 터빈 블레이드
	SUS 420J2	13Cr-0.3C	420J1보다 담금질된 후의 경도가 높은 종류. 공구, 노즐, 밸브시트, 밸브, 곧은 자 등
	SUS 420F	13Cr-0.3C-高S	420J2의 피삭성 개량 종류
	SUS 420F2	13Cr-0.2C-Pb	420J1의 내식성을 악화시키지 않는 Pb 쾌삭강
	SUS 431	16Cr-2Ni	Ni을 포함한 Cr강, 열처리로 높은 기계적 성질을 갖는다. 410, 430보다 내식성이 좋다. Al의 첨가로 석출경화성을 갖게 한 종류. 스프링, 와셔, 계기부품
	SUS 440A	18Cr-0.7C	담금질 경화성이 뛰어나고, 단단하며 440B, 440C보다 인성이 크다. 공구, 게이지, 베어링
	SUS 440B	18Cr-0.8C	440A보다 단단하고 440C보다 인성이 크다. 공구, 밸브
	SUS 440C	18Cr-1C	일반적인 스테인리스강 · 내열강 중 최고의 경도를 갖는다. 노즐, 베어링
	SUS 440F	18Cr-1C-高S	440C의 피삭성을 향상. 자동머신용
석출경화계	SUS 630	17Cr-4Ni-4Cu-Nb	Cu의 첨가로 석출경화성을 갖게 한 종류. Shaft류, 터빈 부품, 적층판(積層板)의 압판(押板), 스틸 벨트
	SUS 631	17Cr-7Ni-1Al	Al의 첨가로 석출경화성을 갖게 한 종류. 스피링, 와셔, 계기부품. 고온 스프링
	SUS 631J1	17Cr-8Ni-1Al	631의 신선(伸線)가공성을 향상시킨 종류. 선용, 스프링 와이어
	SUS 632J1	15Cr-7Ni-1.5Si-Cu-Ti	Ni, Si, Ti로 이루어진 금속간 화합물에 의한 석출경화성을 갖게 한 종류. 스프링, 와셔, 스틸 벨트

■ JIS 내열강의 성질과 용도

분류	종류의 기호	개략 조직 성분	성질과 용도
오스테나이트계	SUH 31	15Cr-14Ni-2Si-2.5W-0.4C	1150° C 이하의 내산화용, 가솔린 및 디젤엔진용 배기밸브
	SUH 35	21Cr4 Ni-9 Mn-N-0.5C	고온강도를 주로 한 가솔린 및 디젤엔진용 배기밸브
	SUH 36	21Cr4 Ni-9 Mn-N-高S-0.5C	고온강도를 주로 한 가솔린 및 디젤엔진용 배기밸브
	SUH 37	21Cr-11 Ni-N-0.2C	내산화성을 주로 한 가솔린 및 디젤엔진용 배기밸브
	SUH 38	20Cr-11 Ni-2 Mo-高P-B-0.3C	가솔린 및 디젤엔진용 배기밸브, 내열 볼트
	SUH 309	22Cr-12 Ni-0.2C	980° C 까지의 반복 가열에 견디는 내산화강. 가열로 부품, 중유 버너
	SUH 310	25Cr-20 Ni-0.1C	1035° C 까지의 반복 가열에 견디는 내산화강. 노( )부품, 노즐, 연소실
	SUH 330	15Cr-35 Ni-0.1C	내침탄질화성이 크고 1035° C 까지 반복 가열에 견딘다. 노재(材), 석유 분해 장치
	SUH 660	15Cr-25 Ni-1.5 Mo-V-2 Ti-Al-B-0.06C	700° C 까지의 터빈 로타, 볼트, 블레이드, 축
	SUH 661	22Cr-20 Ni-20 Co-3 Mo-2.5 W-1 Nb-N-0.1C	750° C 까지의 터빈 로타, 볼트, 블레이드, 축
페라이트계	SUH 21	19Cr-3 Al-0.08C	내산화성이 뛰어난 발열재료, 자동차 배기가스 정화장치용 재료에 사용
	SUH 409	11Cr-Ti-0.06C	자동차 배기가스 정화장치용 재료, 머플러 등
	SUH 409L	11Cr-Ti-0.03C	SUH409보다 용접성이 좋다. 자동차 배기가스 정화장치용 재료
	SUH 446	25Cr-N-0.2C	고온부식에 강하고 1082° C 까지는 떼기 쉬운 스케일의 발생이 없다. 연소실
마르텐사이트계	SUH 1	9Cr-3 Si-0.4C	750° C 까지의 내산화용, 가솔린 및 디젤 엔진 흡기 밸브
	SUH 3	11Cr-2 Si-1 Mo-0.4C	고급 흡기 밸브, 저급 배개 밸브, 어뢰(魚雷), 로켓 부품, 예비 연소실
	SUH 4	20Cr-1.5 Ni-2 Si-0.8C	내마모성을 주로 한 흡기, 배기밸브 시트
	SUH 11	9Cr-1.5 Si-0.5C	750° C 까지의 내산화용, 가솔린 및 디젤 엔진 흡기 밸브, 버너, 노즐
	SUH 600	12Cr-Mo-V-Nb-N-0.15C	증기 터빈 블레이드, 디스크, 로타 샤프트, 볼트
	SUH 616	12Cr-Ni-1 Mo-1 W-V-0.25C	고온 구조 부품, 증기 터빈 블레이드, 디스크, 로타 샤프트, 볼트

39. 주요 공업재료의 탄성계수

재료	E [GPa]	G [GPa]	v
연강	206	82	0.28~0.3
경강	200	78	0.28
주철	157	61	0.26
동	123	46	0.34
황동	100	37	0.35
티탄	103	-	-
알루미늄	73	26	0.34
두랄루민	72	27	0.34
유리	71	29	0.35
콘크리트	20	-	0.2

40. 각종 재료의 선팽창계수

재료	선팽창계수(×10⁻⁶)	㎛/mm · ℃[1]	재료	선팽창계수(×10⁻⁶)	㎛/mm · ℃[1]
블록게이지	11.51±1[2]	1.05~1.25	라우탈	21~22	2.1~2.2
주철	9.2~11.8	0.92~1.18	로엑스	19	1.9
탄소강	11.7-(0.9×C%)[3]	1.01~1.17	순마그네슘	25.5~28.7	2.55~2.87
크롬강	11~13	1.1~1.3	일렉트론	24	2.4
니켈크롬강	13~15	1.3~1.5	아연합금	27	2.7
순동	17	1.7	탄화텅스텐	5~6	0.5~0.6
7:3 황동	19	1.9	크라운유리	8.9	0.89
4:6 황동	18.4	1.84	프린트유리	7.9	0.79
청동	17.5	1.75	석영유리	0.5	0.05
포금	18	1.8	염화비닐수지[4]	7~25×10⁻⁵	7~25
순알루미늄	24.6	2.46	페놀수지	3~4.5×10⁻⁵	3~4.5
두랄루민	22.6	2.26	요소수지	2.7×10⁻⁵	2.7
Y합금	22	2.2	폴리에틸렌	0.5~5.5×10⁻⁵	0.5~5.5
실루민	19.8~22	1.95~2.2	나일론	10~15×10⁻⁵	10~15

[주] (1) 100mm의 길이의 것이 1℃ 온도상승으로 늘어나는 길이
(2) JIS에서는 이 범위 내에 있는 것을 보통인 것으로 정해져 있다.
(3) C% : 탄소량
(4) 합성수지는 충진율 또는 충진물에 의해 다르다.

41. 철강의 허용응력 [N/㎟]

하중		연강	중경강	주강	주철
인장	정하중	90~150	120~180	60~120	30
	동하중	60~100	80~120	40~80	20
	반복하중	30~50	40~60	20~40	10
압축	정하중	90~150	120~180	90~150	90
	동하중	60~100	80~120	60~100	60
굽힘	정하중	90~150	120~180	75~120	-
	동하중	60~100	80~120	50~80	-
	반복하중	30~50	40~60	25~40	-
전단	정하중	72~120	96~144	48~96	30
	동하중	48~80	64~96	32~64	20
	반복하중	24~40	32~48	16~32	10
비틀림	정하중	62~120	90~144	48~96	-
	동하중	40~80	60~96	32~64	-
	반복하중	20~40	30~48	16~32	-

42. 안전율

재료 \ 안전율	정하중	동하중		변화하는 하중 또는 충격하중
		반복하중	교번하중	
주철	4	6	10	15
연강	3	5	8	12
주강	3	5	8	15
목재	7	10	15	20
벽돌 · 석재	20	30	-	-

43. 각종 전단저항과 클리어런스

재료	전단저항 [N/㎟]	클리어런스 c/t [%]
연강	320~400	6~9
경강	550~900	8~12
스테인리스강	520~560	7~11
동(연질)	250~300	6~10
동(경질)	180~220	6~10
알루미늄(연질)	130~180	6~10
알루미늄(경질)	70~110	5~8

44. 물의 점성계수와 동점성계수 (1atm에 대해서)

온도[℃]	0	5	10	15	20	30	50
점성계수 [Pa · s] ($\times 10^{-3}$)	1.792	1.519	1.307	1.138	1.002	0.797	0.547
동점성계수 [Pa · s] ($\times 10^{-6}$)	1.792	1.519	1.307	1.139	1.004	0.801	0.554

45. 공기의 점성계수와 동점성계수 (760mmHg에 대해서)

온도[℃]	0	10	20	30	40
점성계수 [Pa · s] ($\times 10^{-3}$)	1.724	1.774	1.824	1.872	1.920
동점성계수 [Pa · s] ($\times 10^{-6}$)	1.334	1.423	1.515	1.608	1.704

46. 주요 이상기체의 가스정수, 표준밀도와 비열

기체	가스정수 R	표준밀도	비열 및 비열비(0Pa, 273.15K)		
			정압비열 C_P	정용비열 C_P	비열비
	J/(kg · K)	kg/㎥	KJ/(kg · K)		γ
수소	4124.6	0.089885	14.25	10.12	1.408
산소	259.833	1.42900	0.914	0.654	1.398
공기	287.03	1.29304	1.005	0.718	1.400
이산화탄소	188.920	1.97700	0.819	0.630	1.30
수증기	461.517	-	-	-	-
아세틸렌	319.318	1.17910	1.513	1.216	1.244
메탄	518.266	0.7168	2.16	1.63	1.32

47. 각종 재료의 저발열량과 이론 공기량

연료의 종류	저발열량	이론 공기량
무탄	30.6×10^3~33.5×10^3 [kJ/kg]	7.85~8.5 [m^3N/kg]
코크스	20.6×10^3~30.1×10^3 [kJ/kg]	7.0~8.0 [m^3N/kg]
중유	42.0×10^3~42.4×10^3 [kJ/kg]	10.0~11.5 [m^3N/kg]
프로판가스	90.7×10^3 [kJ/kg]	23.8 [m^3N/m^3N]
고가스	3.0×10^3~3.8×10^3 [kJ/kg]	0.7 [m^3N/m^3N]

48. 대표적인 재료의 물성

재료명	재질	인장강도		재료밀도	영율 (종탄성계수)		푸이송비
		MPa	N/mm²	kg/m³	GPa	N/mm²	
일반 구조용 압연강재	SS400	450	450	7850	206	2.1×10^5	0.3
기계구조용 중탄소강	S45C	828	828	7850	205	2.1×10^5	0.3
고장력강	HT80	865	865	-	203	2.0×10^5	0.3
크롬몰리브덴강	SCM440	980	980	7850	-	-	-
니켈크롬몰리브덴강	SNCM439	980	980	7850	204	2.0×10^5	0.3
열간 금형용 공구강	SKD6	1550	1550	7850	206	2.1×10^5	-
스프링강	SUP7	1230	1230	-	-	-	-
석출경화형 스테인리스강	SUS631	1225	1225	7800	204	2.0×10^5	0.3
마르텐사이트계 스테인리스강	SUS410	540	540	7800	200	2.0×10^5	0.3
페라이트계 스테인리스강	SUS430	450	450	7800	200	2.0×10^5	0.3
오스테나이트계 스테인리스강	SUS304	520	520	8000	197	2.0×10^5	0.3
주철	FC15	170	170	7300	90	0.9×10^5	0.3
주철	FC20	225	225	7300	105	1.05×10^5	0.3
주철	FC25	270	270	7300	115	1.15×10^5	0.3
주철	FC30	320	320	7300	135	1.35×10^5	0.3
7/3 황동	C2600	280	280	8500	110	1.1×10^5	0.35
6/4 황동	C2801	330	330	8400	103	1.0×10^5	0.35
쾌삭황동	C3604	335	335	8500	108	1.08×10^5	0.35
인청동	C5212P	600	600	8800	110	1.1×10^5	0.38
베릴륨동	C1720	900	900	8200	130	1.3×10^5	-
황동주물	YbsC2	195	195	8500	78	7.8×10^4	-
청동주물	BC2C	275	275	8700	96	9.6×10^4	0.36
인청동주물	PBC2C	295	295	8800	-	-	-
공업용 알루미늄	A1085P	55	55	2700	69	6.9×10^4	0.34
내식 알루미늄	A5083P	345	345	2700	72	7.2×10^4	0.34
두랄루민	A2017P	355	355	2800	69	6.9×10^4	0.34
초두랄루민	A2024P	430	430	2800	74	7.4×10^4	0.34
초초두랄루민	A7075P	537	537	2800	72	7.2×10^4	0.34
마그네슘합금(판)	MP5	250	250	1800	40	4.0×10^4	-
마그네슘합금(봉)	MB1	230	230	1800	40	4.0×10^4	-
마그네슘주물	MC1	240	240	1800	45	4.5×10^4	-
공업용 순티탄	C.P.Ti	320	320	4600	106	1.1×10^5	0.32
티탄 6Al-4V합금		980	980	4400	106	1.1×10^5	0.32
티탄 5-2-5합금		860	860	-	118	1.2×10^5	0.32
아연다이캐스트합금	ZDC1	325	325	6600	89	8.9×10^4	-

[주] MPa과 N/mm ² 는 단위가 다르지만 동일한 값이 된다.